Django 3 项目实例精解

[美] 安东尼奥·米勒 著

李 伟 译

清华大学出版社
北 京

内 容 简 介

本书详细阐述了与 Django 3.0 开发相关的基本解决方案,主要包括构建博客应用程序、利用高级特性完善博客程序、扩展博客应用程序、构建社交型网站、共享网站中的内容、跟踪用户活动、构建在线商店、管理支付操作和订单、扩展在线商店应用程序、打造网络教学平台、渲染和缓存内容、构建 API、搭建聊天服务器、部署项目等内容。此外,本书还提供了相应的示例、代码,以帮助读者进一步理解相关方案的实现过程。

本书适合作为高等院校计算机及相关专业的教材和教学参考书,也可作为相关开发人员的自学用书和参考手册。

北京市版权局著作权合同登记号 图字:01-2020-6421

Copyright © Packt Publishing 2020.First published in the English language under the title
Django 3 By Example - Third Edition.
Simplified Chinese-language edition © 2021 by Tsinghua University Press.All rights reserved.

本书中文简体字版由 Packt Publishing 授权清华大学出版社独家出版。未经出版者书面许可,不得以任何方式复制或抄袭本书内容。

本书封面贴有清华大学出版社防伪标签,无标签者不得销售。
版权所有,侵权必究。举报:010-62782989,beiqinquan@tup.tsinghua.edu.cn。

图书在版编目(CIP)数据

Django 3 项目实例精解 /(美)安东尼奥·米勒(Antonio Melé)著;李伟译. —北京:清华大学出版社,2021.6
书名原文:Django 3 By Example – Third Edition
ISBN 978-7-302-58184-0

Ⅰ. ①D… Ⅱ. ①安… ②李… Ⅲ. ①软件工具—程序设计 Ⅳ. ①TP311.561

中国版本图书馆 CIP 数据核字(2021)第 094573 号

责任编辑:贾小红
封面设计:刘　超
版式设计:文森时代
责任校对:马军令
责任印制:丛怀宇

出版发行:清华大学出版社
网　　址:http://www.tup.com.cn,http://www.wqbook.com
地　　址:北京清华大学学研大厦A座　　邮　编:100084
社 总 机:010-62770175　　邮　购:010-62786544
投稿与读者服务:010-62776969,c-service@tup.tsinghua.edu.cn
质量反馈:010-62772015,zhiliang@tup.tsinghua.edu.cn

印 装 者:天津鑫丰华印务有限公司
经　　销:全国新华书店
开　　本:185mm×230mm　　印　张:31.5　　字　数:630 千字
版　　次:2021 年 6 月第 1 版　　印　次:2021 年 6 月第 1 次印刷
定　　价:149.00 元

产品编号:088862-01

译 者 序

Web 开发是 Python 语言应用领域的重要部分。Python 是当前最火爆、最热门，也是最主要的 Web 开发语言之一，在其发展过程中出现了数十种 Web 框架。其中，Django 是一个功能强大的 Python Web 框架，支持快速开发过程及简洁、实用的设计方案。

由于 Django 在近年来迅速发展，其应用领域越来越广泛。本书在 Django 3.0 的基础上引领读者构建真实的 Web 应用程序，其中涉及 Redis 和 Celery 等技术、开发插件式 Django 应用程序、优化代码并使用缓存框架、向 Django 项目中加入国际化特性、利用 JavaScript 和 AJAX 丰富用户体验、添加社交功能，以及针对应用程序构建 RETSful API，而这一切均通过颇具研究价值的项目实例予以展现。

在本书的翻译过程中，除李伟外，张博、刘璋、刘晓雪、刘祎、张华臻等人也参与了部分翻译工作，在此一并表示感谢。

由于译者水平有限，难免有疏漏和不妥之处，恳请广大读者批评指正。

译　者

前　　言

　　Django 是一个功能强大的 Python Web 框架，支持快速开发过程及简洁、实用的设计方案。无论是对于初学者还是专家级程序员，这一特点颇具吸引力。

　　本书将引领读者学习专业 Web 应用程序的开发流程。除框架知识外，本书还将讲解如何将其他较为流行的技术整合至 Django 项目中。

　　本书将讨论真实应用程序的构建过程、常见问题的处理，并逐步实现多种最佳实践方案。

　　在阅读完本书后，读者将能够理解 Django 的工作方式，以及如何打造具有实用性的高级 Web 应用程序。

适用读者

　　本书是针对具备一定的 Python 知识，同时希望以一种实用的方式学习 Django 的读者而准备的。或许 Django 对于读者来说是一项全新的事物；抑或读者对 Django 稍有了解且希望进一步学习。通过打造实用的开发项目，本书可帮助读者掌握大部分架构知识。另外，本书要求读者对某些编程概念有所了解，同时具备一些 HTML 和 JavaScript 方面的知识。

本书内容

　　第 1 章通过编写博客应用程序向读者介绍框架知识。其间，我们将构建基本的博客模型、视图、模板以及 URL 以显示博客内容。另外，本章还将介绍如何利用 Django 对象关系映射器（ORM）构建 QuerySets，并配置 Django 管理网站。

　　第 2 章将讨论如何处理表单问题、利用 Django 发送邮件以及第三方应用程序的整合操作。读者将尝试实现博客的评论系统，并通过电子邮件共享帖子内容。此外，本章还将讨论标签系统的构建处理过程。

　　第 3 章将介绍如何创建自定义模板标签和过滤器。除此之外，本章还将展示如何使用网站地图框架，并对帖子构建博客订阅功能。最后，通过 PostgreSQL 的全文本搜索功能构建搜索引擎，以完善博客应用程序。

第 4 章讨论如何构建社交网站，并使用 Django 身份验证框架构建用户的账户视图。另外，本章还将了解如何使用社交网络创建自定义用户配置文件模型，并将身份验证机制应用到项目中。

第 5 章将讨论如何将社交应用程序转换为图像书签站点。其中，我们将针对模型定义多对多的关系，在 JavaScript 中创建一个 AJAX 书签，并将其集成到项目中。本章还进一步展示了如何生成图像缩略图和为视图创建自定义装饰器。

第 6 章介绍如何针对用户构建跟踪系统，并通过创建用户活动流应用程序完成图像书签站点的建立，以及如何优化 QuerySets 并与信号协同工作。同时，本章还将 Redis 整合至项目中，以对图像视图进行计数。

第 7 章将讨论如何构建一个在线商店，其中包括目录模型、基于 Django 会话的购物车（并对此设置上下文处理器），以及通过 Celery 向用户发送异步通知。

第 8 章讨论如何将支付网关整合至在线商店中。除此之外，还将定制管理站点以将订单导出到 CSV 文件中，并动态生成 PDF 发票。

第 9 章将讨论如何创建优惠券系统并使用折扣订单。同时，本章展示了如何在项目中实现国际化机制以及如何转换模型。此外，还将使用 Redis 构建一个产品推荐引擎。

第 10 章将设计一个电子教育平台，并向项目中添加某些固件、使用模型继承机制、设置自定义模型字段、使用类视图，以及管理分组和权限。此外，我们还将打造一个内容管理系统并处理表单集。

第 11 章将尝试构建一个学生注册系统，并管理学生的课程注册行为。该系统将显示不同的课程内容，同时还将学习如何使用缓存框架。

第 12 章将采用 Django REST 框架，进而针对项目构建 RESTful API。

第 13 章阐述了如何针对学生使用 Django Channels 创建实时聊天服务器。读者将学习基于 WebSocket 的异步通信功能。

第 14 章讨论如何通过 uWSGI、NGINX 和 Daphne 设置产品环境，并利用 HTTPS 解决安全问题。此外，本章还解释了如何构建自定义中间件及自定义管理命令。

背景知识

在阅读本书时，建议读者具备一定的 Python 知识，并熟悉 HTML 及 JavaScript。另外，在阅读本书之前，建议读者阅读 Django 官方文档的 1~3 部分，对应网址为 https://docs.

djangoproject.com/en/3.0/intro/tutorial01/。

资源下载

读者可访问 www.packt.com 并通过个人账户下载示例代码文件。在 www.packtpub.com/support 网站注册成功后，我们将以电子邮件的方式将相关文件发予读者。

读者可根据下列步骤下载代码文件：

（1）登录 http://www.packt.com 并在网站注册。
（2）选择 Support 选项卡。
（3）单击 Code Downloads。
（4）在 Search 文本框中输入书名并执行后续命令。

当文件下载完毕后，确保使用下列最新版本软件解压文件夹：

❑ Windows 系统下的 WinRAR/7-Zip。
❑ Mac 系统下的 Zipeg/iZip/UnRarX。
❑ Linux 系统下的 7-Zip/PeaZip。

另外，读者还可访问 GitHub 获取本书的代码包，对应网址为 https://github.com/PacktPublishing/Django-3-by-Example。

此外，读者还可访问 https://github.com/PacktPublishing/，以获取丰富的代码和视频资源。

阅读提示

我们提供了一个 PDF 文件，其中包含本书使用的屏幕截图/图表的彩色图像。读者可以通过以下地址下载：https://static.packt-cdn.com/downloads/9781838981952_ColorImages.pdf。

本书约定

本书通过不同的文本风格区分相应的信息类型。下面通过一些示例对此类风格以及具体含义的解释予以展示。

代码块如下：

```
from django.contrib import admin
from .models import Post
```

```
admin.site.register(Post)
```

代码中的重点内容加粗表示：

```
INSTALLED_APPS = [
    'django.contrib.admin',
    'django.contrib.auth',
    'django.contrib.contenttypes',
    'django.contrib.sessions',
    'django.contrib.messages',
    'django.contrib.staticfiles',
    'blog.apps.BlogConfig',
]
```

命令行输入或输出如下所示：

```
python manage.py runserver
```

图标表示较为重要的说明事项。

图标表示提示信息和操作技巧。

读者反馈和客户支持

欢迎读者对本书提出建议或意见并予以反馈。

对此，读者可以书名作为邮件标题，发送邮件至 customercare@packtpub.com，我们将竭诚为您服务。

勘误表

尽管我们希望做到尽善尽美，但错误依然在所难免。如果读者发现谬误之处，无论是文字错误还是代码错误，还望不吝赐教。对此，读者可访问 www.packtpub.com/support/errata，选取对应书籍，输入并提交相关问题的详细内容。

版权须知

一直以来，互联网上的版权问题从未间断，Packt 出版社对此类问题非常重视。若读者在互联网上发现本书任意形式的副本，请告知我们网络地址或网站名称，我们将对此予以处理。关于盗版问题，读者可发送邮件至 copyright@packt.com。

若读者针对某项技术具有专家级的见解，抑或计划撰写书籍或完善某部著作的出版工作，则可访问 authors.packtpub.com。

问题解答

若读者对本书有任何疑问，均可发送邮件至 questions@packtpub.com，我们将竭诚为您服务。

目 录

第1章 构建博客应用程序 1
1.1 安装Django 1
1.1.1 创建隔离的Python环境 2
1.1.2 利用pip安装Django 3
1.2 创建第一个项目 3
1.2.1 运行开发服务器 5
1.2.2 项目设置 7
1.2.3 项目和应用程序 8
1.2.4 创建应用程序 8
1.3 设计博客数据方案 9
1.3.1 激活应用程序 11
1.3.2 设置并使用迁移方案 11
1.4 针对模型创建管理站点 13
1.4.1 创建超级用户 13
1.4.2 Django管理站点 14
1.4.3 向管理站点中添加模型 15
1.4.4 定制模型的显示方式 17
1.5 与QuerySet和管理器协同工作 18
1.5.1 创建对象 19
1.5.2 更新对象 20
1.5.3 检索对象 20
1.5.4 删除对象 22
1.5.5 评估QuerySet 22
1.5.6 创建模型管理器 22
1.6 构建列表和详细视图 23
1.6.1 生成列表和视图 24
1.6.2 向视图添加URL路径 25

	1.6.3 模型的标准 URL	26
1.7	创建视图模板	27
1.8	添加分页机制	30
1.9	使用基于类的视图	33
1.10	本章小结	34

第2章 利用高级特性完善博客程序 35

2.1	通过电子邮件共享帖子	35
	2.1.1 使用 Django 创建表单	36
	2.1.2 处理视图中的表单	37
	2.1.3 利用 Django 发送邮件	38
	2.1.4 渲染模板中的表单	41
2.2	构建评论系统	44
	2.2.1 构建模型	44
	2.2.2 创建模型中的表单	46
	2.2.3 处理视图中的 ModelForms	47
	2.2.4 向帖子详细模板中添加评论	49
2.3	添加标签功能	52
2.4	根据相似性检索帖子	58
2.5	本章小结	60

第3章 扩展博客应用程序 61

3.1	创建自定义模板标签和过滤器	61
	3.1.1 自定义模板标签	61
	3.1.2 自定义模板过滤器	66
3.2	向站点添加网站地图	69
3.3	创建帖子提要	72
3.4	向博客中添加全文本搜索功能	74
	3.4.1 安装 PostgreSQL	75
	3.4.2 简单的查询操作	76
	3.4.3 多字段搜索	76
	3.4.4 构建搜索视图	77

3.4.5　词干提取和排名 79
　　　3.4.6　加权查询 81
　　　3.4.7　利用三元相似性进行搜索 81
　　　3.4.8　其他全文本搜索引擎 82
　3.5　本章小结 82

第4章　构建社交型网站 83
　4.1　创建社交型网站 83
　4.2　使用 Django 验证框架 84
　　　4.2.1　构建登录视图 85
　　　4.2.2　使用 Django 验证视图 90
　　　4.2.3　登录和注销视图 91
　　　4.2.4　修改密码视图 96
　　　4.2.5　重置密码视图 98
　4.3　用户注册和用户配置 104
　　　4.3.1　用户注册 104
　　　4.3.2　扩展用户模型 107
　　　4.3.3　使用自定义用户模型 113
　　　4.3.4　使用消息框架 113
　4.4　构建自定义验证后端 116
　4.5　向站点中添加社交网站验证 118
　　　4.5.1　通过 HTTPS 运行开发服务器 119
　　　4.5.2　基于 Facebook 的验证 121
　　　4.5.3　基于 Twitter 的验证 126
　　　4.5.4　基于 Google 的验证 128
　4.6　本章小结 134

第5章　共享网站中的内容 135
　5.1　构建图像书签网站 135
　　　5.1.1　构建图像模型 136
　　　5.1.2　生成多对多关系 137
　　　5.1.3　在管理站点中注册图像模型 138

5.2 发布其他站点中的内容 139
5.2.1 清空表单字段 139
5.2.2 覆写 ModelForm 的 save()方法 140
5.2.3 利用 jQuery 构建书签工具 145
5.3 创建图像的细节视图 152
5.4 利用 easy-thumbnails 生成图像缩略图 155
5.5 利用 jQuery 添加 AJAX 操作 156
5.5.1 加载 jQuery 157
5.5.2 AJAX 请求中的跨站点请求伪造 158
5.5.3 利用 jQuery 执行 AJAX 请求 159
5.6 针对视图创建自定义装饰器 163
5.7 向列表视图中添加 AJAX 分页机制 164
5.8 本章小结 169

第 6 章 跟踪用户活动 171
6.1 构建关注系统 171
6.1.1 利用中间模型创建多对多关系 171
6.1.2 针对用户配置创建列表和详细视图 174
6.1.3 构建 AJAX 视图以关注用户 179
6.2 构建通用活动流应用程序 181
6.2.1 使用 contenttypes 框架 182
6.2.2 向模型中添加通用关系 183
6.2.3 避免活动流中的重复内容 186
6.2.4 向活动流中添加用户活动 187
6.2.5 显示活动流 188
6.2.6 优化涉及关系对象的 QuerySet 188
6.2.7 针对操作活动创建模板 189
6.3 利用信号实现反规范化计数 192
6.3.1 与信号协同工作 192
6.3.2 应用程序配置类 194
6.4 利用 Redis 存储数据项视图 196
6.4.1 安装 Redis 196

	6.4.2	结合 Python 使用 Redis	198
	6.4.3	将数据视图存储于 Redis 中	199
	6.4.4	将排名结果存储于数据库中	200
	6.4.5	Redis 特性	203
6.5	本章小结		203

第 7 章 构建在线商店 ... 205

7.1	创建在线商店项目		205
	7.1.1	创建商品目录模型	206
	7.1.2	注册管理站点上的目录模型	208
	7.1.3	构建目录视图	210
	7.1.4	创建目录模板	212
7.2	创建购物车		216
	7.2.1	使用 Django 会话	217
	7.2.2	会话设置	217
	7.2.3	会话过期	218
	7.2.4	将购物车存储于会话中	219
	7.2.5	创建购物车视图	223
	7.2.6	针对购物车创建上下文处理器	230
7.3	注册客户订单		232
	7.3.1	创建订单模型	232
	7.3.2	在管理站点中包含订单模型	234
	7.3.3	创建客户订单	235
7.4	利用 Celery 启动异步任务		240
	7.4.1	安装 Celery	240
	7.4.2	安装 RabbitMQ	240
	7.4.3	向项目中添加 Celery	241
	7.4.4	向应用程序中添加异步任务	242
	7.4.5	监视 Celery	244
7.5	本章小结		244

第 8 章 管理支付操作和订单 245

8.1 整合支付网关 245
8.1.1 创建 Braintree 沙箱账号 245
8.1.2 安装 Braintree Python 模块 247
8.1.3 集成支付网关 247
8.1.4 使用托管字段集成 Braintree 249
8.1.5 支付的测试操作 255
8.1.6 上线 257
8.2 将订单导出为 CSV 文件 257
8.3 利用自定义视图扩展管理站点 260
8.4 动态生成 PDF 发票 265
8.4.1 安装 WeasyPrint 265
8.4.2 创建 PDF 模板 265
8.4.3 显示 PDF 文件 267
8.4.4 通过电子邮件发送 PDF 文件 270
8.5 本章小结 273

第 9 章 扩展在线商店应用程序 275

9.1 创建优惠券系统 275
9.1.1 构建优惠券模型 276
9.1.2 在购物车中使用优惠券 278
9.1.3 在订单中使用优惠券 284
9.2 添加国际化和本地化机制 286
9.2.1 Django 的国际化处理 286
9.2.2 项目的国际化 288
9.2.3 翻译 Python 代码 290
9.2.4 翻译模板 295
9.2.5 使用 Rosetta 翻译接口 299
9.2.6 模糊翻译 302
9.2.7 国际化的 URL 路径 302
9.2.8 切换语言 304
9.2.9 利用 django-parler 翻译模块 306

9.2.10 本地化格式 314
9.2.11 使用 django-localflavor 验证表单字段 315
9.3 构建推荐引擎 316
9.4 本章小结 324

第 10 章 打造网络教学平台 325
10.1 设置网络教学项目 325
10.2 构建课程模型 326
    10.2.1 在管理站点中注册模型 328
    10.2.2 使用固定文件提供模型的初始数据 329
10.3 创建包含多样化内容的模型 332
    10.3.1 使用模型继承机制 332
    10.3.2 创建内容模型 334
    10.3.3 创建自定义模型字段 337
    10.3.4 向模块和内容对象中添加顺序机制 338
10.4 创建 CMS 343
    10.4.1 添加认证系统 343
    10.4.2 创建认证模板 343
    10.4.3 设置基于类的视图 346
    10.4.4 针对基于类的视图使用混合类 347
    10.4.5 分组和权限 349
    10.4.6 限制访问基于类的视图 351
10.5 管理课程模块和内容 356
    10.5.1 针对课程模块使用表单集 357
    10.5.2 向课程模块中添加内容 361
    10.5.3 管理模块和内容 366
    10.5.4 对模块和内容重排序 370
10.6 本章小结 374

第 11 章 渲染和缓存内容 375
11.1 显示课程 375
11.2 添加学生注册机制 380

11.2.1　创建学生注册视图 381
　　11.2.2　注册课程 383
11.3　访问课程内容 387
11.4　渲染不同内容的类型 390
11.5　使用缓存框架 393
　　11.5.1　有效的缓存后端 394
　　11.5.2　安装 Memcached 394
　　11.5.3　缓存设置 395
　　11.5.4　向项目中添加 Memcached 395
　　11.5.5　监控 Memcached 396
　　11.5.6　缓存级别 397
　　11.5.7　使用底层缓存 API 397
　　11.5.8　缓存动态数据 399
　　11.5.9　缓存模板片段 400
　　11.5.10　缓存视图 402
　　11.5.11　使用每个站点缓存 402
11.6　本章小结 403

第 12 章　构建 API 405
12.1　构建 RESTful API 405
　　12.1.1　安装 Django REST 框架 406
　　12.1.2　定义序列化器 407
　　12.1.3　理解解析器和渲染器 408
　　12.1.4　构建列表和详细视图 409
　　12.1.5　创建嵌套序列化器 412
　　12.1.6　构建自定义视图 413
　　12.1.7　处理身份验证 414
　　12.1.8　向视图中添加权限 415
　　12.1.9　创建视图集和路由器 417
　　12.1.10　向视图集添加附加操作 418
　　12.1.11　创建自定义权限 419
　　12.1.12　序列化课程内容 420

- 12.1.13 使用 RESTful API 422
- 12.2 本章小结 425

第 13 章 搭建聊天服务器 427
- 13.1 创建聊天应用程序 427
  - 13.1.1 实现聊天室视图 428
  - 13.1.2 禁用站点缓存 430
- 13.2 基于 Channels 的实时 Django 431
  - 13.2.1 基于 ASGI 的异步应用程序 431
  - 13.2.2 基于 Channels 的请求/响应周期 431
- 13.3 安装 Channels 433
- 13.4 编写使用者 435
- 13.5 路由机制 436
- 13.6 实现 WebSocket 客户端 437
- 13.7 启用通道层 442
  - 13.7.1 通道和分组 443
  - 13.7.2 利用 Redis 设置通道层 443
  - 13.7.3 更新使用者以广播消息 444
  - 13.7.4 将上下文添加至消息中 448
- 13.8 调整使用者使其处于完全异步状态 451
- 13.9 集成聊天应用程序和视图 453
- 13.10 本章小结 454

第 14 章 部署项目 455
- 14.1 创建产品环境 455
  - 14.1.1 针对多种环境管理设置内容 455
  - 14.1.2 使用 PostgreSQL 458
  - 14.1.3 项目检查 458
  - 14.1.4 通过 WSGI 为 Django 提供服务 459
  - 14.1.5 安装 uWSGI 459
  - 14.1.6 配置 uWSGI 459
  - 14.1.7 安装 NGINX 462

14.1.8 产品环境 463
14.1.9 配置 NGINX 463
14.1.10 向静态和媒体数据集提供服务 465
14.1.11 基于 SSL/TLS 的安全连接 467
14.1.12 针对 Django Channels 使用 Daphne 472
14.1.13 使用安全的 WebSocket 连接 473
14.1.14 将 Daphne 包含于 NGINX 配置中 473
14.2 创建自定义中间件 476
14.2.1 创建子域名中间件 477
14.2.2 利用 NGINX 向多个子域名提供服务 479
14.3 实现自定义管理命令 479
14.4 本章小结 482

第 1 章　构建博客应用程序

Django 是一个功能强大的 Python Web 框架，其学习曲线相对缓和，用户可在短时间内轻松地构建简单的 Web 应用程序。此外，Django 还是一种简装、可伸缩的空间，并可创建涵盖复杂需求和集成的大规模 Web 应用程序。对于初学者和专家级程序员来说，这一点颇具吸引力。

本书将学习如何构建完整的 Django 项目，以备产品使用。本章首先介绍 Django 的安装操作，随后通过 Django 创建简单的博客应用程序。

本章旨在向读者介绍 Django 框架的工作方式，理解不同组件间的交互方式，并构建包含基本功能的 Django 项目。在打造完整项目的过程中，读者不必了解某些细节内容，本书后续章节将对不同的框架组件予以详细讨论。

本章主要包含以下内容：
- 安装 Django。
- 创建并配置 Django 项目。
- 创建 Django 应用程序。
- 设计模型并实现模型移植。
- 针对模型构建管理站点。
- 与 QuerySet 和管理器协同工作。
- 构建视图、模板及 URL。
- 向列表视图添加分页机制。
- 使用 Django 的类视图。

1.1　安装 Django

如果读者已经安装了 Django，则可忽略本节内容，直接创建自己的第一个项目。Django 位于 Python 包中，因而可在 Python 环境下进行安装。如果尚未安装 Django，下列内容提供了本地环境下的安装 Django 的快速指导。

Django 3.0 沿袭了以往的路线，即提供新特性并同时维护框架的核心功能。Django 3.0 版本首次支持异步服务器网关接口（ASGI），进而使得 Django 完全支持异步功能。另外，

Django 3.0 还涵盖了对 MariaDB、PostgreSQL 上的排他约束、过滤器表达式增强和模型字段选择枚举等的官方支持。

Django 3.0 支持 Python 3.6、Python 3.7 和 Python 3.8。在本书示例中，我们将使用 Python 3.8.2。针对 Linux 或 macOS 环境，用户可能需要安装 Python；而对于 Windows 环境，则可访问 https://www.python.org/downloads/windows/下载 Python 安装程序。

如果读者并不确定是否安装了 Python，则可在 shell 中输入 python 进行验证。若输出下列内容，则表明 Python 已在计算机设备中安装完毕。

```
Python 3.8.2 (v3.8.2:7b3ab5921f, Feb 24 2020, 17:52:18)
[Clang 6.0 (clang-600.0.57)] on darwin
Type "help", "copyright", "credits" or "license" for more information.
```

如果 Python 版本低于 3.6，抑或 Python 尚未在计算机上安装，可访问 https://www.python.org/downloads 下载并安装。

鉴于安装了 Python 3，因而不必再安装数据库，该版本中内建了 SQLite。SQLite 是一种轻量级的数据库，并可在开发过程中与 Django 协同使用。如果希望在产品环境中部署应用程序，则需要使用更加高级的数据库，如 PostgreSQL、MySQL 或 Oracle。关于数据库与 Django 间的关系，读者可访问 https://docs.djangoproject.com/en/3.0/topics/install/#database-installation 以获取更多内容。

1.1.1 创建隔离的 Python 环境

自 Python 3.3 版本起，Python 内置了 venv 库，这将支持创建轻量级的虚拟环境。其中，每个轻量级环境包含自身的 Python 二进制文件，并可在其站点目录中持有自己独立的、已安装的 Python 包集。采用 venv 模块创建隔离的 Python 环境可针对不同的项目采用不同的包版本，这比在系统范围内安装 Python 包要实用得多。使用 venv 的另外一个优点是，安装 Python 包不需要任何管理权限。

执行下列命令生成隔离环境：

```
python -m venv my_env
```

相应地，这将创建 my_env/目录，同时包括 Python 环境，当虚拟环境处于活动状态时，任何所安装的 Python 库均位于 my_env/lib/python3.8/site-packages 目录中。

运行下列命令将激活虚拟环境：

```
source my_env/bin/activate
```

shell 提示符将包含在括号中处于活动状态下的虚拟环境的名称，如下所示：

```
(my_env)laptop:~ zenx$
```

相反，利用 deactivate 命令，可随时禁用当前环境。关于 venv 的更多信息，读者可访问 https://docs.python.org/3/library/venv.html。

1.1.2 利用 pip 安装 Django

对于 Django 的安装，建议采用 pip 包管理系统这一方法。Python 3.8 中预先安装了 pip，另外，读者也可访问 https://pip.pypa.io/en/stable/installing/了解 pip 的安装指令。

在 shell 提示符下运行以下命令，并利用 pip 安装 Django。

```
pip install "Django==3.0.*"
```

相应地，Django 将被安装于虚拟环境中的 site-packages/目录下。

接下来，可检测 Django 是否已经安装成功。针对于此，可在终端上运行 Python，导入 Django 并检查其版本，如下所示：

```
>>> import django
>>> django.get_version()
'3.0.4'
```

如果得到诸如 3.0.×这一类输出结果，则表明 Django 已被成功地安装在机器设备上。

注意：

Django 可通过多种方式进行安装，读者可访问 https://docs.djangoproject.com/en/3.0/topics/install/以了解完整的安装过程。

1.2 创建第一个项目

我们的第一个 Django 项目是创建一个完整的博客。Django 提供了一个命令，并可创建初始项目文件结构。对此，可在 shell 中运行下列命令：

```
django-admin startproject mysite
```

这将创建名为 mysite 的 Django 项目。

提示：

不应使用内置 Python 或 Django 模块命名项目，以避免冲突。

考查下列生成的项目结构：

```
mysite/
    manage.py
    mysite/
        __init__.py
        asgi.py
        wsgi.py
        settings.py
        urls.py
```

上述文件具体解释如下：

- manage.py 表示为命令行工具，并与当前项目进行交互；同时也是一个 django-admin.py 工具的封装器。用户无须编辑该文件。
- mysite/表示为项目目录，其中包含了下列文件：
  - __init__.py 表示为一个空文件，并通知 Python 将 mysite 目录视为一个 Python 模块。
  - asgi.py 表示为作为 ASGI 运行项目的配置，ASGI 是用于异步 Web 服务器和应用程序的新兴 Python 标准。
  - settings.py 表示当前项目的设置和配置项，并包含了初始状态下的默认设置内容。
  - urls.py 中包含了 URL 路径。其中，每个定义的 URL 将映射至一个视图上。
  - wsgi.py 配置作为 Web 服务器网关接口（WSGI）应用程序运行项目。

生成的 settings.py 文件涵盖了当前项目设置，其中包含基本配置，并使用 SQLite 3 数据库及 INSTALLED_APPS 列表，这其中包含默认状态下添加至当前项目中的公共 Django 应用程序。稍后将对此类应用程序加以讨论。

Django 应用程序包含了定义数据模型的 models.py 文件，每个数据模型将被映射至数据库表上。为了完成项目设置，我们需要在数据库中创建 INSTALLED_APPS 中列出的应用程序所需的表。Django 包含了迁移系统并对此予以管理。

打开 shell 并运行下列命令：

```
cd mysite
python manage.py migrate
```

我们将会看到以下列代码行结束的输出内容：

```
Applying contenttypes.0001_initial... OK
Applying auth.0001_initial... OK
```

```
Applying admin.0001_initial... OK
Applying admin.0002_logentry_remove_auto_add... OK
Applying admin.0003_logentry_add_action_flag_choices... OK
Applying contenttypes.0002_remove_content_type_name... OK
Applying auth.0002_alter_permission_name_max_length... OK
Applying auth.0003_alter_user_email_max_length... OK
Applying auth.0004_alter_user_username_opts... OK
Applying auth.0005_alter_user_last_login_null... OK
Applying auth.0006_require_contenttypes_0002... OK
Applying auth.0007_alter_validators_add_error_messages... OK
Applying auth.0008_alter_user_username_max_length... OK
Applying auth.0009_alter_user_last_name_max_length... OK
Applying auth.0010_alter_group_name_max_length... OK
Applying auth.0011_update_proxy_permissions... OK
Applying sessions.0001_initial... OK
```

上述代码行表示为 Django 所用的数据库迁移。通过迁移，初始状态下的应用程序表将在数据库中被创建。本章后面将对迁移管理命令加以讨论。

1.2.1 运行开发服务器

Django 中包含了轻量级的 Web 服务器，并可快速运行代码，且无须花费额外的时间配置产品服务器。当运行 Django 开发服务器时，会不断检查代码中的更改内容，同时会自动重新加载，从而不必在代码更改后手动重新进行加载。需要注意的是，某些操作可能会被忽略，例如向项目中添加新文件，因此在这种情况下必须手动重新启动服务器。

在项目的根文件夹下输入下列命令，即可启动开发服务器：

```
python manage.py runserver
```

对应输出结果如下所示：

```
Watching for file changes with StatReloader
Performing system checks...

System check identified no issues (0 silenced).

January 01, 2020 - 10:00:00
Django version 3.0, using settings 'mysite.settings'
Starting development server at http://127.0.0.1:8000/
Quit the server with CONTROL-C.
```

当前，可在浏览器中运行 http://127.0.0.1:8000/，随后将显示项目运行成功页面，如图 1.1 所示。

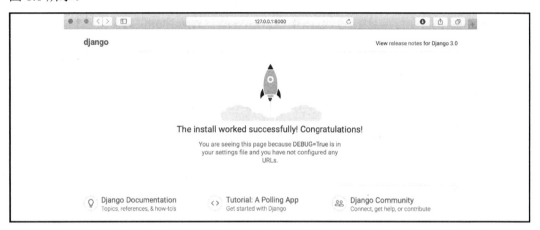

图 1.1

图 1.1 表明 Django 正处于运行状态，当查看控制台时，将会看到浏览器执行的 GET 请求，如下所示：

```
[01/Jan/2020 17:20:30] "GET / HTTP/1.1" 200 16351
```

相应地，每个 HTTP 请求均在开发服务器控制台中被记录。当运行开发服务器时，所出现的每个错误也会显示于控制台中。

我们还可以指示 Django 在自定义的主机和端口上运行开发服务器；或者通知 Django 运行项目，同时加载不同的设置文件，如下所示：

```
python manage.py runserver 127.0.0.1:8001 \--settings=mysite.settings
```

💡 提示：
当处理包含不同配置的多种环境时，可针对每种环境创建不同的设置文件。

需要注意的是，该服务器仅适用于开发环境，而非产品应用场合。当在产品环境下部署 Django 时，需要使用真实的 Web 服务器并作为 WSGI 应用程序予以运行，如 Apache、Gunicorn 或 uWSGI。关于如何在不同的 Web 服务器上部署 Django，读者可访问 https://docs.djangoproject.com/en/3.0/howto/deployment/wsgi/获取更多信息。

另外，第 14 章还将介绍如何针对 Django 项目设置产品环境。

1.2.2 项目设置

下面打开 settings.py 文件，并查看当前项目的配置内容。该文件中涵盖了 Django 所包含的多项设置，但仅是 Django 设置的一部分内容。读者可访问 https://docs.djangoproject.com/en/3.0/ref/settings/查看全部设置项和默认值。

我们需要格外重视下列设置项：

- DEBUG 定义为一个布尔值，表示开启/禁用当前项目的调试模式。如果 DEBUG 设置为 True，当应用程序抛出未捕获的异常时，Django 将显示详细的错误页面。对于产品环境，需要将其设置为 False。由于会暴露某些与项目相关的敏感数据，因而不可以在 DEBUG 处于开启状态下将某个站点部署到产品中。
- 当开启调试模式或者执行测试时，ALLOWED_HOSTS 不可用。一旦将站点转移到产品环境并将 DEBUG 设置为 False，则需要将域/主机添加到此设置中，以允许它为 Django 站点服务。
- INSTALLED_APPS 为需要针对全部项目进行编辑的设置项，该设置项通知 Django 针对当前站点哪一个应用程序处于活动状态。在默认状态下，Django 包含以下应用程序。
  - django.contrib.admin：管理站点。
  - django.contrib.auth：验证框架。
  - django.contrib.contenttypes：处理内容类型的框架。
  - django.contrib.sessions：会话框架。
  - django.contrib.messages：消息机制框架。
  - django.contrib.staticfiles：管理静态文件的框架。
- MIDDLEWARE 表示为中间件列表。
- ROOT_URLCONF 表示 Python 模块，其中定义了应用程序的根 URL 路径。
- DATABASES 表示为一个字典，其中涵盖了应用程序所使用的全部数据库设置。注意，此处须设置默认数据库。针对于此，默认配置中采用了 SQLite3 数据库。
- LANGUAGE_CODE 针对当前 Django 站点定义了默认的代码语言。
- USE_TZ 通知 Django 启用/禁用时区支持。Django 提供了基于时区的日期显示。当采用 startproject 管理命令创建一个新项目时，该设置项将被定义为 True。

如果读者尚不理解上述内容，也不必感到担心，后续章节还将对不同的 Django 设置加以讨论。

1.2.3 项目和应用程序

本书中将会反复出现项目和应用程序这一类术语。在 Django 中，项目被视为基于某些设置项的 Django 安装结果；应用程序则表示为模型、视图、模板及 URL 的组合。应用程序与框架进行交互，提供特定的功能，并可在不同的项目中加以复用。我们可以将项目视为一个站点，其中包含了多个应用程序，例如博客、wiki 或论坛，同时还可被其他项目予以复用。

图 1.2 显示了 Django 项目结构。

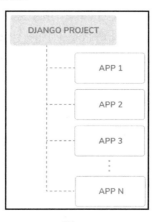

图 1.2

1.2.4 创建应用程序

本节将创建第一个 Django 项目并从头开始构建一个博客应用程序。在项目的根目录中，可运行下列命令：

```
python manage.py startapp blog
```

这将生成该应用程序的基本结构，如下所示：

```
blog/
    __init__.py
    admin.py
    apps.py
    migrations/
        __init__.py
    models.py
```

```
tests.py
views.py
```

上述文件具体解释如下：

- admin.py 文件。可在该文件中注册模型，并将其纳入 Django 管理站点中——使用 Django 管理站点为可选项。
- apps.py 文件。该文件包含了博客应用程序中的主要配置内容。
- migrations 目录。该目录包含了应用程序的数据库迁移。迁移可使 Django 跟踪模块变化内容，并相应地同步数据库。
- models.py 文件。所有的 Django 应用程序都需要设置该文件，其中包含了应用程序的数据模型，但该文件也可被置空。
- tests.py 文件。可在该文件中添加应用程序测试。
- views.py 文件。该文件包含了应用程序的逻辑内容，每个视图接收一个 HTTP 请求，经处理后返回一个响应结果。

1.3 设计博客数据方案

本节开始着手设计博客数据方案，即针对博客定义数据模型。这里模型表示为一个 Python 类，并定义为 django.db.models.Model 的子类。其中，每个属性视为一个数据库字段。Django 针对定义于 models.py 文件中的每个模型创建一个表。当创建一个模型时，Django 提供了一个实用的 API，从而可方便地查询数据库中的对象。

首先定义一个 Post 模型，并向博客应用程序的 models.py 文件中添加下列代码：

```
from django.db import models
from django.utils import timezone
from django.contrib.auth.models import User

class Post(models.Model):
    STATUS_CHOICES = (
        ('draft', 'Draft'),
        ('published', 'Published'),
    )
    title = models.CharField(max_length=250)
    slug = models.SlugField(max_length=250,
                            unique_for_date='publish')
    author = models.ForeignKey(User,
                               on_delete=models.CASCADE,
```

```
                            related_name='blog_posts')
body = models.TextField()
publish = models.DateTimeField(default=timezone.now)
created = models.DateTimeField(auto_now_add=True)
updated = models.DateTimeField(auto_now=True)
status = models.CharField(max_length=10,
                          choices=STATUS_CHOICES,
                          default='draft')

class Meta:
    ordering = ('-publish',)

def __str__(self):
    return self.title
```

这表示为博客帖子的数据模型。下面查看针对该模型定义的相关字段，如下所示：

- title 表示为帖子标题字段。该字段定义为 CharField，在 SQL 数据库中将转换为 VARCHAR 列。
- slug 字段用于 URL 中。作为一种简短的标记，slug 仅包含字母、数值、下画线及连字符。根据 slug 字段，可针对博客帖子构建具有较好外观的、SEO 友好的 URL。之前曾向该字段中添加了 unique_for_date 参数，进而可采用发布日期和 slug 对帖子构建 URL。Django 不支持多个帖子在既定日期拥有相同的 slug。
- author 字段表示为一个外键，并定义了多对一的关系。具体来说，我们将通知 Django，每个帖子都是由用户编写，一个用户可编写多个帖子。对于该字段，Django 通过相关模型的主键在数据库中生成一个外键。此时，我们将借助于 Django 验证系统中的 User 模型。当删除引用对象时，on_delete 参数指定了所使用的操作行为——这并非是 Django 规范，而是一类 SQL 标准。当采用 CASCADE 并删除引用用户时，数据库还将删除其所关联的博客帖子。读者可访问 https://docs.djangoproject.com/en/3.0/ref/models/fields/#django.db.models.ForeignKey.on_delete 以查看全部选项。我们使用 related_name 属性指定反向关系的名称（从 Uset 到 Post），这可以方便地访问相关对象。稍后将对此加以详细讨论。
- body 表示帖子的主体，且设置为文本字段，同时转换为 SQL 数据库中的 TEXT 列。
- publish 表示帖子的发布日期。此处使用了 Django 的时区 now 方法作为默认值，并以时区格式返回当前日期。我们可将其视为 Python 标准方法 datetime.now 的时区版本。
- created 表示帖子的创建时间。鉴于此处采用了 auto_now_add，当创建某个对象时，日期将被自动更新。

- updated 表示帖子最后一次更新的时间。鉴于此处采用了 auto_now，因而当保存某个对象时，日期将被自动更新。
- status 显示了帖子的状态。由于使用了 choices 参数，因而该字段值仅设置为既定选择方案中的某一个方案。

Django 中包含了不同的字段类型，并以此定义模型。读者可访问 https://docs.djangoproject.com/en/3.0/ref/models/fields/以查看所有的字段类型。

模型内的 Meta 类包含了元数据。在默认状态下，当查询元数据时，将通知 Django 对 publish 字段中的结果以降序排序（通过负号前缀，可指定降序排序）。据此，最新发布的帖子将首先被显示。

__str__()方法为默认的人们可读的对象表达方式，Django 将在多处对其加以使用，如管理站点。

注意：

如果读者使用的是 Python 2.X，那么注意，在 Python 3 中，全部字符串在本地均视为 Unicode，因而，我们仅使用__str__()，而__unicode__()则已过时。

1.3.1 激活应用程序

为了使 Django 跟踪应用程序，同时可针对其模型创建数据表，需要对其予以激活。对此，可编辑 settings.py 文件，并向 INSTALLED_APPS 设置中添加 blog.apps.BlogConfig，如下所示：

```
INSTALLED_APPS = [
    'django.contrib.admin',
    'django.contrib.auth',
    'django.contrib.contenttypes',
    'django.contrib.sessions',
    'django.contrib.messages',
    'django.contrib.staticfiles',
    'blog.apps.BlogConfig',
]
```

BlogConfig 类定义了应用程序的配置内容。当前，Django 了解到应用程序针对项目处于活动状态，并可加载其模型。

1.3.2 设置并使用迁移方案

前述内容针对博客帖子创建了数据模型，我们需要对此定义数据库表。Django 配置了迁移系统，跟踪模型产生的变化内容，并将其传送至数据库中。相应地，migrate 命令可针对 INSTALLED_APPS 列出的全部应用程序执行迁移操作并同步对应的数据库（其中包含了当前模型和现有的迁移内容）。

首先需要针对 Post 模型创建初始迁移。在项目的根目录中，可运行下列命令：

```
python manage.py makemigrations blog
```

对应输出结果如下所示：

```
Migrations for 'blog':
    blog/migrations/0001_initial.py
        - Create model Post
```

Django 在 blog 应用程序的 migrations 目录内仅生成了 0001_initial.py 文件，我们可以打开该文件查看迁移结果。迁移指定了在数据库中执行的其他迁移和操作的依赖关系，以便与模型变化同步。

下面考查 Django 在数据库中执行的 SQL 代码，以创建模型表。sqlmigrate 命令将使用到迁移名称并在不执行 SQL 的情况下返回其 SQL。运行以下命令并检查第一次迁移的 SQL 输出结果：

```
python manage.py sqlmigrate blog 0001
```

对应输出结果如下所示：

```
BEGIN;
--
-- Create model Post
--
CREATE TABLE "blog_post" ("id" integer NOT NULL PRIMARY KEY AUTOINCREMENT,
"title" varchar(250) NOT NULL, "slug" varchar(250) NOT NULL, "body" text
NOT NULL, "publish" datetime NOT NULL, "created" datetime NOT NULL, "updated"
datetime NOT NULL, "status" varchar(10) NOT NULL, "author_id" integer NOT
NULL REFERENCES "auth_user" ("id")DEFERRABLE INITIALLY DEFERRED);
CREATE INDEX "blog_post_slug_b95473f2" ON "blog_post" ("slug");
CREATE INDEX "blog_post_author_id_dd7a8485" ON "blog_post" ("author_id");
COMMIT;
```

实际输出结果取决于所用的数据库，上述输出结果为 SQLite 所生成。不难发现，Django 通过组合应用程序名称及模型（blog_post）的小写名称生成表名。另外，还可以使用 db_table 属性在模型的 Meta 类中为模型指定一个定制的数据库名称。

Django 为每个模型自动生成主键，不过也可以在模型字段中指定 primary_key=True

以对此进行覆写。此处,默认的主键表示为 id 列,并由一个整数构成,同时实现自动递增。该列对应于自动添加至模型中的 id 字段。

接下来将数据库与新模型同步。运行以下命令来应用现有迁移:

```
python manage.py migrate
```

对应输出结果如下所示:

```
Applying blog.0001_initial... OK
```

我们只是为 INSTALLED_APPS 中列出的应用程序使用了迁移,包括我们的 blog 应用程序。在应用迁移之后,数据库反映了模型的当前状态。

当编辑 models.py 文件,以便添加、移除或修改现有模型的字段时,或者添加新的方法时,则需要利用 makemigrations 命令创建新的迁移。该迁移使得 Django 可跟踪模型的变化状态。随后,还需将其与 migrate 命令一起应用,使数据库与模型保持同步。

1.4 针对模型创建管理站点

之前已经定义了 Post 模型,本节将创建简单的管理站点并对博客帖子进行适当管理。Django 包含了内建的管理接口,这对于编辑内容来说十分有用。通过读取模型元数据,同时提供针对编辑内容的产品接口,Django 可自动构建管理站点。用户可直接对其加以使用,并配置模型的显示方式。

django.contrib.admin 已包含于 INSTALLED_APPS 设置中,因而无须对其予以添加。

1.4.1 创建超级用户

首先,需要创建一个用户来管理站点。对此,可运行下列命令:

```
python manage.py createsuperuser
```

对应输出结果如下所示,其中需要输入用户名、电子邮件及密码。

```
Username (leave blank to use 'admin'): admin
Email address: admin@admin.com
Password: ********
Password (again): ********
Superuser created successfully.
```

1.4.2 Django 管理站点

使用 python manage.py runserver 命令启动开发服务器，并在浏览器中打开 http://127.0.0.1: 8000/admin/。管理登录页面如图 1.3 所示。

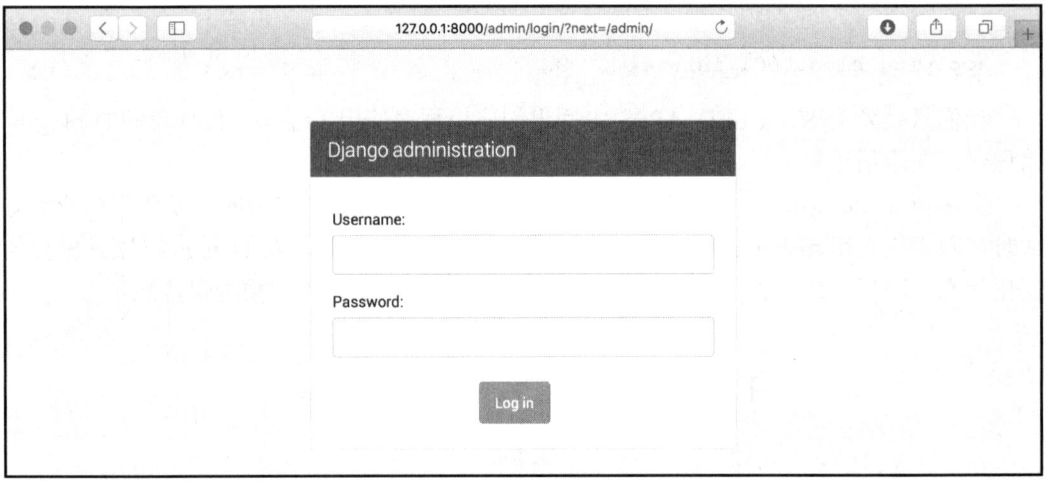

图 1.3

在使用之前创建的用户凭证登录后，将看到管理站点索引页面，如图 1.4 所示。

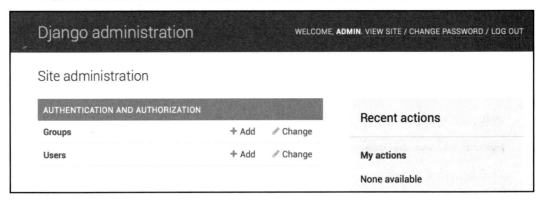

图 1.4

图 1.4 中显示的 Groups 和 Users 模型表示为 django.contrib.auth 验证框架中的部分内容。当单击 Users 时，将会看到之前创建的用户。

1.4.3 向管理站点中添加模型

下面向管理站点中添加博客模型。对此，可编辑 blog 应用程序的 admin.py 文件，如下所示：

```
from django.contrib import admin
from .models import Post

admin.site.register(Post)
```

当前，重新在浏览器中加载管理站点，管理站点中的 Post 模型，如图 1.5 所示。

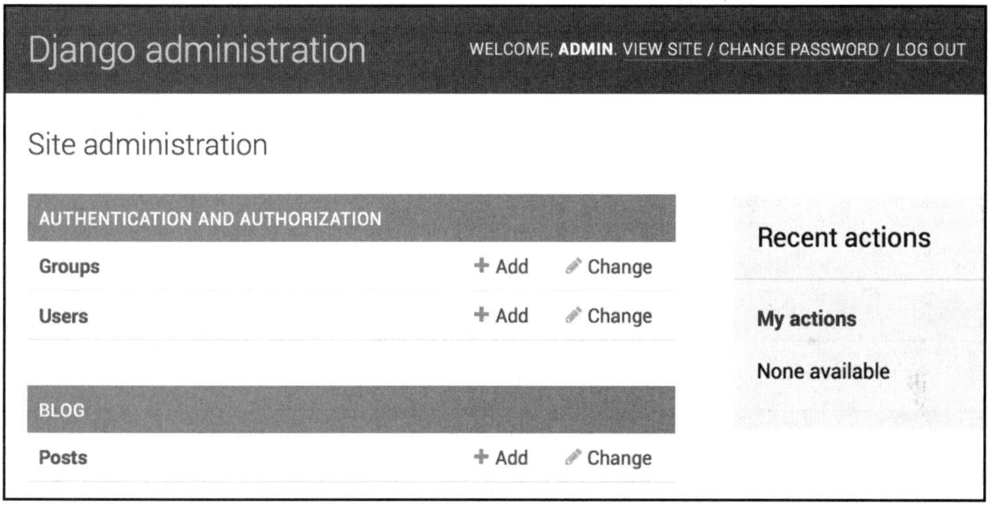

图 1.5

当在 Django 管理站点中注册模型时，将会得到通过内省（introspecting）模型生成的用户友好的界面，进而可通过简单的方式列表编辑、创建、删除对象。

单击 Posts 一侧的 Add 链接即可加入新的帖子。此处，我们将会看到 Django 针对模型自动创建生成的表单，如图 1.6 所示。

Django 针对每种字段类型使用不同的表单微件，甚至某些较为复杂的字段（如 DateTimeField）也可通过简单的界面予以显示，如 JavaScript 日期选择器。

填写字段并单击 SAVE 按钮。随后，用户将被重定向至帖子列表页面，并包含一条成功消息及刚刚创建的帖子，如图 1.7 所示。

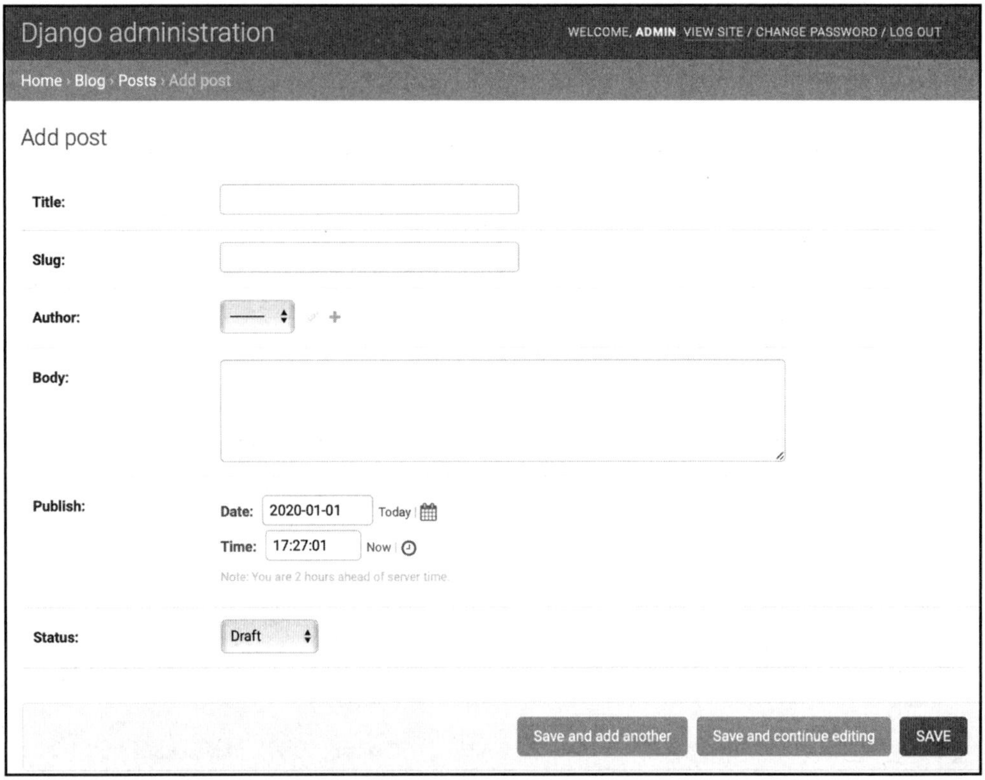
Django administration
WELCOME, ADMIN. VIEW SITE / CHANGE PASSWORD / LOG OUT
Home › Blog › Posts › Add post
Add post
Title:
Slug:
Author:
Body:
Publish:
Date: 2020-01-01 Today
Time: 17:27:01 Now
Note: You are 2 hours ahead of server time.
Status:
Draft
Save and add another
Save and continue editing
SAVE

图 1.6

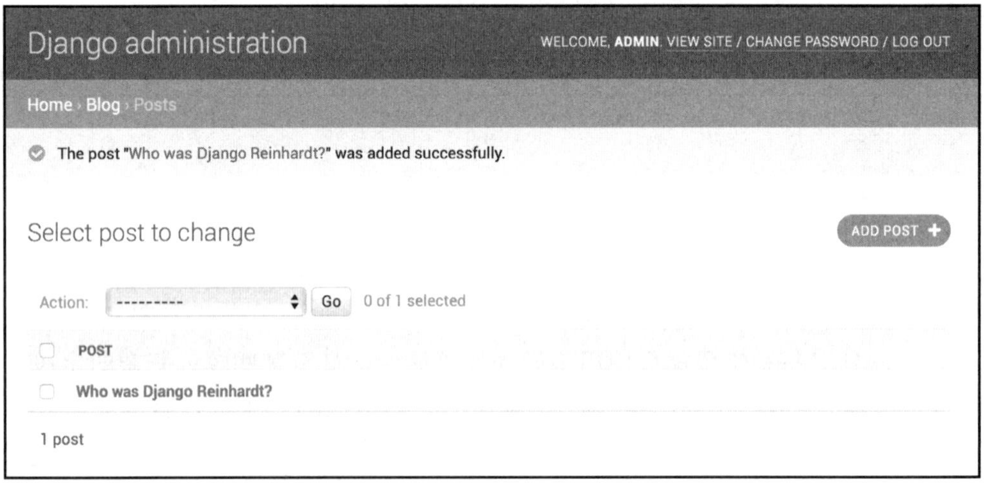
Django administration
WELCOME, ADMIN. VIEW SITE / CHANGE PASSWORD / LOG OUT
Home › Blog › Posts
The post "Who was Django Reinhardt?" was added successfully.
Select post to change
ADD POST
Action: ---------- Go 0 of 1 selected
POST
Who was Django Reinhardt?
1 post

图 1.7

1.4.4 定制模型的显示方式

本节考查管理站点的定制方式。对此，可编辑 blog 应用程序中的 admin.py 文件，并对其予以修改，如下所示：

```
from django.contrib import admin
from .models import Post

@admin.register(Post)
class PostAdmin(admin.ModelAdmin):
    list_display = ('title', 'slug', 'author', 'publish', 'status')
```

这里，我们将通知 Django 管理站点，当前模型通过继承自 ModelAdmin 的自定义类在管理站点中注册，在该类中，可包含管理站点中与模型显示方式及其交互方式相关的信息。

相应地，list_display 属性可以设置希望在管理对象列表页面中显示的模型字段；@admin.register()装饰器执行的函数与我们已经替换的 admin.site.register()函数一样，可以注册它所修饰的 ModelAdmin 类。

下面利用更多选项定制 admin 模型，对应代码如下所示：

```
@admin.register(Post)
class PostAdmin(admin.ModelAdmin):
    list_display = ('title', 'slug', 'author', 'publish', 'status')
    list_filter = ('status', 'created', 'publish', 'author')
    search_fields = ('title', 'body')
    prepopulated_fields = {'slug': ('title',)}
    raw_id_fields = ('author',)
    date_hierarchy = 'publish'
    ordering = ('status', 'publish')
```

返回至浏览器并重新加载帖子列表页面，对应结果如图 1.8 所示。

不难发现，在帖子列表页面中显示的字段实际上是 list_display 属性中指定的字段。列表页面包含了右侧栏，并可通过 list_filter 属性中包含的字段对结果进行过滤。

另外，页面中还显示了 Search 栏，其原因在于，我们利用 search_fields 属性定义了可搜索字段列表。在 Search 栏下方是一个导航链接，可查看日期层次结构，并通过 date_hierarchy 属性予以定义。除此之外，在默认状态下，帖子按照 STATUS 和 PUBLISH 列进行排序。之前，我们曾利用 ordering 属性指定了默认的顺序。

接下来，单击 ADD POST 链接，并观察其中的变化。当输入新帖子的标题后，slug

字段将被自动填充。之前，我们曾通知 Django 利用 prepopulated_fields 属性，并根据 title 字段输入结果预填充 slug 字段。

图 1.8

此外，author 字段则利用搜索微件予以显示，当存在数千名用户时，其伸缩性明显优于下拉选择输入菜单。该过程是通过 raw_id_fields 字段实现的，如图 1.9 所示。

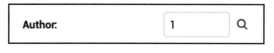

图 1.9

综上所述，仅需几行代码，即可定制模型在管理站点上的显示方式。另外，还存在多种方式可定制、扩展 Django 管理站点，稍后将对此加以讨论。

1.5　与 QuerySet 和管理器协同工作

前述内容设置了一个全功能管理站点，并可对博客内容进行处理。本节将讨论如何从数据库中获取信息并与其进行交互。Django 设置了强大的数据库抽象 API，并以此方便地创建、获取、更新及删除对象。同时，Django 中的对象关系映射器（ORM）兼容于 MySQL、PostgreSQL、SQLite、Oracle 及 MariaDB。需要注意的是，我们可以在项目的

settings.py 文件中的 DATABASES 设置项中定义当前项目的数据库。Django 可以一次与多个数据库协同工作，用户可以对数据库路由器进行编程，以创建自定义路由方案。

在数据模型创建完毕后，Django 提供了相应的 API 可与其进行交互。读者可访问 https://docs.djangoproject.com/en/3.0/ref/models/以了解官方文档中的数据模型参考内容。

Django ORM 基于 QuerySets。一个 QuerySet 可视为一个数据库查询集合，以检索数据库中的对象。用户可在 QuerySets 上使用过滤器，进而根据给定的参数缩小查询结果的范围。

1.5.1 创建对象

打开终端并运行以下命令启动 Python shell：

```
python manage.py shell
```

随后输入下列代码行：

```
>>> from django.contrib.auth.models import User
>>> from blog.models import Post
>>> user = User.objects.get(username='admin')
>>> post = Post(title='Another post',
...             slug='another-post',
...             body='Post body.',
...             author=user)
>>> post.save()
```

下面对上述代码的执行内容进行简要分析。首先，我们通过用户名 admin 获取 user 对象，如下所示：

```
user = User.objects.get(username='admin')
```

这里的 get()方法可从数据库中获取单一对象。注意，该方法期望得到与查询匹配的结果。如果数据库未返回任何结果，那么该方法将会抛出 DoesNotExist 异常；如果数据库返回多条结果，则会抛出 MultipleObjectsReturned 异常。这两个异常均为与执行查询对应的、模型类的属性。

随后利用定制 title、slug 及 body 创建 post 实例，并将之前检索到的用户设置为帖子的作者，如下所示：

```
post = Post(title='Another post', slug='another-post', body='Post body.',
author=user)
```

注意：

此类对象位于内存中，且未实现数据库的持久化操作。

最后，利用 save()方法将 Post 对象保存至数据库中，如下所示：

```
post.save()
```

上述操作在后台执行了 INSERT SQL 语句。前述内容曾讨论了在内存中创建对象，并将其持久化至数据库中。除此之外，还可通过 create()这个单一操作方式创建对象，并将其持久化至数据库中，如下所示：

```
Post.objects.create(title='One more post',
                    slug='one-more-post',
                    body='Post body.',
                    author=user)
```

1.5.2 更新对象

下面修改帖子的标题，并再次保存对象，对应代码如下所示：

```
>>> post.title = 'New title'
>>> post.save()
```

此处，save()方法执行 UPDATE SQL 语句。

注意：

当调用了 save()方法后，对象的变化内容方能持久化至数据库中。

1.5.3 检索对象

之前我们已经了解到如何通过 get()方法获取数据库中的单一对象，并利用 Post.objects.get()访问该方法。相应地，每个 Django 模型至少包含一个管理器，并且默认将管理器称作 objects。通过模型管理器，用户可得到一个 QuerySet 对象。当从某个表中获取所有对象时，仅需使用默认对象管理器上的 all()方法即可，如下所示：

```
>>> all_posts = Post.objects.all()
```

上述代码显示了 QuerySet 的创建方式，并返回数据库中的全部对象。注意，该 QuerySet 尚未被执行。Django 中的 QuerySet 具有延迟特征，仅在强制操作下方得以被执行，这种行为使得 QuerySet 更加高效。如果未将 QuerySet 设置为某个变量，而是直接将其写入 Python shell 中，QuerySet 的 SQL 语句将被执行——此处将强制其输出结果，如下所示：

```
>>> all_posts
```

1. 使用 filter()方法

当过滤 QuerySet 时，可使用管理器的 filter()方法。例如，可利用下列 QuerySet 获得 2020 年中发布的全部帖子：

```
>>> Post.objects.filter(publish__year=2020)
```

除此之外，还可通过多个字段进行过滤。例如，可通过包含用户名 admin 的作者获取发布于 2020 年的所有帖子，如下所示：

```
>>> Post.objects.filter(publish__year=2020, author__username='admin')
```

这相当于构建链接多个过滤器的同一 QuerySet，如下所示：

```
>>> Post.objects.filter(publish__year=2020) \
>>>             .filter(author__username='admin')
```

注意：
包含字段查找方法的查询操作可采用两个下画线予以构建，如 publish__year，但同一标记也可用于相关模型的访问字段，如 author__username。

2. 使用 exclude()方法

利用过滤器的 exclude()方法，可从 QuerySet 中排除特定的结果。例如，可获取标题不是以 Why 开始的、发布于 2020 年的全部帖子，如下所示：

```
>>> Post.objects.filter(publish__year=2020) \
>>>             .exclude(title__startswith='Why')
```

3. 使用 order_by()方法

利用管理器的 order_by()方法，可通过不同的字段对结果进行排序。例如，可获取以标题排序的全部对象，如下所示：

```
>>> Post.objects.order_by('title')
```

这里默认为升序操作。当然，还可通过负号前缀进行降序排序，如下所示：

```
>>> Post.objects.order_by('-title')
```

1.5.4 删除对象

如果希望删除某个对象，则可通过 delete()方法在对象实例中执行这一操作，如下所示：

```
>>> post = Post.objects.get(id=1)
>>> post.delete()
```

注意：

删除对象也会删除 ForeignKey 对象（on_delete 设置为 CASCADE）的依赖关系。

1.5.5 评估 QuerySet

QuerySet 的创建过程在其被评估之前并不会设计数据库操作。另外，QuerySet 通常会返回另一个未评估的 QuerySet。我们可以连接任意多个过滤器到一个 QuerySet 上，在 QuerySet 计算之前并不会访问数据库。

QuerySet 仅在以下场合被计算：
- 首次迭代时。
- 当对 QuerySet 访问时，如 Post.objects.all()[:3]。
- 当对 QuerySet 缓存时。
- 当在 QuerySet 上调用 repr()或 len()时。
- 当在 QuerySet 上显式调用 list()时。
- 当在某个语句中对 QuerySet 进行测试时，如 bool()、or、and 或者 if。

1.5.6 创建模型管理器

如上所述，对象表示为每个模型的默认管理器（可检索数据库中的全部对象）。然而，我们还可针对模型定义定制管理器。下面将创建定制管理器并检索包含 published 状态的全部帖子。

对此，存在两种方式可向模型中添加管理器，即添加额外的管理器方法，或者修改初始管理器 QuerySet。其中，第一个方法提供了相应的 QuerySet API，如 Post.objects.my_manager()；而第二个方法提供了 Post.my_manager.all()。该管理器可通过 Post.published.all()检索帖子。

下面编辑 blog 应用程序的 models.py 文件并添加定制管理器，如下所示：

```python
class PublishedManager(models.Manager):
    def get_queryset(self):
        return super(PublishedManager,
                   self).get_queryset()\
                       .filter(status='published')

class Post(models.Model):
    # ...
    objects = models.Manager()      # The default manager.
    published = PublishedManager()  # Our custom manager.
```

当前，在模型中声明的第一个管理器为默认管理器。我们可使用 Meta 属性 default_manager_name 指定不同的默认管理器。如果模型中未定义管理器，则 Django 将对此自动创建一个 objects 默认管理器。相应地，如果希望针对模型声明管理器，同时希望保持 objects 管理器，则需要显式地将其添加至模型中。在上述代码中，我们向 Post 模型中添加了默认的 objects 管理器和 published 自定义管理器。

管理器的 get_queryset()方法返回将被执行的 QuerySet。我们将覆写该方法，以在最终的 QuerySet 中包含自定义过滤器。

之前曾定义了定制管理器，并将其添加至 Post 模型中，此处可对其加以使用并执行查询。

通过下列命令再次启用开发服务器：

```
python manage.py shell
```

此处可导入 Post 模型并执行下列 QuerySet 命令检索所有发布的帖子，其对应的标题以 Who 开始。

```
>>> from blog.models import Post
>>> Post.published.filter(title__startswith='Who')
```

当针对 QuerySet 获取结果时，应确保在 Post 对象（其 title 始于 Who）中将 published 字段设置为 True。

1.6 构建列表和详细视图

在了解了如何使用 ORM 后，即可着手准备构建博客应用程序的视图。Django 视图仅表示为一个 Python 函数，接收 Web 请求并返回一个 Web 响应。另外，返回响应结果的全部逻辑均位于视图中。

首先，需要创建应用程序视图，随后针对每个视图定义 URL。最后，还需要创建 HTML 模板，以渲染视图所生成的数据。其中，每个视图将渲染一个模板（向其中传递变量），并返回包含渲染输出结果的 HTTP 响应。

1.6.1 生成列表和视图

下面开始创建视图以显示帖子列表。编辑 blog 应用程序的 views.py 文件，如下所示：

```
from django.shortcuts import render, get_object_or_404
from .models import Post

def post_list(request):
    posts = Post.published.all()
    return render(request,
                  'blog/post/list.html',
                  {'posts': posts})
```

上述代码创建了第一个 Django 视图。具体来说，post_list 视图接收 request 对象作为唯一参数。需要注意的是，全部视图都需要使用到该参数。在当前视图中，将利用之前创建的 published 管理器，检索包含 published 状态的所有帖子。

最后，使用 Django 提供的 render()方法渲染包含给定模板的帖子列表。该函数接收 request 对象、模板路径及上下文变量，进而渲染给定的模板。另外，该函数返回包含渲染文本（一般为 HTML 代码）的 HttpResponse 对象。render()快捷方式涉及请求上下文，因而模板上下文处理器设置的任意变量均可被给定的模板所访问。模板上下文处理器只是将变量设置到上下文中的可调用程序，第 3 章将对此加以讨论。

下面创建第二个视图并显示独立的帖子。对此，可向 views.py 文件中添加下列函数：

```
def post_detail(request, year, month, day, post):
    post = get_object_or_404(Post, slug=post,
                             status='published',
                             publish__year=year,
                             publish__month=month,
                             publish__day=day)
    return render(request,
                  'blog/post/detail.html',
                  {'post': post})
```

作为帖子的详细视图，该视图接收 year、month、day 及 post 作为参数，并检索包含既定 slug 和日期的发布帖子。注意，当创建 Post 模型时，将向 slug 字段加入 unique_for_date

参数。通过这一方式，对于既定日期，可确保仅存在一个包含 slug 的帖子。因此，可通过日期和 slug 检索单一帖子。在详细视图中，我们采用 get_object_or_404()快捷方式检索期望的帖子。该函数检索与既定参数匹配的对象；或者，如果对象不存在，则抛出 HTTP 404 异常。最后，我们使用 render()快捷方式并通过模板渲染检索到的帖子。

1.6.2 向视图添加 URL 路径

URL 路径可将 URL 映射至视图上。具体来说，URL 路径由字符串路径、视图和可在项目范围内命名 URL 的名称（可选）组成。Django 遍历每个 URL 路径，并在第一个与请求 URL 匹配的路径处停止。随后，Django 导入与 URL 路径匹配的视图并对其加以执行、传递 HttpRequest 类实例和关键字（或者位置参数）。

下面在 blog 应用程序目录中创建 urls.py 文件并添加下列代码行：

```python
from django.urls import path
from . import views

app_name = 'blog'

urlpatterns = [
    # post views
    path('', views.post_list, name='post_list'),
    path('<int:year>/<int:month>/<int:day>/<slug:post>/',
        views.post_detail,
        name='post_detail'),
]
```

在上述代码中，通过 app_name 变量定义了应用程序命名空间，可通过应用程序组织 URL，并在引用时使用对应名称。这里通过 path()函数定义了两种不同的路径。其中，第一个 URL 路径不接收任何参数，并映射至 post_list 视图。第二个路径接收下列 4 个参数，并映射至 post_detail 视图上。

- ❑ year 表示为一个整数。
- ❑ month 表示为一个整数。
- ❑ day 表示为一个整数。
- ❑ post 由单词和连字符组成。

此处，我们使用尖括号捕捉 URL 值。任何定义于 URL 路径中的值（形如<parameter>）均作为字符串被捕捉。我们将使用路径转换器（如<int:year>）以实现特定的匹配，并返回一个整数和<slug:post>，且与 slug 实现特定的匹配（由 ASCII 字母、数字、连字符和下画线构成的字符串）。读者可访问 https://docs.djangoproject.com/en/3.0/topics/http/urls/#path-converters，并查看 Django 提供的全部路径转换器。

如果 path()和转换器无法满足当前要求，则可采用 re_path()定义包含 Python 正则表达式的复杂 URL 路径。关于包含正则表达式的 URL 路径定义，读者可访问 https://docs.djangoproject.com/en/3.0/ref/urls/#django.urls.re_path 以了解更多内容。如果之前读者尚未接触过正则表达式，则可先参考 *Regular Expression HOWTO*，对应网址为 https://docs.python.org/3/howto/regex.html。

> 💡 提示：
>
> 针对每个应用程序创建 urls.py 文件可视为应用程序复用的一种最佳方式。

接下来，需要在项目的主 URL 路径中包含 blog 应用程序的 URL 路径。

对此，可编辑位于项目 mysite 目录中的 urls.py 文件，如下所示：

```
from django.urls import path, include
from django.contrib import admin

urlpatterns = [
    path('admin/', admin.site.urls),
    path('blog/', include('blog.urls', namespace='blog')),
]
```

利用 include 定义的新 URL 路径引用了定义于 blog 应用程序中的 URL 路径，因而包含于 blog/路径中。另外，此类路径还位于命名空间 blog 中。并且，命名空间须在整个项目中保持唯一。稍后，我们即可方便地引用 blog URL，如 blog:post_list 和 blog:post_detail。关于 URL 命名空间，读者可访问 https://docs.djangoproject.com/en/3.0/topics/http/urls/#url-namespaces 以了解更多内容。

1.6.3　模型的标准 URL

标准 URL 是资源的首选 URL。用户可在站点中采用不同的页面显示帖子，但是只有一个 URL 作为博客帖子的主 URL。

我们可以使用 1.6.2 节定义的 post_detail URL 针对 Post 对象构建标准 URL。在 Django 中，对应规则可描述为：向返回对象的标准 URL 的模型中添加 get_absolute_url()方法。针对该方法，我们将使用 reverse()方法，并可通过对应的名称和所传递的可选参数构建 URL。读者了解 URL 实用函数可访问 https://docs.djangoproject.com/en/3.0/ref/urlresolvers/。

编辑 models.py 文件并添加下列代码：

```python
from django.urls import reverse

class Post(models.Model):
    # ...
    def get_absolute_url(self):
        return reverse('blog:post_detail',
                       args=[self.publish.year,
                             self.publish.month,
                             self.publish.day, self.slug])
```

我们可使用模板中的 get_absolute_url()方法，进而链接至特定的帖子。

1.7 创建视图模板

上述内容针对 blog 应用程序创建了视图和 URL。URL 模式将 URL 映射至视图，视图确定了哪些数据返回至用户。

模板定义了数据的显示方式，它们一般采用 HTML 编写，并与 Django 模板语言结合使用。关于 Django 模板语言，读者可访问 https://docs.djangoproject.com/en/3.0/ref/templates/language/以了解更多信息。

下面将添加模板，并以用户友好的方式显示帖子。

接下来，在 blog 应用程序目录中创建下列目录和文件：

```
templates/
    blog/
        base.html
        post/
            list.html
            detail.html
```

上述结构将表示模板的文件结构。其中，base.html 文件包含了站点的 HTML 主结构，并将内容划分为主内容区域和侧栏。list.html 和 detail.html 文件继承自 base.html 文件，分别用于渲染博客帖子列表及详细视图。

Django 包含了功能强大的模板语言，并可确定数据的显示方式。该语言基于模板标签、模板变量及模板过滤器，如下所示：

❑ 模板标签负责控制模板的渲染，形如{% tag %}。
❑ 当模板被渲染时，模板变量被替换为对应值，形如{{ variable }}。

❑ 模板过滤器可针对显示调整变量，形如{{variable | **filter** }}。

读者可访问 https://docs.djangoproject.com/en/3.0/ref/templates/builtins/以查看全部内建的模板标签和过滤器。

编辑 base.html 文件并添加如下代码：

```
{% load static %}
<!DOCTYPE html>
<html>
<head>
  <title>{% block title %}{% endblock %}</title>
  <link href="{% static "css/blog.css" %}" rel="stylesheet">
</head>
<body>
  <div id="content">
    {% block content %}
    {% endblock %}
  </div>
  <div id="sidebar">
    <h2>My blog</h2>
    <p>This is my blog.</p>
  </div>
</body>
</html>
```

其中，{% load static %}通知 Django 加载 django.contrib.staticfiles 应用程序提供的静态模板标签，该标签位于 INSTALLED_APPS 设置项中。待加载完毕后，可在模板中使用{% static %}模板过滤器。通过这一模板过滤器，即可包含静态文件，如 blog.css 文件（该文件位于 blog 应用程序的 static/目录下）。随后，可将本章示例代码的 static/目录复制到项目的同一位置，以向模板应用 CSS 样式表。读者可访问 https://github.com/PacktPublishing/Django-3-by-Example/tree/master/Chapter01/mysite/blog/static 并查看目录内容。

通过观察可知，此处存在两个{% block %}标签。此类标签通知 Django，需要在该区域内定义一个块。继承自该模板的模板将利用相关内容填充该块。此处分别定义了 title 块和 content 块。

编辑 post/list.html 文件，对应内容如下所示：

```
{% extends "blog/base.html" %}

{% block title %}My Blog{% endblock %}
```

```
{% block content %}
  <h1>My Blog</h1>
  {% for post in posts %}
    <h2>
      <a href="{{ post.get_absolute_url }}">
        {{ post.title }}
      </a>
    </h2>
    <p class="date">
      Published {{ post.publish }} by {{ post.author }}
    </p>
    {{ post.body|truncatewords:30|linebreaks }}
  {% endfor %}
{% endblock %}
```

根据{% extends %}模板标签，将通知Django继承blog/base.html模板。随后，将填充基本模板的title和content块。接下来将遍历帖子，并显示标题、日期、作者和主体内容，还包括标题中指向帖子标准URL的链接。

在帖子的主体内容中，可使用两个模板过滤器。其中，truncatewords将数值截取至特定的单词数量；linebreaks将输出结果转换为HTML换行符。当然，我们可以连接任意数量的模板过滤器，每个过滤器都将应用于前一个过滤器生成的输出结果中。

打开Shell并执行python manage.py runserver命令，启动开发服务器。在浏览器中打开http://127.0.0.1:8000/blog/即可看到当前运行状态。注意，此处需要设置一些包含Published状态的帖子，以对其加以显示，对应结果如图1.10所示。

图1.10

接下来编辑 post/detail.html 文件，如下所示：

```
{% extends "blog/base.html" %}

{% block title %}{{ post.title }}{% endblock %}

{% block content %}
  <h1>{{ post.title }}</h1>
  <p class="date">
    Published {{ post.publish }} by {{ post.author }}
  </p>
  {{ post.body|linebreaks }}
{% endblock %}
```

随后可返回至浏览器中，单击帖子标题查看帖子的详细视图，如图 1.11 所示。

图 1.11

查看 URL——其对应结果应为/blog/2020/1/1/who-was-djangoreinhardt/。对于博客中的帖子，我们已经设计了 SEO 友好的 URL。

1.8　添加分页机制

当开始向博客中添加内容时，我们可以方便地进行定位，其中，数百个帖子存储于数据库中。这里，我们需要在多个页面中分隔帖子列表，而非在单一页面中显示全部帖子。这可通过分页机制予以实现。对此，可定义每页中希望显示的帖子的数量，并检索与用户请求页面对应的帖子。Django 包含了内建的分页类，从而可以方便地管理分页数据。

编辑 blog 应用程序的 views.py 文件，导入 Django 的分页器类并修改 post_list 视图，如下所示：

```python
from django.core.paginator import Paginator, EmptyPage,\
                                    PageNotAnInteger
def post_list(request):
    object_list = Post.published.all()
    paginator = Paginator(object_list, 3) # 3 posts in each page
    page = request.GET.get('page')
    try:
        posts = paginator.page(page)
    except PageNotAnInteger:
        # If page is not an integer deliver the first page
        posts = paginator.page(1)
    except EmptyPage:
        # If page is out of range deliver last page of results
        posts = paginator.page(paginator.num_pages)
    return render(request,
                  'blog/post/list.html',
                  {'page': page,
                   'posts': posts})
```

分页机制的工作方式如下：

（1）利用每个页面上显示的对象数量实例化 Paginator 类。

（2）获取表示当前页面号的 page GET 参数。

（3）调用 Paginator 的 page()方法获得所需页面的对象。

（4）如果 page 参数并非是一个整数，将检索结果的第一个页面；如果该参数数值大于最后一个页面，则检索最后一个页面。

（5）向模板传递页面号及检索对象。

另外，还需要创建一个模板以显示分页器，以使其包含于使用分页机制的任意模板中。在 blog 应用程序的 templates/文件夹中，创建一个新文件，将其命名为 pagination.html，并向该文件中添加下列 HTML 代码：

```html
<div class="pagination">
 <span class="step-links">
   {% if page.has_previous %}
     <a href="?page={{ page.previous_page_number }}">Previous</a>
   {% endif %}
   <span class="current">
     Page {{ page.number }} of {{ page.paginator.num_pages }}.
   </span>
   {% if page.has_next %}
```

```
    <a href="?page={{ page.next_page_number }}">Next</a>
    {% endif %}
  </span>
</div>
```

分页模板期望接收一个 Page 对象,以渲染上一个和下一个链接,并显示当前页和全部页的结果。下面返回至 blog/post/list.html 模板,并在{% content %}块下方包含 pagination.html 模板,如下所示:

```
{% block content %}
  ...
  {% include "pagination.html" with page=posts %}
{% endblock %}
```

由于传递至模板的 Page 对象被称作 posts,因而可在帖子列表模板中包含分页模板,经参数传递后实现正确的渲染。此外,可遵循这一方法并在不同模型的分页视图中复用分页模板。

在浏览器中打开 http://127.0.0.1:8000/blog/,随后可看到帖子列表下方的分页功能,如图 1.12 所示。

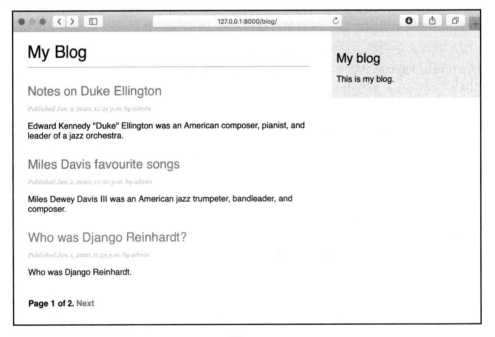

图 1.12

1.9 使用基于类的视图

基于类的视图是将视图实现为 Python 对象（而非函数）的另一种方案。由于视图表示为一种可调用的程序，接收 Web 请求并返回 Web 响应，因而可将视图定义为类方法。Django 对此提供了视图基类，且均继承自 View 类，并用于处理 HTTP 方法调度和其他常见功能。

对于某些应用场合来说，基于类的视图优于基于函数的视图，主要体现在以下两个方面：

❏ 在独立的方法中组织与 HTTP 方法相关的代码，如 GET、POST 或 PUT。
❏ 采用多重继承创建可复用的视图类（也称作混入类）。

关于基于类的视图，读者可访问 https://docs.djangoproject.com/en/3.0/topics/class-based-views/intro/以了解更多内容。

下面将把 post_list 视图修改为基于类的视图，并使用 Django 提供的通用 ListView。这一基视图可显示任意类型的对象。

编辑 blog 应用程序的 views.py 文件，并添加下列代码：

```
from django.views.generic import ListView

class PostListView(ListView):
    queryset = Post.published.all()
    context_object_name = 'posts'
    paginate_by = 3
    template_name = 'blog/post/list.html'
```

基于类的视图类似于之前的 post_list 视图。在上述代码中，将通知 ListView 执行下列操作：

❏ 使用特定的 QuerySet，而不是检索全部对象。此处并未定义 queryset 属性，而是采用了特定的 model = Post，Django 将构建通用的 Post.objects.all() QuerySet。
❏ 针对查询结果使用上下文变量 posts。如果未指定 context_object_name，那么默认变量为 object_list。
❏ 最终结果经分页后每页显示 3 个对象。
❏ 使用自定义模板渲染当前页面。如果未设置默认模板，则 ListView 将使用 blog/post_list.html。

下面打开 blog 应用程序的 urls.py 文件，注释掉之前的 post_list URL 路径，并通过

PostListView 类添加新的 URL 路径，如下所示：

```
urlpatterns = [
    # post views
    # path('', views.post_list, name='post_list'),
    path('', views.PostListView.as_view(), name='post_list'),
    path('<int:year>/<int:month>/<int:day>/<slug:post>/',
         views.post_detail,
         name='post_detail'),
]
```

为了保持分页机制，须使用传递至模板中的正确的页面对象。Django 中的通用视图 ListView 将所选页面传递至 page_obj 变量中。对此，须编辑 post/list.html 模板，并通过正确的变量设置分页器，如下所示：

```
{% include "pagination.html" with page=page_obj %}
```

在浏览器中打开 http://127.0.0.1:8000/blog/，并验证显示结果是否与之前的 post_list 视图保持一致。作为基于类的视图，这一简单示例使用了 Django 提供的通用类。第 10 章及后续章节还将对基于类的视图展开深入讨论。

1.10 本章小结

本章通过基本的博客程序，讨论了 Django Web 框架的基础知识。针对该项目，设计了数据模型并采用了迁移操作。其中涉及视图、模板、URL 及分页机制。

第 2 章将进一步完善博客应用程序，其中包括评论系统及标签功能；此外，用户还可通过电子邮件共享帖子。

第 2 章　利用高级特性完善博客程序

第 1 章创建了基本的博客应用程序，接下来，本章将讨论博客中一些较为高级的特性，以进一步完善该程序的各项功能，如下所示。

- ❏ 通过电子邮件共享帖子。当读者喜欢某一篇文章时，他们可能会与其他用户分享。本章将通过电子邮件实现帖子共享功能。
- ❏ 向帖子中添加评论。许多用户希望其阅读者对帖子进行评论并生成讨论内容。在本章中，读者将能够向博客帖子添加评论内容。
- ❏ 对帖子添加标签。标签可通过非结构方式并以简单的关键字对内容进行分类。本章将实现标签系统，对于博客来说这是一种十分常见的特性。
- ❏ 推荐相似的帖子。一旦实现了分类方法，如标签系统，即可以此向读者提供推荐内容。本章将构建一个系统，从而推荐与某一博客文章共享标签的其他文章。

本章主要包含以下内容：
- ❏ 利用 Django 发送电子邮件。
- ❏ 创建表单并在视图中对其加以处理。
- ❏ 从模型中创建表单。
- ❏ 整合第三方应用程序。
- ❏ 构建复杂的 QuerySet。

2.1　通过电子邮件共享帖子

用户可通过发送邮件共享帖子。结合第 1 章的内容，我们需要思考视图、URL 及模板的应用方式，进而实现这一功能。针对帖子的邮件发送功能，需要执行以下操作：

- ❏ 创建用户表单，并填写名字、电子邮件、收件人及可选的备注功能。
- ❏ 在 views.py 文件中创建视图，并处理数据及发送邮件。
- ❏ 在 blog 应用程序的 urls.py 文件中，针对新视图添加 URL 路径。
- ❏ 创建模板并显示表单。

2.1.1 使用 Django 创建表单

本节开始着手构建表单以共享帖子。Django 包含了内建的表单框架，并可通过一种简单的方式生成表单。该表单框架可定义表单字段、指定显示方式，以及如何验证输入数据。此外，Django 表单框架还提供了一种灵活的方式渲染表单和处理数据。

Django 包含了以下两个基类可构建表单：
- Form 可构建标准的表单。
- ModelForm 可构建与模型实例相关联的表单。

首先在 blog 应用程序目录中创建 forms.py 文件，如下所示：

```
from django import forms

class EmailPostForm(forms.Form):
    name = forms.CharField(max_length=25)
    email = forms.EmailField()
    to = forms.EmailField()
    comments = forms.CharField(required=False,
                               widget=forms.Textarea)
```

上述代码表示为第一个 Django 表单，其中，通过继承 Form 基类创建了一个表单。相应地，我们可针对 Django 使用不同的字段类型以验证字段。

注意：
> 表单可位于 Django 项目中的任意位置。相关规则描述为：可将表单置于每个应用程序的 forms.py 文件中。

这里，name 字段表示为 CharField，该字段类型显示为<input type="text"> HTML 元素。另外，每个字段类型均包含默认的微件，进而指定字段在 HTML 的表现方式。相应地，默认的微件可通过 widget 属性被覆写。在 comments 字段中，我们使用了 Textarea 微件将其显示为<textarea> HTML 元素，而非默认状态下的<input>元素。

另外，字段验证还取决于字段类型。例如，email 和 to 字段均为 EmailField 字段，两个字段需要使用到有效的电子邮件地址；否则，字段验证将抛出 forms.ValidationError 异常，且对应表单将不会被验证。对于表单验证来说，有时还需要考虑其他参数。例如，针对 name 字段定义了 25 个字符的最大长度；利用 required=False 将 comments 设置为可选项等，这些都涉及字段验证行为。表单中所用的字段类型仅表示为 Django 表单字段中的一部分内容。读者可访问 https://docs.djangoproject.com/en/3.0/ref/forms/fields/ 来了解有效的表单字段列表。

2.1.2 处理视图中的表单

本章将创建新的表单并对其加以处理,当提交成功后,将发送一封电子邮件。对此,编辑 blog 应用程序中的 views.py 文件,并添加下列代码:

```
from .forms import EmailPostForm

def post_share(request, post_id):
    # Retrieve post by id
    post = get_object_or_404(Post, id=post_id, status='published')

    if request.method == 'POST':
        # Form was submitted
        form = EmailPostForm(request.POST)
        if form.is_valid():
            # Form fields passed validation
            cd = form.cleaned_data
            # ... send email
    else:
        form = EmailPostForm()
    return render(request, 'blog/post/share.html', {'post': post,
                                                     'form': form})
```

上述视图的工作方式如下所示:
- 定义了 post_share 视图,并接收 request 对象和 post_id 变量作为参数。
- 采用 get_object_or_404()快捷方式,并通过 ID 检索帖子,以确保检索的帖子包含 published 状态。
- 对于初始表单的显示及提交数据的处理,这里使用了同一视图。我们可以根据 request 方法区分是否提交表单,并使用 POST 提交表单。假设如果获得了一个 GET 请求,将显示一个空表单;若获得一个 POST 请求,该表单将提交并被处理。因此,我们采用 request.method == 'POST'区分这两种情形。

下列步骤显示了表单的显示和处理流程。

(1) 当视图初始使用 GET 请求被加载时,可创建一个新的 form 实例,并用于显示模板中的空表单,如下所示:

```
form = EmailPostForm()
```

（2）用户填写表单，并通过 POST 予以提交。随后，通过包含于 request.POST 中的提交数据生成一个表单实例，如下所示：

```
if request.method == 'POST':
    # Form was submitted
    form = EmailPostForm(request.POST)
```

（3）此后，将利用表单的 is_valid()方法验证所提交的数据。该方法将对表单中引入的数据进行验证；若全部字段均包含有效数据，则返回 True。如果任一字段包含了无效数据，那么 is_valid()将返回 False。通过访问 form.errors，读者可查看验证错误列表。

（4）如果表单无效，那么将利用所提交的数据再次显示表单，并在模板中显示验证错误。

（5）若表单正确，通过访问 form.cleaned_data 将对验证后的数据进行检索。该属性表示为表单字段及其对应值的字典。

注意：

若表单数据未被验证，cleaned_data 将仅包含有效的字段。

下面讨论如何使用 Django 发送邮件，并对相关功能进行整合。

2.1.3 利用 Django 发送邮件

利用 Django 发送邮件其过程较为直观。首先，需要设置本地 SMTP 服务器，或者定义外部 SMTP 服务器配置，即向当前项目的 settings.py 文件中添加下列设置信息。

- ❑ EMAIL_HOST：表示 SMTP 服务器主机，默认为 localhost。
- ❑ EMAIL_PORT：表示 SMTP 端口，默认为 25。
- ❑ EMAIL_HOST_USER：表示 SMTP 服务器的用户名。
- ❑ EMAIL_HOST_PASSWORD：SMTP 服务器的密码。
- ❑ EMAIL_USE_TLS：表示是否采用 TLS（传输层安全）安全连接。
- ❑ EMAIL_USE_SSL：表示是否采用隐式 TLS 安全连接。

若不支持 SMTP 服务器，则可通知 Django 向控制台写入邮件，即向 settings.py 文件添加下列设置内容：

```
EMAIL_BACKEND = 'django.core.mail.backends.console.EmailBackend'
```

通过上述设置信息，Django 将所有的邮件输出至 Shell 中。这对于缺少 SMTP 服务器的应用程序测试十分有用。

如果需要发送邮件，但又缺少本地 SMTP 服务器的支持，还可使用邮件服务提供商的 SMTP 服务器。下列示例配置使用了 Google 账户及 Gmail 服务器：

```
EMAIL_HOST = 'smtp.gmail.com'
EMAIL_HOST_USER = 'your_account@gmail.com'
EMAIL_HOST_PASSWORD = 'your_password'
EMAIL_PORT = 587
EMAIL_USE_TLS = True
```

运行 python manage.py shell 命令，打开 Python Shell 并发送邮件，如下所示：

```
>>> from django.core.mail import send_mail
>>> send_mail('Django mail', 'This e-mail was sent with Django.',
'your_account@gmail.com', ['your_account@gmail.com'], fail_silently=False)
```

send_mail()函数接收主题、消息、发送者及接收者列表作为对应参数。除此之外，还可设置可选参数 fail_silently=False，如果邮件未被正确发送，那么将抛出一个异常。如果输出结果为 1，则表明邮件已被成功发送。

如果利用上述配置及 Gmail 发送邮件，则可能需要启用对安全性较低的应用程序的访问（https://myaccount.google.com/lesssecureapps），页面如图 2.1 所示。

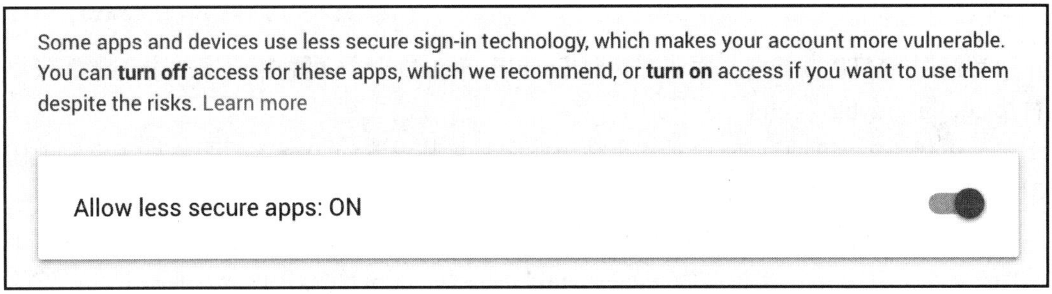

图 2.1

某些时候，可能需要禁用 Gmail 验证码（https://accounts.google.com/displayunlockcaptcha），进而通过 Django 发送邮件。

编辑 blog 应用程序 views.py 文件中的 post_share 视图，如下所示：

```
from django.core.mail import send_mail

def post_share(request, post_id):
    # Retrieve post by id
    post = get_object_or_404(Post, id=post_id, status='published')
    sent = False
```

```python
if request.method == 'POST':
    # Form was submitted
    form = EmailPostForm(request.POST)
    if form.is_valid():
        # Form fields passed validation
        cd = form.cleaned_data
        post_url = request.build_absolute_uri(
            post.get_absolute_url())
        subject = f"{cd['name']} recommends you read " \
                  f"{post.title}"
        message = f"Read {post.title} at {post_url}\n\n" \
                  f"{cd['name']}\'s comments: {cd['comments']}"
        send_mail(subject, message, 'admin@myblog.com',
                  [cd['to']])
        sent = True
else:
    form = EmailPostForm()
return render(request, 'blog/post/share.html', {'post': post,
                                                'form': form,
                                                'sent': sent})
```

当使用 SMTP 服务器（而非控制台 EmailBackend）时，可利用真实的电子邮件账户替换 admin@myblog.com。

上述代码中声明了 sent 变量，当帖子发送后将其设置为 True。后面还将在模板中使用该变量，并在表单成功提交后显示成功信息。

由于需要在邮件中包含指向帖子的链接，因而须通过 get_absolute_url()方法检索帖子的绝对路径，并使用该路径作为 request.build_absolute_uri()的输入内容，进而生成完整的 URL，包括 HTTP 路径和主机名。通过验证表单中的有效数据，可构建邮件的主题和消息主体内容，最终将邮件发送至表单字段 to 中的邮件地址处。

当前，视图已较为完备。这里不要忘记向其中添加新的 URL。打开 blog 应用程序的 urls.py 文件，并加入 post_share URL 路径，如下所示：

```python
urlpatterns = [
    # ...
    path('<int:post_id>/share/',
        views.post_share, name='post_share'),
]
```

2.1.4 渲染模板中的表单

上述内容创建了表单，对视图进行编程并添加了 URL 路径。接下来，需要针对该视图设置模板。在 blog/templates/blog/post/ 目录中创建新文件，将其命名为 share.html 并添加下列代码：

```
{% extends "blog/base.html" %}

{% block title %}Share a post{% endblock %}

{% block content %}
  {% if sent %}
    <h1>E-mail successfully sent</h1>
    <p>
      "{{ post.title }}" was successfully sent to {{ form.cleaned_data.to }}.
    </p>
  {% else %}
    <h1>Share "{{ post.title }}" by e-mail</h1>
    <form method="post">
      {{ form.as_p }}
      {% csrf_token %}
      <input type="submit" value="Send e-mail">
    </form>
  {% endif %}
{% endblock %}
```

上述代码表示为模板显示表单或者一条成功消息。需要注意的是，我们创建了 HTML 表单元素，表明需要通过 POST 方法予以提交，如下所示：

```
<form method="post">
```

随后，我们将包含实际的表单实例，通知 Django 利用 as_p 方法显示 HTML 段落<p>中的字段。除此之外，还需利用 as_ul 作为无序列表显示表单；或者利用 as_table 作为 HTML 表予以显示。如果需要显示每个字段，则可遍历相关字段，如下所示，代替使用 {{from.as_p}}：

```
{% for field in form %}
  <div>
    {{ field.errors }}
    {{ field.label_tag }} {{ field }}
```

```
</div>
{% endfor %}
```

{% csrf_token %}模板标签引入了一个隐藏字段，其中包含了自动生成的令牌，以避免跨站点请求伪造（CSRF）攻击。此类攻击包括恶意网站或程序，还会扰乱站点用户的正常操作。读者可访问 https://owasp.org/www-community/attacks/csrf，以获取更多信息。

上述标签生成的隐藏字段如下所示：

```
<input type='hidden' name='csrfmiddlewaretoken' value='26JjKo2lcEtYkGoV9z4XmJIEHLXN5LDR' />
```

> **注意：**
>
> 在默认状态下，Django 检测所有的 POST 请求中的 CSRF 令牌。读者应记住，在通过 POST 提交的所有表单中，需要添加 csrf_token 标签。

下面开始编辑 blog/post/detail.html 模板，并在{{ post.body|linebreaks }}变量之后加入指向共享帖子的链接，如下所示：

```
<p>
  <a href="{% url "blog:post_share" post.id %}">
    Share this post
  </a>
</p>
```

注意，此处通过 Django 提供的{% url %}模板标签动态地构建 URL。我们采用了名为 blog 的命名空间及名为 post_share 的 URL，并作为参数传递帖子 ID，进而生成绝对 URL。

下面执行 python manage.py runserver 命令启动开发服务器，并在浏览器中打开 http://127.0.0.1:8000/blog/，单击任意一个帖子的标题并查看其详细页面。在帖子主体内容下方，将会看到刚刚添加的链接，如图 2.2 所示。

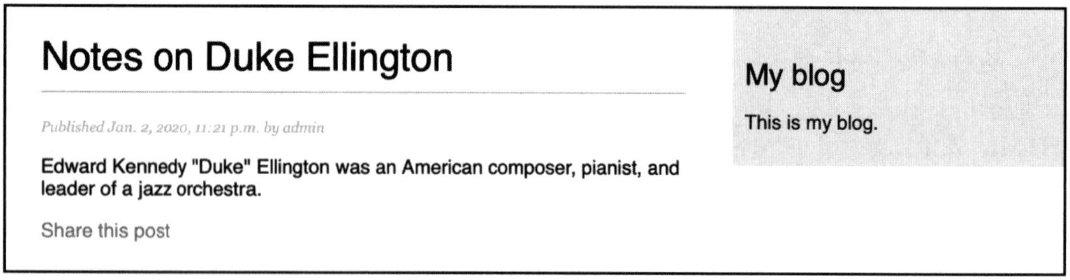

图 2.2

单击 Share this post 链接，将会看到包含表单（通过邮件方式共享帖子）的页面，如图 2.3 所示。

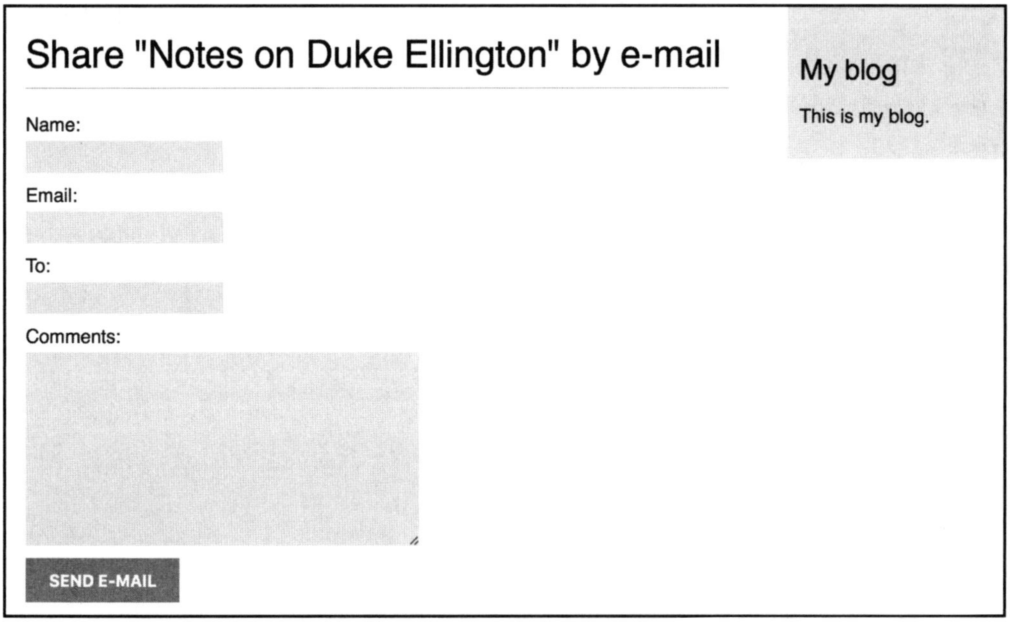

图 2.3

该表单的 CSS 样式表包含在 static/css/blog.css 文件的示例代码中。当单击 SEND E-MAIL 按钮时，该表单将被提交和验证。如果所有字段均包含了有效的数据，那么将会看到一条成功消息，如图 2.4 所示。

图 2.4

如果输入了无效数据，该表单将会再次显示，其中包含了全部验证错误信息，如图 2.5 所示。

需要注意的是，一些现代浏览器将会阻止提交空表单，或者包含错误字段的表单，其原因在于，表单验证一般根据字段类型和每个字段的限制条件由浏览器完成。在当前示例中，表单不会被提交，且浏览器针对错误字段显示对应的错误消息。

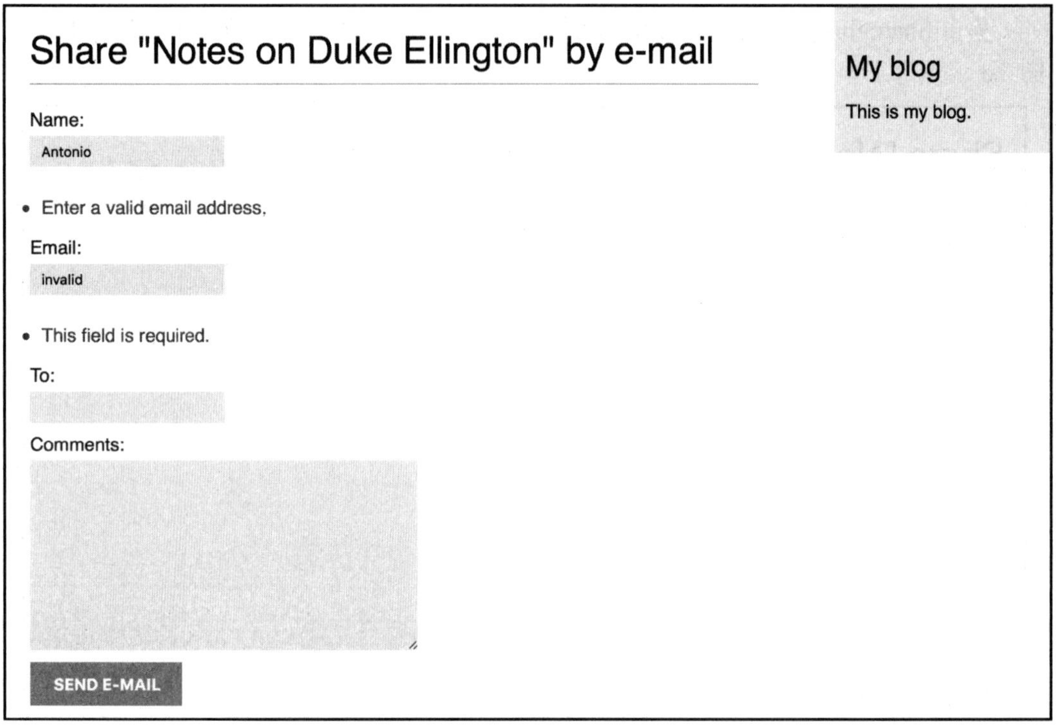

图 2.5

截至目前，基于邮件的帖子共享表单暂告一段落，下面讨论博客的评论系统。

2.2 构建评论系统

本节针对博客构建评论系统，用户可对帖子发表评论。构建评论系统需要执行下列操作步骤：
（1）创建一个模型以保存评论内容。
（2）创建表单，从而可提交评论内容并对数据进行验证。
（3）添加包含该表单的视图，并将最新的评论内容添加至数据库中。
（4）标记帖子的详细模板，以显示评论列表和添加新评论的表单。

2.2.1 构建模型

首先将创建一个模型以存储评论内容。打开 blog 应用程序的 models.py 文件，并添加下列代码：

```python
class Comment(models.Model):
    post = models.ForeignKey(Post,
                             on_delete=models.CASCADE,
                             related_name='comments')
    name = models.CharField(max_length=80)
    email = models.EmailField()
    body = models.TextField()
    created = models.DateTimeField(auto_now_add=True)
    updated = models.DateTimeField(auto_now=True)
    active = models.BooleanField(default=True)

    class Meta:
        ordering = ('created',)

    def __str__(self):
        return f'Comment by {self.name} on {self.post}'
```

上述代码表示为 Comment 模型，其中包含了 ForeignKey，以关联包含单一帖子的评论内容。这种多对一关系定义于 Comment 模型中——每条评论由一个帖子生成，而每个帖子可包含多条评论。

related_name 可对对应关系属性进行命名。待定义完毕后，可通过 comment.post 检索评论对象的帖子，并采用 post.comments.all() 检索某个帖子的全部评论。如果未定义 related_name 属性，Django 将使用模型名称_set 这一小写形式（如 comment_set）来命名关联对象与模型对象的关系。其中，对应关系已被定义。

关于多对一关系，读者可访问 https://docs.djangoproject.com/en/3.0/topics/db/examples/many_to_one/ 以了解更多内容。

active 布尔类型字段通过手动方式禁用某些不恰当的评论；同时还使用 created 字段对对象评论进行排序（默认状态下按照时间排序）。

之前刚刚创建的 Comment 模型尚未同步至数据库中。对此，可运行下列命令生成新的迁移，进而体现创建了新的模型。

```
python manage.py makemigrations blog
```

对应输出结果如下所示：

```
Migrations for 'blog':
  blog/migrations/0002_comment.py
    - Create model Comment
```

Django 在 blog 应用程序的 migrations/目录中生成了 0002_comment.py 文件。接下来需要创建相关的数据库路径，并将更改应用于该数据库。相应地，运行下列命令并应用现有的迁移方案。

```
python manage.py migrate
```

对应输出结果如下所示：

```
Applying blog.0002_comment... OK
```

在应用了刚刚构建的迁移方案后，blog_comment 表出现在当前数据库中。

下面可将新模型添加至管理站点中，并通过简单的接口对评论内容加以管理。打开 blog 应用程序的 admin.py 文件，导入 Comment 模型并添加 ModelAdmin 类，如下所示：

```
from .models import Post, Comment

@admin.register(Comment)
class CommentAdmin(admin.ModelAdmin):
    list_display = ('name', 'email', 'post', 'created', 'active')
    list_filter = ('active', 'created', 'updated')
    search_fields = ('name', 'email', 'body')
```

使用 python manage.py runserver 命令启动开发服务器，并在浏览器中打开 http://127.0.0.1:8000/admin/。新模型将包含于 BLOG 中，如图 2.6 所示。

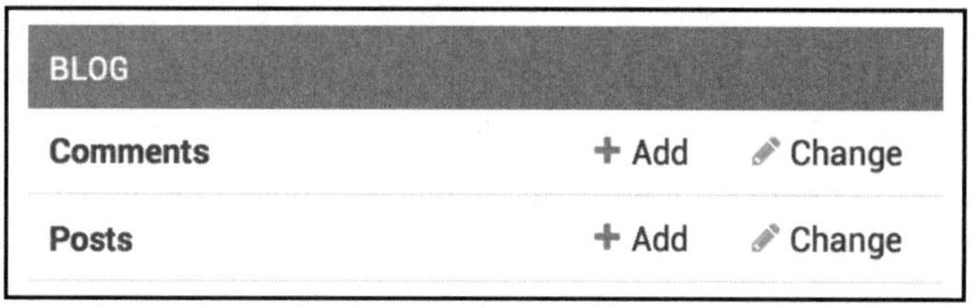

图 2.6

当前模型将在管理站点中被注册，并可通过简单的接口对 Comment 实例予以管理。

2.2.2 创建模型中的表单

本节将创建一个表单，以使用户可在博客帖子中进行评论。注意，Django 定义了两个基类构建表单，即 Form 和 ModelForm。前述内容曾使用 Form 实现了基于邮件方式的帖子共享操作。在当前示例中，鉴于从 Comment 模型中动态地创建表单，因而需要使用 ModelForm。编辑 blog 应用程序的 forms.py 文件，并添加下列代码：

```
from .models import Comment

class CommentForm(forms.ModelForm):
    class Meta:
        model = Comment
        fields = ('name', 'email', 'body')
```

当从模型中创建表单时,仅需指定使用哪一个模型创建 Meta 类中的表单。Django 将对当前模型进行检查,并以动态方式构建表单。

每个模型字段类型均包含对应的默认表单字段类型,我们定义模型字段的方式同时也考虑到了表单验证。在默认状态下,Django 针对包含于模型中的每个字段都会创建一个表单字段。然而,通过 fields 字段,我们可显式地通知当前框架希望在表单中包含哪些字段,或者采用字段的 exclude 列表定义希望排除的字段。针对 CommentForm 表单,仅需使用 name、email 和 body 字段,这些字段仅是用户可填写的字段。

2.2.3 处理视图中的 ModelForms

出于简单考虑,我们将利用帖子的详细视图实例化表单并对其进行处理。编辑 views.py 文件,针对 Comment 模型和 CommentForm 表单添加导入语句,并修改 post_detail 视图,如下所示:

```
from .models import Post, Comment
from .forms import EmailPostForm, CommentForm

def post_detail(request, year, month, day, post):
    post = get_object_or_404(Post, slug=post,
                                   status='published',
                                   publish__year=year,
                                   publish__month=month,
                                   publish__day=day)

    # List of active comments for this post
    comments = post.comments.filter(active=True)

    new_comment = None

    if request.method == 'POST':
        # A comment was posted
        comment_form = CommentForm(data=request.POST)
        if comment_form.is_valid():
```

```
                # Create Comment object but don't save to database yet
                new_comment = comment_form.save(commit=False)
                # Assign the current post to the comment
                new_comment.post = post
                # Save the comment to the database
                new_comment.save()
        else:
            comment_form = CommentForm()
        return render(request,
                      'blog/post/detail.html',
                      {'post': post,
                       'comments': comments,
                       'new_comment': new_comment,
                       'comment_form': comment_form})
```

代码中使用了 post_detail 视图显示帖子及其评论内容,并针对该帖子加入了 QuerySet 以检索所有的评论,如下所示:

```
comments = post.comments.filter(active=True)
```

我们从 post 对象开始构建 QuerySet,这里并未直接构建 Comment 模型的 QuerySet,而是利用 post 对象检索关联的 Comment 对象,并针对定义为 comments 的相关对象使用了管理器(采用 Comment 模型中对应关系的 related_name 属性)。除此之外,我们还使用了相同的视图以使用户能够添加新的评论。因此,通过将 new_comment 设置为 None 对其进行初始化操作,当创建新的评论内容时,将使用到该变量。

如果视图通过 GET 请求被调用,那么将利用 comment_form = CommentForm()构建表单实例。如果请求通过 POST 实现,那么将采用提交的数据对表单实例化,并通过 is_valid()方法对其进行验证。如果表单无效,则利用验证错误消息显示模板,否则执行下列操作:

(1)调用表单的 save()方法创建新的 Comment 对象,并将其分配给 new_comment 变量,如下所示:

```
new_comment = comment_form.save(commit=False)
```

用 save()方法创建表单所链接的模型实例,并将其保存至数据库中。如果采用 commit=False 对其加以调用,那么将会创建模型实例,但不会将其保存至数据库中,当需要在最终保存对象之前进行修改时,这将十分有用,后面将对此加以讨论。

注意:

save()方法仅适用于 ModelForm,而非 Form 实例——后者并未链接至任何模型上。

（2）将当前帖子置于刚刚创建的评论中，如下所示：

```
new_comment.post = post
```

据此，最新的评论内容隶属于该帖子。

（3）最后，通过调用save()方法，将最新的评论保存至数据库中，如下所示：

```
new_comment.save()
```

至此，当前视图已准备就绪，并可显示和处理新的评论内容。

2.2.4　向帖子详细模板中添加评论

前述内容实现了相关功能，并可管理某个帖子的评论内容。下面将使用 post/detail.html 模板执行下列操作：

- 显示帖子的全部评论数量。
- 显示评论列表。
- 向用户显示一个表单，并可添加新的评论内容。

首先，我们将添加全部评论内容。打开 post/detail.html 模板并向 content 块中添加下列代码：

```
{% with comments.count as total_comments %}
  <h2>
    {{ total_comments }} comment{{ total_comments|pluralize }}
  </h2>
{% endwith %}
```

此处，我们在模板中使用了 Django ORM，并执行了 QuerySet 的 comments.count()方法。需要注意的是，Django 模板语言对于方法调用并未使用括号。{% with %}标签可将某个值赋予可用的新变量中，直至遇到{% endwith %}标签。

> **注意：**
> {% with %}模板标签对于避免数据库访问或者多次访问开销较大的方法十分有用。

使用 pluralize 模板过滤器显示单词 comment 的复数后缀，取决于 total_comments 值。其中，模板过滤器接收所用的变量值作为输入内容，并返回计算后的结果值。第 3 章将对模板过滤器加以讨论。

如果数值不为 1，那么 pluralize 模板过滤器将返回包含字母 s 的字符串。相应地，前面的文本将分别显示 0 comments、1 comment 或 N comments。Django 中涵盖了多种模板标签和过滤器，并可通过希望的方式显示相关信息。

下面将添加评论内容列表。在之前代码的基础上，向 post/detail.html 模板中添加下列代码：

```
{% for comment in comments %}
  <div class="comment">
    <p class="info">
      Comment {{ forloop.counter }} by {{ comment.name }}
      {{ comment.created }}
    </p>
    {{ comment.body|linebreaks }}
  </div>
{% empty %}
  <p>There are no comments yet.</p>
{% endfor %}
```

代码中使用了{% for %}模板标签遍历评论内容。如果 comments 列表为空，那么将显示一条默认消息，并告知用户该帖子尚不包含任何评论内容。另外，还可通过{{ forloop.counter }}变量枚举评论内容，并在每次遍历过程中包含了循环计数器。随后，将显示发表评论者的用户名、日期及评论的主体内容。

最后，还需要显示表单，或者在提交成功后显示一条成功消息。在前述代码的基础上，添加下列代码行：

```
{% if new_comment %}
  <h2>Your comment has been added.</h2>
{% else %}
  <h2>Add a new comment</h2>
  <form method="post">
    {{ comment_form.as_p }}
    {% csrf_token %}
    <p><input type="submit" value="Add comment"></p>
  </form>
{% endif %}
```

上述代码较为直观：如果 new_comment 对象已存在，则显示一条成功消息——当前评论内容已被成功创建。否则，针对每个字段将采用段落<p>元素显示表单，同时包含 POST 请求所需的 CSRF 令牌。

在浏览器中打开 http://127.0.0.1:8000/blog/，单击帖子的标题以查看对应的详细页面，如图 2.7 所示。

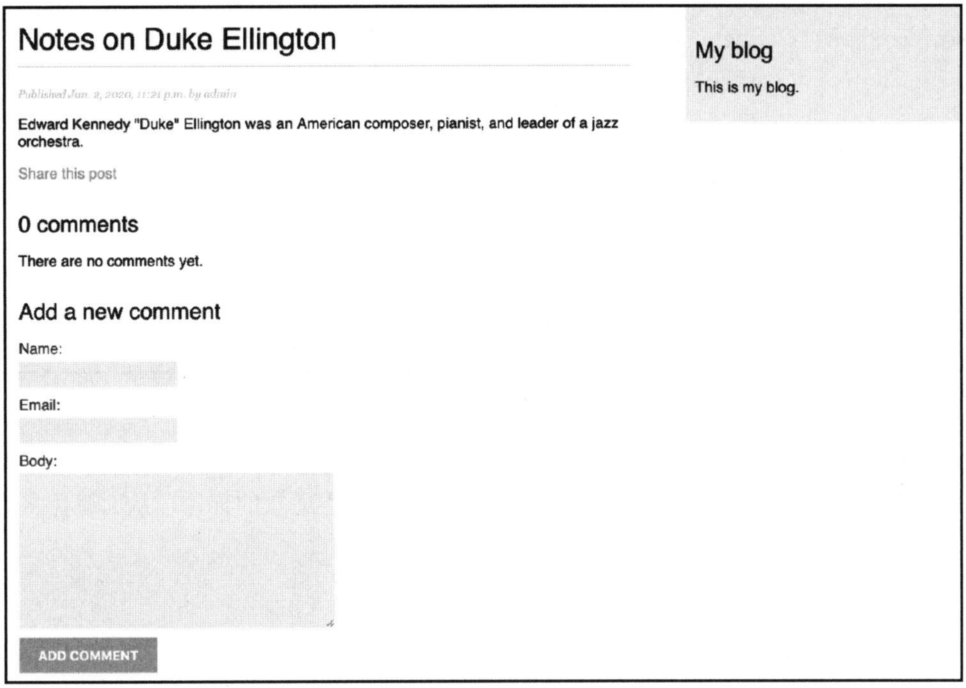

第 2 章 利用高级特性完善博客程序

图 2.7

利用表单添加一组评论，对应评论内容将以时间顺序显示在帖子的下方，如图 2.8 所示。

图 2.8

在浏览器中打开 http://127.0.0.1:8000/admin/blog/comment/，将会看到包含所生成的评论列表的管理页面。单击其中的一条评论并对其进行编辑，同时取消选中 Active 复选框并单击 Save 按钮。用户将再次被重定向至评论列表处，ACTIVE 列将显示该评论的禁用图标，如图 2.9 所示。

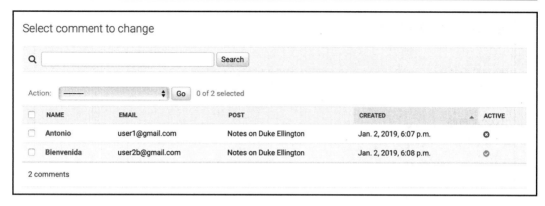

图 2.9

如果返回帖子的详细视图，那么会注意到被删除后的评论内容将不再显示，同时也不会被计入评论总数。因为有 active 字段，用户可禁用不适宜的评论，从而避免将其显示在帖子中。

2.3　添加标签功能

在实现了评论系统后，下面将创建一种方式来对帖子添加标签。对此，可将第三方 Django 标签应用程序整合至当前项目中。django-taggit 模块是一个可重复使用的应用程序，主要提供了一个 Tag 模型和一个管理器，进而可方便地向项目中添加标签。读者可访问 https://github.com/alex/django-taggit 查看其源代码。

首先，运行下列命令通过 pip 安装 django-taggit。

```
pip install django_taggit==1.2.0
```

随后，打开 mysite 项目的 settings.py 文件，并将 taggit 添加至 INSTALLED_APPS 设置中，如下所示：

```
INSTALLED_APPS = [
    # ...
    'blog.apps.BlogConfig',
    'taggit',
]
```

打开 blog 应用程序的 models.py 文件，使用下列代码，将 django-taggit 提供的 TaggableManager 管理器添加至 Post 模型中，如下所示：

```
from taggit.managers import TaggableManager
```

```
class Post(models.Model):
    # ...
    tags = TaggableManager()
```

tags 管理器允许从 Post 对象中添加、检索及移除标签。

对于模型的变化，可运行下列命令生成迁移。

python manage.py makemigrations blog

对应的输出结果如下所示：

```
Migrations for 'blog':
  blog/migrations/0003_post_tags.py
    - Add field tags to post
```

运行下列命令，将针对 django-taggit 模型创建所需的数据库表，并对模型的变化内容实现同步操作。

python manage.py migrate

对应的输出结果表示迁移执行完毕，如下所示：

```
Applying taggit.0001_initial... OK
Applying taggit.0002_auto_20150616_2121... OK
Applying taggit.0003_taggeditem_add_unique_index... OK
Applying blog.0003_post_tags... OK
```

当前，数据库已可使用 django-taggit 模型。

下面探索如何使用 tags 管理器。利用 python manage.py shell 命令打开终端。首先需要检索某个帖子（此处，其 ID 为 1），对应代码如下所示：

```
>>> from blog.models import Post
>>> post = Post.objects.get(id=1)
```

随后，向其添加标签并检索其标签，以检查它们是否已被成功地添加，如下所示：

```
>>> post.tags.add('music', 'jazz', 'django')
>>> post.tags.all()
<QuerySet [<Tag: jazz>, <Tag: music>, <Tag: django>]>
```

最后，移除标签并再次检查标签列表，如下所示：

```
>>> post.tags.remove('django')
>>> post.tags.all()
<QuerySet [<Tag: jazz>, <Tag: music>]>
```

上述过程较为简单。运行 python manage.py runserver 命令，再次启动开发服务器，并在浏览器中打开 http://127.0.0.1:8000/admin/taggit/tag/，如图 2.10 所示为包含 taggit 应用程序的 Tag 对象列表的管理页面。

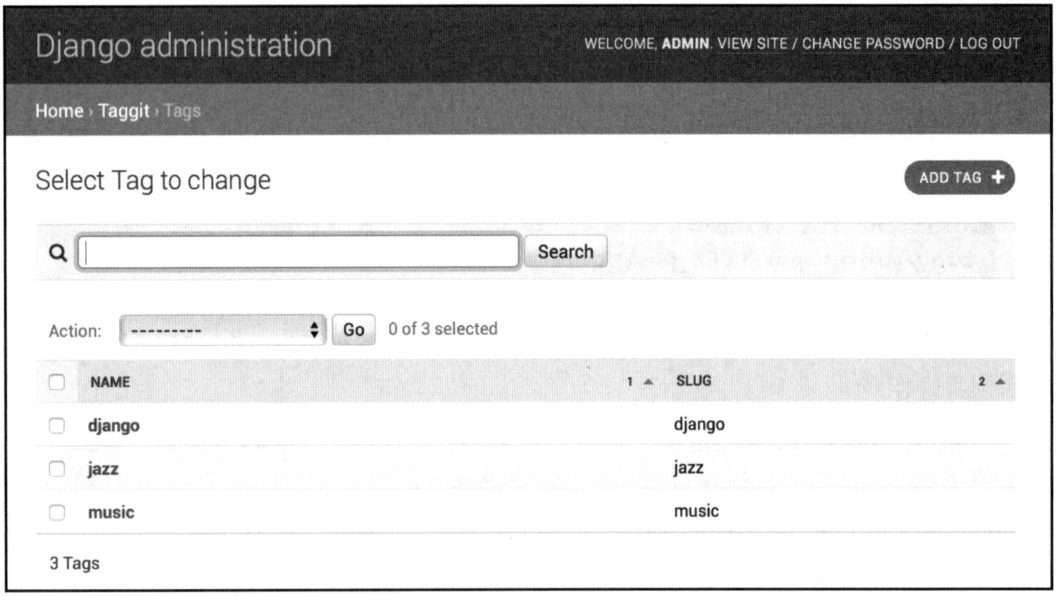

图 2.10

访问 http://127.0.0.1:8000/admin/blog/post/，单击某个帖子并对其进行编辑。此时将会看到，帖子中包含了 Tags 字段，并可方便地对标签进行编辑，如图 2.11 所示。

图 2.11

下面开始编辑博客帖子并显示标签。打开 blog/post/list.html 模板，并在帖子标题下方添加下列 HTML 代码：

```
<p class="tags">Tags: {{ post.tags.all|join:", " }}</p>
```

join 模板过滤器的工作方式类似于 Python 字符串的 join() 方法，并添加包含即定字符串的相关元素。在浏览器中打开 http://127.0.0.1:8000/blog/，如图 2.12 所示为每个帖子标题下方的标签列表。

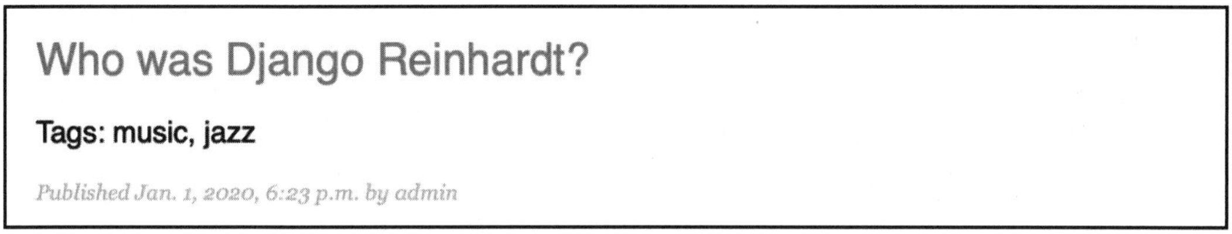

> **Who was Django Reinhardt?**
>
> Tags: music, jazz
>
> *Published Jan. 1, 2020, 6:23 p.m. by admin*

图 2.12

下面编辑 post_list 视图，以使用户能够列出包含特定标签的全部帖子。打开 blog 应用程序的 views.py 文件，导入 django-taggit 中的 Tag 模型并修改 post_list 视图，使其成为可选的按标签过滤帖子，如下所示：

```python
from taggit.models import Tag

def post_list(request, tag_slug=None):
    object_list = Post.published.all()
    tag = None

    if tag_slug:
        tag = get_object_or_404(Tag, slug=tag_slug)
        object_list = object_list.filter(tags__in=[tag])

    paginator = Paginator(object_list, 3) # 3 posts in each page
    # ...
```

post_list 视图的工作方式如下所示：

（1）post_list 接收可选的 tag_slug 参数，该参数的默认值为 None 并包含在 URL 中。

（2）在当前视图中，我们构建初始的 QuerySet、检索发布的全部帖子，如果存在既定的标签 slug，那么将通过 get_object_or_404() 快捷方式并利用给定的 slug 获得 Tag 对象。

（3）随后，通过标签（包含了给定的标签）过滤帖子列表。考虑到多对多关系，我们需要通过包含于给定列表中的标签进行过滤，当前示例中仅包含了一个元素。此处采用了 __in 查找。当模型的多个对象与另一个模型的多个对象间关联时，将会出现多对多关系。在当前应用程序中，一个帖子可包含多个标签，且一个标签可与多个帖子关联。第 5 章将讨论多对多关系；此外，读者还可访问 https://docs.djangoproject.com/en/3.0/topics/db/examples/many_to_many/ 以了解与多对多关系相关的更多内容。

需要注意的是，QuerySet 具有延迟特征，因此，当仅显示模板同时遍历帖子列表时，才执行检索帖子的 QuerySet。

最后，调整视图下方的 render() 函数，并将 tag 变量传递至当前模板中。对应视图如下所示：

```python
def post_list(request, tag_slug=None):
    object_list = Post.published.all()
    tag = None

    if tag_slug:
        tag = get_object_or_404(Tag, slug=tag_slug)
        object_list = object_list.filter(tags__in=[tag])

    paginator = Paginator(object_list, 3) # 3 posts in each page
    page = request.GET.get('page')
    try:
        posts = paginator.page(page)
    except PageNotAnInteger:
        # If page is not an integer deliver the first page
        posts = paginator.page(1)
    except EmptyPage:
        # If page is out of range deliver last page of results
        posts = paginator.page(paginator.num_pages)
    return render(request, 'blog/post/list.html', {'page': page,
                                                    'posts': posts,
                                                    'tag': tag})
```

打开 blog 应用程序的 urls.py 文件，注释掉基于类的 PostListView URL 路径，并对 post_list 视图取消注释，如下所示：

```
path('', views.post_list, name='post_list'),
# path('', views.PostListView.as_view(), name='post_list'),
```

下面添加额外的 URL 路径，并通过标签列出帖子，如下所示：

```
path('tag/<slug:tag_slug>/',
    views.post_list, name='post_list_by_tag'),
```

不难发现，两种路径均指向了同一视图，但我们采用了不同的方式对其加以命名。其中，第一种路径将调用 post_list 视图，且不包含任何可选参数；而第二种路径将利用 tag_slug 参数调用视图。此处采用了 slug 路径转换器，并以包含 ASCII 字母或数字、连字符、下画线的小写字符串匹配参数。

由于使用了 post_list 视图，因而需要编辑 blog/post/list.html 模板，并调整分页机制以使用 posts 对象，如下所示：

```
{% include "pagination.html" with page=posts %}
```

在{% for %}循环上方添加下列代码行,如下所示:

```
{% if tag %}
  <h2>Posts tagged with "{{ tag.name }}"</h2>
{% endif %}
```

如果用户访问当前博客,将会看到全部帖子的列表。如果通过包含特定标签的帖子对其进行过滤,则会看到过滤所用的对应标签。下面修改标签的显示方式,如下所示:

```
<p class="tags">
  Tags:
  {% for tag in post.tags.all %}
    <a href="{% url "blog:post_list_by_tag" tag.slug %}">
      {{ tag.name }}
    </a>
    {% if not forloop.last %}, {% endif %}
  {% endfor %}
</p>
```

在以上代码中,显示指向 URL 的自定义链接的全部帖子标签,对其进行遍历并根据对应的标签进行过滤。我们利用{% url "blog:post_list_by_tag" tag.slug %}构建 URL,使用 URL 名称及 slug 标签作为其参数,并使用逗号分隔标签。

在浏览器中打开 http://127.0.0.1:8000/blog/,并单击任意标签链接。由该标签过滤的帖子列表,如图 2.13 所示。

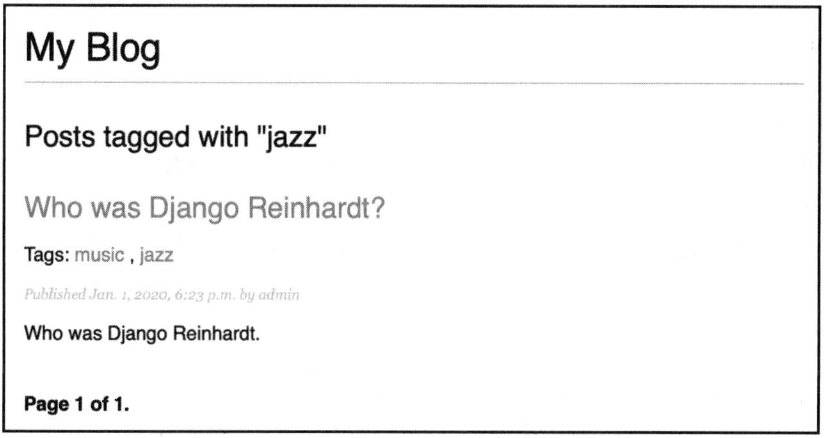

图 2.13

2.4 根据相似性检索帖子

上述内容实现了针对博客帖子的标签机制，并可以此实现诸多有趣的功能。根据标签机制，可较好地对博客帖子进行分类。具有相似话题的帖子将包含多个公共标签。针对于此，我们将实现一项功能，并通过共有的标签号显示相似的帖子。通过这一方式，当用户阅读某个帖子时，即可向其推荐阅读其他相关的帖子。

当针对特定帖子检索类似的帖子时，需要执行下列操作步骤：

（1）针对当前帖子检索全部标签。
（2）获取包含特定标签的全部帖子。
（3）从结果列表中排除当前帖子，以避免推荐相同的帖子。
（4）通过当前帖子的标签号，对结果进行排序。
（5）如果具有相同标签号的两个或多个帖子，则推荐使用最近发布的帖子。
（6）将查询限制为希望推荐的帖子数量。

上述各项步骤可转换至复杂的 QuerySet 中，并将其置入 post_detail 视图中。

对此，打开 blog 应用程序的 views.py 文件，并在程序开始处添加下列导入语句：

```
from django.db.models import Count
```

这表示为 Django ORM 中的 Count 聚合（aggregation）函数，该函数可执行标签的汇总计数。除此之外，django.db.models 中还包含了下列聚合函数：

- Avg 计算平均值。
- Max 计算最大值。
- Min 计算最小值。
- Count 负责对象计数操作。

关于聚合函数，读者可访问 https://docs.djangoproject.com/en/3.0/topics/db/aggregation/ 以了解更多内容。

在 render()函数之前，使用相同的缩进级别，在 post_detail 视图中添加下列代码行：

```
# List of similar posts
post_tags_ids = post.tags.values_list('id', flat=True)
similar_posts = Post.published.filter(tags__in=post_tags_ids)\
                              .exclude(id=post.id)
similar_posts = similar_posts.annotate(same_tags=Count('tags'))\
                             .order_by('-same_tags','-publish')[:4]
```

上述代码执行下列操作：

（1）针对当前帖子的标签，检索 Python ID 列表。values_list() QuerySet 返回包含给定字段值的元组。此处，可将 flat=True 传递至其中，并可获得形如[1, 2, 3, ...]的单值，而非[(1,), (2,), (3,) ...]这一类单元组。

（2）获取包含此类标签的全部帖子，并排除当前帖子自身。

（3）使用 Count 聚合函数生成一个计算后的字段，即 same_tags。该字段包含了与所有查询标签所共有的标签号。

（4）通过共享标签号对结果进行排序（降序），对于包含相同标签号的帖子，将显示最新发布的帖子。此处仅检索前 4 个帖子。

对于 render()函数，向上下文字典中加入 similar_posts 对象，如下所示：

```
return render(request,
              'blog/post/detail.html',
              {'post': post,
               'comments': comments,
               'new_comment': new_comment,
               'comment_form': comment_form,
               'similar_posts': similar_posts})
```

随后，编辑 blog/post/detail.html 模板，并在帖子评论列表前添加下列代码：

```
<h2>Similar posts</h2>
{% for post in similar_posts %}
  <p>
    <a href="{{ post.get_absolute_url }}">{{ post.title }}</a>
  </p>
{% empty %}
  There are no similar posts yet.
{% endfor %}
```

图 2.14 显示了帖子详细页面内容。

至此，便可成功地向用户推荐相似的帖子。另外，django-taggit 还包含了 similar_objects()管理器，并可通过共享标签检索对象。读者可访问 https://djangotaggit.readthedocs.io/en/latest/api.html，以查看所有的管理器。

除此之外，还可采用与 blog/post/list.html 模板相同的方式，向帖子详细模板中添加标签列表。

> **Who was Django Reinhardt?**
>
> Published Jan. 1, 2020, 6:23 p.m. by admin
>
> Who was Django Reinhardt.
>
> Share this post
>
> **Similar posts**
>
> Miles Davis favourite songs
>
> Notes on Duke Ellington

图 2.14

2.5 本章小结

  本章讨论了与 Django 表单和模型表单间的协同工作方式。我们构建了一个系统，并通过邮件方式共享站点内容，同时还针对博客构建了评论系统。其中，我们向博客帖子添加了标签机制、整合了可复用的应用程序，并构建了复杂的 QuerySet，以通过相似性检索对象。

  第 3 章将学习如何创建自定义模板标签和过滤器。除此之外，还将构建自定义网站地图及博客帖子的输入内容，并实现博客帖子的全文本搜索功能。

第 3 章　扩展博客应用程序

第 2 章讨论了表单的基础知识及评论系统的创建过程。除此之外，我们还学习了如何利用 Django 发送电子邮件，并将第三方应用程序与项目集成进而实现了标签系统。本章将通过博客平台上的其他一些常见特性对博客应用程序进行扩展，其中涉及基于 Django 的其他一些组件和功能。

本章主要涉及以下内容：

- 创建自定义模板标签和过滤器。其间将学习如何构建自己的模板标签和模板过滤器，并探讨 Django 模板功能。
- 添加网站地图和帖子提要。其中将学习如何使用站点地图框架，以及 Django 内置的联合框架。
- 利用 PostgreSQL 实现全文本搜索。搜索是博客中的常见功能，本章将学习博客应用程序的高级搜索引擎。

3.1　创建自定义模板标签和过滤器

Django 提供了不同的内建模板标签，如{% if %}或{% block %}，前述内容（参见第 1 章和第 2 章）也曾对其加以使用。关于内建模板标签和过滤器的完整参考，读者可访问 https://docs.djangoproject.com/en/3.0/ref/templates/builtins/。

然而，Django 也支持创建自己的目标标签，并执行自定义操作。在向模板添加 Django 模板标记核心集未涵盖的功能时，自定义模板标签非常有用。这可能是一类执行 QuerySet 或服务器端处理的标签，并可在模板间复用。例如，可构建一个模板标签并显示在博客上发布的最新帖子列表。此外，还可在多页面的博客侧栏上包含该列表，且无须考虑当前视图。

3.1.1　自定义模板标签

Django 提供了下列帮助函数，可以通过较为方便的方式创建自己的模板标签。

- simple_tag 处理数据并返回一个字符串。
- inclusion_tag 处理数据并返回所显示的模板。

另外，模板标签须位于 Django 应用程序中。

在 blog 应用程序目录中，创建新的目录并将其命名为 templatetags，同时添加 __init__.py 空文件。随后，在同一个文件夹中创建另一个文件，将其命名为 blog_tags.py，该 blog 应用程序文件的结构如下所示：

```
blog/
    __init__.py
    models.py
    ...
    templatetags/
        __init__.py
        blog_tags.py
```

这里，文件的命名方式十分重要，我们将使用该模块名称加载模板中的标签。

下面开始创建简单的标签，并检索博客中发布的所有帖子。编辑刚刚创建的 blog_tags.py 文件并添加下列代码：

```
from django import template
from ..models import Post

register = template.Library()

@register.simple_tag
def total_posts():
    return Post.published.count()
```

之前曾创建了简单的模板标签，并返回所发布的帖子数量。每个模板标签模块都需要定义一个 register 变量作为有效的标签库。该变量表示为 template.Library 实例，用于注册自己的模板标签和过滤器。

在上述代码中，通过 Python 函数定义了一个名为 total_posts 的标签，并利用 @register.simple_tag 装饰器将该函数注册为简单的标签。Django 将使用函数名作为标签名称。如果需要通过不同的名称对其进行注册，则可设置 name 属性，如@register.simple_tag(name='my_tag')。

> 注意：
> 在添加了新的模板标签模块后，需要重新启动 Django 开发服务器，以便在模板中使用新的标签和过滤器。

在使用自定义模板标签之前，须通过{% load %}标签使其对模板生效。如前所述，此处需要采用包含模板标签和过滤器的 Python 模块名称。

打开 blog/templates/base.html 模板,并在开始处添加{% load blog_tags %},以加载模板标签模块。随后,可使用创建的标签显示全部帖子——仅需向模板中添加{%total_posts %}即可。对应的模板如下所示:

```
{% load blog_tags %}
{% load static %}
<!DOCTYPE html>
<html>
<head>
  <title>{% block title %}{% endblock %}</title>
  <link href="{% static "css/blog.css" %}" rel="stylesheet">
</head>
<body>
  <div id="content">
    {% block content %}
    {% endblock %}
  </div>
  <div id="sidebar">
    <h2>My blog</h2>
    <p>This is my blog. I've written {% total_posts %} posts so far.</p>
  </div>
</body>
</html>
```

接下来需要重新启动服务器,并跟踪添加至项目中的新文件。相应地,可按 Ctrl+C 快捷键终止开发服务器,并使用下列命令再次运行服务器:

```
python manage.py runserver
```

在浏览器中打开 http://127.0.0.1:8000/blog/,将会显示所有的帖子数量,如图 3.1 所示。

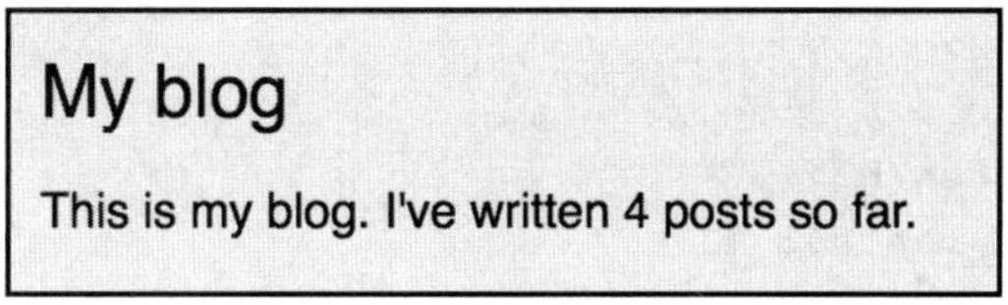

My blog

This is my blog. I've written 4 posts so far.

图 3.1

自定义模板标签的功能可描述为:可处理任意数据并将其添加至模板中,且无须考虑所执行的视图。我们可以执行 QuerySet 或处理任意数据,以在模板中显示最终的结果。

下面生成另一个标签,并在博客的侧栏中显示最新的帖子。这里将使用到包含标签,据此,可利用模板标签返回的上下文变量渲染一个模板。

编辑 blog_tags.py 文件并添加下列代码：

```
@register.inclusion_tag('blog/post/latest_posts.html')
def show_latest_posts(count=5):
    latest_posts = Post.published.order_by('-publish')[:count]
    return {'latest_posts': latest_posts}
```

在上述代码中，通过@register.inclusion_tag 注册模板标签，并指定利用返回值显示的模板（通过 blog/post/latest_posts.html）。当前模板标签接收一个可选参数 count，该参数的默认值为 5，进而定义需要显示的帖子数量。此处，我们使用该变量来限制 Post.published.order_by('-publish')[:count]的查询结果。

需要注意的是，该函数返回一个变量字典，而非一个简单值。包含标签需要返回一个数值字典，用作当前上下文并显示特定的模板。刚刚生成的模板标签可指定帖子的数量，并作为{% show_latest_posts 3 %}予以显示。

下面在 blog/post/下创建新的模板文件，将其命名为 latest_posts.html 并添加下列代码：

```
<ul>
  {% for post in latest_posts %}
    <li>
      <a href="{{ post.get_absolute_url }}">{{ post.title }}</a>
    </li>
  {% endfor %}
</ul>
```

上述代码使用模板标签返回的 latest_posts 显示无序帖子列表。下面编辑 blog/base.html 模板并添加新的模板标签，以显示最新的 3 个帖子。相应地，侧栏代码如下所示：

```
<div id="sidebar">
  <h2>My blog</h2>
  <p>This is my blog. I've written {% total_posts %} posts so far.</p>
  <h3>Latest posts</h3>
  {% show_latest_posts 3 %}
</div>
```

通过传递所显示的帖子数量，模板将被调用并根据现有上下文予以显示。

下面返回至浏览器中并刷新当前页面，此时，侧栏内容如图 3.2 所示。

最后还将生成一个简单的模板标签，并在变量中存储当前结果，以供后续操作复用，而非直接对其予以输出。除此之外，还需创建一个标签以显示最近评论的帖子。

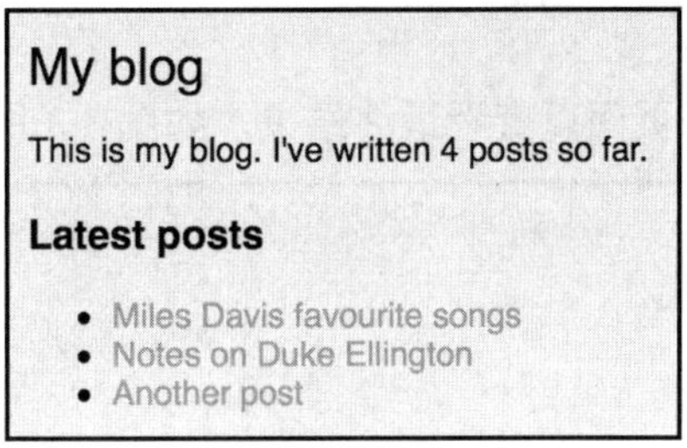

图 3.2

编辑 blog_tags.py 文件，并添加下列导入语句以及模板标签：

```python
from django.db.models import Count

@register.simple_tag
def get_most_commented_posts(count=5):
    return Post.published.annotate(
            total_comments=Count('comments')
        ).order_by('-total_comments')[:count]
```

在上述模板标签中，我们通过 annotate()函数构建了 QuerySet，并针对每个帖子汇总了全部评论数量。其中使用了 Count 聚合函数，针对每个 Post 对象将评论数量存储于 total_comments 字段中，并通过计算后的字段对 QuerySet 进行降序排序。除此之外，还提供了一个可选的 Count 变量，以限制所返回的全部对象数量。

除 Count 外，Django 还提供了聚合函数 Avg、Max、Min 及 Sum。关于聚合函数，读者可访问 https://docs.djangoproject.com/en/2.0/topics/db/aggregation/以了解更多内容。

接下来，编辑 blog/base.html 模板，并向侧栏<div>元素中添加下列代码：

```html
<h3>Most commented posts</h3>
{% get_most_commented_posts as most_commented_posts %}
<ul>
  {% for post in most_commented_posts %}
    <li>
      <a href="{{ post.get_absolute_url }}">{{ post.title }}</a>
    </li>
  {% endfor %}
</ul>
```

在上述代码中，通过变量名后的 as 参数，可将当前结果存储于自定义变量中。对于当前模板标签，我们使用{% get_most_commented_posts as most_commented_posts %}将模板标签结果存储于新变量 most_commented_posts 中。随后，可通过无序列表显示返回后的帖子。

打开浏览器并刷新当前页面以查看最终结果，如图3.3所示。

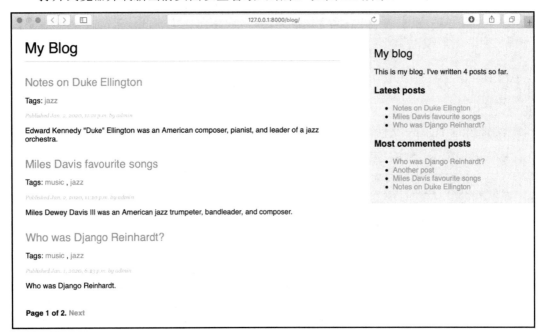

图 3.3

上述内容讲述了自定义模板标签的构建方式。此外，读者还可访问 https://docs.djangoproject.com/en/3.0/howto/custom-template-tags/以了解更多内容。

3.1.2 自定义模板过滤器

Django 包含了各种内建模板过滤器，并可调整模板中的变量。此类过滤器表示为 Python 函数，且接收一个或两个参数，即所用的变量值及可选参数。随后，函数返回一个值并可通过另一个过滤器予以显示或处理。具体来说，过滤器形如{{ variable|my_filter }}；包含参数的过滤器则表示为{{ variable|my_filter:"foo" }}。例如，可使用 capfirst 过滤器大写数值的首字母，即{{ value|capfirst }}。如果 value 为"django"，则对应输出为"Django"。另外，还可针对某个变量使用任意多个过滤器，如{{ variable|filter1|filter2 }}，且每一个过滤器可用于上一个过滤器所生成的结果。

关于Django的内建模板过滤器列表，读者可访问 https://docs.djangoproject.com/en/3.0/ref/templates/builtins/#built-in-filterreference 以了解更多内容。

下面将创建一个自定义过滤器,在博客帖子中使用 Markdown 语法,随后将帖子内容转换为模板中的 HTML。Markdown 表示为一类纯文本语法格式且易于使用,旨在转换为 HTML。我们可利用简单的 Markdown 语法编写帖子,并获取自动转换为 HTML 代码的内容。与 HTML 相比,Markdown 语法的学习过程则较为简单。据此,其他非技术人员也可轻松地编写博客文章。读者可访问 https://daringfireball.net/projects/markdown/basics 以了解其基础内容。

首先使用下列命令通过 pip 安装 Python Markdown 模块。

```
pip install Markdown==3.2.1
```

接下来,编辑 blog_tags.py 文件并添加下列代码:

```
from django.utils.safestring import mark_safe
import markdown

@register.filter(name='markdown')
def markdown_format(text):
    return mark_safe(markdown.markdown(text))
```

我们采用了与模板标签相同的方式注册了过滤器。为了避免函数名与 Markdown 模块间产生冲突,可将函数命名为 markdown_format,同时将过滤器命名为 markdown 以供模板使用,如{{ variable|markdown }}。Django 转义了过滤器生成的 HTML 代码,HTML 实体字符替换为其 HTML 编码字符。例如,<p>转换为<p>(小于字符,p 字符和大于字符)。我们使用 Django 提供的 mark_safe 函数将当前结果标记为安全的 HTML,并在模板中加以显示。在默认状态下,Django 不信任任何 HTML 代码,并会在将其置于输出之前进行转义。唯一的情况是转义过程中标记为安全的变量,这种行为可防止 Django 输出危险的 HTML,并可为返回安全的 HTML 创建异常。

下面加载帖子列表和模板中的模板标签,并在 blog/post/list.html 和 blog/post/detail.html 模板开始处及{% extends %}标签之后添加下列代码:

```
{% load blog_tags %}
```

在 post/detail.html 模板中,查看下列代码行:

```
{{ post.body|linebreaks }}
```

并使用下列代码对其进行替换:

```
{{ post.body|markdown }}
```

接下来,在 post/list.html 文件中,查找下列代码行:

```
{{ post.body|truncatewords:30|linebreaks }}
```

并替换为下列代码:

```
{{ post.body|markdown|truncatewords_html:30 }}
```

truncatewords_html 过滤器将在一定数量的单词后剪裁一个字符串,以防止出现未闭合的 HTML 标签。

下面在浏览器中打开 http://127.0.0.1:8000/admin/blog/post/add/,并添加下列帖子主体内容:

```
This is a post formatted with markdown
--------------------------------------

*This is emphasized* and **this is more emphasized**.

Here is a list:

* One
* Two
* Three

And a [link to the Django website](https://www.djangoproject.com/)
```

打开浏览器并查看帖子的显示方式,如图 3.4 所示。

Markdown post

Published Jan. 2, 2020, 9:54 p.m. by admin

This is a post formatted with markdown

This is emphasized and **this is more emphasized**.

Here is a list:

- One
- Two
- Three

And a link to the Django website

图 3.4

不难发现,对于定制格式来说,自定义模板过滤器十分有用。关于自定义过滤器,读者可访问 https://docs.djangoproject.com/en/3.0/howto/custom-template-tags/#writing-custom-template-filters 以了解更多信息。

3.2 向站点添加网站地图

Django 中包含了网站地图框架，进而可动态地生成网站地图。这里网站地图是一个 XML 文件，可将网站页面、相关性及更新频率通知与搜索引擎。当采用网站地图时，可实现网站内容的索引化。

Django 网站地图框架依赖于 django.contrib.sites，并可将对象关联于项目运行的特定网站上。当通过单一 Django 项目运行多个站点时，这将变得十分方便。当安装网站地图框架时，需要在当前项目中激活 sites 和 sitemap 应用程序。

编辑项目的 settings.py 文件，并向 INSTALLED_APPS 设置中添加 django.contrib.sites 和 django.contrib.sitemaps，进而针对站点 ID 定义新的设置内容，如下所示：

```
SITE_ID = 1

# Application definition
INSTALLED_APPS = [
    # ...
    'django.contrib.sites',
    'django.contrib.sitemaps',
]
```

运行下列命令，并在数据库中创建 Django 站点应用程序表：

```
python manage.py migrate
```

对应输出结果包含下列内容：

```
Applying sites.0001_initial... OK
Applying sites.0002_alter_domain_unique... OK
```

sites 应用程序将与数据库同步。

下面在 blog 应用程序目录中创建新的文件，并将其命名为 sitemaps.py。打开该文件并向其中添加下列代码：

```
from django.contrib.sitemaps import Sitemap
from .models import Post

class PostSitemap(Sitemap):
    changefreq = 'weekly'
    priority = 0.9
```

```
    def items(self):
        return Post.published.all()

    def lastmod(self, obj):
        return obj.updated
```

通过继承 sitemaps 模块的 Sitemap 类，可生成自定义网站地图。changefreq 和 priority 属性表示帖子页面及其站点内相关性的变化频率（最大值为 1）。

items()方法返回包含在此网站地图中的对象的 QuerySet。在默认状态下，Django 在每个对象上调用 get_absolute_url()方法并检索其 URL。回忆一下，第 1 章中曾定义了该方法，以检索帖子的标准 URL。如果需要针对每个对象指定 URL，则可向网站地图类中添加 location 方法。

lastmod 方法检索 items()返回的各个对象，并返回对象最近一次被修改的时间。

另外，changefreq 和 priority 都可定义为方法或属性。关于完整的网站地图参考，读者可查看 Django 官方文档，对应网址为 https://docs.djangoproject.com/en/3.0/ref/contrib/sitemaps/。

最后仅需添加网站地图 URL。编辑项目的 urls.py 主文件并添加网站地图，如下所示：

```
from django.urls import path, include
from django.contrib import admin
from django.contrib.sitemaps.views import sitemap
from blog.sitemaps import PostSitemap

sitemaps = {
    'posts': PostSitemap,
}

urlpatterns = [
    path('admin/', admin.site.urls),
    path('blog/', include('blog.urls', namespace='blog')),
    path('sitemap.xml', sitemap, {'sitemaps': sitemaps},
         name='django.contrib.sitemaps.views.sitemap')
]
```

上述代码包含了所需的导入语句，并定义了网站地图字典。我们定义了一个与 sitemap.xml 匹配的 URL 路径，并使用了站点地图视图。sitemaps 目录被传递至 sitemap 视图中。

下面运行开发服务器并在浏览器中打开 http://127.0.0.1:8000/sitemap.xml。我们将会看到下列 XML 输出结果：

```xml
<?xml version="1.0" encoding="utf-8"?>
<urlset xmlns="http://www.sitemaps.org/schemas/sitemap/0.9">
  <url>
    <loc>http://example.com/blog/2020/1/2/markdown-post/</loc>
    <lastmod>2020-01-02</lastmod>
    <changefreq>weekly</changefreq>
    <priority>0.9</priority>
  </url>
  <url>
    <loc>
http://example.com/blog/2020/1/1/who-was-django-reinhardt/
</loc>
    <lastmod>2020-01-02</lastmod>
    <changefreq>weekly</changefreq>
    <priority>0.9</priority>
  </url>
</urlset>
```

每个帖子的 URL 通过调用其 get_absolute_url()方法被构建。

Lastmod 属性对应于帖子的 updated 字段——这在网站地图中已被指定；changefreq 和 priority 属性也源自 PostSitemap 类。

我们同时还会看到，用于设置 URL 的域名表示为 example.com。相应地，该域名源自存储于数据库中的 Site 对象。当站点框架与数据库同步时，这一默认对象即被创建。

在浏览器中打开 http://127.0.0.1:8000/admin/sites/site/，对应结果如图 3.5 所示。

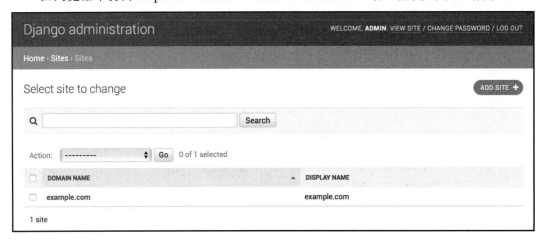

图 3.5

图 3.5 为包含了站点框架的列表显示管理视图。此处，可设置站点框架所用的域名或主机，以及基于此的应用程序。为了生成位于本地环境中的 URL，可将域名修改为 localhost:8000 并保存，如图 3.6 所示。

图 3.6

如图 3.6 所示的 URL 通过该主机名构造。在产品环境中，则需要针对站点的框架使用自己的域名。

3.3 创建帖子提要

Django 包含了一个内建聚合提要（feed）框架，类似于采用站点框架生成网站地图，可据此动态生成 RSS 或 Atom 提要。Web 提要是一种数据格式（通常为 XML），并可向用户提供频繁更新的内容。用户可以使用提要聚合器订阅提要（这是一种用于读取提要和获取新内容通知的软件）。

在 blog 应用程序目录中创建新文件，将其命名为 feeds.py 并添加下列代码行：

```python
from django.contrib.syndication.views import Feed
from django.template.defaultfilters import truncatewords
from django.urls import reverse_lazy
from .models import Post

class LatestPostsFeed(Feed):
    title = 'My blog'
    link = reverse_lazy('blog:post_list')
    description = 'New posts of my blog.'

    def items(self):
        return Post.published.all()[:5]

    def item_title(self, item):
```

```
            return item.title

    def item_description(self, item):
        return truncatewords(item.body, 30)
```

代码首先定义了聚合框架中 Feed 类的子类。title、link 及 description 属性分别对应于<title>、<link>和<description> RSS 元素。

针对 link 属性，我们使用了 reverse_lazy()方法生成 URL。reverse()方法可通过名称构建 URL 并传递可选参数，第 1 章曾使用了该方法。相应地，reverse_lazy()工具函数则是 reverse()方法的延迟评估版本，可在加载项目的 URL 配置之前使用反向的 URL。

items()方法用于检索包含于提要中的对象。针对当前提要，我们仅检索最后 5 个发布的帖子。item_title()和 item_description()方法获取 items()返回的每个对象，并返回每个条目的标题和描述内容。此外，我们使用 truncatewords 内建模板过滤器构建博客帖子的描述内容（利用前 30 个单词）。

下面编辑 blog/urls.py 文件，导入刚刚创建的 LatestPostsFeed，并在新的 URL 路径中实例化提要内容，如下所示：

```
from .feeds import LatestPostsFeed

urlpatterns = [
    # ...
    path('feed/', LatestPostsFeed(), name='post_feed'),
]
```

在浏览器中访问 http://127.0.0.1:8000/blog/feed/，将会看到 RSS 提要内容，其中包含了最近的 5 个博客帖子，如下所示：

```
<?xml version="1.0" encoding="utf-8"?>
<rss xmlns:atom="http://www.w3.org/2005/Atom" version="2.0">
  <channel>
    <title>My blog</title>
    <link>http://localhost:8000/blog/</link>
    <description>New posts of my blog.</description>
    <atom:link href="http://localhost:8000/blog/feed/" rel="self"/>
    <language>en-us</language>
    <lastBuildDate> Fri, 2 Jan 2020 09:56:40 +0000</lastBuildDate>
    <item>
      <title>Who was Django Reinhardt?</title>
      <link>http://localhost:8000/blog/2020/1/2/who-was-
      django-reinhardt/</link>
```

```
    <description>Who was Django Reinhardt.</description>
    <guid>http://localhost:8000/blog/2020/1/2/who-was-
    django-reinhardt/</guid>
  </item>
  ...
</channel>
</rss>
```

如果在 RSS 客户端打开相同的 RSS，那么将会看到包含用户友好界面的提要内容。

最后一步是添加指向博客侧栏的提要订阅链接。打开 blog/base.html 模板并添加下列代码行（在侧栏 div 内，全部帖子数量下方）：

```
<p>
  <a href="{% url "blog:post_feed" %}">Subscribe to my RSS feed</a>
</p>
```

在浏览器中打开 http://127.0.0.1:8000/blog/ 并查看侧栏。新生成的链接将指向博客的提要内容，如图 3.7 所示。

图 3.7

关于 Django 聚合摘要框架的更多内容，读者可访问 https://docs.djangoproject.com/en/3.0/ref/contrib/syndication/。

3.4　向博客中添加全文本搜索功能

本节将向博客中添加搜索功能。对于 Web 应用程序来说，基于用户输入的在数据库中的数据搜索是一类常见任务。Django ORM 可通过 contains 过滤器（或者其小写版本 icontains）执行简单的匹配操作。我们可采用下列查询获得包含单词 framework 的帖子：

```
from blog.models import Post
Post.objects.filter(body__contains='framework')
```

然而，如果希望执行复杂的搜索查找，或者通过相似性、权值（基于文本中的出现频率）、不同字段的重要程度（如标题和正文中数据的相关性）检索结果，则需要使用全文本搜索引擎。对于大型的文本块，在字符串上构建查询操作则字符远远不够。全文搜索在尝试匹配搜索条件时根据存储的内容检查实际的单词。

Django 提供了构建于 PostgreSQL 全文本搜索之上的、功能强大的搜索功能。其中，django.contrib.postgres 模块涵盖了 PostgreSQL 所提供的这一功能，且不会被 Django 支持的其他数据库所共享。关于 PostgreSQL 全文本搜索，读者可访问 https://www.postgresql.org/docs/12/static/textsearch.html 以了解更多内容。

> 注意：
> 虽然 Django 是一类独立于数据库的 Web 框架，但仍提供了一个模块，并可支持 PostgreSQL 中的部分功能集，但不会被 Django 支持的其他数据库所共享。

3.4.1 安装 PostgreSQL

当前，blog 项目中使用了 SQLite 数据库，对于当前的开发目标来说这已然足够。但是，对于产品环境来说，还需要使用到诸如 PostgreSQL、MySQL 或 Oracle 这一类功能更加强大的数据库。对此，我们将使用 PostgreSQL 并受益于其全文本搜索功能。

对于 Linux 环境，可通过下列方式安装 PostgreSQL 依赖关系，进而与 Python 协同工作。

```
sudo apt-get install postgresql postgresql-contril
```

对于 macOS X 或 Windows 环境，可访问 https://www.postgresql.org/download/ 下载并安装 PostgreSQL。

除此之外，还需针对 Python 安装 Psycopg2 PostgreSQL 适配器。可在 Shell 中运行下列命令进行安装：

```
pip install psycopg2-binary==2.8.4
```

下面针对 PostgreSQL 数据库创建一个用户。打开 Shell 并运行下列命令：

```
su postgres
createuser -dP blog
```

新用户将会被提示输入密码。输入密码后将创建 blog 数据库，并利用下列命令生成基于 blog 用户的隶属关系：

```
createdb -E utf8 -U blog blog
```

随后，编辑项目的 settings.py 文件并调整 DATABASES 设置内容，如下所示：

```
DATABASES = {
    'default': {
```

```
'ENGINE': 'django.db.backends.postgresql',
'NAME': 'blog',
'USER': 'blog',
'PASSWORD': '*****',
    }
}
```

利用数据库名称和用户凭据替换上述数据,新的数据库随后呈现空状态。运行下列命令并应用全部数据库迁移:

```
python manage.py migrate
```

最后,利用下列命令创建超级用户:

```
python manage.py createsuperuser
```

随后运行开发服务器,并利用超级用户身份访问 http://127.0.0.1:8000/admin/ 处的管理站点。

由于在数据库间进行切换,因而并无帖子存储于其中。对此,可利用一组博客示例帖子填充新数据库,以对其执行搜索操作。

3.4.2 简单的查询操作

编辑项目的 settings.py 文件,并向 INSTALLED_APPS 设置中添加 django.contrib.postgres,如下所示:

```
INSTALLED_APPS = [
    # ...
    'django.contrib.postgres',
]
```

下面利用 search QuerySet 查询功能针对单一字段进行搜索,如下所示:

```
from blog.models import Post
Post.objects.filter(body__search='django')
```

该查询采用 PostgreSQL 针对 body 字段创建一个搜索向量,并从 django 中创建一个搜索查询。最终结果可通过该查询与向量间的匹配而得到。

3.4.3 多字段搜索

某些时候,我们可能需要对多个字段进行搜索。此时,需要定义 SearchVector。下面

将设置一个向量,并对 Post 模型的 title 和 body 字段进行搜索,如下所示:

```
from django.contrib.postgres.search import SearchVector
from blog.models import Post

Post.objects.annotate(
    search=SearchVector('title', 'body'),
).filter(search='django')
```

通过 annotate 并针对两个字段定义 SearchVector,我们提供了一个功能,可以将查询与帖子的标题和正文进行匹配。

> **注意**:
> 全文本搜索是一类密集型处理过程。如果对数百行数据进行搜索,则应定义一个函数索引,并匹配所用的搜索向量。Django 针对模型提供了 SearchVectorField 字段,读者可访问 https://docs.djangoproject.com/en/3.0/ref/contrib/postgres/search/#performance 以了解更多内容。

3.4.4 构建搜索视图

本节将构建一个自定义视图,以供用户搜索帖子。首先,我们需要对表单进行搜索。编辑 blog 应用程序中的 forms.py 文件,并添加下列表单:

```
class SearchForm(forms.Form):
    query = forms.CharField()
```

此处将使用 query 字段,以使用户产生查询项。编辑 blog 应用程序中的 views.py 文件,并向其中添加下列代码:

```
from django.contrib.postgres.search import SearchVector
from .forms import EmailPostForm, CommentForm, SearchForm

def post_search(request):
    form = SearchForm()
    query = None
    results = []
    if 'query' in request.GET:
        form = SearchForm(request.GET)
        if form.is_valid():
            query = form.cleaned_data['query']
            results = Post.objects.annotate(
                search=SearchVector('title', 'body'),
            ).filter(search=query)
```

```
            return render(request,
                          'blog/post/search.html',
                          {'form': form,
                           'query': query,
                           'results': results})
```

在上述视图中，首先将实例化 SearchForm 表单，并打算利用 GET 方法提交该表单，以使最终的 URL 包含 query 参数。当检测表单是否被成功提交时，将在 request.GET 字典中查询 query 参数。若表单被提交，则利用提交后的 GET 数据对其进行实例化，并验证表单数据是否有效。若有效则利用自定义的 SearchVector 实例（通过 title 和 body 字段构建）搜索帖子。

当前，搜索视图已准备就绪。我们需要创建一个模板，并在用户执行搜索时显示表单和对应结果。在 /blog/post/ 模板目录中创建新的文件，将其命名为 search.html 并添加下列代码：

```
{% extends "blog/base.html" %}
{% load blog_tags %}

{% block title %}Search{% endblock %}

{% block content %}
  {% if query %}
    <h1>Posts containing "{{ query }}"</h1>
    <h3>
      {% with results.count as total_results %}
        Found {{ total_results }} result{{ total_results|pluralize }}
      {% endwith %}
    </h3>
    {% for post in results %}
      <h4><a href="{{ post.get_absolute_url }}">{{ post.title }}</a></h4>
      {{ post.body|markdown|truncatewords_html:5 }}
    {% empty %}
      <p>There are no results for your query.</p>
    {% endfor %}
    <p><a href="{% url "blog:post_search" %}">Search again</a></p>
  {% else %}
    <h1>Search for posts</h1>
    <form method="get">
      {{ form.as_p }}
      <input type="submit" value="Search">
    </form>
  {% endif %}
{% endblock %}
```

与搜索视图一样，我们可以通过查询参数的存在来区分表单是否已经提交。在帖子被提交之前，需要显示当前表单和提交按钮。在贴子被提交后，可显示所执行的查询结果、全部结果数量及所返回的帖子列表。

最后，编辑 blog 应用程序中的 urls.py 文件，并添加下列 URL 路径：

```
path('search/', views.post_search, name='post_search')
```

接下来，在浏览器中打开 http://127.0.0.1:8000/blog/search，对应结果如图 3.8 所示。

图 3.8

输入某项查询并单击 SEARCH 按钮，对应查询的搜索结果如图 3.9 所示。

图 3.9

至此，对于当前博客，我们已经构建了基本的搜索引擎。

3.4.5　词干提取和排名

词干提取（stemming）是将单词简化为词干、基或词根形式的过程。搜索引擎使用词干提取将索引单词简化为词干，以匹配变化词形或派生词。例如，从搜索引擎角度来看，"music"和"musician"可视为相似的单词。

Django 定义了 SearchQuery 类，并将数据项转换为搜索查询对象。在默认状态下，数据项通过词干提取算法被传递，从而可获得较好的匹配结果。另外，还可能根据相关性进行排序，PostgreSQL 提供了一个排名函数，可根据查询项的出现频率及接近程度对结果进行排序。

编辑 blog 应用程序中的 views.py 文件，并添加下列导入语句：

```
from django.contrib.postgres.search import SearchVector, SearchQuery,
SearchRank
```

接下来查看下列代码行：

```
results = Post.objects.annotate(
            search=SearchVector('title', 'body'),
        ).filter(search=query)
```

并利用下列代码行进行替换：

```
search_vector = SearchVector('title', 'body')
search_query = SearchQuery(query)
results = Post.published.annotate(
            search=search_vector,
            rank=SearchRank(search_vector, search_query)
        ).filter(search=search_query).order_by('-rank')
```

上述代码定义了 SearchQuery 对象，并以此对结果进行过滤，同时使用 SearchRank 根据相关性对结果进行排序。

在浏览器中打开 http://127.0.0.1:8000/blog/search/，并对不同的搜索进行测试，进而测试词干提取和排名操作。图 3.10 显示了帖子标题和主体内容中单词 django 出现次数的排名结果。

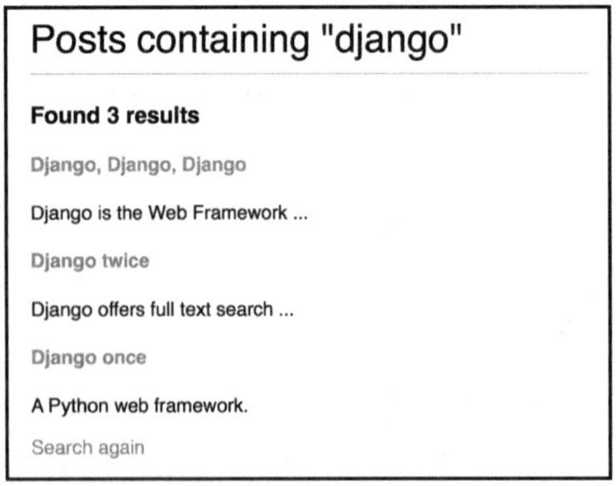

图 3.10

3.4.6 加权查询

在根据相关性排序结果时我们可以增加特定的向量，赋予它们更多的权重。例如，可据此向标题匹配（而非内容匹配）的帖子提供更多的相关性。

编辑 blog 应用程序中的 views.py 文件，如下所示：

```
search_vector = SearchVector('title', weight='A') +\
                SearchVector('body', weight='B')
search_query = SearchQuery(query)
results = Post.objects.annotate(
 rank=SearchRank(search_vector, search_query)
).filter(rank__gte=0.3).order_by('-rank')
```

通过 title 和 body 字段，上述代码针对设置的搜索向量使用了不同的权值。其中，默认权值为 D、C、B 和 A，分别对应于数值 0.1、0.2、0.4 和 1.0。相应地，title 搜索向量使用了权值 1.0，而 body 向量使用了权值 0.4，标题匹配将超过正文内容的匹配。我们将对结果进行过滤，且仅显示排名大于 0.3 的相关结果。

3.4.7 利用三元相似性进行搜索

三元相似性则是另一种搜索方案。这里，三元表示为 3 个连续字符构成的组合，通过计算共有的三元数量，可测算两个字符串的相似性。对于多种语言中的单词相似性计算，该方案非常高效。

当在 PostgreSQL 中使用三元方案时，首先需要安装 pg_trgm 扩展，并在 Shell 中执行下列命令以连接数据库：

```
psql blog
```

随后，执行下列命令并安装 pg_trgm 扩展：

```
CREATE EXTENSION pg_trgm;
```

下面对视图进行编辑、修改，并执行三元搜索。对此，编辑 blog 应用程序的 views.py 文件，并添加下列导入语句：

```
from django.contrib.postgres.search import TrigramSimilarity
```

随后利用下列代码行替换 Post 搜索查询：

```
results = Post.objects.annotate(
```

```
        similarity=TrigramSimilarity('title', query),
).filter(similarity__gt=0.1).order_by('-similarity')
```

在浏览器中打开 http://127.0.0.1:8000/blog/search/，并测试不同的三元搜索。图 3.11 显示了 django 中的一个假定的输入错误，并显示了 yango 的搜索结果。

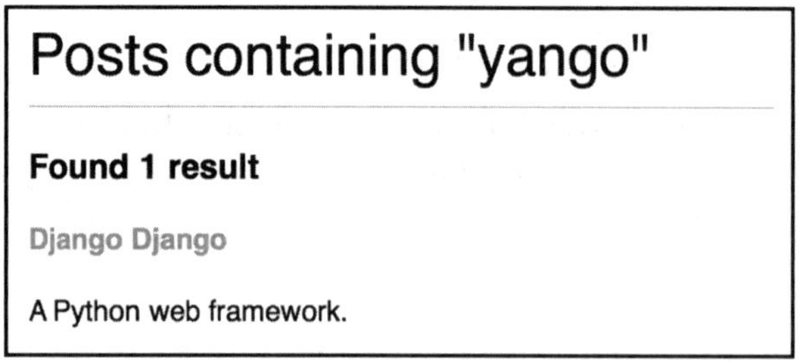

图 3.11

至此，我们在项目中实现了功能强大的搜索引擎。关于全文本搜索，读者可访问 https://docs.djangoproject.com/en/3.0/ref/contrib/postgres/search/以了解更多内容。

3.4.8 其他全文本搜索引擎

读者可能还会使用到其他全文本搜索引擎，且有别于 PostgreSQL，如 Solr 或 Elasticsearch。对此，可利用 Haystack 将其整合至项目中。Haystack 是一个 Django 应用程序，并可视作多个搜索引擎的抽象层。Haystack 提供了与 Django QuerySets 十分类似的简单搜索 API。读者可访问 https://django-haystack.readthedocs.io/en/master/以了解与 Haystack 相关的更多信息。

3.5 本章小结

本章讨论了如何创建自定义 Django 模板标签和过滤器，进而提供包含定制功能的模板。除此之外，还针对搜索引擎创建了网站地图，供搜索引擎抓取站点内容，以及一个 RSS 提要以供用户订阅博客。最后通过 PostgreSQL 的全文本搜索引擎并针对博客设置了搜索引擎。

第 4 章将学习如何利用 Django 验证框架构建社交网站、设置用户配置文件、构建验证机制。

第 4 章 构建社交型网站

第 3 章介绍了如何创建网站地图和摘要,并对 blog 应用程序构建搜索引擎。本章将开发一个社交应用程序,这意味着,用户可加入在线平台,并通过共享内容彼此交互。后续章节将重点讨论如何构建图像共享平台。用户将能够对互联网上的图像添加书签,且彼此间共享内容。除此之外,用户还可查看所关注用户在平台上的活动,并对共享图像点赞或取消点赞。

本章将介绍如何为用户创建登录、注销、编辑以及密码重置等功能。此外,本章还将学习如何设置用户的自定义配置文件,并向网站中添加验证机制。

本章主要涉及以下内容:
- 使用 Django 授权框架。
- 创建用户注册视图。
- 利用自定义配置模型扩展用户模型。
- 利用 Python Social Auth 添加授权机制。

下面将开始构建新项目。

4.1 创建社交型网站

本节将介绍如何创建社交型应用程序,用户可以此共享他们在互联网中搜索的图片。针对该项目,需要设置以下元素:
- 用户验证系统,以实现注册、登录、配置文件的编辑以及密码的修改和重置等操作。
- 关注系统,以使站点中的用户间可彼此查看。
- 显示共享图片,并实现用户的标签工具,进而共享来自任意网站的图片。
- 每名用户的操作流,可以使用户查看所关注用户的上传内容。

本章将对此进行逐一讨论。

打开终端,使用下列命令创建项目虚拟环境并激活该项目:

```
mkdir env
python3 -m venv env/bookmarks
source env/bookmarks/bin/activate
```

Shell 提示符将显示处于活动状态下的虚拟环境，如下所示：

```
(bookmarks)laptop:~ zenx$
```

利用下列命令在虚拟环境下安装 Django：

```
pip install "Django==3.0.*"
```

运行下列命令并创建新项目：

```
django-admin startproject bookmarks
```

在创建了初始项目结构后，通过下列命令查看项目字典，并创建名为 account 的新应用程序。

```
cd bookmarks/
django-admin startapp account
```

注意，这里应激活项目中的新应用程序，也就是说，将其添加至 settings.py 文件中的 INSTALLED_APPS 设置中，并在其他安装后的应用程序之前将其置于 INSTALLED_APPS 列表中，如下所示：

```
INSTALLED_APPS = [
    'account.apps.AccountConfig',
    # ...
]
```

后面将定义 Django 的验证模板。通过在 INSTALLED_APPS 设置中放置当前应用程序，可确保验证模板在默认状态下予以使用，而非其他应用程序中的验证模板。Django 根据应用程序在 INSTALLED_APPS 设置中的出现顺序查找模板。

运行下列命令，将数据库与 INSTALLED_APPS 设置中包含的默认应用程序模型同步：

```
python manage.py migrate
```

随后将会看到，全部初始状态下的 Django 数据库迁移均已投入使用。下面将通过 Django 的验证系统框架构建项目的验证系统。

4.2 使用 Django 验证框架

Django 包含了内置的验证框架，并可处理用户验证、会话、许可权限以及用户组。验证系统包含了常见用户行为的视图，如登录、注销、密码修改以及密码重置。

验证框架位于 django.contrib.auth 中，其他 Django contrib 数据包也可对此加以使用。

回忆一下，第 1 章中已经使用了验证框架，并生成了 blog 应用程序的超级用户以访问管理站点。

当使用 startproject 命令创建新的 Django 项目时，验证框架包含在项目的默认设置中，包括 django.contrib.auth 应用程序，以及下列两个项目 MIDDLEWARE 设置中的中间件类。

- AuthenticationMiddleware：使用会话将用户与请求关联起来。
- SessionMiddleware：处理请求间的当前会话。

中间件表示为一个类，其中包含了一些方法，可在请求或响应阶段以全局方式被执行。我们将在多种场合下使用到中间件类。此外，第 14 章还将学习如何创建自定义中间件。验证框架涵盖了下列模块：

- User 表示包含基本字段的用户模块，该模块的主要字段包括 username、password、email、first_name、last_name 以及 is_active。
- Group 表示分组模块，以对用户进行分类。
- Permission 表示用户或分组标记，并执行特定的操作。

除此之外，该框架还包含了默认的验证视图，以及供后续操作使用的表单。

4.2.1 构建登录视图

本节将使用 Django 验证框架使得用户可以登录当前网站。对应的视图将执行下列操作，从而实现用户登录。

（1）通过发布表单获得用户名和密码。
（2）利用存储于数据库中的数据对用户进行验证。
（3）检查用户是否属于活动状态。
（4）用户登录网站并启动验证会话。

下面首先创建登录表单。在 account 应用程序目录中创建新的 forms.py 文件，并添加下列代码行：

```
from django import forms

class LoginForm(forms.Form):
    username = forms.CharField()
    password = forms.CharField(widget=forms.PasswordInput)
```

根据当前数据库，该表单用于对用户进行验证。需要注意的是，此处采用了 PasswordInput 微件显示其 Password HTML 元素，同时在 HTML 中包含 type="password" 属性，可以使浏览器将其视作密码输入。

编辑 account 应用程序中的 views.py 文件，并向其添加下列代码：

```python
from django.http import HttpResponse
from django.shortcuts import render
from django.contrib.auth import authenticate, login
from .forms import LoginForm

def user_login(request):
    if request.method == 'POST':
        form = LoginForm(request.POST)
        if form.is_valid():
            cd = form.cleaned_data
            user = authenticate(request,
                                username=cd['username'],
                                password=cd['password'])
            if user is not None:
                if user.is_active:
                    login(request, user)
                    return HttpResponse('Authenticated '\
                                        'successfully')
                else:
                    return HttpResponse('Disabled account')
            else:
                return HttpResponse('Invalid login')
    else:
        form = LoginForm()
    return render(request, 'account/login.html', {'form': form})
```

上述代码表示为基本的登录视图所执行的任务。当 user_login 视图通过 GET 请求被调用时，将利用 form = LoginForm()实例化新的登录表单，并将其显示于模板中。当用户通过 POST 提交表单时，将执行下列操作：

（1）利用 form =LoginForm(request.POST)实例化提交数据的表单。

（2）利用 form.is_valid()检测表单是否有效。若无效，则在当前模板中显示表单错误信息（例如，如果用户未填写其中的某个字段）。

（3）如果所提交的数据有效，则通过 authenticate()方法并根据数据库对用户予以验证。该方法接收 request 对象、username 以及 password 参数，并返回 User 对象（用户验证成功）或 None。如果用户验证失败，则返回原 HttpResponse，同时显示 Invalid Login 消息。

（4）如果用户验证成功，将检测该用户是否处于活动状态，即访问其 is_active 属性。该属性定义为 Django 的用户模型属性。若用户未处于活动状态，则返回 HttpResponse 并显示 Disabled account 消息。

（5）若用户处于活动状态，则登录网站。通过调用 login()方法，可在当前会话中设置该用户，并返回 Authenticated successfully 消息。

注意：

此处应注意 authenticate 和 login 之间的差别。authenticate()检测用户凭证，若正确则返回 User 对象；而 login()则在当前会话中设置用户。

随后需要针对视图创建 URL 路径。在 account 应用程序目录中创建新的 urls.py 文件，并添加下列代码：

```
from django.urls import path
from . import views

urlpatterns = [
    # post views
    path('login/', views.user_login, name='login'),
]
```

编辑 bookmarks 项目目录中的 urls.py 主文件、导入 include 并添加 account 应用程序的 URL 路径，如下所示：

```
from django.conf.urls import path, include
from django.contrib import admin

urlpatterns = [
    path('admin/', admin.site.urls),
    path('account/', include('account.urls')),
]
```

当前，登录视图可通过 URL 访问，下面针对该视图创建模板。鉴于当前项目尚未包含任何模板，我们可开始着手创建一个由登录模板扩展的基本模板。在 account 应用程序目录中创建下列文件和目录：

```
templates/
    account/
        login.html
    base.html
```

编辑 base.html 模板文件并添加下列代码：

```
{% load staticfiles %}
<!DOCTYPE html>
<html>
<head>
```

```
<title>{% block title %}{% endblock %}</title>
<link href="{% static "css/base.css" %}" rel="stylesheet">
</head>
<body>
<div id="header">
  <span class="logo">Bookmarks</span>
</div>
<div id="content">
  {% block content %}
  {% endblock %}
</div>
</body>
</html>
```

这将视为当前网站的基本模板。如同之前项目中所做的那样，可在主模板中包含 CSS 样式。此类静态文件位于本章的示例源代码中。相应地，可将 account 应用程序的 static/ 目录从本章的源代码复制至项目的相同位置，以便使用这些静态文件。读者可访问 https://github.com/PacktPublishing/Django-3-by-Example/tree/master/Chapter04/bookmarks/account/static 查看该目录的详细内容。

基本模板定义了一个 title 块和 content 块，可由从中扩展的模板填充相关内容。

下面针对登录表单填充模板，打开 account/login.html 模板并添加下列代码：

```
{% extends "base.html" %}

{% block title %}Log-in{% endblock %}

{% block content %}
  <h1>Log-in</h1>
  <p>Please, use the following form to log-in:</p>
  <form method="post">
    {{ form.as_p }}
    {% csrf_token %}
    <p><input type="submit" value="Log in"></p>
  </form>
{% endblock %}
```

该模板包含了视图中实例化的表单。考虑到当前表单通过 POST 提交，因而针对 CSRF 保护包含了 {% csrf_token %} 模板标签。关于 CSRF 保护，读者可参考第 2 章。

当前数据库中未包含任何用户，因而首先需要创建超级用户，进而可访问管理站点并对其他用户进行管理。打开命令行工具并执行 python manage.py createsuperuser 命令，填充期望的用户名、邮件地址以及密码。随后，利用 python manage.py runserver 命令运行开发服务器，并在浏览器中打开 http://127.0.0.1:8000/admin/，通过刚刚创建的用户凭证访问管理站点。图 4.1 显示了 Django 管理站点，其中包含了 Django 验证框架的 User 和 Group 模块。

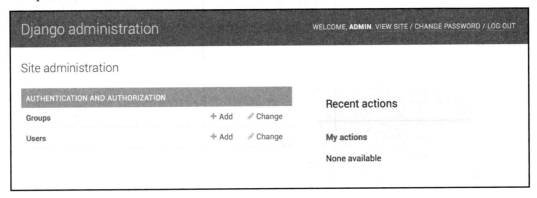

图 4.1

通过管理站点创建新用户，并在浏览器中打开 http://127.0.0.1:8000/account/login/。所显示的模板如图 4.2 所示，其中包含了登录表单。

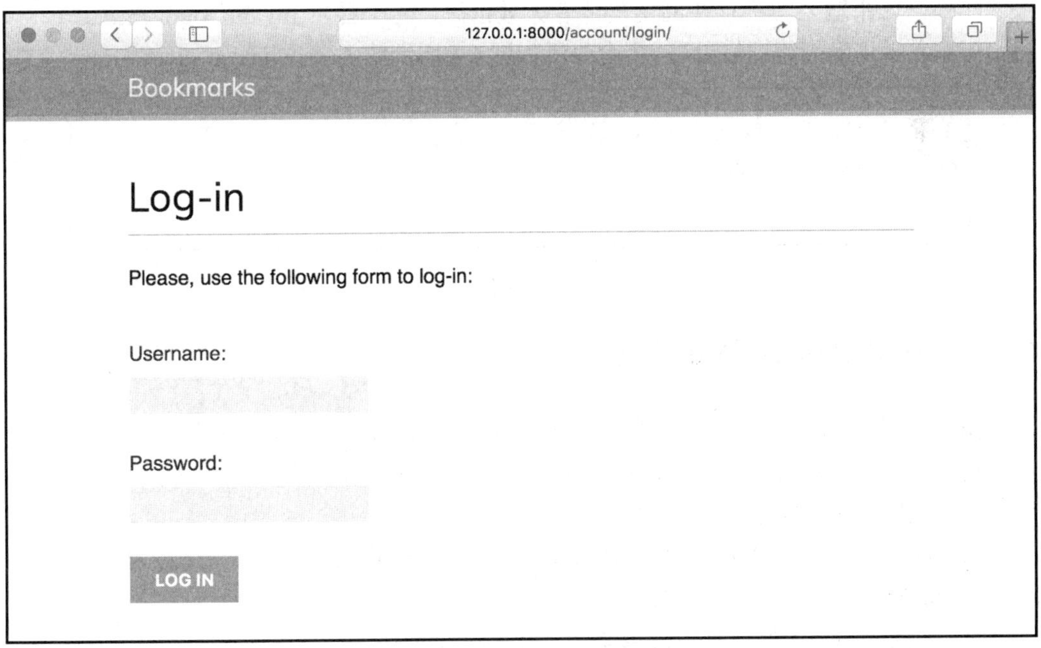

图 4.2

提交表单，并保持其中的一个字段为空。此时，表单处于无效状态，同时还将显示错误信息，如图 4.3 所示。

图 4.3

注意，一些现代浏览器无法提交包含空字段或错误字段的表单，其原因在于浏览器是根据字段类型和每个字段的限制条件执行表单验证。在当前示例中，表单提交失败，同时还将针对无效字段显示错误消息。

此外，如果输入了不存在的用户或者无效密码，将会显示 Invalid login 消息。

在输入了正确的凭证信息后，将会显示如图 4.4 所示的 Authenticated successfully 消息。

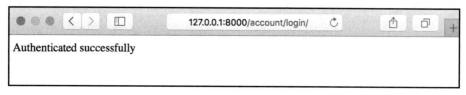

图 4.4

4.2.2 使用 Django 验证视图

Django 在验证框架中包含了多个表单和视图。其中，我们所创建的登录视图可视为一个较好的练习，进而可较好地理解 Django 中的用户验证处理过程。然而，大多数时候，我们可使用默认的 Django 验证视图。

Django 提供了下列基于类的视图，以对验证过程加以处理。全部视图均位于 django.contrib.auth.views 中，例如：

- ❑ LoginView：处理登录表单并实现用户登录操作。
- ❑ LogoutView：注销某个用户。

Django 提供了下列视图可处理密码修改操作。
- PasswordChangeView：处理某个表单并修改用户密码。
- PasswordChangeDoneView：密码被成功修改后，用户将被重定向至成功视图页面。

此外，Django 还包含了下列视图，使得用户可重置密码。
- PasswordResetView：允许用户重置密码，并生成包含令牌的一次性使用链接，同时将其发送至用户的电子邮箱账户中。
- PasswordResetDoneView：通知用户，一封电子邮件（包含重置密码的链接）已被发送。
- PasswordResetConfirmView：允许用户设置新的密码。
- PasswordResetCompleteView：密码重置成功后，用户被重定向至成功视图页面。

当通过用户账户创建一个站点时，上述各项视图可节省大量的时间。这一类视图采用了可覆写的默认值，如所显示的模板位置，或者视图所使用的表单。

关于内置的验证视图，读者可访问 https://docs.djangoproject.com/en/3.0/topics/auth/default/#all-authentication-views 以了解更多信息。

4.2.3 登录和注销视图

编辑 account 应用程序的 urls.py 文件，如下所示：

```
from django.urls import path
from django.contrib.auth import views as auth_views
from . import views

urlpatterns = [
    # previous login view
    # path('login/', views.user_login, name='login'),
    path('login/', auth_views.LoginView.as_view(), name='login'),
    path('logout/', auth_views.LogoutView.as_view(), name='logout'),
]
```

在上述代码中，对于刚刚创建的 user_login 视图，我们注释掉 URL 路径，并使用 Django 验证框架的 LoginView 视图。此外，还向 LogoutView 视图中添加了一个 URL 路径。

在 account 应用程序的 templates 目录中生成一个新目录，并将其命名为 registration。这是 Django 身份验证视图所期望的验证模板的默认路径。

django.contrib.admin 模块中包含了一些用于管理站点的验证模板。我们曾将 account 应用程序置于 INSTALLED_APPS 设置的开始处，以使 Django 用户在默认状态下使用模板，而非定义于其他应用程序中的验证模板。

在 templates/registration 目录中创建一个新文件，将其命名为 login.html 并添加下列代码：

```
{% extends "base.html" %}

{% block title %}Log-in{% endblock %}

{% block content %}
  <h1>Log-in</h1>
  {% if form.errors %}
    <p>
      Your username and password didn't match.
      Please try again.
    </p>
  {% else %}
    <p>Please, use the following form to log-in:</p>
  {% endif %}
  <div class="login-form">
    <form action="{% url 'login' %}" method="post">
      {{ form.as_p }}
      {% csrf_token %}
      <input type="hidden" name="next" value="{{ next }}" />
      <p><input type="submit" value="Log-in"></p>
    </form>
  </div>
{% endblock %}
```

该登录模板与之前创建的模板十分类似。默认状态下，Django 使用位于 django.contrib.auth.forms 中的 AuthenticationForm 表单，这一表单尝试对用户进行验证，若登录失败，则产生验证错误。此处，我们可利用模板中的{% if form.errors %}查找错误，并检测所提供的凭证是否正确。

注意，之前加入了隐含的 HTML<input>元素提交名为 next 的变量值，当传递请求中的 next 参数时（如 http://127.0.0.1:8000/account/login/?next=/account/），该变量首先由登录表单进行设置。

这里，next 参数须表示为一个 URL。若该参数已被设置，Django 视图将在成功登录后将用户重定向至既定 URL 处。

下面在 registration 模板目录中创建 logged_out.html 模板，如下所示：

```
{% extends "base.html" %}
```

```
{% block title %}Logged out{% endblock %}

{% block content %}
  <h1>Logged out</h1>
  <p>
    You have been successfully logged out.
    You can <a href="{% url "login" %}">log-in again</a>.
  </p>
{% endblock %}
```

在用户注销后，Django 将显示该模板。

在添加了 URL 路径、登录以及注销视图模板后，站点用户可通过 Django 验证视图进行登录。

接下来，当用户登录其账户后，我们将创建一个显示视图。打开 account 应用程序的 views.py 文件，并添加下列代码：

```
from django.contrib.auth.decorators import login_required

@login_required
def dashboard(request):
    return render(request,
                  'account/dashboard.html',
                  {'section': 'dashboard'})
```

此处采用了验证框架中的 login_required 装饰器对视图予以修饰。login_required 装饰器检测当前用户是否被验证。若已被验证，则执行装饰后的视图；若未被验证，则利用最初请求的 URL 作为参数（名为 next）将用户重定向至登录 URL。

在成功登录后，登录视图将用户重定向至试图访问的 URL 处。对此，我们在登录模板表单中加入了隐藏的输入。

除此之外，我们还定义了 section 变量，并使用该变量跟踪用户浏览的站点部分。相应地，多个视图可对应于同一部分内容。当定义每个视图对应的部分时，这可视为一种简单的方式。

下面针对 dashboard 视图创建一个模板。在 templates/account/ 目录中创建一个新文件，并将其命名为 dashboard.html，如下所示：

```
{% extends "base.html" %}

{% block title %}Dashboard{% endblock %}
```

```
{% block content %}
 <h1>Dashboard</h1>
 <p>Welcome to your dashboard.</p>
{% endblock %}
```

随后，针对该视图（位于 account 应用程序的 urls.py 文件中），添加下列 URL 路径：

```
urlpatterns = [
    # ...
    path('', views.dashboard, name='dashboard'),
]
```

编辑项目中的 settings.py 文件，并添加下列代码：

```
LOGIN_REDIRECT_URL = 'dashboard'
LOGIN_URL = 'login'
LOGOUT_URL = 'logout'
```

上述代码中的设置内容包括以下方面。

- LOGIN_REDIRECT_URL：如果请求中未出现 next 参数，在成功登录后，将通知 Django 重定向的 URL。
- LOGIN_URL：用户重定向并实现登录的 URL（例如使用 login_required 装饰器的视图）。
- LOGOUT_URL：用户重定向并实现注销的 URL。

这里使用了之前通过 path() 函数的 name 属性定义的 URL 路径名。针对此类设置，可使用 URL 硬编码，而非 URL 名。

下面对前述内容稍作总结：

- 项目中添加了内置的 Django 验证登录和注销视图。
- 针对这两个视图创建了自定义模板，并定义了简单的 dashboard 视图，以在登录后对用户执行重定向操作。
- 最后，还针对 Django 设置了某些配置内容，且默认状态下将使用这些 URL。

下面向基础模板中添加登录和注销链接，同时对各方内容进行整合。针对每种情况，为了显示正确的链接，需要判断当前用户是否处于登录状态。对此，当前用户通过验证中间件在 HttpRequest 对象中被设置，并可通过 request.user 对其进行访问。即使用户未被验证，仍可在请求中获取 User 对象。非验证用户将作为 AnonymousUser 实例在请求中被设置。检测当前用户是否被验证的最佳方式是访问器只读属性 is_authenticated。

编辑 base.html 模板，并使用 header ID 修改 <div> 元素，如下所示：

第 4 章 构建社交型网站

```
<div id="header">
  <span class="logo">Bookmarks</span>
  {% if request.user.is_authenticated %}
    <ul class="menu">
      <li {% if section == "dashboard" %}class="selected"{% endif %}>
        <a href="{% url "dashboard" %}">My dashboard</a>
      </li>
      <li {% if section == "images" %}class="selected"{% endif %}>
        <a href="#">Images</a>
      </li>
      <li {% if section == "people" %}class="selected"{% endif %}>
        <a href="#">People</a>
      </li>
    </ul>
  {% endif %}

  <span class="user">
    {% if request.user.is_authenticated %}
      Hello {{ request.user.first_name }},
      <a href="{% url "logout" %}">Logout</a>
    {% else %}
      <a href="{% url "login" %}">Log-in</a>
    {% endif %}
  </span>
</div>
```

不难发现，上述代码仅向验证后的用户显示了站点菜单。此外，还检测了当前部分并向对应的<li>项添加了 selected 类属性，并通过 CSS 着重显示了菜单中的当前内容。除此之外，如果用户已被验证，将显示用户的姓氏以及注销链接；否则将显示登录链接。

在浏览器中打开 http://127.0.0.1:8000/account/login/，随后将显示登录页面。在输入了有效的用户名和密码后，单击 Log-in 按钮，对应输出结果如 4.5 图所示。

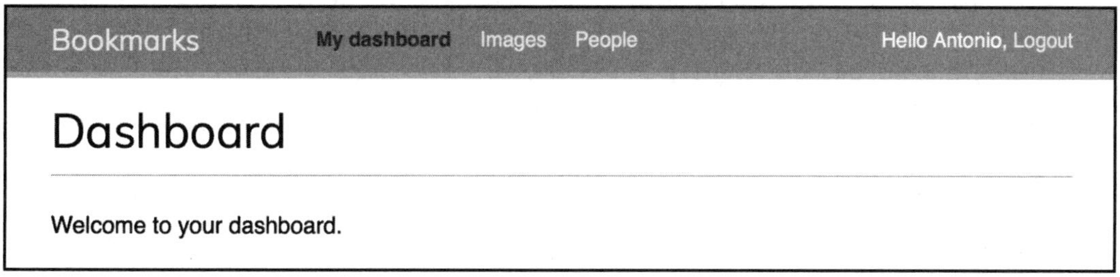

图 4.5

可以看到，My dashboard 部分通过 CSS 被高亮显示——其中包含了 selected 类。由于当前用户已被验证，因而用户姓氏将被显示于右侧。单击 Logout 链接，对应结果如图 4.6 所示。

图 4.6

在图 4.6 所示页面中，用户处于注销状态，因而站点菜单将不再被显示；相应地，右侧链接此时将显示为 Log-in。

注意：

当看到 Django 管理站点的注销页面（而非用户自己的注销页面）时，应检测项目的 INSTALLED_APPS 设置，确保 django.contrib.admin 位于 account 应用程序之后。两个模板均位于同一相对路径下，Django 模板加载器将使用第一个搜索到的模板。

4.2.4　修改密码视图

在登录站点后，用户可以修改其密码。对此，我们将对 Django 验证视图进行整合。打开 account 应用程序的 urls.py 文件，并向其中添加下列 URL 路径：

```
# change password urls
path('password_change/',
    auth_views.PasswordChangeView.as_view(),
    name='password_change'),
path('password_change/done/',
    auth_views.PasswordChangeDoneView.as_view(),
    name='password_change_done'),
```

PasswordChangeView 视图将处理表单并修改密码，并在成功修改密码后，PasswordChangeDoneView 视图将显示一条成功消息。下面针对每个视图创建一个模板。

相应地，可向 account 应用程序的 templates/registration/目录中添加一个新文件，将其命名为 password_change_form.html 并添加下列代码：

```
{% extends "base.html" %}

{% block title %}Change you password{% endblock %}

{% block content %}
  <h1>Change you password</h1>
  <p>Use the form below to change your password.</p>
  <form method="post">
    {{ form.as_p }}
    <p><input type="submit" value="Change"></p>
    {% csrf_token %}
  </form>
{% endblock %}
```

password_change_form.html 模板包含了修改密码的表单。

下面在同一目录中创建另一个文件，将其命名为 password_change_done.html 并添加下列代码：

```
{% extends "base.html" %}

{% block title %}Password changed{% endblock %}

{% block content %}
  <h1>Password changed</h1>
  <p>Your password has been successfully changed.</p>
{% endblock %}
```

password_change_done.html 模板仅包含了相应的成功消息，当用户成功修改密码后予以显示。

在浏览器中打开 http://127.0.0.1:8000/account/password_change/。如果用户尚未登录，浏览器将用户重定向至登录页面。经过成功验证后，将会看到如图 4.7 所示的密码修改页面。

随后，利用当前密码和信息修改的密码填写表单，并单击 CHANGE 按钮，对应的成功页面如图 4.8 所示。

注销后再次使用新密码登录，以确保一切工作正常。

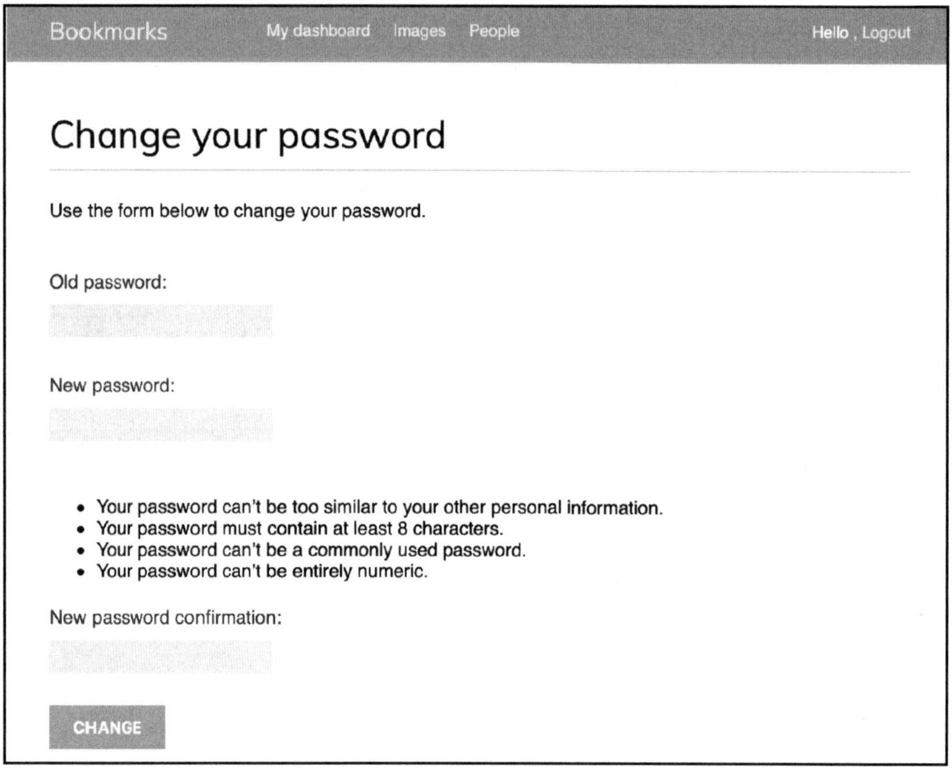

图 4.7

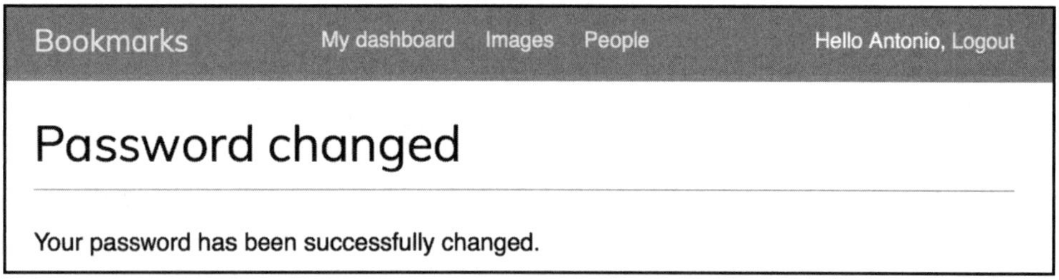

图 4.8

4.2.5 重置密码视图

针对密码重置行为,可向 account 应用程序中的 urls.py 文件添加下列 URL 路径:

```
# reset password urls
path('password_reset/',
```

```
        auth_views.PasswordResetView.as_view(),
        name='password_reset'),
path('password_reset/done/',
        auth_views.PasswordResetDoneView.as_view(),
        name='password_reset_done'),
path('reset/<uidb64>/<token>/',
        auth_views.PasswordResetConfirmView.as_view(),
        name='password_reset_confirm'),
path('reset/done/',
        auth_views.PasswordResetCompleteView.as_view(),
        name='password_reset_complete'),
```

接下来向 account 应用程序的 templates/registration/目录中添加一个新文件,将其命名为 password_reset_form.html 并添加下列代码:

```
{% extends "base.html" %}

{% block title %}Reset your password{% endblock %}

{% block content %}
  <h1>Forgotten your password?</h1>
  <p>Enter your e-mail address to obtain a new password.</p>
  <form method="post">
    {{ form.as_p }}
    <p><input type="submit" value="Send e-mail"></p>
    {% csrf_token %}
  </form>
{% endblock %}
```

随后,在同一目录中创建另一个文件,将其命名为 password_reset_email.html 并添加下列代码:

```
Someone asked for password reset for email {{ email }}. Follow the link
below:
{{ protocol }}://{{ domain }}{% url "password_reset_confirm" uidb64=uid
token=token %}
Your username, in case you've forgotten: {{ user.get_username }}
```

password_reset_email.html 模板用于显示发送至用户的电子邮件,进而对密码进行重置,其中包含了一个由视图生成的重置标记。

在同一目录中创建另一个文件,将其命名为 password_reset_done.html 并添加下列代码:

```
{% extends "base.html" %}

{% block title %}Reset your password{% endblock %}

{% block content %}
  <h1>Reset your password</h1>
  <p>We've emailed you instructions for setting your password.</p>
  <p>If you don't receive an email, please make sure you've entered the address you registered with.</p>
{% endblock %}
```

在同一目录中创建另一个模板，将其命名为 password_reset_confirm.html 并添加下列代码：

```
{% extends "base.html" %}

{% block title %}Reset your password{% endblock %}

{% block content %}
  <h1>Reset your password</h1>
  {% if validlink %}
    <p>Please enter your new password twice:</p>
    <form method="post">
      {{ form.as_p }}
      {% csrf_token %}
      <p><input type="submit" value="Change my password" /></p>
    </form>
  {% else %}
    <p>The password reset link was invalid, possibly because it has already been used. Please request a new password reset.</p>
  {% endif %}
{% endblock %}
```

在该模板中，我们将通过查看 validlink 变量检测所提供的密码重置链接是否有效。这里，PasswordResetConfirmView 视图检查 URL 提供的标记的有效性，并将 validlink 变量传递至模板中。如果链接有效，则显示用户密码重置表单。仅当获取了有效的重置密码链接后，用户方可设置新的密码。

创建另一个文件，将其命名为 password_reset_complete.html 并输入下列代码：

```
{% extends "base.html" %}

{% block title %}Password reset{% endblock %}
```

```
{% block content %}
  <h1>Password set</h1>
  <p>Your password has been set. You can
<a href="{% url "login" %}">log in now</a></p>
{% endblock %}
```

最后，编辑 account 应用程序的 registration/login.html 模板，并在<form>元素后添加下列代码：

```
<p><a href="{% url "password_reset" %}">Forgotten your password?</a></p>
```

在浏览器中打开 http://127.0.0.1:8000/account/login/，并单击 Forgotten your password? 链接，对应页面如图 4.9 所示。

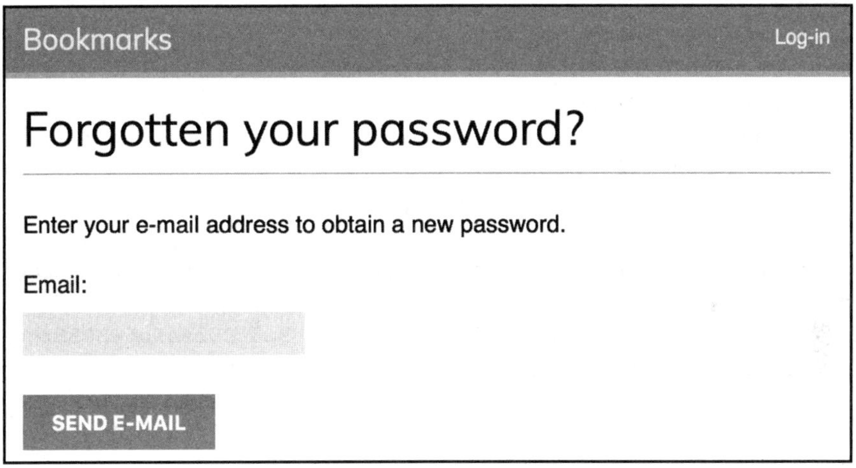

图 4.9

此处，需要向项目的 settings.py 文件中添加 SMTP 配置，以使 Django 能够发送邮件。第 2 章曾讲述了如何向项目中添加邮件设置，然而，在开发过程中，可能需要配置 Django 以向标准输出中编写邮件，而不是通过 SMTP 服务器发送邮件。对此，Django 提供了电子邮件后端，并可向控制台编写邮件。编辑项目的 settings.py 文件并添加下列代码：

```
EMAIL_BACKEND = 'django.core.mail.backends.console.EmailBackend'
```

EMAIL_BACKEND 设置表明发送邮件所使用的相关类。

返回至浏览器中，输入用户的电子邮件地址，并单击 SEND E-MAIL 按钮，对应页面如图 4.10 所示。

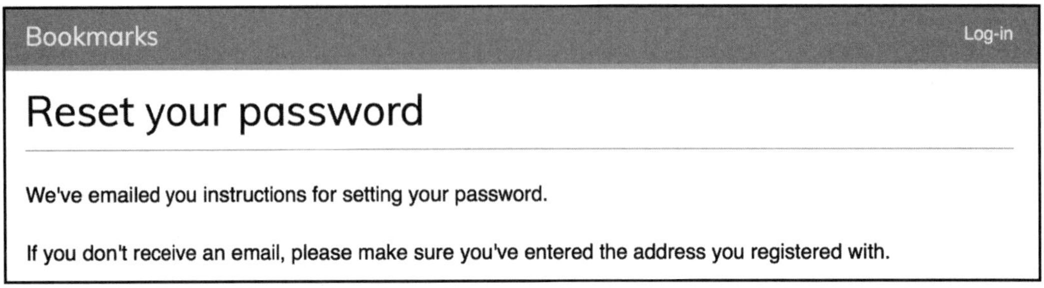

```
Bookmarks                                               Log-in

Reset your password
─────────────────────────────────────────────────
We've emailed you instructions for setting your password.

If you don't receive an email, please make sure you've entered the address you registered with.
```

图 4.10

下面查看运行开发服务器的控制台，生成的邮件如下所示：

```
Content-Type: text/plain; charset="utf-8"
MIME-Version: 1.0
Content-Transfer-Encoding: 7bit
Subject: Password reset on 127.0.0.1:8000
From: webmaster@localhost
To: user@domain.com
Date: Fri, 3 Jan 2020 14:35:08 -0000
Message-ID: <20150924143508.62996.55653@zenx.local>

Someone asked for password reset for email user@domain.com. Follow the link
below:
http://127.0.0.1:8000/account/reset/MQ/45f-9c3f30caafd523055fcc/
Your username, in case you've forgotten: zenx
```

此处，邮件通过刚刚创建的 password_reset_email.html 模板予以显示。重置密码的 URL 包含了 Django 自动生成的令牌。

复制该 URL 并在浏览器中打开，对应页面如图 4.11 所示。

设置新密码的页面对应于 password_reset_confirm.html 模板。输入新的密码并单击 CHANGE MY PASSWORD 按钮。Django 将生成一个最新加密的密码，并将其保存至数据库中，对应成功页面如图 4.12 所示。

随后，可使用新密码登录至账户中。

注意，设置新密码的每个令牌仅可使用一次。如果再次打开链接，将得到一条消息表示令牌无效。

当前项目中已经整合了 Django 验证框架视图，此类视图适用于大多数场合。然而，对于不同的操作行为，也可创建自己的视图。

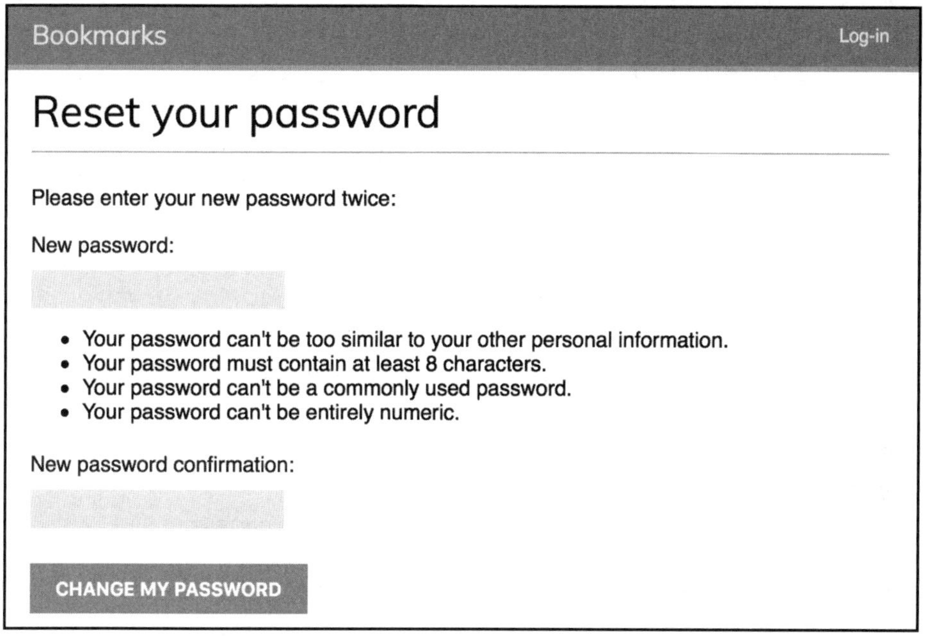

图 4.11

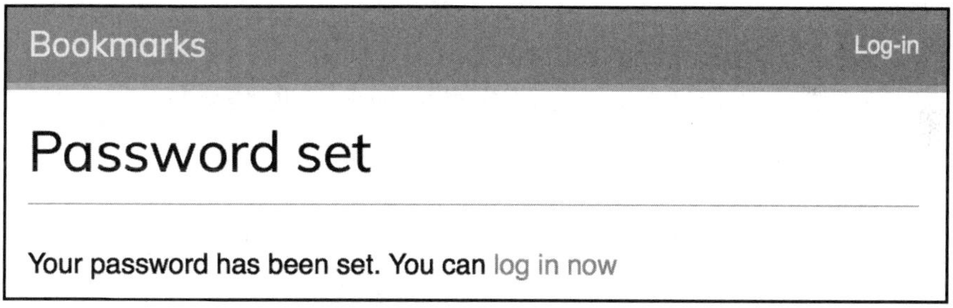

图 4.12

Django 也提供了我们创建的验证 URL 路径。我们可以注释掉添加至 account 应用程序 urls.py 文件中的验证 URL 路径，并包含 django.contrib.auth.urls，如下所示：

```
from django.urls import path, include
# ...

urlpatterns = [
    # ...
    path('', include('django.contrib.auth.urls')),
]
```

读者可访问 https://github.com/django/django/blob/stable/3.0.x/django/contrib/auth/urls.py，并查看所包含的验证 URL 路径。

4.3 用户注册和用户配置

当前，现有用户可执行登录、注销、修改密码以及重置密码操作。接下来，还需要构建一个视图，并可使访问者创建用户账户。

4.3.1 用户注册

下面创建一个简单的视图，以使用户可以在网站上进行注册。开始时，我们需要创建一个表单，用户可以在此输入用户名、真实姓名以及密码。

编辑 account 应用程序目录中的 forms.py 文件，并添加下列代码：

```
from django.contrib.auth.models import User

class UserRegistrationForm(forms.ModelForm):
    password = forms.CharField(label='Password',
                               widget=forms.PasswordInput)
    password2 = forms.CharField(label='Repeat password',
                                widget=forms.PasswordInput)

    class Meta:
        model = User
        fields = ('username', 'first_name', 'email')

    def clean_password2(self):
        cd = self.cleaned_data
        if cd['password'] != cd['password2']:
            raise forms.ValidationError('Passwords don\'t match.')
        return cd['password2']
```

此处针对用户模型创建了一个模型表单。在该表单中，仅包含了模型的 username、first_name 以及 email 字段，此类字段将根据其对应的模型字段进行验证。例如，如果用户选择了已有的用户名，将会得到一条验证错误消息，因为 username 字段通过 unique=True 加以定义。

除此之外，我们针对用户还添加了两个附加字段，即 password 和 password2，用于设置密码以及确认操作。此外，还定义了 clean_password2()方法，并对两次输出的密码进行检测。如果密码间不匹配，表单将不执行验证操作。当调用 is_valid()方法验证表单时，将会执行该检测行为。我们可向任意表单方法提供一个 clean_<fieldname>()方法，以清空数值或者针对特定字段生成表单验证错误。另外，表单还包含了一个通用的 clean()方法，并对整体进行验证，这对于彼此间相互依赖的字段验证来说十分有用。在当前示例中，我们使用了特定字段的 clean_password2()验证，而非重载表单的 clean()方法。这将避免重载其他特定字段的检查，这种检查是 ModelForm 从模型中的限制设定来获取的（例如，验证用户名是否唯一）。

Django 还提供了一个可用的 UserCreationForm 表单且位于 django.contrib.auth.forms。该表单与之前生成的表单十分类似。

编辑 account 应用程序的 views.py 文件并添加下列代码：

```python
from .forms import LoginForm, UserRegistrationForm

def register(request):
    if request.method == 'POST':
        user_form = UserRegistrationForm(request.POST)
        if user_form.is_valid():
            # Create a new user object but avoid saving it yet
            new_user = user_form.save(commit=False)
            # Set the chosen password
            new_user.set_password(
                user_form.cleaned_data['password'])
            # Save the User object
            new_user.save()
            return render(request,
                          'account/register_done.html',
                          {'new_user': new_user})
    else:
        user_form = UserRegistrationForm()
    return render(request,
                  'account/register.html',
                  {'user_form': user_form})
```

该视图用于创建用户账户且操作过程十分简单。出于安全原因，这里并不保存用户输入的原始密码，而是采用了用户模型的 set_password()方法处理哈希问题。

编辑 account 应用程序的 urls.py 文件并添加下列 URL 路径：

```python
path('register/', views.register, name='register'),
```

最后，在 account/模板目录中创建一个新的模板，并将其命名为 register.html，如下所示：

```
{% extends "base.html" %}

{% block title %}Create an account{% endblock %}

{% block content %}
  <h1>Create an account</h1>
  <p>Please, sign up using the following form:</p>
  <form method="post">
    {{ user_form.as_p }}
    {% csrf_token %}
    <p><input type="submit" value="Create my account"></p>
  </form>
{% endblock %}
```

在同一目录中添加模板文件，将其命名为 register_done.html 并添加下列代码：

```
{% extends "base.html" %}

{% block title %}Welcome{% endblock %}

{% block content %}
  <h1>Welcome {{ new_user.first_name }}!</h1>
  <p>Your account has been successfully created. Now you can <a href="{%url "login" %}">log in</a>.</p>
{% endblock %}
```

在浏览器中打开 http://127.0.0.1:8000/account/register/，注册页面如图 4.13 所示。

针对新用户填写相关字段，并单击 CREATE MY ACCOUNT 按钮。如果全部字段均有效，将生成新用户。图 4.14 显示了相应的成功消息。

单击 log in 链接，输入用户名和密码，并验证是否可成功访问账户。

此外，还可以在登录模板中加入注册链接。编辑 registration/login.html 模板并查找下列代码行：

```
<p>Please, use the following form to log-in:</p>
```

将其替换为下列代码：

```
<p>Please, use the following form to log-in. If you don't have an account <a href="{% url "register" %}">register here</a></p>
```

据此，注册页面可以从登录页面进行访问。

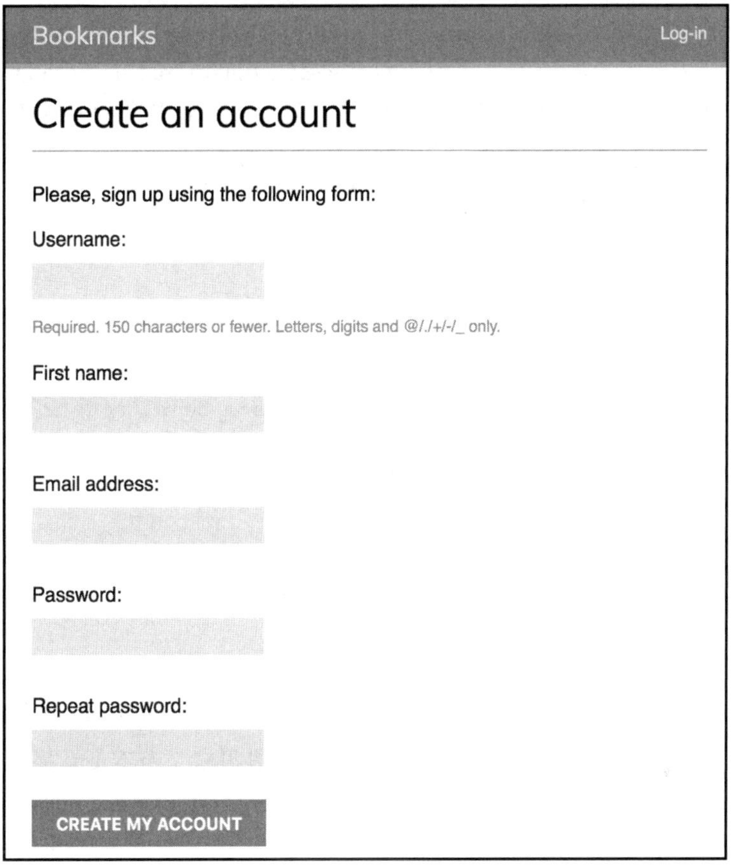

图 4.13

图 4.14

4.3.2 扩展用户模型

当需要处理用户账户时,将会发现 Django 验证框架中的用户模型仅适用于一般场合,此类用户模型包含了较为基本的字段。对此,用户可能希望扩展用户模型并包含某些额外的数据。一种较好的方式是创建配置模型，并包含全部附加字段，以及与 Django User 模型间的一对一关系。一对一关系类似于包含参数 unique=True 的 ForeignKey 字段，该关系的另外一面则是基于关联模型的隐式一对一关系（而非多个元素的管理器）。对于这一关系不同的两个方面，我们可以检索单一的关联对象。

编辑 account 应用程序的 models.py 文件并添加下列代码：

```python
from django.db import models
from django.conf import settings

class Profile(models.Model):
    user = models.OneToOneField(settings.AUTH_USER_MODEL,
                                on_delete=models.CASCADE)
    date_of_birth = models.DateField(blank=True, null=True)
    photo = models.ImageField(upload_to='users/%Y/%m/%d/',
                              blank=True)

    def __str__(self):
        return f'Profile for user {self.user.username}'
```

注意：

为了保持代码的通用性，可使用 get_user_model()方法检索用户模型和 AUTH_USER_MODEL 设置，以便在定义模型与用户模型的关系时引用它，而不是直接引用认证的用户模型。对此，读者可访问 https://docs.djangoproject.com/en/3.0/topics/auth/customizing/#django.contrib.auth.get_user_model 以了解更多信息。

user 一对一字段可将配置文件与用户进行关联。对于 on_delete 参数，我们可使用 CASCADE——当用户被删除后，其所关联的配置文件也会被删除。photo 则表示为一个 ImageField 字段。另外，用户需要安装 Pillow 库以对图像进行处理。在 Shell 中，运行下列命令可安装 Pillow：

```
pip install Pillow==7.0.0
```

Django 可以通过开发服务器提供用户上传的媒体文件。对此，可向项目的 settings.py 文件添加下列设置：

```
MEDIA_URL = '/media/'
MEDIA_ROOT = os.path.join(BASE_DIR, 'media/')
```

其中，MEDIA_URL 是为用户上传的媒体文件提供服务的基本 URL，MEDIA_ROOT 则是用户驻留的本地路径。我们可以根据当前项目以动态方式构建路径，以使代码更具通用性。

下面编辑 bookmarks 项目的主 urls.py 文件并对代码进行修改,如下所示:

```
from django.contrib import admin
from django.urls import path, include
from django.conf import settings
from django.conf.urls.static import static

urlpatterns = [
    path('admin/', admin.site.urls),
    path('account/', include('account.urls')),
]

if settings.DEBUG:
    urlpatterns += static(settings.MEDIA_URL,
                          document_root=settings.MEDIA_ROOT)
```

通过这一方式,Django 开发服务器将负责在开发期间为媒体文件提供服务(也就是说,DEBUG 设置为 True)。

> **注意:**
> static()帮助函数适用于开发环境,而非产品应用环境。不要在产品环境中为 Django 提供静态文件。第 14 章将讨论如何在产品环境中操作静态文件。

打开 Shell 并运行下列命令,进而针对新模型创建数据库迁移。

```
python manage.py makemigrations
```

对应输出结果如下所示:

```
Migrations for 'account':
  account/migrations/0001_initial.py
    - Create model Profile
```

随后,利用下列命令同步数据库:

```
python manage.py migrate
```

对应输出结果如下所示:

```
Applying account.0001_initial... OK
```

编辑 account 应用程序的 admin.py 文件,在管理站点中注册 Profile 模型,如下所示:

```
from django.contrib import admin
```

```
from .models import Profile

@admin.register(Profile)
class ProfileAdmin(admin.ModelAdmin):
    list_display = ['user', 'date_of_birth', 'photo']
```

通过 python manage.py runserver 命令运行开发服务器，并在浏览器中打开 http://127.0.0.1:8000/admin/。图 4.15 显示了项目管理站点中的 Profile 模型。

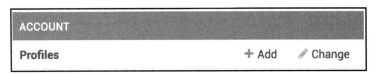

图 4.15

接下来，用户可在站点上编辑其配置文件，在 account 应用程序的 forms.py 文件中添加下列导入语句和模型表单：

```
from .models import Profile

class UserEditForm(forms.ModelForm):
    class Meta:
        model = User
        fields = ('first_name', 'last_name', 'email')

class ProfileEditForm(forms.ModelForm):
    class Meta:
        model = Profile
        fields = ('date_of_birth', 'photo')
```

上述表单具体说明如下所示：

- UserEditForm 允许用户编辑其名字、姓氏以及电子邮件地址，这一类内容均为内置 Django 用户模型中的属性。
- ProfileEditForm 使用户可编辑保存在自定义 Profile 模型中的配置数据。用户可编辑其出生日期并为个人资料上传照片。

编辑 account 应用程序的 views.py 文件，并导入 Profile 模型，如下所示：

```
from .models import Profile
```

随后，向 new_user.save() 下方的 register 视图中添加下列代码行：

```
# Create the user profile
Profile.objects.create(user=new_user)
```

当用户在站点中注册时，将生成一个与其关联的空配置文件。对于之前创建的用户，须通过管理站点并通过手动方式创建一个 Profile 对象。

对于用户配置文件的编辑操作，可向同一文件中添加下列代码：

```python
from .forms import LoginForm, UserRegistrationForm, \
                    UserEditForm, ProfileEditForm

@login_required
def edit(request):
    if request.method == 'POST':
        user_form = UserEditForm(instance=request.user,
                                 data=request.POST)
        profile_form = ProfileEditForm(
                                    instance=request.user.profile,
                                    data=request.POST,
                                    files=request.FILES)
        if user_form.is_valid() and profile_form.is_valid():
            user_form.save()
            profile_form.save()
    else:
        user_form = UserEditForm(instance=request.user)
        profile_form = ProfileEditForm(
                                    instance=request.user.profile)
    return render(request,
                  'account/edit.html',
                  {'user_form': user_form,
                   'profile_form': profile_form})
```

由于用户需要被验证并编辑配置文件，因而我们将使用 login_required 装饰器。此处，将使用两个模型表单，其中，UserEditForm 用于存储内置用户模型中的数据；ProfileEditForm 则用于存储自定义 Profile 模型中的额外配置数据。当验证提交后的数据时，需要执行两个表单的 is_valid()方法。如果两个表单均包含了有效数据，将调用 save()方法保存两个表单，并更新数据库中的对应对象。

向 account 应用程序中的 urls.py 文件添加下列 URL 路径：

```python
path('edit/', views.edit, name='edit'),
```

最后，针对该视图，在 templates/account/中创建一个模板，将其命名为 edit.html 并添加下列代码：

```django
{% extends "base.html" %}

{% block title %}Edit your account{% endblock %}
```

```
{% block content %}
  <h1>Edit your account</h1>
  <p>You can edit your account using the following form:</p>
  <form method="post" enctype="multipart/form-data">
    {{ user_form.as_p }}
    {{ profile_form.as_p }}
    {% csrf_token %}
    <p><input type="submit" value="Save changes"></p>
  </form>
{% endblock %}
```

在上述代码中，当前表单中包含了 enctype="multipart/form-data"，以启用文件上传操作。此处使用了一个 HTML 表单提交 user_form 和 profile_form 表单。

在 http://127.0.0.1:8000/account/register/ 上注册一个新用户，并打开 http://127.0.0.1:8000/account/edit/，对应页面如图 4.16 所示。

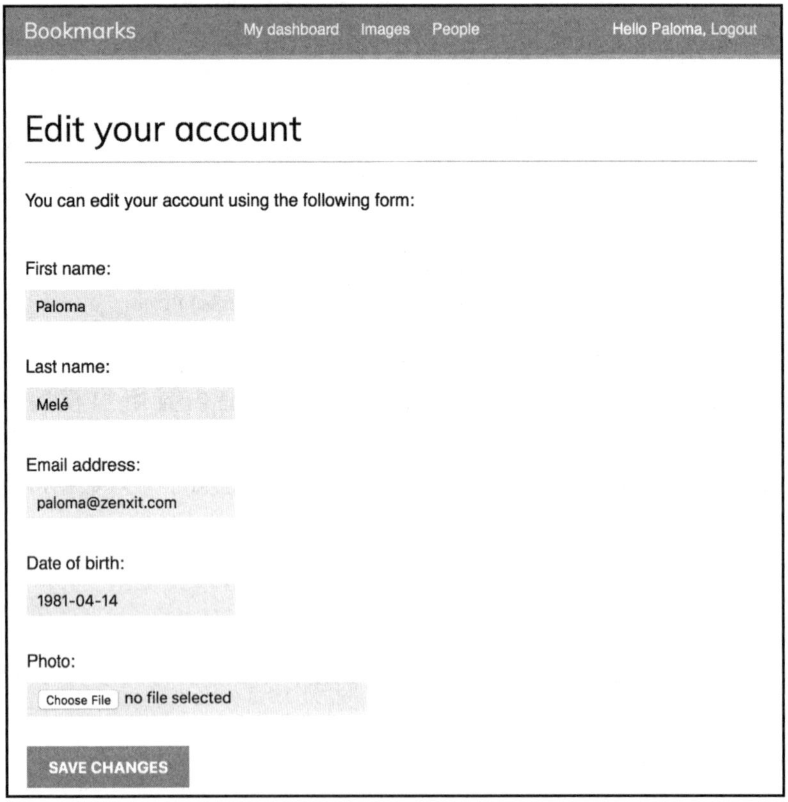

图 4.16

当前，还可编辑 dashboard 页面，同时包含指向配置文件编辑以及密码页面修改的链接。打开 account/dashboard.html 模板，并查找下列代码行：

```
<p>Welcome to your dashboard.</p>
```

并利用下列代码行予以替换：

```
<p>Welcome to your dashboard. You can <a href="{% url "edit" %}">edit your profile</a> or <a href="{% url "password_change" %}">change your password</a>.</p>
```

至此，用户可访问表单并编辑其配置表单。在浏览器中打开 http://127.0.0.1:8000/account/，测试新链接并编辑用户的配置文件，如图 4.17 所示。

图 4.17

4.3.3 使用自定义用户模型

Django 还提供了一种方式可用自定义模型替换整个用户模型。相应地，用户类应继承自 Django 的 AbstractUser 类，并作为抽象模型提供了默认用户的全部实现。关于这种方案，读者可访问 https://docs.djangoproject.com/en/3.0/topics/auth/customizing/#substituting-a-custom-user-model 以了解更多内容。

使用自定义用户模型包含了更大的灵活性，但也可能导致难以与可插入的应用程序进行集成，这些应用程序与 Django 的验证用户模型实现交互。

4.3.4 使用消息框架

若用户可与平台间进行交互，往往需要通知用户其操作结果。对此，Django 包含了一个内置的消息框架，并可向用户显示一次性通知。

消息框架位于 django.contrib.messages 中，当利用 python manage.py startproject 命令创建新项目时，将被包含在默认的 settings.py 文件的 INSTALLED_APPS 列表中。我们将会看到，设置文件在 MIDDLEWARE 设置中涵盖了名为 django.contrib.messages.middleware.MessageMiddleware 的中间件。

消息框架提供了一种简单的方式可将消息添加给用户。默认状态下，消息存储于

Cookie 中（返回至会话存储），并在用户执行的下一次请求中予以显示。通过导入 messages 模块，并添加带有快捷方式的新消息，可在视图中使用消息框架，如下所示：

```
from django.contrib import messages
messages.error(request, 'Something went wrong')
```

我们可通过 add_message()方法，或者下列任意一种快捷方法创建新消息。
- success()：操作成功后，将显示成功消息。
- info()：显示信息消息。
- warning()：操作行将失败。
- error()：操作未成功。
- debug()：在产品环境中删除或忽略的调试消息。

下面将向当前平台中添加消息。鉴于消息框架以全局方式应用于项目上，因而我们可以在基模板中为用户显示消息。打开 account 应用程序中的 base.html 模板，并在带有 header ID 的<div>元素和带有 content ID 的<div>元素之间添加以下代码：

```
{% if messages %}
  <ul class="messages">
    {% for message in messages %}
      <li class="{{ message.tags }}">
        {{ message|safe }}
        <a href="#" class="close">x</a>
      </li>
    {% endfor %}
  </ul>
{% endif %}
```

消息框架包含了上下文处理器 django.contrib.messages.context_processors.messages，进而将 messages 变量添加至请求上下文中，我们可在项目的 TEMPLATES 设置中的 context_ processors 列表中对其进行查看。此外，还可在模板中使用该变量，并向用户显示所有的现有消息。

注意：
上下文处理器定义为一个 Python 函数，该函数作为参数接收 request 请求对象，返回一个字典并添加至对应的请求上下文中。关于如何创建自己的上下文处理器，读者可参考第 7 章。

下面尝试修改 edit 视图并使用消息框架。编辑 account 应用程序的 views.py 文件，导入 messages 并按照下列方式生成 edit 视图：

```
from django.contrib import messages

@login_required
def edit(request):
    if request.method == 'POST':
        # ...
        if user_form.is_valid() and profile_form.is_valid():
            user_form.save()
            profile_form.save()
            messages.success(request, 'Profile updated '\
                                      'successfully')
        else:
            messages.error(request, 'Error updating your profile')
    else:
        user_form = UserEditForm(instance=request.user)
        # ...
```

当用户正确地更新了配置文件后，我们可添加一条成功消息。如果表单中包含了无效数据，则添加一条错误消息。

在浏览器中打开 http://127.0.0.1:8000/account/edit/ 并编辑配置文件。当配置文件被成功更新后，将显示如图 4.18 所示的消息。

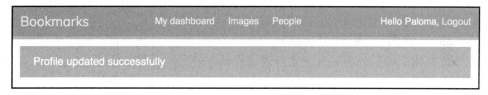

图 4.18

若数据无效，例如对于 date of birth 字段使用了错误的格式，对应消息如图 4.19 所示。

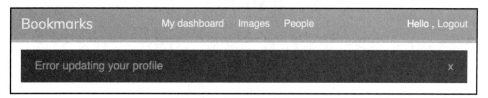

图 4.19

关于消息框架，读者可访问 https://docs.djangoproject.com/en/3.0/ref/contrib/ 以学习更多内容。

4.4 构建自定义验证后端

Django 可对不同的资源进行验证。AUTHENTICATION_BACKENDS 设置中包含了针对项目的验证后端列表。默认情况下，该设置如下所示：

```
['django.contrib.auth.backends.ModelBackend']
```

默认的 AUTHENTICATION_BACKENDS 将采用 django.contrib.auth 的用户模式，并在用户和数据库之间进行验证，这适用于大多数项目场景。然而，我们还可创建自定义后端，并在用户和其他资源之间进行验证，如轻量级目录访问协议（LDAP）目录或其他系统。

关于自定义验证机制的更多信息，读者可访问 https://docs.djangoproject.com/en/3.0/topics/auth/customizing/#other-authentication-sources。

当使用 django.contrib.auth 的 authenticate()函数时，Django 尝试将用户与定义于 AUTHENTICATION_BACKENDS 中的每个后端进行逐一验证，直至其中的某个后端成功地验证了用户。只有全部后端验证均失效时，站点才不会对该用户授权。

Django 提供了一种较为简单的方式定义自己的验证后端。这里验证后端定义为一个类，并可提供以下两种方法：

- authenticate()方法接收 request 对象以及用户凭证作为参数，同时须返回一个与此类凭证相匹配的 user 对象（若该凭证有效），否则返回 None。此处，request 对象表示为一个 HttpRequest 对象，若未提供至 authenticate()方法中，则返回 None。
- get_user()方法接收一个用户 ID 参数并返回一个 user 对象。

创建一个自定义验证框架其简单程度类似于编写一个 Python 类，且需要实现上述两种方法。下面将定义一个验证后端，并通过电子邮件地址（而非其用户名）实现站点内的用户验证。

下面在 account 应用程序目录中创建一个新文件，将其命名为 authentication.py 并添加下列代码：

```python
from django.contrib.auth.models import User

class EmailAuthBackend(object):
    """
    Authenticate using an e-mail address.
    """
    def authenticate(self, request, username=None, password=None):
```

```
        try:
            user = User.objects.get(email=username)
            if user.check_password(password):
                return user
            return None
        except User.DoesNotExist:
            return None

    def get_user(self, user_id):
        try:
            return User.objects.get(pk=user_id)
        except User.DoesNotExist:
            return None
```

上述代码定义了一个简单的验证框架。其中，authenticate()方法接收一个 request 对象，以及可选参数 username 和 password。我们可以选择不同的参数，但需使用 username 和 password 确保当前后端与验证框架视图直接协同工作。上述代码的工作方式解释如下：

- authenticate()方法。利用给定的电子邮件地址检索用户，并通过用户模型的内置 check_password()方法检测密码。该方法处理密码的哈希计算，将给定的密码与存储在数据库中的密码进行比较。
- get_user()方法。通过设置于 user_id 参数中的 ID 获取一个用户。Django 使用验证用户的后端以在用户会话过程中检索 User 对象。

编辑项目的 settings.py 文件并添加下列设置内容：

```
AUTHENTICATION_BACKENDS = [
    'django.contrib.auth.backends.ModelBackend',
    'account.authentication.EmailAuthBackend',
]
```

在上述代码中，我们保留了采用用户名和密码进行身份验证的默认 ModelBackend，并包含了基于电子邮件的身份验证后端。

下面在浏览器中打开 http://127.0.0.1:8000/account/login/。注意，Django 尝试对每个后端验证用户身份，因而现在应可利用用户名或电子邮件地址账户实现无缝登录。其间，用户凭证通过 ModelBackend 验证后端进行检测。如果未返回任何用户，用户凭证则通过自定义的 EmailAuthBackend 后端被检测。

> **注意：**
> AUTHENTICATION_BACKENDS 设置中列出的后端顺序很重要。如果相同的凭证对多个后端均有效，Django 将在成功验证用户的第一个后端处停止。

4.5 向站点中添加社交网站验证

我们可能会通过相关服务,如 Facebook、Twitter 或 Google,向站点中添加社交网站验证。Python 中的 Social Auth 模块可简化向站点中添加社交验证这一处理过程。通过该模块,用户可使用其他服务的账户登录当前站点。

社交站点验证是一种应用十分广泛的特性,它可以简化用户的验证处理过程。读者可访问 https://github.com/python-social-auth 查找该模块的代码。

针对不同的 Python 框架,该模块涵盖了相应的身份验证后端,包括 Django。当通过 pip 安装 Django 数据包时,可打开控制台并运行下列命令:

```
pip install social-auth-app-django==3.1.0
```

随后,在项目的 settings.py 文件中,将 social_django 添加至 INSTALLED_APPS 设置中,如下所示:

```
INSTALLED_APPS = [
    #...
    'social_django',
]
```

这是将 python-social-auth 添加到 Django 项目的默认应用程序。接下来运行下列命令,并将 python-social-auth 模块与数据库同步:

```
python manage.py migrate
```

默认应用程序的迁移如下所示:

```
Applying social_django.0001_initial... OK
Applying social_django.0002_add_related_name... OK
...
Applying social_django.0008_partial_timestamp... OK
```

Python Social Auth 包含了针对多种服务的后端。读者可访问 https://python-social-auth.readthedocs.io/en/latest/backends/index.html#supported-backends 以查看全部后端列表。

我们将针对 Facebook、Twitter 以及 Google 添加验证后端。

对此,需要将社交网站登录 URL 路径添加至项目中。打开 bookmarks 项目的 urls.py 文件,将 social_django URL 路径加入其中,如下所示:

```
urlpatterns = [
```

```
    path('admin/', admin.site.urls),
    path('account/', include('account.urls')),
    path('social-auth/',
        include('social_django.urls', namespace='social')),
]
```

在成功验证后，一些社交服务并不支持将用户重定向至 127.0.0.1 或 localhost。为了使社交验证能够正常工作，此处需要一个域名。在 Linux 或 macOS X 环境下，编辑/etc/hosts 文件并添加下列代码行：

```
127.0.0.1 mysite.com
```

这将通知计算机将 mysite.com 主机名指向自己的机器。在 Windows 环境下，hosts 文件位于 C:\Windows\System32\Drivers\etc\hosts 中。

当验证主机重定向是否可正常工作时，可利用 python manage.py runserver 命令启动开发服务器，并在浏览器中打开 http://mysite.com:8000/account/login/。此时将会看到如图 4.20 所示的错误提示。

DisallowedHost at /account/login/
Invalid HTTP_HOST header: 'mysite.com:8000'. You may need to add 'mysite.com' to ALLOWED_HOSTS.

图 4.20

Django 利用 ALLOWED_HOSTS 设置控制主机并为应用程序提供服务，这可视作一种安全措施，以避免 HTTP 主机遭受攻击。Django 仅支持该列表中的主机，进而为应用程序提供服务。关于 ALLOWED_HOSTS 设置，读者可访问 https://docs.djangoproject.com/en/3.0/ref/settings/#allowed-hosts。

编辑项目中的 settings.py 文件，并按照下列方式编辑 ALLOWED_HOSTS 设置：

```
ALLOWED_HOSTS = ['mysite.com', 'localhost', '127.0.0.1']
```

除 mysite.com 主机外，还可显式地包含 localhost 和 127.0.0.1。据此，可通过 localhost 访问站点。当 DEBUG 为 True 且 ALLOWED_HOSTS 为空时，这将表示为默认的 Django 行为。随后可在浏览器中打开 http://mysite.com:8000/account/login/。

4.5.1 通过 HTTPS 运行开发服务器

某些社交验证方法需要使用 HTTPS 链接。传输层安全（TLS）协议可视为基于安全连接的服务站点的标准。TLS 的前身是安全套接字层（SSL）。

虽然 SSL 现已被弃用，但在许多库和在线文档中，仍可看到对 TLS 和 SSL 的引用。Django 开发服务器无法通过 HTTPS 服务站点，其原因在于，这并非是其预期中的应用方式。为了测试社交验证功能（通过 HTTPS 服务于站点），应使用 Django Extensions 包的 RunServerPlus 扩展。Django Extensions 是一个针对 Django 的第三方自定义扩展集。需要注意的是，这仅是一个开发服务器，且不应在实际操作环境中使用。

使用下列命令安装 Django Extensions：

```
pip install django-extensions==2.2.5
```

安装 Werkzeug，其中包含了 RunServerPlus extension 所需的调试器层，对应的安装命令如下所示。

```
pip install werkzeug==0.16.0
```

最后，使用下列命令安装 pyOpenSSL，其间需要使用 RunServerPlus 的 SSL/TLS 功能。

```
pip install pyOpenSSL==19.0.0
```

编辑项目的 settings.py 文件，并将 Django Extensions 添加至 INSTALLED_APPS 设置中，如下所示。

```
INSTALLED_APPS = [
    # ...
    'django_extensions',
]
```

使用 Django Extensions 提供的管理命令 runserver_plus，运行开发服务器，如下所示。

```
python manage.py runserver_plus --cert-file cert.crt
```

用户负责针对 SSL/TLS 证书提供 runserver_plus 命令的文件名。Django Extensions 将自动生成一个密钥和证书。

在浏览器中打开 https://mysite.com:8000/account/login/，并通过 HTTPS 访问站点。此时，鉴于采用了自己生成的证书，因而浏览器会显示一条安全警告。对此，可访问浏览器显示的高级信息，并接受自签名的证书，以便浏览器信任该证书。

随后将会看到，URL 始于 https://，且安全图标表明当前连接处于安全状态，如图 4.21 所示。

🔒 mysite.com:8000/account/login/

图 4.21

在开发过程中，可通过 HTTPS 服务站点，以便测试 Facebook、Twitter 和 Google 的社交授权。

4.5.2 基于 Facebook 的验证

当利用 Facebook 账户登录当前站点时，可在项目 settings.py 文件中向 AUTHENTICATION_BACKENDS 添加下列代码行：

`'social_core.backends.facebook.FacebookOAuth2',`

为了添加基于 Facebook 的社交验证，我们需要使用到 Facebook 开发者账户，并创建一个新的 Facebook 应用程序。在创建了 Facebook 开发者账户后，可在浏览器中打开 https://developers.facebook.com/apps/，如图 4.22 所示。

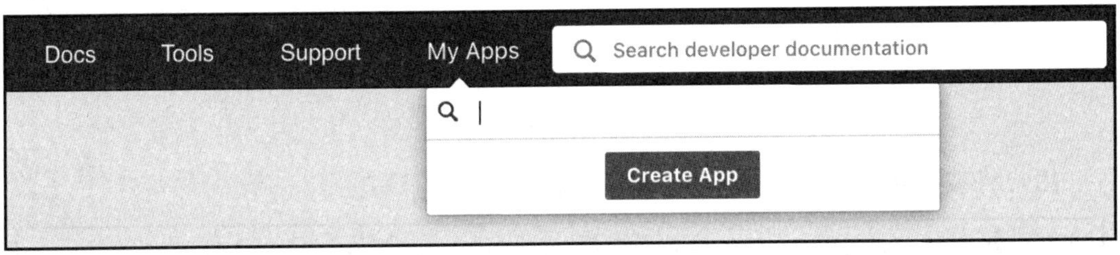

图 4.22

在菜单项 My Apps 下方，单击 Add a New App 按钮。图 4.23 显示了对应的表单并创建了一个新的应用程序 ID。

图 4.23

在 Display Name 文本框中输入 Bookmarks，输入相应的电子邮件地址后单击 Create App ID 按钮。随后将会看到新应用程序的控制面板，并显示了不同的功能项，进而可对应用程序进行设置。查看如图 4.24 所示的 Facebook Login 对话框，随后单击 Set Up 按钮。

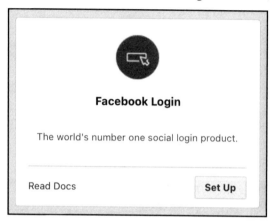

图 4.24

用户将被询问选择相应的平台，如图 4.25 所示。

图 4.25

此处选择 Web 平台，对应的表单如图 4.26 所示。

这里，输入 http://mysite.com:8000/作为 Site URL 并单击 Save 按钮，此处可忽略快速启动处理的其余内容。在菜单左侧，依次单击 Settings 和 Basic 项，如图 4.27 所示。

复制 App ID 和 App Secret，并将其添加至项目的 settings.py 文件中，如下所示：

```
SOCIAL_AUTH_FACEBOOK_KEY = 'XXX' # Facebook App ID
SOCIAL_AUTH_FACEBOOK_SECRET = 'XXX' # Facebook App Secret
```

作为可选内容，可以定义一个 SOCIAL_AUTH_FACEBOOK_SCOPE 设置，并添加向 Facebook 用户请求的额外权限，如下所示：

```
SOCIAL_AUTH_FACEBOOK_SCOPE = ['email']
```

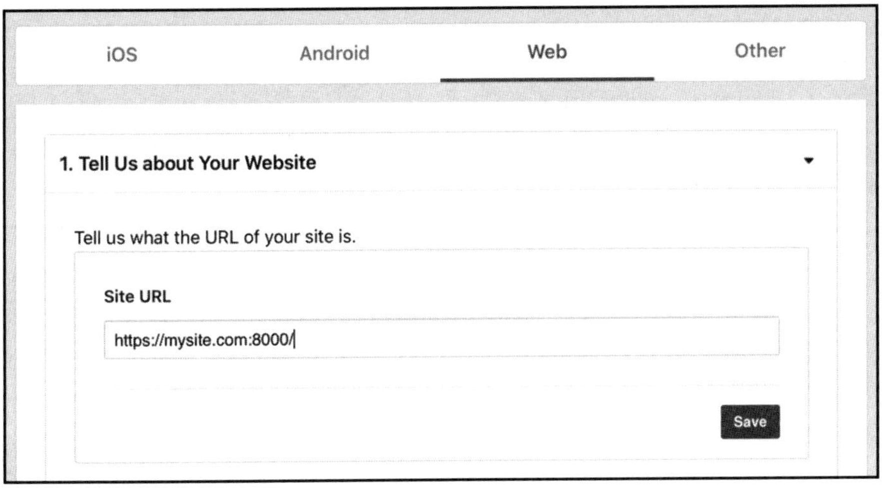

图 4.26

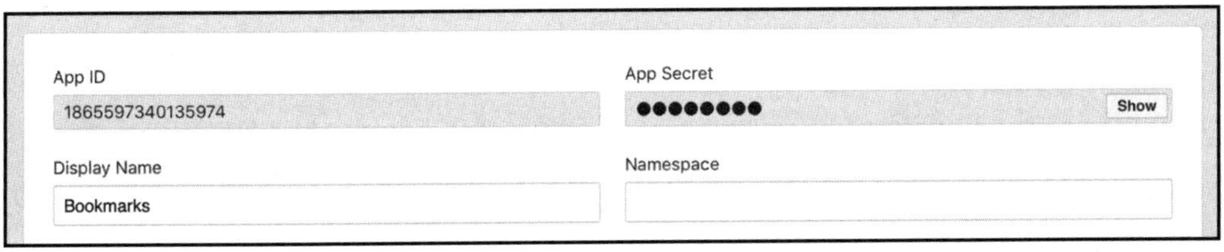

图 4.27

下面返回至 Facebook 并单击 Settings 按钮，将显示一个表单，其中包含了多项应用程序设置。此处可在 App Domains 下方添加 mysite.com，如图 4.28 所示。

单击 Save Changes 按钮，在菜单左侧产品下方，单击 Facebook Login 下拉按钮选择 Settings 选项，如图 4.29 所示。

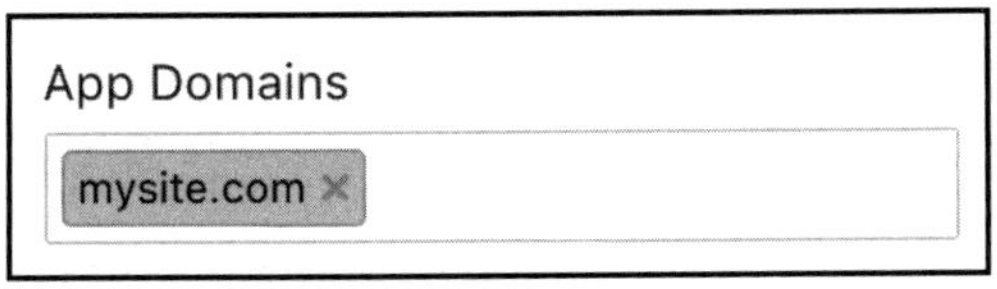

图 4.28　　　　　　　图 4.29

确保下列设置处于活动状态：

❑ Client OAuth Login。
❑ Web OAuth Login。
❑ 执行 HTTPS。
❑ Embedded Browser OAuth Login。

在 Valid OAuth redirect URIs 下方输入 http://mysite.com:8000/social-auth/complete/facebook/，如图 4.30 所示。

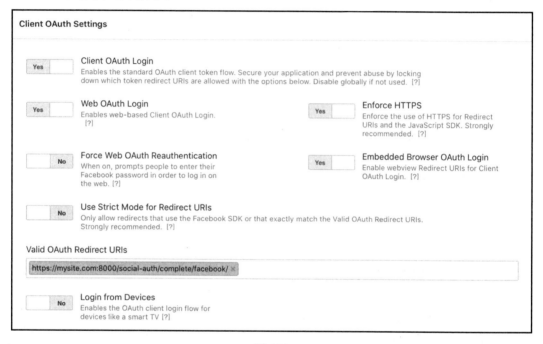

图 4.30

打开 account 应用程序的 registration/login.html 模板，并在 content 块下方添加下列代码：

```
<div class="social">
  <ul>
    <li class="facebook">
      <a href="{% url "social:begin" "facebook" %}"> Sign in with Facebook</a>
    </li>
  </ul>
</div>
```

在浏览器中打开 http://mysite.com:8000/account/login/，相应的登录页面如图 4.31 所示。

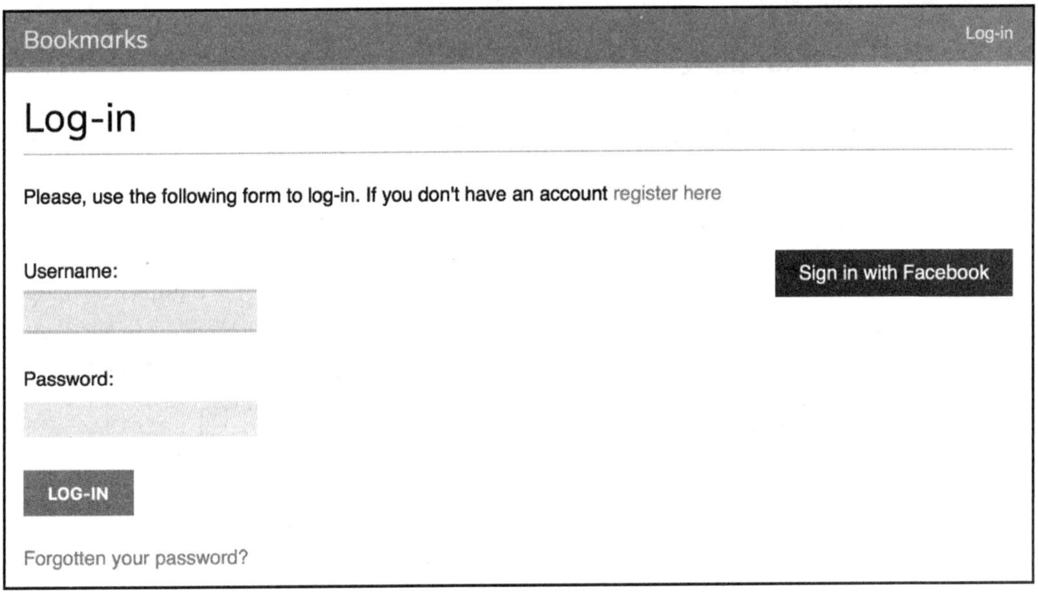

图 4.31

单击 Sign in with Facebook 按钮，用户将被重定向至 Facebook。随后将显示一个模式对话框并请求授予权限，以使 Bookmarks 应用程序可访问用户的 Facebook 公开信息，如图 4.32 所示。

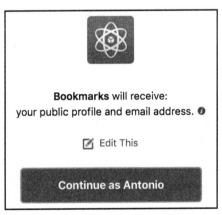

图 4.32

单击 Continue as Antonio 按钮，用户登录后将被重定向至站点的配置面板页面。回忆一下，我们曾经在 LOGIN_REDIRECT_URL 中设置了这一 URL。不难发现，向站点添加社交网站验证其操作过程较为直观。

4.5.3 基于 Twitter 的验证

对于基于 Twitter 的社交验证，可向项目 settings.py 文件的 AUTHENTICATION_BACKENDS 设置中添加下列代码行：

```
'social_core.backends.twitter.TwitterOAuth',
```

用户需要在 Twitter 账号中创建一个新的应用程序。在浏览器中打开 https://developer.twitter.com/en/apps/create，如果尚未注册账户，用户将被询问多个问题进而创建 Twitter 开发者账户。当账户注册完毕并创建新的应用程序时，将显示如图 4.33 所示的表单。

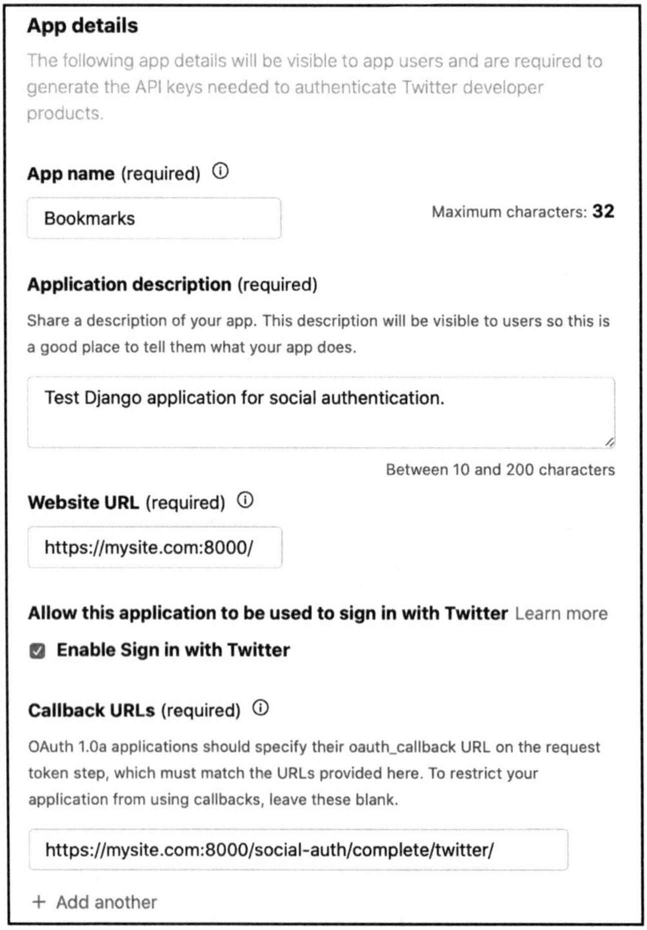

图 4.33

随后输入当前应用程序的细节信息，其中包括以下设置。

- Website：http://mysite.com:8000/。
- Callback URL：https://mysite.com:8000/social-auth/complete/twitter/。

确保已激活 Enable Sign in with Twitter。随后单击 Create 即可看到应用程序的细节信息。单击 Keys and tokens 选项卡，对应信息如图 4.34 所示。

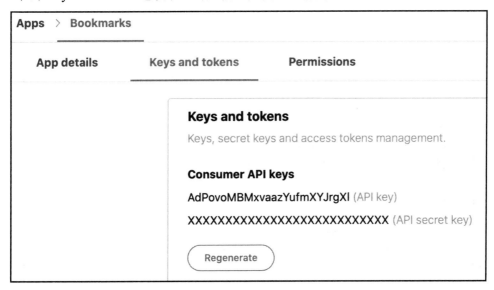

图 4.34

下面将 API key 和 API secret key 复制至项目的 settings.py 文件设置项中，如下所示：

```
SOCIAL_AUTH_TWITTER_KEY = 'XXX' # Twitter API Key
SOCIAL_AUTH_TWITTER_SECRET = 'XXX' # Twitter API Secret
```

编辑 registration/login.html 模板，并向<ul>元素中添加下列代码：

```
<li class="twitter">
  <a href="{% url "social:begin" "twitter"%}">Login with Twitter</a>
</li>
```

在浏览器中打开 http://mysite.com:8000/account/login/并单击 Login with Twitter 链接。用户将被重定向至 Twitter，并被询问验证应用程序，如图 4.35 所示。

单击 Authorize app 按钮，用户登录后将被重定向至站点的配置页面。

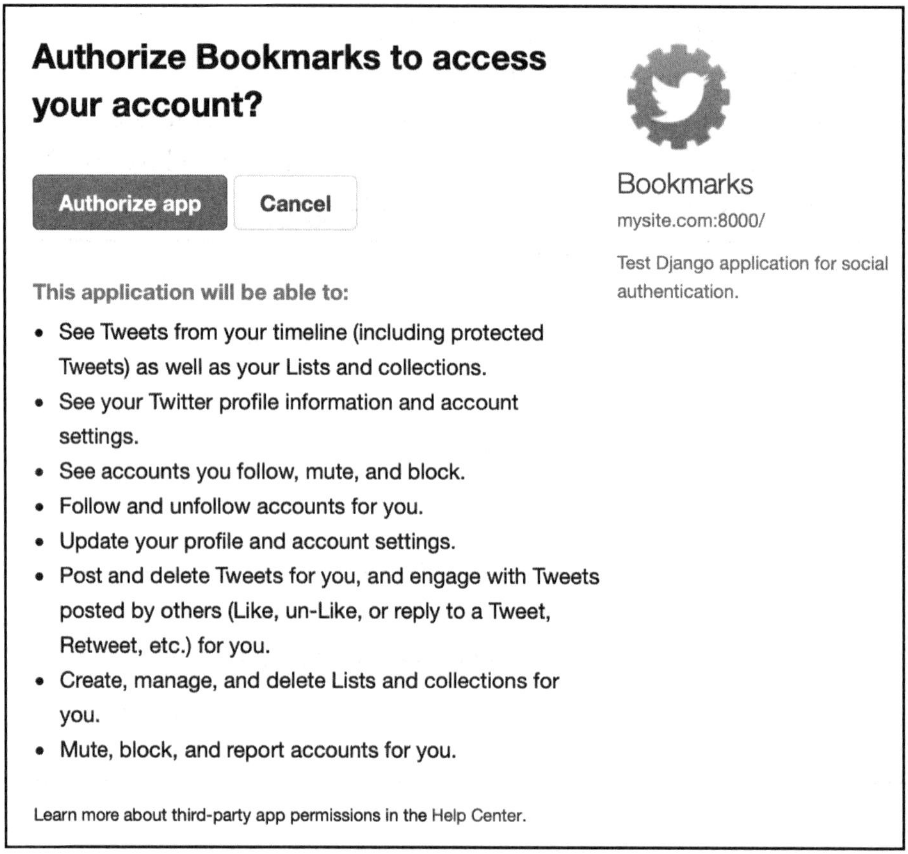

图 4.35

4.5.4 基于 Google 的验证

Google 提供了 OAuth2 验证，读者可访问 https://developers.google.com/identity/protocols/OAuth2 以了解 Google 的 OAuth2 实现。

当采用 Google 实现身份验证时，可向项目 settings.py 文件的 AUTHENTICATION_BACKENDS 设置中添加下列代码行：

```
'social_core.backends.google.GoogleOAuth2',
```

首先需要在 Google Developer Console 中生成 API 密钥。在浏览器中打开 https://console.developers.google.com/apis/，单击 Select a project 并在 New project 上创建新的项目，如图 4.36 所示。

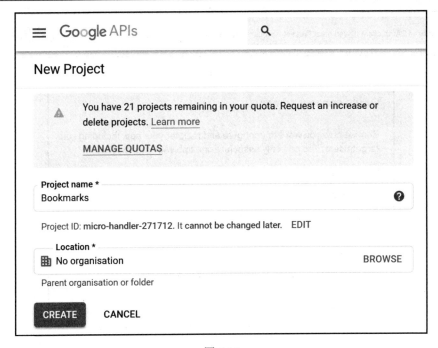

图 4.36

待项目创建完毕后,在 Credentials 下方单击 Create credentials 按钮,并选择 OAuth client ID,如图 4.37 所示。

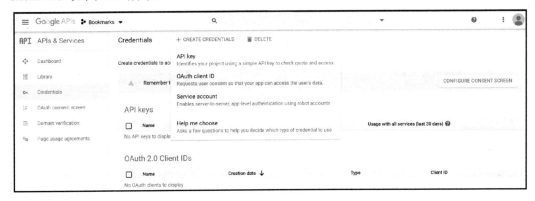

图 4.37

此时,Google 首先将询问相关配置信息,如图 4.38 所示。

上述许可页面表示用户可利用 Google 账户访问当前站点。单击 Configure consent screen 按钮,用户将被重定向至如图 4.39 所示的页面中。

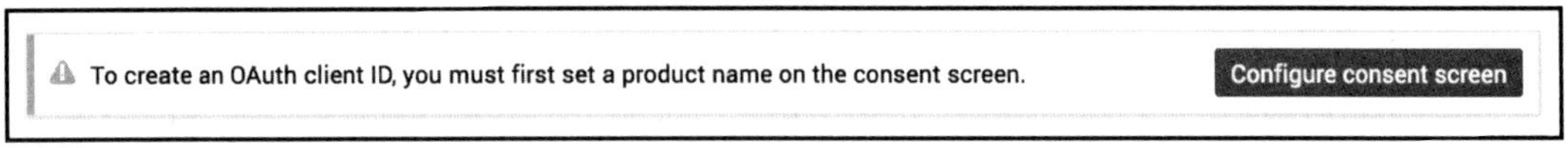

⚠ To create an OAuth client ID, you must first set a product name on the consent screen.　　**Configure consent screen**

图 4.38

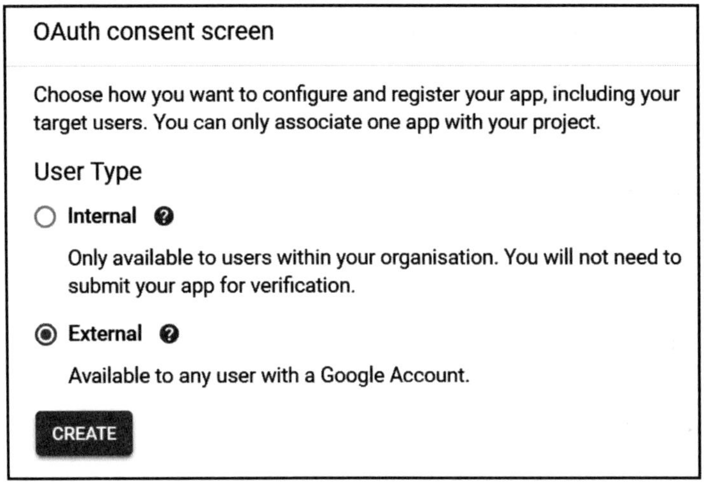

OAuth consent screen

Choose how you want to configure and register your app, including your target users. You can only associate one app with your project.

User Type

○ Internal ❓

　Only available to users within your organisation. You will not need to submit your app for verification.

◉ External ❓

　Available to any user with a Google Account.

CREATE

图 4.39

针对 User Type 选择 External，单击 CREATE 按钮，如图 4.40 所示。

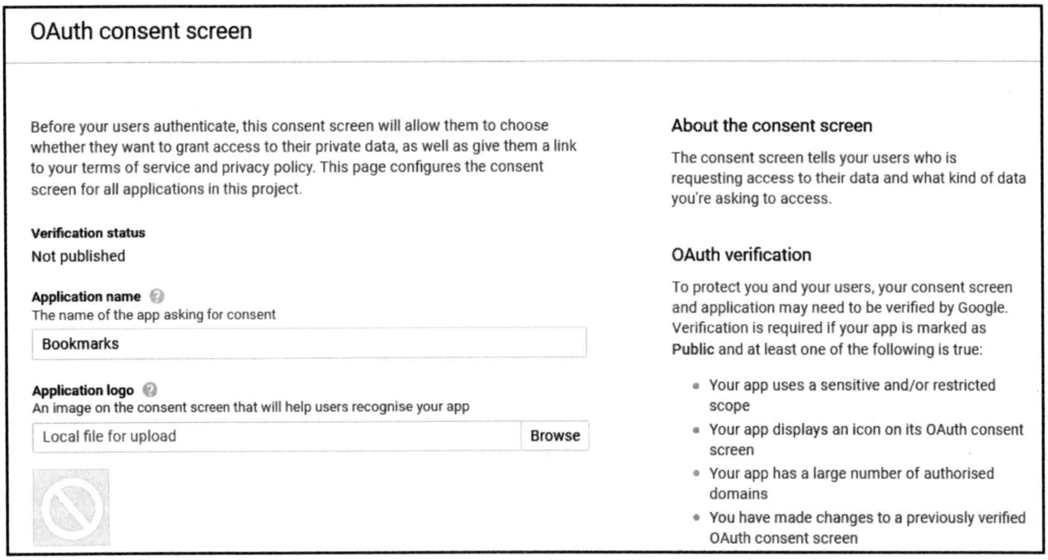

OAuth consent screen

Before your users authenticate, this consent screen will allow them to choose whether they want to grant access to their private data, as well as give them a link to your terms of service and privacy policy. This page configures the consent screen for all applications in this project.

Verification status
Not published

Application name ❓
The name of the app asking for consent

Bookmarks

Application logo ❓
An image on the consent screen that will help users recognise your app

Local file for upload　　　　　　　　　　　　　Browse

About the consent screen

The consent screen tells your users who is requesting access to their data and what kind of data you're asking to access.

OAuth verification

To protect you and your users, your consent screen and application may need to be verified by Google. Verification is required if your app is marked as **Public** and at least one of the following is true:

- Your app uses a sensitive and/or restricted scope
- Your app displays an icon on its OAuth consent screen
- Your app has a large number of authorised domains
- You have made changes to a previously verified OAuth consent screen

图 4.40

利用下列信息填写表单。

- Application name：输入 Bookmarks。
- Authorised domains：输入 mysite.com。

单击 Save 按钮，随后将配置 consent screen，并可看到应用程序 consent screen 的细节信息，如图 4.41 所示。

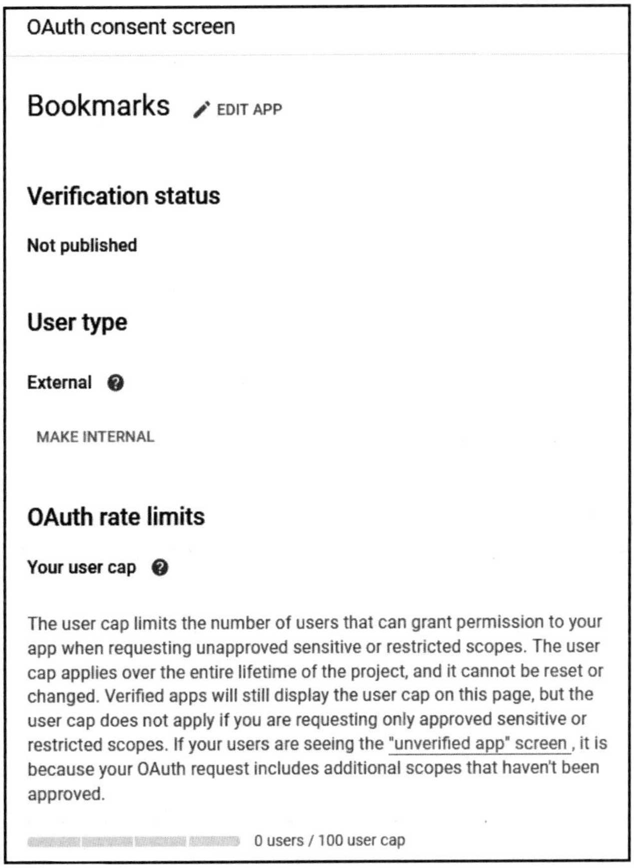

图 4.41

在左侧栏的菜单中，单击 Credentials、CREATE CREDENTIALS 和 OAuth client ID。接下来输入下列信息。

- Application type：选择 Web application。
- Name：输入 Bookmarks。
- Authorized redirect URIs：添加 http://mysite.com:8000/social-auth/complete/google-

oauth2/。

最终表单如图 4.42 所示。

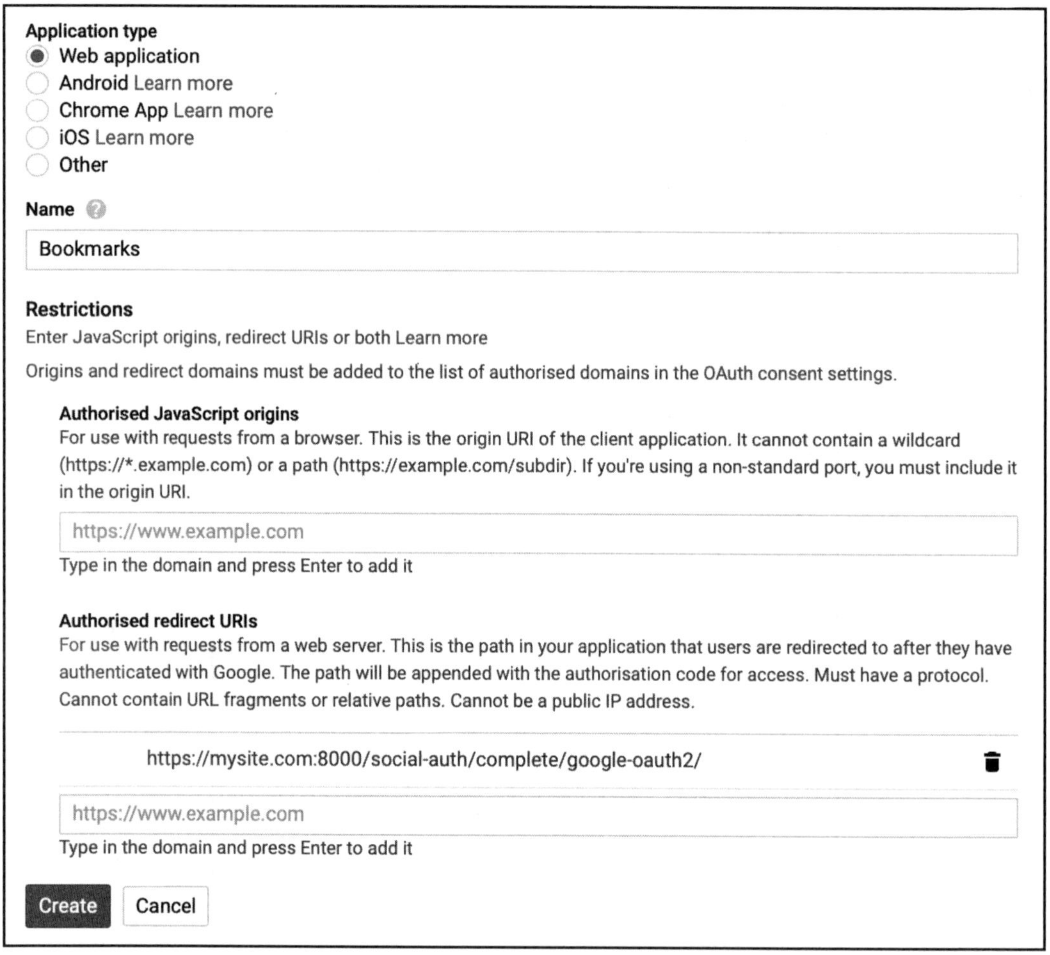

图 4.42

单击 Create 按钮，将会得到 Client ID 和 Client Secret 密钥，将其添加至 settings.py 文件中，如下所示：

```
SOCIAL_AUTH_GOOGLE_OAUTH2_KEY = 'XXX' # Google Consumer Key
SOCIAL_AUTH_GOOGLE_OAUTH2_SECRET = 'XXX' # Google Consumer Secret
```

在 Google Developers Console 的左侧菜单中，在 APIs & Services 下方单击 Library 链接，将会看到包含全部 Google API 的一个列表。单击 Google+ API 按钮并于随后单击

ENABLE 按钮，如图 4.43 所示。

图 4.43

编辑 registration/login.html 模板，并向<ul>元素中添加下列代码：

```
<li class="google">
  <a href="{% url "social:begin" "google-oauth2" %}">Login with Google</a>
</li>
```

在浏览器中打开 http://mysite.com:8000/account/login/，对应的登录页面如图 4.44 所示。

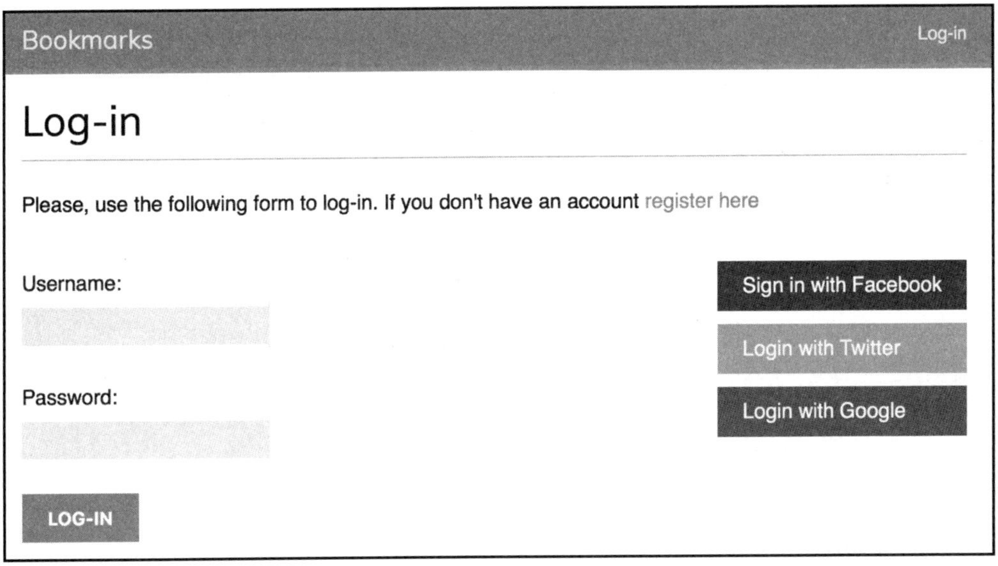

图 4.44

单击 Login with Google 按钮，用户登录后将被重定向至站点的配置页面。

至此，社交验证已被加入项目中。此外，还可以使用 Python social Auth 与其他流行的在线服务轻松地实现社交身份验证。

4.6 本章小结

本章讨论了如何在站点中构建社交验证，实现了注册、登录、注销、编辑密码和重置密码所需的全部用户视图。此外，还构建了自定义用户配置文件的模型，并创建了自定义验证后端，以使用户利用现有的 Facebook、Twitter 或 Google 账户进行登录。

第 5 章将学习如何创建图像书签系统、图像缩略图，并构建 AJAX 视图。

第 5 章 共享网站中的内容

第 4 章在站点中创建了用户注册和验证系统，同时还学习了如何针对用户创建自定义配置模型，并通过主要的社交网络将社交验证添加至站点中。

本章将学习如何创建 JavaScript 书签工具，并将其他站点中的内容分享至当前网站中。此外，还将通过 jQuery 和 Django 在项目中实现 AJAX 功能。

本章主要涉及以下内容：
- 创建多对多关系。
- 自定义表单行为。
- 与 Django 协同使用 jQuery。
- 构建 jQuery 书签工具。
- 利用 easy-thumbnail 生成图像缩略图。
- 实现 AJAX 视图并将其与 jQuery 集成。
- 针对视图实现自定义装饰器。
- 构建 AJAX 分页机制。

5.1 构建图像书签网站

本节将讨论源自其他网站和本站点的图像标签工具以及共享行为。对此，我们需要执行以下任务：

（1）定义一个模型以共享图像及其信息。
（2）创建一个表单和视图，并处理图像上传操作。
（3）构建一个用户系统，并可发布源自外部网站的图像。

首先，可利用下列命令在 bookmarks 项目中创建一个新的应用程序：

```
django-admin startapp images
```

在 settings.py 文件中向 INSTALLED_APPS 设置中添加新的应用程序，如下所示：

```
INSTALLED_APPS = [
    # ...
    'images.apps.ImagesConfig',
]
```

至此，我们在当前项目中激活了 iamges 应用程序。

5.1.1 构建图像模型

编辑 images 应用程序的 models.py 文件，并向其中添加下列代码：

```python
from django.db import models
from django.conf import settings

class Image(models.Model):
    user = models.ForeignKey(settings.AUTH_USER_MODEL,
                             related_name='images_created',
                             on_delete=models.CASCADE)
    title = models.CharField(max_length=200)
    slug = models.SlugField(max_length=200,
                            blank=True)
    url = models.URLField()
    image = models.ImageField(upload_to='images/%Y/%m/%d/')
    description = models.TextField(blank=True)
    created = models.DateField(auto_now_add=True,
                               db_index=True)

    def __str__(self):
        return self.title
```

上述代码表示为用于存储源自不同网站的图像的模型，下面分析该模型中的各个字段：

- user 表示设定图像书签的 User 对象，这是一个外键字段，因为此处定义了一个一对多关系，即用户可发布多个图像，但每幅图像由单一用户所发布。针对 on_delete 参数，我们使用 CASCADE。当用户被删除时，相关图像也将被删除。
- title 表示图像的标题。
- slug 表示一个简短的标题，仅包含字母、数字、下画线或者连字符，用于构建 SEO 友好的 URL。
- url 表示图像的原始 URL。
- image 表示图像文件。
- description 表示可选的图像描述。
- created 表示对象在数据库中创建的日期和时间。由于使用了 auto_now_add，因而当对象被创建时，对应日期将被自动设置。此外还使用了 db_index=True，以使 Django 针对该字段在数据库中生成一个索引。

> **注意：**
> 数据库索引可有效地改进查询性能。对此，可为经常使用 filter()、exclude()或 order_by()查询的字段设置 db_index=True。ForeignKey 字段或包含 unique=True 的字段表示索引的创建行为。除此之外，还可使用 Meta.index_together 针对多个字段创建索引。关于数据库索引，读者可访问 https://docs.djangoproject.com/en/3.0/ref/models/options/#django.db.models.Options.indexes 以了解更多内容。

我们将覆写 Image 模型的 save()方法，并根据 title 字段值自动生成 slug 字段。导入 slugify()函数并向 Image 模型中添加 save()方法，如下所示：

```
from django.utils.text import slugify

class Image(models.Model):
    # ...
    def save(self, *args, **kwargs):
        if not self.slug:
            self.slug = slugify(self.title)
        super().save(*args, **kwargs)
```

在上述代码中，若未提供 slug，可使用 Django 提供的 slugify()函数针对给定的标题自动生成图像 slug，随后即可保存该对象。我们将针对图像采用自动方式生成 slug，以使用户无须采用手工方式针对每幅图像输入 slug。

5.1.2 生成多对多关系

这里将向 Image 模型中加入了一个字段，并存储对某幅图像感兴趣的用户。此时需要使用到多对多关系，其原因在于某个用户可能会对多幅图像感兴趣，而每幅图像也可能受到多位用户的青睐。

对此，可向 Image 模型中添加下列字段：

```
users_like = models.ManyToManyField(settings.AUTH_USER_MODEL,
                                    related_name='images_liked',
                                    blank=True)
```

当定义 ManyToManyField 时，Django 通过两个模型的主键创建中间连接表。相应地，ManyToManyField 可定义于两个相关模型中。

类似于 ForeignKey 字段，ManyToManyField 的 related_name 属性允许我们将相关对

象的关系命名回这个对象。ManyToManyField 字段提供了一个多对多管理器,从而可检索相关联的对象,如 image.users_like.all();或者从 user 对象,如 user.images_like.all()中检索。

关于多对多关系,读者可访问 https://docs.djangoproject.com/en/3.0/topics/db/examples/many_to_many/以了解更多内容。

打开命令行并运行下列命令创建初始迁移:

```
python manage.py makemigrations images
```

对应输出结果如下所示:

```
Migrations for 'images':
  images/migrations/0001_initial.py
    - Create model Image
```

运行下列命令并使迁移生效:

```
python manage.py migrate images
```

对应输出结果如下所示:

```
Applying images.0001_initial... OK
```

当前,Image 模型与数据库同步。

5.1.3 在管理站点中注册图像模型

编辑 images 应用程序的 admin.py 文件,并将 Image 模型注册至管理站点中,如下所示:

```python
from django.contrib import admin
from .models import Image

@admin.register(Image)
class ImageAdmin(admin.ModelAdmin):
    list_display = ['title', 'slug', 'image', 'created']
    list_filter = ['created']
```

利用下列命令启动开发服务器。

```
python manage.py runserver_plus --cert-file cert.crt
```

在浏览器中打开 http://127.0.0.1: 8000/admin/,将会看到管理站点中的 Image 模型,如图 5.1 所示。

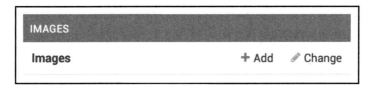

图 5.1

5.2 发布其他站点中的内容

用户应可对源自外部站点的图像设置书签。相应地，用户将提供该图像的 URL 以及可选的描述内容。对应应用程序将下载该图像并在数据库中生成新的 Image 对象。

下面开始构建一个表单并提交新的图像。在 Images 应用程序目录中创建一个新文件 forms.py，并添加下列代码：

```
from django import forms
from .models import Image

class ImageCreateForm(forms.ModelForm):
    class Meta:
        model = Image
        fields = ('title', 'url', 'description')
        widgets = {
            'url': forms.HiddenInput,
        }
```

从上述代码中可以看到，该表单为构建于 Image 模型的 ModelForm 表单，且仅包含 title、url 和 description 字段。用户不会在该表单中直接输入图像 URL，相反，我们将提供利用 JavaScript 工具从外部站点中选择一幅图像，对应表单将作为参数接收其 URL。这里将覆写默认的 url 字段的微件，以使用 HiddenInput 微件。该微件基于 type="hidden" 属性显示为 HTML input 元素。使用这一字段主要是因为我们并不需要该字段对用户可见。

5.2.1 清空表单字段

为了验证所提供的图像 URL 有效，需要检测文件名是否以 .jpg 或 .jpeg 扩展名结尾，且仅支持 JPEG 文件。第 4 章曾讨论了 Django 可定义表单方法，并利用 clean_<fieldname>() 标记清空特定的字段。如果在表单实例上调用 is_valid()，则对每个字段执行此方法。在清空方法中，可修改字段值或者在必要时针对特定字段抛出验证错误。对此，可向 ImageCreateForm 添加下列方法：

```
def clean_url(self):
    url = self.cleaned_data['url']
    valid_extensions = ['jpg', 'jpeg']
    extension = url.rsplit('.', 1)[1].lower()
    if extension not in valid_extensions:
        raise forms.ValidationError('The given URL does not ' \
                                    'match valid image extensions.')
    return url
```

上述代码定义了 clean_url()方法并清空 url 字段，其工作方式如下所示：

（1）通过访问表单实例的目录，可获得 url 字段值。

（2）解析 URL 获得文件扩展名，并检测是否为有效的扩展名。若扩展名无效，则抛出 ValidationError，且表单实例不会被验证。此处，我们采用了较为简单的验证操作。当然，读者也可尝试更为高级的方法，进而检查给定的 URL 是否提供了有效的图像文件。

除验证给定的 URL 外，还需下载图像文件并保存。例如，可采用视图处理表单以下载图像文件。相反，还可通过覆写模型表单的 save()方法来实现更为通用的做法，以在每次保存表单时执行该项任务。

5.2.2 覆写 ModelForm 的 save()方法

ModelForm 提供了 save()方法将当前模型实例保存至数据库中并返回该对象。该方法接收一个 commit 布尔型参数，并指定该对象是否持久化至数据库中。如果 commit 表示为 False，save()方法将返回一个模型实例，但并不会将其保存至数据库中。这里我们将覆写当前表单的 save()方法，以检索给定图像并将其保存。

在 forms.py 文件开始处加入下列导入语句：

```
from urllib import request
from django.core.files.base import ContentFile
from django.utils.text import slugify
```

随后，向 ImageCreateForm 表单添加下列 save()方法：

```
def save(self, force_insert=False,
         force_update=False,
         commit=True):
    image = super().save(commit=False)
    image_url = self.cleaned_data['url']
```

```
            name = slugify(image.title)
            extension=image_url.rsplit('.', 1)[1].lower()
            image_name=f'{name}.{extension}'

            # download image from the given URL
            response = request.urlopen(image_url)
            image.image.save(image_name,
                             ContentFile(response.read()),
                             save=False)
        if commit:
            image.save()
        return image
```

此处覆写了 save() 方法，同时保留了 ModelForm 所需的参数。上述代码解释如下：

- 通过调用表单的 save() 方法（commit=False），创建了新的 image 实例。
- 从表单的 cleaned_data 目录中获取 URL。
- 将 image 标题的 slug 与原始文件扩展名进行整合，生成图像名称。
- 使用 Python urllib 模块下载图像，并于随后调用图像字段的 save() 方法，同时向其传递一个利用下载图像内容实例化的 ContentFile 对象。通过这一方式，可将该文件保存至项目的 media 目录中。除此之外，还传递了 save=False 参数，以避免将对象保存至数据库中。
- 为了保持与所覆写的 save() 方法相一致的行为，仅当 commit 参数为 True 时，方可将表单保存至数据库中。

为了采用 urllib 检索源自 URL（基于 HTTPS）的图像，我们需要安装 Certifi Python 包。Certifi 是一个根验证集合，用于验证 SSL/TLS 证书的可信性。

利用下列命令安装 certifi。

```
pip install --upgrade certifi
```

接下来，需要一个视图用以处理当前表单。编辑 image 应用程序的 views.py 文件并添加下列代码：

```
from django.shortcuts import render, redirect
from django.contrib.auth.decorators import login_required
from django.contrib import messages
from .forms import ImageCreateForm

@login_required
def image_create(request):
    if request.method == 'POST':
```

```python
        # form is sent
        form = ImageCreateForm(data=request.POST)
        if form.is_valid():
            # form data is valid
            cd = form.cleaned_data
            new_item = form.save(commit=False)

            # assign current user to the item
            new_item.user = request.user
            new_item.save()
            messages.success(request, 'Image added successfully')

            # redirect to new created item detail view
            return redirect(new_item.get_absolute_url())
    else:
        # build form with data provided by the bookmarklet via GET
        form = ImageCreateForm(data=request.GET)

    return render(request,
                  'images/image/create.html',
                  {'section': 'images',
                   'form': form})
```

这里针对 image_create 视图采用了 login_required 装饰器，以防止未验证用户的访问行为。该视图的工作方式如下所示：

- ❏ 期望通过 GET 获取初始数据，进而生成一个表单实例。该数据由源自外部站点图像的 url 和 title 属性构成，并通过 GET 予以提供（稍后将讨论 JavaScript 工具）。目前，假设此类数据在初始状态下即存在。
- ❏ 如果该表单被提交，将对其有效性进行检测。若表单数据有效，可创建一个新的 Image 实例。通过将 commit=False 传递至表单的 save()方法中，该对象不会存储至数据库中。
- ❏ 将当前用户赋予新的 image 对象中。据此，可了解到上传每幅图像的相关用户。
- ❏ 将 image 对象保存至数据库中。
- ❏ 最后，通过 Django 消息框架生成一条成功消息，并将用户重定向至新图像的标准 URL 处。当前尚未实现 Image 模型的 get_absolute_url()方法，稍后将对此加以解释。

下面在 images 应用程序中创建新的 urls.py 文件，并向其中添加下列代码：

```
from django.urls import path
```

```
from . import views

app_name = 'images'

urlpatterns = [
    path('create/', views.image_create, name='create'),
]
```

接下来编辑 bookmarks 项目的 urls.py 主文件,并包含 images 应用程序的路径,如下所示:

```
urlpatterns = [
    path('admin/', admin.site.urls),
    path('account/', include('account.urls')),
    path('social-auth/',
        include('social_django.urls', namespace='social')),
    path('images/', include('images.urls', namespace='images')),
]
```

最后,还需创建一个模板以显示表单。对此,可在 images 应用程序目录中创建下列目录结构:

```
templates/
    images/
        image/
            create.html
```

编辑 create.html 模板并向其中添加下列代码:

```
{% extends "base.html" %}

{% block title %}Bookmark an image{% endblock %}

{% block content %}
  <h1>Bookmark an image</h1>
  <img src="{{ request.GET.url }}" class="image-preview">
  <form method="post">
    {{ form.as_p }}
    {% csrf_token %}
    <input type="submit" value="Bookmark it!">
  </form>
{% endblock %}
```

利用 runserver_plus 运行开发者服务器。在浏览器中打开 http://127.0.0.1:8000/images/

create/?title=...&url=...，其中包含了 title 和 url GET 参数。后者提供了已有的 JPEG 图像 URL。作为示例，用户可尝试使用下列 URL：

http://127.0.0.1:8000/images/create/?title=%20Django%20and%20Duke&url=http://upload.wikimedia.org/wikipedia/commons/8/85/Django_Reinhardt_and_Duke_Ellington_%28Gottlieb%29.jpg。

包含图像预览的表单如图 5.2 所示。

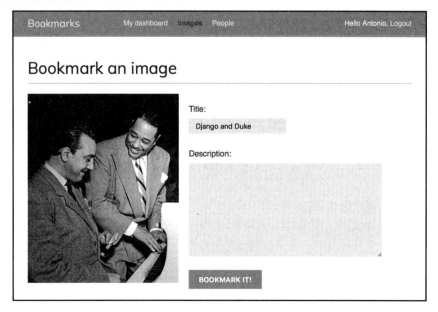

图 5.2

添加描述内容后可单击 BOOKMARK IT!按钮。随后，新的 Image 对象将被保存至数据库中。然而，此处将会得到一条消息，表明 Image 模型尚未定义 get_absolute_url()方法，如图 5.3 所示。

图 5.3

读者不必对此感到担忧，稍后将会向 Image 模型中添加 get_absolute_url 方法。

在浏览器中打开 http://127.0.0.1:8000/admin/images/image/，并验证新的 image 对象是否已被保存，如图 5.4 所示。

图 5.4

5.2.3 利用 jQuery 构建书签工具

书签工具表示为一个存储于 Web 浏览器中的书签,其中包含了 JavaScript 代码并可扩展浏览器的功能。当单击书签时,JavaScript 代码将在站点中被执行,同时显示于浏览器中。这对于构建与其他网站交互的工具非常有用。

一些在线服务,如 Pinterest,实现了自己的书签工具,用户可将其他站点的内容分享至当前平台上。我们将以类似的方式创建一个书签工具,并通过 jQuery 构建书签。jQuery 是一个较为流行的 JavaScript 框架,可快速开发客户端中的各项功能。读者可访问 jQuery 的官方网站,以了解与其相关的更多内容,对应网址为 https://jquery.com/。

下列步骤展示了如何将书签工具添加至浏览器中并对其加以使用:

(1)用户将站点中的链接拖曳至浏览器的书签工具中,该链接包含了其 href 属性中的 JavaScript 代码,对应代码存储于书签工具中。

(2)用户浏览至其他站点并单击该书签工具后,该书签工具的对应代码将被执行。

鉴于 JavaScript 代码将作为书签工具被存储,因而后续操作将无法对其进行更新。这可视为一种严重的缺陷,针对这一问题,可实现一个启动脚本,并从 URL 中加载实际的 JavaScript 书签工具。用户可将这一启动脚本存储为一个书签,并可在任意时刻更新书签工具代码。稍后,我们将采用这一方案构建书签工具。

在 images/templates/中创建新的模板,将其命名为 bookmarklet_launcher.js 并可视为当前的启动脚本。向该文件中添加下列 JavaScript 代码:

```
(function(){
    if (window.myBookmarklet !== undefined){
        myBookmarklet();
    }
    else {
        document.body.appendChild(document.createElement('script')).
src='http://127.0.0.1:8000/static/js/bookmarklet.js?r='+Math.floor(Math.
```

```
random()*9999999999999999999);
    }
})();
```

通过检测是否定义了 myBookmarklet 变量，上述脚本将判断书签工具是否已被加载。据此，当用户重复单击书签工具时，可避免对其进行重复加载。如果 myBookmarklet 未定义，则向 document 中加入一个 <script> 元素，从而加载了另一个 JavaScript 文件。该脚本标签通过随机数作为参数加载 bookmarklet.js 脚本，以防止从浏览器缓存中加载文件。

实际的书签工具代码位于 bookmarklet.js 静态文件中，这将允许我们更新书签工具代码，用户无须更新之前添加到浏览器中的书签。

下面向配置页面中添加书签工具启动程序，用户可将其复制至其书签工具中。编辑 account 应用程序的 account/dashboard.html 模板，如下所示：

```
{% extends "base.html" %}

{% block title %}Dashboard{% endblock %}

{% block content %}
  <h1>Dashboard</h1>

  {% with total_images_created=request.user.images_created.count %}
    <p>Welcome to your dashboard. You have bookmarked
{{total_images_created }} image{{ total_images_created|
pluralize }}.</p>
  {% endwith %}

  <p>Drag the following button to your bookmarks toolbar to bookmark images
from other websites → <a href="javascript:{% include
"bookmarklet_launcher.js" %}" class="button">Bookmark it</a><p>

  <p>You can also <a href="{% url "edit" %}">edit your profile</a> or <a
href="{% url "password_change" %}">change your password</a>.<p>
{% endblock %}
```

此处应确保模板标签未被划分为多行。Django 不支持多行标签。

配置结果显示了用户已加书签的全部图像数量。此处使用了 {% with %} 标签设置一个变量，该变量包含当前用户标记的图像总数。此外，我们还设置了一个包含 href 属性的链接，其中包含了书签工具启动脚本。同时，我们还将包含源自 bookmarklet_launcher.js 模板的 JavaScript 代码。

在浏览器中打开 http://127.0.0.1:8000/account/，将会看到如图 5.5 所示的页面。

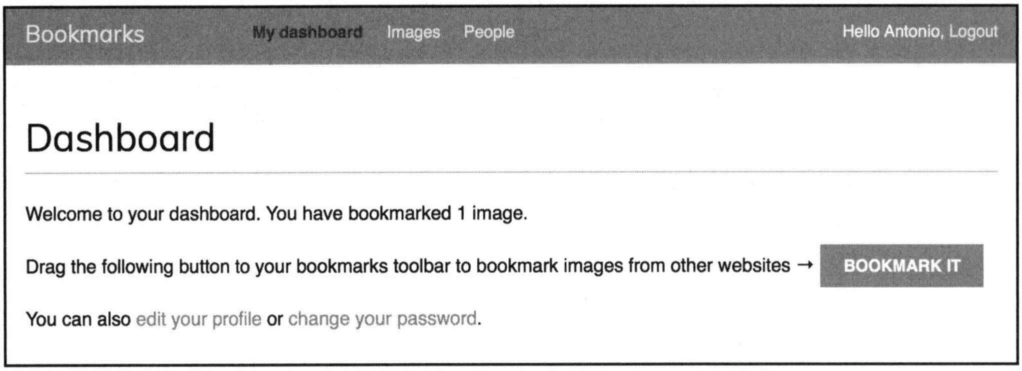

图 5.5

接下来，在 images 应用程序目录中创建下列目录和文件：

```
static/
  js/
    bookmarklet.js
```

在本章附带的代码中，可以在 images 应用程序目录下找到一个 static/css/ 目录。将 css/ 目录复制到当前代码的 static/ 目录下。读者可访问 https://github.com/PacktPublishing/Django-3-by-Example/tree/master/Chapter05/bookmarks/images/static 查看对应的目录内容。

其中，css/bookmarklet.css 文件提供了 JavaScript 书签工具的样式。

编辑 bookmarklet.js 静态文件，并向其中添加下列 JavaScript 代码：

```
(function(){
  var jquery_version = '3.3.1';
  var site_url = 'https://127.0.0.1:8000/';
  var static_url = site_url + 'static/';
  var min_width = 100;
  var min_height = 100;

  function bookmarklet(msg) {
    // Here goes our bookmarklet code
  };

  // Check if jQuery is loaded
  if(typeof window.jQuery != 'undefined') {
    bookmarklet();
  } else {
    // Check for conflicts
    var conflict = typeof window.$ != 'undefined';
```

```
    // Create the script and point to Google API
    var script = document.createElement('script');
    script.src = '//ajax.googleapis.com/ajax/libs/jquery/' +
      jquery_version + '/jquery.min.js';
    // Add the script to the 'head' for processing
    document.head.appendChild(script);
    // Create a way to wait until script loading
    var attempts = 15;
    (function(){
      // Check again if jQuery is undefined
      if(typeof window.jQuery == 'undefined') {
        if(--attempts > 0) {
          // Calls himself in a few milliseconds
          window.setTimeout(arguments.callee, 250)
        } else {
          // Too much attempts to load, send error
          alert('An error ocurred while loading jQuery')
        }
      } else {
        bookmarklet();
      }
    })();
  }
})()
```

上述代码是最主要的 jQuery 加载器脚本。如果 jQuery 已经加载至当前站点中，该脚本负责对其加以使用；如果 jQuery 尚未被载入，该脚本将从 Google 的内容发布网络加载 jQuery，进而设置主流的 JavaScript 框架。当 jQuery 加载完毕后，将执行 bookmarklet() 函数，其中包含了我们需要的书签工具代码。除此之外，还需在文件开始处设置某些变量，如下所示。

- ❏ jquery_version：表示所加载的 jQuery 版本。
- ❏ site_url 和 static_url：表示站点的基 URL，以及基本静态文件的 URL。
- ❏ min_width 和 min_height：书签工具尝试在站点上获取图像的最小宽度和高度（以像素计算）。

下面实现 bookmarklet() 函数，其定义如下所示：

```
function bookmarklet(msg) {
  // load CSS
  var css = jQuery('<link>');
  css.attr({
```

```
    rel: 'stylesheet',
    type: 'text/css',
    href: static_url + 'css/bookmarklet.css?r='+Math.floor(Math.random()*
99999999999999999)
});
jQuery('head').append(css);

// load HTML
box_html = '<div id="bookmarklet"><a href="#"id="close">&times;</a>
<h1>Select an image to bookmark:</h1><divclass="images"></div></div>';
jQuery('body').append(box_html);

// close event
jQuery('#bookmarklet #close').click(function(){
    jQuery('#bookmarklet').remove();
});
};
```

上述代码的工作方式如下所示:

(1) 使用随机数作为参数加载 bookmarklet.css 样式表,防止浏览器返回一个缓存文件。

(2) 向当前站点的<body>文档元素中添加自定义 HTML。这包括一个<div>元素,它将包含在当前网站上获取的图像。

(3) 当用户单击 HTML 块的关闭链接时,我们添加了一个事件,用以移除源自当前文档的 HTML。这里还使用了#bookmarklet #close 选择器获取包含 ID 名为 close 的 HTML 元素,其中包含了 ID 名为 bookmarklet 的父元素。jQuery 选择器支持获取 HTML 元素,并可返回即定 CSS 选择器获取的全部元素。读者可访问 https://api.jquery.com/category/selectors/查看 jQuery 选择器列表。

在加载了 CSS 样式表和书签工具代码后,下一步是获取站点上的图像。对此,可在 bookmarklet()函数底部添加下列 JavaScript 代码:

```
// find images and display them
jQuery.each(jQuery('img[src$="jpg"]'), function(index, image) {
  if (jQuery(image).width() >= min_width && jQuery(image).height()
  >= min_height)
  {
    image_url = jQuery(image).attr('src');
    jQuery('#bookmarklet .images').append('<a href="#"><img src="'+
    image_url +'" /></a>');
```

```
    }
});
```

上述代码使用了 img[src$="jpg"]选择器获取所有的<img> HTML 元素，其 src 属性以 jpg 字符串结束。这意味着我们将搜索显示于当前站点上的全部 JPEG 图像。随后，通过 jQuery 的 each()方法对结果进行遍历。对于尺寸大于 min_width 和 min_height 变量指定的图像，将其添加至<div class="images"> HTML 容器中。

出于安全原因，浏览器将阻止运行基于 HTTPS 站点上的 HTTP 书签。然而，我们应可加载任何站点上的书签，包括通过 HTTPS 实现安全性的站点。当利用自动生成的 SSL/TLS 证书运行开发服务器时，可使用源自 Django Extensions 的 RunServerPlus（具体安装过程参见第 4 章）。

利用下列命令运行 RunServerPlus 开发服务器：

```
python manage.py runserver_plus --cert-file cert.crt
```

在浏览器中打开 https://127.0.0.1:8000/account/，用户登录后将 BOOKMARK IT 按钮拖曳至浏览器的书签工具栏中，如图 5.6 所示。

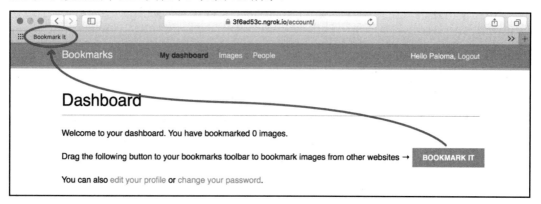

图 5.6

浏览器中打开某个站点并单击书签工具，随后将显示一个框体，其中显示了尺寸大于 100×100 像素的所有 JPEG 图像，如图 5.7 所示。

HTML 容器包含了可执行书签操作的全部图像，用户可单击对应的图像并将其设置为书签。编辑 js/bookmarklet.js 静态文件，并在 bookmarklet()函数底部添加下列代码：

```
// when an image is selected open URL with it
jQuery('#bookmarklet .images a').click(function(e){
    selected_image = jQuery(this).children('img').attr('src');
    // hide bookmarklet
```

```
    jQuery('#bookmarklet').hide();
    // open new window to submit the image
    window.open(site_url +'images/create/?url='
            + encodeURIComponent(selected_image)
            + '&title='
            + encodeURIComponent(jQuery('title').text()),
            '_blank');
});
```

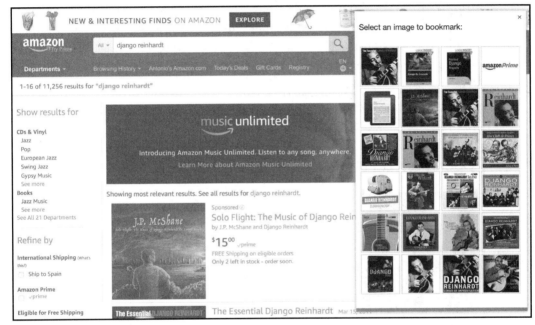

图 5.7

HTML 容器包含了可执行书签操作的全部图像，用户可单击对应的图像并将其设置为书签。编辑 js/bookmarklet.js 静态文件，并在 bookmarklet()函数底部添加下列代码：

```
// when an image is selected open URL with it
jQuery('#bookmarklet .images a').click(function(e){
    selected_image = jQuery(this).children('img').attr('src');
    // hide bookmarklet
    jQuery('#bookmarklet').hide();
    // open new window to submit the image
    window.open(site_url +'images/create/?url='
            + encodeURIComponent(selected_image)
            + '&title='
            + encodeURIComponent(jQuery('title').text()),
```

```
                    '_blank');
});
```

上述代码的工作方式解释如下：

（1）将 click()事件绑定至图像的链接元素上。

（2）当用户单击某幅图像时，可设置新变量 selected_image，其中包含了所选图像的 URL。

（3）隐藏书签工具。针对站点上新图像的书签设置，利用对应的 URL 打开一个新的浏览器窗口，并作为 GET 参数传递站点的<title>元素以及所选图像的 URL。

在浏览器中打开新的 URL，再次单击书签工具以显示图像选取框。如果单击了某幅图像，用户将被重定向至图像生成页面，并作为 GET 参数传递站点的标题和所选图像的 URL，如图 5.8 所示。

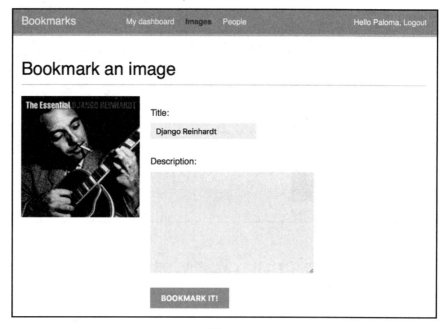

图 5.8

至此，我们的第一个 JavaScript 书签工具制作完毕，并全部整合至 Django 项目中。

5.3　创建图像的细节视图

本节将创建一个简单的细节视图，并显示一幅存储于站点中的图像。打开 images 应用程序的 views.py 文件，并向其中添加下列代码：

```
from django.shortcuts import get_object_or_404
from .models import Image

def image_detail(request, id, slug):
    image = get_object_or_404(Image, id=id, slug=slug)
    return render(request,
                  'images/image/detail.html',
                  {'section': 'images',
                   'image': image})
```

上述代码展示了一个简单的视图并可显示一幅图像。编辑 images 应用程序的 urls.py 文件，并添加下列 URL 路径：

```
path('detail/<int:id>/<slug:slug>/',
    views.image_detail, name='detail'),
```

编辑 images 应用程序的 models.py 文件，并向 Image 模型中添加 get_absolute_url() 方法，如下所示：

```
from django.urls import reverse

class Image(models.Model):
    # ...
    def get_absolute_url(self):
        return reverse('images:detail', args=[self.id, self.slug])
```

记住，为对象提供规范 URL 的常见模式是在模型中定义 get_absolute_url()方法。

最后，在 iamges 应用程序的/images/image/模板目录中创建一个模板，将其命名为 detail.html 并添加下列代码：

```
{% extends "base.html" %}

{% block title %}{{ image.title }}{% endblock %}

{% block content %}
  <h1>{{ image.title }}</h1>
  <img src="{{ image.image.url }}" class="image-detail">
  {% with total_likes=image.users_like.count %}
    <div class="image-info">
      <div>
        <span class="count">
          {{ total_likes }} like{{ total_likes|pluralize }}
        </span>
      </div>
      {{ image.description|linebreaks }}
```

```
      </div>
      <div class="image-likes">
        {% for user in image.users_like.all %}
          <div>
            <img src="{{ user.profile.photo.url }}">
            <p>{{ user.first_name }}</p>
          </div>
        {% empty %}
          Nobody likes this image yet.
        {% endfor %}
      </div>
  {% endwith %}
{% endblock %}
```

上述代码显示了当前模板以及书签图像的细节内容。这里可使用{% with %}标签存储 QuerySet 的结果，并在 total_likes 变量中计算该图像的受欢迎程度。据此，可避免重复计算同一 QuerySet。另外，此处还包含了图像的描述内容，同时还将遍历 image.users_like.all 以显示喜欢该图像的所有用户。

💡 提示：

当重复模板中的某项查询时，使用{% with %}模板标签可防止额外的数据库查询。

接下来，将使用书签工具对一幅新图像执行书签设置操作。在用户发布了图像后，将被重定向至图像的细节页面，该页面中包含了一条成功消息，如图 5.9 所示。

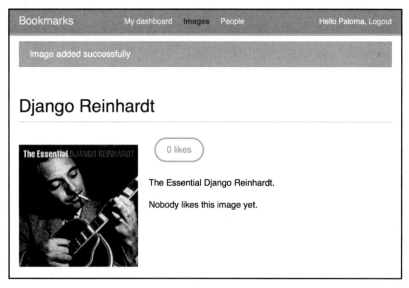

图 5.9

5.4 利用 easy-thumbnails 生成图像缩略图

前述内容讨论了在细节页面上显示原始图像，但对于不同的图像，其尺寸可能变化较大。另外，某些图像的原始文件可能较大，其加载过程也较为耗时。针对于此，以统一方式显示优化图像的最佳方式是生成缩略图，下面将采用名为 easy-thumbnails 的 Django 应用程序执行这一任务。

打开终端并利用下列命令安装 easy-thumbnails：

```
pip install easy-thumbnails==2.7
```

编辑 bookmarks 项目的 settings.py 文件，向 INSTALLED_APPS 设置中添加 easy_thumbnails，如下所示：

```
INSTALLED_APPS = [
    # ...
    'easy-thumbnails',
]
```

随后，运行下列命令将应用程序与数据库同步：

```
python manage.py migrate
```

对应输出结果如下所示：

```
Applying easy_thumbnails.0001_initial... OK
Applying easy_thumbnails.0002_thumbnaildimensions... OK
```

easy-thumbnails 提供了不同的方式可定义图像缩略图。具体来说，该应用程序提供了 {% thumbnail %} 模板标签，并可在模板中生成缩略图；如果希望在模型中定义缩略图，还将生成一个自定义的 ImageField。这里将采用模板标签方案。编辑 images/image/detail.html 模板，并查看下列代码行：

```
<img src="{{ image.image.url }}" class="image-detail">
```

利用下列代码对其进行替换：

```
{% load thumbnail %}
<a href="{{ image.image.url }}">
  <img src="{% thumbnail image.image 300x0 %}" class="image-detail">
</a>
```

此处定义了一个固定宽度为 300 像素以及一个可变的高度的缩略图，并通过值 0 维护宽高比。当用户首次加载该图像时，即创建了缩略图。缩略图存储于与原始文件相同的目录中。该位置由 MEDIA_ROOT 设置和 Image 模型的 image 字段的 upload_to 属性定义。

生成后的缩略图可用于下列请求：启动开发服务器并针对已有图像访问图像的细节信息。缩略图将在当前站点上生成并显示。当检查生成图像的 URL 时可以看到，原始文件名之后是用于创建缩略图的设置项的附加细节信息。例如，filename.jpg.300x0_q85.jpg。85 表示生成缩略图所用库使用的默认的 JPEG 质量值。

此外，还可通过 quality 参数使用不同的质量值。当设置最高的 JPEG 质量时，可使用 100，如{% thumbnail image.image300x0 quality=100 %}。

easy-thumbnails 应用程序提供了多项选择以定制缩略图，包括剪裁算法以及不同的应用效果。如果在缩略图生成过程中遇到任何问题，可向 settings.py 文件中添加 THUMBNAIL_DEBUG = True，进而获取相关的调试信息。关于 easy-thumbnails 应用程序的完整文档，读者可访问 https://easy-thumbnails.readthedocs.io/以了解更多内容。

5.5 利用 jQuery 添加 AJAX 操作

下面向应用程序中添加 AJAX 操作。AJAX 是异步 JavaScript 和 XML 的简称，涵盖了相关技术并生成异步 HTTP 请求。AJAX 可通过异步方式从服务器发送和检索数据，且无须重载整个页面。尽管名称中涵盖了 XML，但这一内容并非必需。我们也可通过其他格式发送或检索数据，如 JSON、HTML 或纯文本。

下面将向图像详细页面添加一个链接，用户可单击该链接以表示对图像的喜爱。此处将利用 AJAX 执行这项操作，以避免重载整个页面。

首先，可创建一个用户视图，并以此显示用户喜欢或不喜欢的图像。编辑 images 应用程序的 views.py 文件，并向其中添加下列代码：

```python
from django.http import JsonResponse
from django.views.decorators.http import require_POST

@login_required
@require_POST
def image_like(request):
    image_id = request.POST.get('id')
    action = request.POST.get('action')
    if image_id and action:
```

```
    try:
        image = Image.objects.get(id=image_id)
        if action == 'like':
            image.users_like.add(request.user)
        else:
            image.users_like.remove(request.user)
        return JsonResponse({'status':'ok'})
    except:
        pass
return JsonResponse({'status':'error'})
```

这里针对视图使用了两个装饰器。其中，login_required 装饰器可阻止未登录用户访问该视图。如果 HTTP 请求未经过 POST 实现，require_POST 装饰器将返回一个 HttpResponseNotAllowed 对象（状态码 405）。

除此之外，Django 还提供了一个 require_GET 装饰器（仅支持 GET 请求），以及一个 require_http_methods 装饰器，并可作为参数向其传递一个所支持的方法列表。

当前视图使用了以下两个 POST 参数。

- ❑ image_id：表示图像对象的 ID，用户在该对象上执行相关操作。
- ❑ action：用户所需执行的操作，假设定义为一个包含 like 或 unlike 值的字符串。

对于 Image 模型的 users_like 多对多字段，我们使用了 Django 提供的管理器，并通过 add()或 remove()添加或移除关系对象。当调用 add()方法时，传递一个已存在于关系对象集中的对象并不会对其执行复制操作；当调用 remove()方法时，传递一个未处于关系对象集中的对象将不会执行任何操作。另一个较为有用的多对多方法则是 clear()，该方法将从关系对象集中移除全部对象。

最后，我们还使用了 Django 提供的 JsonResponse 类，该类返回包含 application/json 内容类型的 HTTP 响应，并将给定对象转换为 JSON 输出。

编辑 images 应用程序的 urls.py 文件，并向其中添加下列 URL 路径：

```
path('like/', views.image_like, name='like'),
```

5.5.1 加载 jQuery

我们需要向图像细节模板中添加 AJAX 功能，为了在模板中使用 jQuery，首先可将其置于项目的 base.html 模板中。编辑 account 应用程序的 base.html 模板，并在</body> HTML 闭合标签之前添加下列代码：

```
<script src="https://ajax.googleapis.com/ajax/libs/jquery/3.4.1/
```

```
jquery.min.js"></script>
<script>
  $(document).ready(function(){
    {% block domready %}
    {% endblock %}
  });
</script>
```

此处从 Google 的 CDN 加载了 jQuery 框架。此外，还可访问 https://jquery.com/下载 jQuery，并将其添加至应用程序的 static 目录中。

另外，我们加入了<script>标签以包含 JavaScript 代码。ready()定义为一个 jQuery 函数，该函数接收一个句柄，并在 DOM 结构构件完备后被执行。DOM 是文档对象模型的简称，当 Web 页面被载入时由浏览器创建，同时构建为对象的树形结构。据此，可确保所交互的所有 HTML 元素加载至 DOM 中。当 DOM 准备就绪后，代码仅执行一次。

在文档处理函数内部，包含了一个名为 domready 的 Django 模板块，其中，扩展了基模板的模板可包含特定的 JavaScript。这里，读者不可将 JavaScript 代码和 Django 模板标签混为一谈。Django 模板语言在服务器端显示，并输出最终的 HTML 文档；而 JavaScript 则在客户端一侧执行。某些时候，可利用 Django 以动态方式生成 JavaScript 代码，进而能够使用 QuerySets 或服务器端的计算结果定义 JavaScript 中的变量。

在本章示例代码中，包含了 Django 模板中的 JavaScript 代码。对此，一种首选方案是通过加载.js 文件包含 JavaScript 代码，并用作静态文件，尤其是此类文件较大时。

5.5.2　AJAX 请求中的跨站点请求伪造

第 2 章曾讨论了跨站点请求伪造。利用 CSRF 保护，Django 在所有的 POST 请求中检测 CSRF 令牌。当提交表单时，可使用{% csrf_token %}模板标签连同当前表单发送令牌。对于 AJAX 请求来说，将 CSRF 令牌作为 POST 数据传递到每个 POST 请求中稍显不便。因此，Django 允许利用 CSRF 令牌值在 AJAX 请求中设置自定义 X-CSRFToken 头。这可设置 jQuery 或其他 JavaScript 库，并自动在每个请求中设定 X-CSRFToken 头。

为了在所有请求中包含令牌，需要执行下列步骤：

（1）从 csrftoken Cookie 中检索 CSRF 令牌，该令牌在 CSRF 处于活动状态时被设置。

（2）利用 X-CSRFToken 头在 AJAX 请求中发送该令牌。

关于 CSRF 和 AJAX 的更多信息，读者可访问 https://docs.djangoproject.com/en/3.0/ref/csrf/#ajax。

编辑 base.html 模板中最新添加的代码，如下所示：

```
<script src="https://ajax.googleapis.com/ajax/libs/jquery/3.4.1/jquery.
min.js"></script>
<script src="https://cdn.jsdelivr.net/npm/js-cookie@2.2.1/src/js.cookie.
min.js"></script>
<script>
  var csrftoken = Cookies.get('csrftoken');
  function csrfSafeMethod(method) {
    // these HTTP methods do not require CSRF protection
    return (/^(GET|HEAD|OPTIONS|TRACE)$/.test(method));
  }
  $.ajaxSetup({
    beforeSend: function(xhr, settings) {
      if (!csrfSafeMethod(settings.type) && !this.crossDomain) {
        xhr.setRequestHeader("X-CSRFToken", csrftoken);
      }
    }
  });
  $(document).ready(function(){
    {% block domready %}
    {% endblock %}
  });
</script>
```

上述代码解释如下：

（1）此处从公共 CDN 中加载了 JS Cookie，进而可方便地与 Cookie 交互。JS Cookie 是一类处理 Cookie 的轻量级 JavaScriptAPI。读者可访问 https://github.com/js-cookie/js-cookie 以了解更多内容。

（2）利用 Cookies.get()读取 csrftoken Cookie 值。

（3）定义 csrfSafeMethod()函数以检测 HTTP 方法是否安全。相应地，安全的方法并不需要使用 CSRF 保护——它们是 GET、HEAD、OPTIONS 和 TRACE。

（4）利用$.ajaxSetup()设置 jQuery AJAX 请求。在每个 AJAX 请求被执行之前，将检测请求方法是否安全，且当前请求不可跨域。若请求处于不安全状态，则利用从 Cookie 中获取的值设置 XCSRFToken 头。这一设置将应用于通过 jQuery 执行的全部 AJAX 请求。CSRF 令牌将包含在所有使用不安全 HTTP 方法（如 POST 或 PUT）的 AJAX 请求中。

5.5.3　利用 jQuery 执行 AJAX 请求

编辑 images 应用程序的 images/image/detail.html 模板，并查看下列代码：

```
{% with total_likes=image.users_like.count %}
```

用以下内容替换上述代码：

```
{% with total_likes=image.users_like.count users_like=image.users_like.all%}
```

确保模板标签被划分多个行。

将下列 for 循环定义的代码：

```
{% for user in image.users_like.all %}
```

替换为：

```
{% for user in users_like %}
```

随后，利用 image-info 类修改<div>元素，如下所示：

```
<div class="image-info">
  <div>
    <span class="count">
      <span class="total">{{ total_likes }}</span>
      like{{ total_likes|pluralize }}
    </span>
    <a href="#" data-id="{{ image.id }}" data-action="{% if request.user in users_like %}un{% endif %}like"
    class="like button">
      {% if request.user not in users_like %}
        Like
      {% else %}
        Unlike
      {% endif %}
    </a>
  </div>
  {{ image.description|linebreaks }}
</div>
```

首先，向{% with %}模板标签中添加另一个变量，以存储 image.users_like.all 的查询结果，同时避免对其执行两次。当使用 for 循环并遍历喜欢该图像的用户时，使用了相应的变量。

此处显示了喜欢该图像的全部用户数量，并包含了一个喜欢/不喜欢该图像的链接。这里将检测用户是否位于 users_like 关系对象集中，并根据用户和图像间的当前关系显示 like 或 unlike。相应地，可向<a> HTML 元素中添加下列属性。

❑ data-id：所显示的图像 ID。
❑ data-action：用户单击链接时所执行的动作，可以是 like 或 unlike。

> **注意：**
>
> 属性名以 data-开始的 HTML 元素上的属性均表示为数据属性。数据属性用于存储应用程序的自定义数据。

AJAX 请求中的两个属性值将发送至 image_like 视图中。当用户单击 like/unlike 链接时，需要在客户端执行下列操作：

（1）调用 AJAX 视图，并向其传递图像 ID 以及操作参数。

（2）如果 AJAX 请求有效，则利用相反操作（like/unlike）更新\<a\> HTML 元素的 data-action 属性，并修改其显示文本。

（3）更新显示 like 的全部数量。

利用下列 JavaScript 代码在 images/image/detail.html 模板下方添加 domready 代码块：

```
{% block domready %}
  $('a.like').click(function(e){
    e.preventDefault();
    $.post('{% url "images:like" %}',
      {
        id: $(this).data('id'),
        action: $(this).data('action')
      },
      function(data){
        if (data['status'] == 'ok')
        {
          var previous_action = $('a.like').data('action');

          // toggle data-action
          $('a.like').data('action', previous_action == 'like' ?
          'unlike' : 'like');
          // toggle link text
          $('a.like').text(previous_action == 'like' ? 'Unlike' :
          'Like');

          // update total likes
          var previous_likes = parseInt($('span.count .total').text());
          $('span.count .total').text(previous_action == 'like' ?
          previous_likes + 1 : previous_likes - 1);
        }
      }
    );
  });
```

```
{% endblock %}
```

上述代码解释如下：

（1）使用了$('a.like') jQuery 选择器查找包含 like 类的所有 HTML 文档的<a>元素。

（2）针对 click 事件定义了一个处理函数，每次用户单击 like/unlike 链接时将执行该函数。

（3）在处理函数内部时，使用了 e.preventDefault()以避免默认的<a>元素操作行为。这可防止链接定向至任意处。

（4）使用$.post()执行服务器的异步 POST 请求。另外，jQuery 还提供了一个$.get()方法（执行 GET 请求）以及一个底层的$.ajax()方法。

（5）采用 Django 的{% url %}模板标签针对 AJAX 请求构建 URL。

（6）构建 POST 参数字典以发送请求，通常为 Django 视图所期望的 ID 和 action 参数。对此，可从<a>元素的 data-id 和 data-action 属性中检索此类值。

（7）定义了一个回调函数并在接收 HTTP 响应时被执行。该函数接收包含了响应内容的 data 属性。

（8）访问接收数据的 status 属性，并检测是否等于 ok。如果返回数据正确无误，将切换链接的 data-action 属性及其文本，这可使用户取消所执行的操作。

（9）取决于具体操作，可逐一增加或递减 likes 的数量。

针对所上传的图像，在浏览器中打开图像详细页面。图 5.10 显示了最初的 likes 的数量以及 LIKE 按钮。

图 5.10

单击 LIKE 按钮，会看到 likes 的计数值将会加 1，同时按钮文本将变为 UNLIKE，如图 5.11 所示。

图 5.11

当单击 UNLIKE 按钮时，相关操作将被执行，按钮的文本将变回 LIKE，同时计数值也随之改变。

当采用 JavaScript 进行程序设计时，尤其是执行 AJAX 请求时，建议针对 JavaScript 调试和 HTTP 请求使用相关工具。通常情况下，可单击鼠标右键，在弹出的快捷菜单中选择 Inspect Element 命令访问 Web 开发工具。

5.6 针对视图创建自定义装饰器

我们可对 AJAX 视图进行适当限制，且仅支持由 AJAX 生成的请求。Django 请求对象提供了一个 is_ajax()方法，用以检测请求是否通过 XMLHttpRequest 生成，也就是说，该请求是一个 AJAX 请求。对应值在 HTTP_X_REQUESTED_WITH HTTP 头中被设置，大多数 JavaScript 库都将其包含在 AJAX 请求中。

当对视图中的头进行检测时，将对此创建一个装饰器。这里，装饰器定义为一个函数，接收另一个函数并扩展其行为，且无须显式地对其进行修改。读者可访问 https://www.python.org/dev/peps/pep-0318/以了解与装饰器相关的更多内容。

考虑到装饰器应具备通用特征且适用于任意视图，我们将在项目中创建一个 common Python 包。对此，在 bookmarks 项目目录中创建下列目录和文件：

```
common/
    __init__.py
    decorators.py
```

编辑 decorators.py 文件并添加下列代码：

```python
from django.http import HttpResponseBadRequest

def ajax_required(f):
    def wrap(request, *args, **kwargs):
        if not request.is_ajax():
            return HttpResponseBadRequest()
        return f(request, *args, **kwargs)
    wrap.__doc__=f.__doc__
    wrap.__name__=f.__name__
    return wrap
```

上述代码为自定义的 ajax_required 装饰器，其中定义了一个 wrap 函数。若请求并非是 AJAX，该函数将返回一个 HttpResponseBadRequest 对象（HTTP 404 代码）；否则返回装饰后的函数。

接下来，编辑 images 应用程序中的 views.py 文件，并将该装饰器添加至 image_like

AJAX 视图中，如下所示：

```
from common.decorators import ajax_required

@ajax_required
@login_required
@require_POST
def image_like(request):
    # ...
```

如果直接在浏览器中访问 http://127.0.0.1:8000/images/like/，将得到 HTTP 400 响应代码。

💡 **提示：**

如果发现在多个视图中重复相同的检测工作，则可针对视图构建自定义装饰器。

5.7 向列表视图中添加 AJAX 分页机制

由于需要列出站点上的全部书签图像，因而可使用 AJAX 分页机制构建翻页功能。当用户阅读至页面底部时，将自动加载后续内容。

下面将实现一个图像列表视图，以处理标准浏览器请求和 AJAX 请求，同时还包含了分页机制。当用户初始加载图像列表页面时，将显示第一个图像页面。当阅读至页面的底端时，则通过 AJAX 加载后续页面，同时将其附于主页面的底端。

这里，同一视图将处理标准分页和 AJAX 分页。对此，编辑 images 应用程序的 views.py 文件，并向其中添加下列代码：

```
from django.http import HttpResponse
from django.core.paginator import Paginator, EmptyPage, \
                                  PageNotAnInteger

@login_required
def image_list(request):
    images = Image.objects.all()
    paginator = Paginator(images, 8)
    page = request.GET.get('page')
    try:
        images = paginator.page(page)
    except PageNotAnInteger:
        # If page is not an integer deliver the first page
```

```python
            images = paginator.page(1)
        except EmptyPage:
            if request.is_ajax():
                # If the request is AJAX and the page is out of range
                # return an empty page
                return HttpResponse('')
            # If page is out of range deliver last page of results
            images = paginator.page(paginator.num_pages)
        if request.is_ajax():
            return render(request,
                          'images/image/list_ajax.html',
                          {'section': 'images', 'images': images})
        return render(request,
                      'images/image/list.html',
                      {'section': 'images', 'images': images})
```

在该视图中，将创建一个 QuerySet 以返回源自数据库的全部图像。随后，将设置一个 Paginator 对象对结果进行分页，并在每个页面中显示 8 幅图像。如果所请求的页面超出了范围，将会抛出一个 EmptyPage 异常。对此，若请求通过 AJAX 完成，将返回一个空 HttpResponse 帮助我们在客户端结束 AJAX 分页进程，并将结果显示在两个不同的模板中，如下所示：

❑ 对于 AJAX 请求，将显示 list_ajax.html 模板，该模板仅包含请求页面的图像。
❑ 对于标准请求，将显示 list.html 模板，该模板扩展了 base.html 模板以显示整个页面，同时还包含了涵盖图像列表的 list_ajax.html 模板。

编辑 images 应用程序的 urls.py 文件，并向其中添加下列 URL 路径：

```python
path('', views.image_list, name='list'),
```

最后，还需要创建一个刚刚提到的模板。在 images/image/ 模板目录中创建新模板，将其命名为 list_ajax.html 并添加下列代码：

```
{% load thumbnail %}

{% for image in images %}
  <div class="image">
    <a href="{{ image.get_absolute_url }}">
      {% thumbnail image.image "300x300" crop="smart" as im %}
      <a href="{{ image.get_absolute_url }}">
        <img src="{{ im.url }}">
      </a>
    </a>
```

```
    <div class="info">
      <a href="{{ image.get_absolute_url }}" class="title">
        {{ image.title }}
      </a>
    </div>
  </div>
{% endfor %}
```

上述模板显示了图像列表，我们将以此返回 AJAX 请求结果。在该代码中，我们遍历了图像并针对每幅图像生成一个正方形缩略图。这里可将缩略图尺寸标准化为 300×300。此外，还可使用 smart 剪裁选项，该选项表明，图像必须通过最小熵（entropy）从边缘上移除切片以逐步裁剪至所要求的尺寸。

在同一目录中创建另一个模板，将其命名为 list.html 并添加下列代码：

```
{% extends "base.html" %}

{% block title %}Images bookmarked{% endblock %}

{% block content %}
  <h1>Images bookmarked</h1>
  <div id="image-list">
    {% include "images/image/list_ajax.html" %}
  </div>
{% endblock %}
```

该列表模板扩展了 base.html 模板。为了避免代码重复，此处包含了 list_ajax.html 用以显示图像。当阅读至页面底部时，list.html 模板将加载 JavaScript 代码，以加载额外的页面。

向 list.html 模板中添加下列代码：

```
{% block domready %}
  var page = 1;
  var empty_page = false;
  var block_request = false;

  $(window).scroll(function() {
    var margin = $(document).height() - $(window).height() - 200;
    if($(window).scrollTop() > margin && empty_page == false &&
       block_request == false) {
      block_request = true;
      page += 1;
```

```
    $.get('?page=' + page, function(data) {
      if(data == '') {
        empty_page = true;
      }
      else {
        block_request = false;
        $('#image-list').append(data);
      }
    });
  }
});
{% endblock %}
```

上述代码提供了页面滚动功能,并在定义于 base.html 模板中的 domready 代码块中加入了 JavaScript 代码。对应代码解释如下所示。

(1) 首先定义了下列变量:

- page 用于存储当前页面号。
- 通过 empty_page,可知晓用户是否处于最后一个页面中,并检索空页面。一旦得到了一个空页面,将终止发送附加的 AJAX 请求(此处假设没有过多的结果)。
- block_request 防止在 AJAX 请求处理过程中发送额外请求。

(2) 使用$(window).scroll()捕捉滚动事件,并对其定义处理函数。

(3) 通过 margin 变量可得到文档整体高度和窗口高度之差,这表示为用户滚动页面时剩余内容的高度。我们将从该结果中减去 200,进而在用户接近页面底部 200 个像素时加载下一个页面。

(4) 如果未出现其他 AJAX 请求,我们仅发送一个 AJAX 请求(block_request 须为 False),用户将不会到达当前结果的最后一个页面(empty_page 也为 False)。

(5) 将 block_request 设置为 True,以避免滚页事件触发额外的 AJAX 请求,同时将 page 计数器加 1,以获取下一个页面。

(6) 通过$.get()执行 AJAX GET 请求,并在名为 data 的变量中接收 HTML 响应,以下为两种情况。

- 响应不包含任何内容:到达结尾且没有更多可供加载的页面。可将 empty_page 设置为 True,以避免额外的 AJAX 请求。
- 响应结果中包含了相关数据:使用 image-list ID 将数据追加到 HTML 元素中。当用户到达页面底端时,页面内容会在垂直方向上扩展,并追加相关结果内容。

在浏览器中打开 http://127.0.0.1:8000/images/,图 5.12 显示了相应的书签图像列表。

图 5.12

当滚动至页面下方时,将会加载额外的页面。这里应确保通过书签工具包含了 8 幅图像,这也是每个页面所显示的图像数量。回忆一下,我们可采用 Firebug 或类似的工具跟踪 AJAX 请求,并对 JavaScript 代码进行调试。

最后,编辑 account 应用程序的 base.html 模板,并针对主菜单的图像条目添加 URL,如下所示:

```
<li {% if section == "images" %}class="selected"{% endif %}>
  <a href="{% url "images:list" %}">Images</a>
</li>
```

据此,可从主菜单中访问图像列表。

5.8　本章小结

本章创建了包含多对多关系的模型，同时还学习了如何定制表单行为。我们通过 Django 和 jQuery 构建了 JavaScript 书签，并将其他网站的图像共享至当前站点中。除此之外，还介绍了如何通过 easy-thumbnails 库创建图像缩略图。最后利用 jQuery 实现了 AJAX 视图，并将 AJAX 分页添加至图像列表视图中。

第 6 章将介绍关注系统和活动流，同时还将与通用关系、信号以及去规范化协同工作。除此之外，第 6 章还将学习如何在 Django 的基础上使用 Redis。

第 6 章 跟踪用户活动

第 5 章通过 jQuery 在项目中实现了 AJAX 视图，并构建了 JavaScript 书签工具在当前平台上共享其他站点的内容。

本章将学习如何构建关注系统，同时创建一个用户活动流。读者将会看到 Django 信号的工作方式，并将 Redis 中的快速 I/O 存储整合至项目中，进而存储各项视图。

本章主要涉及以下内容：
- 构建关注系统。
- 利用中间模型创建多对多的关系。
- 创建活动流应用程序。
- 向模型添加通用关系。
- 针对关系对象优化 QuerySets。
- 对于非规范化计数使用信号。
- 将数据项视图存储于 Redis 中。

6.1 构建关注系统

本节将在项目中构建关注系统，用户之间可彼此关注，并跟踪其他用户在平台上的共享内容。这里，用户间的关系表示为多对多关系。也就是说，一名用户可关注多个用户；同时，也可被多个用户所关注。

6.1.1 利用中间模型创建多对多关系

第 5 章通过向某一关系模型中添加 ManyToManyField 创建了多对多关系，同时令 Django 针对这一关系生成了数据库表。该方案适用于大多数场合，但有些时候可能需要针对该关系构建中间模型。当希望存储针对该关系的附加信息时，则需要构建一个中间模型。例如，关系创建的日期，或者描述关系本质的某个字段。

下面将生成一个中间模型，进而构建用户间的关系。中间模型的使用包含以下两个原因：
- 使用 Django 提供的 User 模型，但并不对其加以修改。
- 需要存储创建关系的时间。

编辑 account 应用程序的 models.py 文件，并向其中添加下列代码：

```
class Contact(models.Model):
    user_from = models.ForeignKey('auth.User',
                                  related_name='rel_from_set',
                                  on_delete=models.CASCADE)
    user_to = models.ForeignKey('auth.User',
                                related_name='rel_to_set',
                                on_delete=models.CASCADE)
    created = models.DateTimeField(auto_now_add=True,
                                   db_index=True)

    class Meta:
        ordering = ('-created',)

    def __str__(self):
        return f'{self.user_from} follows{self.user_to}'
```

上述代码显示了针对用户关系的 Contact 模型，并包含以下字段。

- user_from：创建对应关系的用户 ForeignKey。
- user_to：被关注用户的 ForeignKey。
- created：包含 auto_now_add=True 的 DateTimeField 字段，以存储创建对应关系的时间值。

数据库索引将在 ForeignKey 字段上自动被创建。我们使用 db_index=True 针对已生成的字段创建数据库索引。当通过该字段对 QuerySets 进行排序时，这可有效地改善查询性能。

当采用 ORM 时，对于两个用户间的关注问题（如 user1 和 user2），可生成一个关系，如下所示：

```
user1 = User.objects.get(id=1)
user2 = User.objects.get(id=2)
Contact.objects.create(user_from=user1, user_to=user2)
```

对于 Contact 模型，关系管理器 rel_from_set 和 rel_to_set 将返回一个 QuerySet。为了访问源自 User 模型的关系的终端，User 应包含 ManyToManyField，如下所示：

```
following = models.ManyToManyField('self',
                                   through=Contact,
                                   related_name='followers',
                                   symmetrical=False)
```

上述代码通知 Django 针对当前关系使用自定义中间模型，即向 ManyToManyField

添加 through=Contact，这是 User 模型至其自身的多对多关系。我们引用了 ManyToManyField 字段中的 self 针对同一模型生成了一个关系。

> **注意：**
> 当需要在多对多关系中使用附加字段时，可针对关系各端利用 ForeignKey 创建一个自定义模型。可将 ManyToManyField 添加至某一关系模型中并通知 Django，应将中间模型置入 through 参数中进而对其加以使用。

如果 Use 模型表示为当前应用程序中的部分内容，可将上一个字段添加至模型中。然而，我们无法直接修改 User 类，其原因在于该类隶属于 django.contrib.auth 应用程序。这里将采用一种稍微不同的方案，即向 User 模型中动态地添加该字段。

对此，编辑 account 应用程序的 models.py 文件，并添加下列代码行：

```python
from django.contrib.auth import get_User_model

# Add following field to User dynamically
User_model=get_User_model()
User_model.add_to_class('following',
                        models.ManyToManyField('self',
                            through=Contact,
                            related_name='followers',
                            symmetrical=False))
```

上述代码通过 Django 提供的 get_user_model()通用函数检索模型。我们使用了 Django 模型的 add_to_class()方法，以对 User 模型设置猴子补丁（monkey patch）。需要注意的是，在将字段添加至模型中时，使用 add_to_class()方法并非是一种推荐方案，但在当前示例中可以此避免创建自定义用户模型，并保持 Django 内建 User 模型的全部优点。

此外，通过基于 user.followers.all()和 user.following.all()的 Django ORM，简化了关系对象的检索方式。我们使用中间 Contact 模型，并避免了涉及额外数据库连接的复杂查询——如果在自定义 Profile 模型中定义了关系，即会出现这种情况。多对多关系表可通过 Contact 模型创建。因此，对于 Django User 模型来说，动态添加的 ManyToManyField 并不意味着会产生数据库变化。

注意，在大多数时候，建议向之前创建的 Profile 模型中添加字段，而不是对 User 模型设置猴子补丁。Django 还支持自定义的用户模型，如果读者希望使用自定义用户模型，可访问 https://docs.djangoproject.com/en/3.0/topics/auth/customizing/#specifying-a-custom-user-model，以查看相关文档。

读者可能已经注意到，上述关系包含了 symmetrical=False。当对模型自身定义

ManyToManyField 时，Django 强制该关系呈对称状态。对此，可设置 symmetrical=False 并定义一种非对称关系（也就是说，如果我关注了你，并不意味着你会自动关注我）。

注意：

当针对多对多关系使用中间模型时，一些相关的管理器方法将会被禁用，如 add()、create() 或 remove()。用户需要创建或删除中间模型实例。

运行下列命令，并针对 account 应用程序生成初始迁移：

```
python manage.py makemigrations account
```

对应输出结果如下所示：

```
Migrations for 'account':
  account/migrations/0002_contact.py
    - Create model Contact
```

运行下列命令将应用程序与数据库同步：

```
python manage.py migrate account
```

对应输出结果如下所示：

```
Applying account.0002_contact... OK
```

当前，Contact 模型与数据库同步，进而可创建用户间的关系。然而，当前网站尚无法浏览用户，或查看特定的用户配置内容。下面针对 User 模型构建列表和详细视图。

6.1.2 针对用户配置创建列表和详细视图

打开 account 应用程序的 views.py 文件，并向其中添加下列代码：

```python
from django.shortcuts import get_object_or_404
from django.contrib.auth.models import User

@login_required
def user_list(request):
    users = User.objects.filter(is_active=True)
    return render(request,
                  'account/user/list.html',
                  {'section': 'people',
                   'users': users})

@login_required
```

```python
def user_detail(request, username):
    user = get_object_or_404(User,
                             username=username,
                             is_active=True)
    return render(request,
                  'account/user/detail.html',
                  {'section': 'people',
                   'user': user})
```

上述代码展示了针对 user 对象的简单列表和详细视图。其中，user_list 视图用于获取处于活动状态的全部用户。Django User 模型包含了 is_active 标记，并以此表明当前用户账户是否处于活动状态。通过 is_active=True，我们可对查询进行过滤，且仅返回处于活动状态的用户。该视图将返回结果，但可添加相应的分页机制（参见之前的 image_list 视图）以对其进行改进。

user_detail 视图使用了 get_object_or_404()快捷方式以及给定的用户名检索活动用户。如果不存在该账号下的活动用户，该视图将返回 HTTP 404 响应结果。

编辑 account 应用程序的 urls.py 文件，并针对每个视图添加 URL 路径，如下所示：

```python
urlpatterns = [
    # ...
    path('users/', views.user_list, name='user_list'),
    path('users/<username>/', views.user_detail, name='user_detail'),
]
```

此处使用了 user_detail URL 路径针对用户生成规范 URL。之前已经在模型中定义了 get_absolute_url()方法，并针对每个对象返回规范 URL。另一种指定模型 URL 的方式是向当前项目中添加 ABSOLUTE_URL_OVERRIDES 设置，如下所示：

编辑项目的 settings.py 文件，并向其中添加下列代码：

```python
from django.urls import reverse_lazy

ABSOLUTE_URL_OVERRIDES = {
    'auth.user': lambda u: reverse_lazy('user_detail',
                                        args=[u.username])
}
```

Django 将向 ABSOLUTE_URL_OVERRIDES 设置中出现的任意模型动态地添加 get_absolute_url()方法，该方法针对设置中的既定模型返回对应的 URL。对于当前用户，此处返回了 user_detail URL，进而可在 User 实例上使用 get_absolute_url()，并检索其对应的 URL。

利用 python manage.py shell 命令打开 Python Sehll，运行下列代码进行测试：

```
>>> from django.contrib.auth.models import User
>>> user = User.objects.latest('id')
>>> str(user.get_absolute_url())
'/account/users/ellington/'
```

此处所返回的 URL 正是期望中的结果。

此外，我们需要针对刚刚生成的视图创建模板。对此，可向 account 应用程序的 templates/account/ 目录中添加下列目录和文件：

```
/user/
    detail.html
    list.html
```

编辑 account/user/list.html 模板，并向其中添加下列代码：

```
{% extends "base.html" %}
{% load thumbnail %}

{% block title %}People{% endblock %}

{% block content %}
  <h1>People</h1>
  <div id="people-list">
    {% for user in users %}
      <div class="user">
        <a href="{{ user.get_absolute_url }}">
          <img src="{% thumbnail user.profile.photo 180×180 %}">
        </a>
        <div class="info">
          <a href="{{ user.get_absolute_url }}" class="title">
            {{ user.get_full_name }}
          </a>
        </div>
      </div>
    {% endfor %}
  </div>
{% endblock %}
```

上述模板可列出站点中的全部活动用户。随后，可遍历既定用户，使用 easy-thumbnails 的 {% thumbnail %} 模板标签，并生成配置图像缩略图。

打开当前项目的 base.html 模板，在下列菜单项的 href 属性中包含 user_list URL：

```
<li {% if section == "people" %}class="selected"{% endif %}>
  <a href="{% url "user_list" %}">People</a>
</li>
```

利用 python manage.py runserver 命令启动开发服务器，并在浏览器中打开 http://127.0.0.1:8000/account/users/，对应的用户列表如图 6.1 所示。

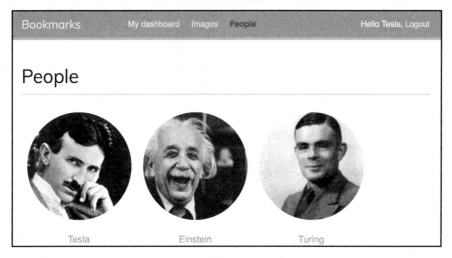

图 6.1

注意，如果在生成缩略图时遇到任何困难，可向 settings.py 文件中添加 THUMBNAIL_DEBUG = True，以便在 Shell 中查看调试信息。

编辑 account 应用程序的 account/user/detail.html 模板，并向其中添加下列代码：

```
{% extends "base.html" %}
{% load thumbnail %}

{% block title %}{{ user.get_full_name }}{% endblock %}

{% block content %}
  <h1>{{ user.get_full_name }}</h1>
  <div class="profile-info">
    <img src="{% thumbnail user.profile.photo 180×180 %}" class="user-detail">
  </div>
  {% with total_followers=user.followers.count %}
    <span class="count">
      <span class="total">{{ total_followers }}</span>
      follower{{ total_followers|pluralize }}
    </span>
    <a href="#" data-id="{{ user.id }}" data-action="{% if request.user in user.followers.all %}un{% endif %}follow" class="follow button">
```

```
    {% if request.user not in user.followers.all %}
      Follow
    {% else %}
      Unfollow
    {% endif %}
  </a>
  <div id="image-list" class="image-container">
    {% include "images/image/list_ajax.html" with images=user.
images_created.all %}
  </div>
  {% endwith %}
{% endblock %}
```

此处应确保模板标签未被划分为多行，Django 不支持多行标签。

在详细模板中，将显示用户配置内容，并采用{% thumbnail %}模板标签显示配置图像。这里显示了全部关注者的数量，以及一个链接以关注/取消关注当前用户。另外，还将执行一个 AJAX 请求以关注/取消关注某个特定用户。此处向<a>HTML 元素添加了 data-id 和 data-action 属性，其中包含了用户 ID 和单击时所执行的初始活动，即 follow 或 unfollow，这取决于请求当前页面的用户是否为关注者。最后，我们还显示了用户所收藏的图像，同时包含了 images/image/list_ajax.html 模板。

再次打开浏览器单击某个用户（该用户收藏了某些图像），图 6.2 显示了某些配置细节内容。

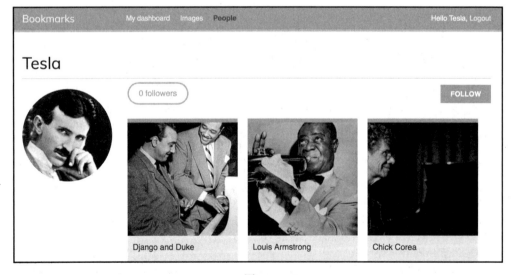

图 6.2

6.1.3 构建 AJAX 视图以关注用户

本节将使用 AJAX 创建一个简单的视图，以关注/取消关注某个用户。编辑 account 应用程序的 views.py 文件，并向其中添加下列代码：

```python
from django.http import JsonResponse
from django.views.decorators.http import require_POST
from common.decorators import ajax_required
from .models import Contact

@ajax_required
@require_POST
@login_required
def user_follow(request):
    user_id = request.POST.get('id')
    action = request.POST.get('action')
    if user_id and action:
        try:
            user = User.objects.get(id=user_id)
            if action == 'follow':
                Contact.objects.get_or_create(
                    user_from=request.user,
                    user_to=user)
            else:
                Contact.objects.filter(user_from=request.user,
                                       user_to=user).delete()
            return JsonResponse({'status':'ok'})
        except User.DoesNotExist:
            return JsonResponse({'status':'error'})
    return JsonResponse({'status':'error'})
```

user_follow 视图类似于之前创建的 image_like 视图。由于针对用户的多对多关系使用了自定义中间模型，因而无法提供 ManyToManyField 中自动管理器的 add() 和 remove() 默认方法。这里使用了中间模型 Contact 生成或删除用户关系。

编辑 account 应用程序的 urls.py 文件，并向其中添加下列 URL 路径：

```python
path('users/follow/', views.user_follow, name='user_follow'),
```

此处须确保将上述路径置于 user_detail URL 路径之前。否则，针对/users/follow/的请求将与 user_detail 的正则表达式相匹配，进而执行该视图。回忆一下，在每个 HTTP 请求中，Django 将针对每个路径（以出现顺序为准）检测所请求的 URL，并在首次匹配处停止。

编辑 account 应用程序的 user/detail.html 文件，并添加下列代码：

```
{% block domready %}
  $('a.follow').click(function(e){
    e.preventDefault();
    $.post('{% url "user_follow" %}',
      {
        id: $(this).data('id'),
        action: $(this).data('action')
      },
      function(data){
        if (data['status'] == 'ok') {
          var previous_action = $('a.follow').data('action');

          // toggle data-action
          $('a.follow').data('action',
            previous_action == 'follow' ? 'unfollow' : 'follow');
          // toggle link text
          $('a.follow').text(
            previous_action == 'follow' ? 'Unfollow' : 'Follow');

          // update total followers
          var previous_followers = parseInt(
            $('span.count .total').text());
          $('span.count .total').text(previous_action == 'follow' ?
            previous_followers + 1 : previous_followers - 1);
        }
      }
    );
  });
{% endblock %}
```

上述 JavaScript 代码执行 AJAX 请求，并关注/取消关注特定用户，同时切换关注/取消关注链接。这里采用 jQuery 执行 AJAX 请求，并根据之前的值设置 data-action 属性和 HTML <a> 元素的文本内容。当执行 AJAX 操作后，还将更新显示于当前页面上的全部关注者计数。

打开现有用户的用户详细页面，并单击 FOLLOW 链接测试刚刚设置的功能项。我们将会看到，关注者的计数结果会增加，如图 6.3 所示。

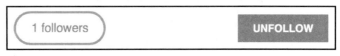

图 6.3

6.2 构建通用活动流应用程序

许多社交网站均会向用户显示活动流，进而可跟踪其他用户在当前平台上的活动。活动流是某个或一组用户执行的近期活动列表。例如，Facebook 的 News Feed（新闻提要）即为一个活动流，相关动作包括：用户 X 收藏了图像 Y，或者用户 X 关注了用户 Y。

本节将尝试构建一个活动流应用程序，以使每个用户可看到其所关注的用户的近期交互行为。对此，需要定义一个模型，以保存站点用户执行的各种动作，同时提供一种较为简单的方式向提要中添加相关动作。

在当前项目中创建一个新的名为 actions 的应用程序，并包含以下命令：

```
python manage.py startapp actions
```

下面向 settings.py 文件的 INSTALLED_APPS 设置中添加新的应用程序，并在项目中激活该应用程序，如下所示：

```
INSTALLED_APPS = [
    # ...
    'actions.apps.ActionsConfig',
]
```

编辑 actions 应用程序的 models.py 文件，并添加下列代码：

```
from django.db import models

class Action(models.Model):
    user = models.ForeignKey('auth.User',
                             related_name='actions',
                             db_index=True,
                             on_delete=models.CASCADE)
    verb = models.CharField(max_length=255)
    created = models.DateTimeField(auto_now_add=True,
                                   db_index=True)

    class Meta:
        ordering = ('-created',)
```

上述代码展示了 Action 模型，并用于存储用户的各项活动。该模型涵盖了以下字段：
- user 表示执行当前活动的用户，也是 Django User 模型的 ForeignKey。
- verb 描述了用户执行的相关活动。

❑ created 表示活动创建的日期和时间。当对象首次保存至数据库中时，使用 auto_now_add=True 并自动将其设置为当前日期。

利用上述基本模型，仅可设置诸如"用户 X 执行了某项活动"这一类操作。此外，我们还需要一个附加的 ForeignKey 字段，进而保存涉及 target 对象的活动，如用户 X 收藏了图像 Y，或者用户 X 当前关注了用户 Y。如前所述，常规的 ForeignKey 仅执行一个模型。相反，我们需要一种方法使活动的 target 对象成为现有模型的实例，这也是 Django 内容类型框架的用武之地。

6.2.1 使用 contenttypes 框架

Django 设置了位于 django.contrib.contenttypes 的 contenttypes 框架，该应用程序可跟踪安装在项目中的全部模型，并提供了一个通用接口与模型进行交互。

当利用 startproject 命令创建新项目时，默认状态下，django.contrib.contenttypes 应用程序包含于 INSTALLED_APPS 设置中。同时，该应用还可供其他 contrib 包使用，如验证框架和管理应用程序。

contenttypes 应用程序包含了 ContentType 模型。该模型实例体现了应用程序的实际模型，当在项目中安装新模型时，将自动生成新的 ContentType 实例。ContentType 模型包含下列字段：

❑ app_label 表示当前模型所属的应用程序名称，并自动从模型 Meta 选项的 app_label 属性中得到。如 Image 模型隶属于 images 应用程序。
❑ model 表示模型类的名称。
❑ name 表示人们可读的模型名称，并自动从模型 Meta 选项的 verbose_name 属性中获得。

下面看一下如何与 ContentType 对象进行交互。运行 python manage.py shell 命令打开 Shell，通过执行基于 app_label 和 model 的查询，可获得与特定模型对应的 ContentType 对象，如下所示：

```
>>> from django.contrib.contenttypes.models import ContentType
>>> image_type = ContentType.objects.get(app_label='images',model='image')
>>> image_type
<ContentType: images | image>
```

此外，还可检索源自 ContentType 对象的模型类，即调用其 model_class()方法，如下所示：

```
>>> image_type.model_class()
```

```
<class 'images.models.Image'>
```

另外，针对特定模型类获得 ContentType 对象也是较为常见的操作，如下所示：

```
>>> from images.models import Image
>>> ContentType.objects.get_for_model(Image)
<ContentType: images | image>
```

一些示例较好地展示了内容类型的使用方式，Django 提供了多种方式可与其协同工作。读者可访问 https://docs.djangoproject.com/en/3.0/ref/contrib/contenttypes/ 以了解内容类型框架的官方文档。

6.2.2 向模型中添加通用关系

在通用关系中，ContentType 对象扮演的角色用于指向用于关系的模型。对此，需要 3 个字段设置模型中的通用关系，如下所示：

- ContentType 的 ForeignKey 字段，表示为当前关系的模型。
- 存储关系对象的主键的字段，通常是 PositiveIntegerField 以匹配 Django 的自动主键字段。
- 在上述两个字段的基础上，用于定义和管理通用关系的字段。ContentTypes 框架对此提供了一个 GenericForeignKey 字段。

编辑 actions 应用程序的 models.py 文件，如下所示：

```python
from django.db import models
from django.contrib.contenttypes.models import ContentType
from django.contrib.contenttypes.fields import GenericForeignKey

class Action(models.Model):
    user = models.ForeignKey('auth.User',
                             related_name='actions',
                             db_index=True,
                             on_delete=models.CASCADE)
    verb = models.CharField(max_length=255)
    target_ct = models.ForeignKey(ContentType,
                                  blank=True,
                                  null=True,
                                  related_name='target_obj',
                                  on_delete=models.CASCADE)
    target_id = models.PositiveIntegerField(null=True,
                                            blank=True,
```

```
                                            db_index=True)
    target = GenericForeignKey('target_ct', 'target_id')
    created = models.DateTimeField(auto_now_add=True,
                                   db_index=True)

    class Meta:
        ordering = ('-created',)
```

这里向 Action 模型中添加了下列字段。

- target_ct：表示为一个 ForeignKey 字段，并指向 ContentType 模型。
- target_id：表示为一个存储关系对象主键的 PositiveIntegerField。
- target：在上述两个字段的基础上，表示为关系对象的 GenericForeignKey 字段。

Django 并不会针对 GenericForeignKey 在数据库中生成任何字段，仅 target_ct 和 target_id 映射至数据库字段中。这两个字段均包含了 blank=True 和 null=True 属性。因而在保存 Action 对象时无须使用到 target 对象。

注意：
通过使用通用关系代替外键，可以使应用程序更加灵活。

运行下列命令，针对当前应用程序创建初始迁移：

```
python manage.py makemigrations actions
```

对应输出结果如下所示：

```
Migrations for 'actions':
  actions/migrations/0001_initial.py
    - Create model Action
```

随后，运行下一个命令将应用程序与数据库同步：

```
python manage.py migrate
```

上述命令的输出结果表明，迁移操作已执行完毕，如下所示：

```
Applying actions.0001_initial... OK
```

接下来向管理站点添加 Action 模型。编辑 actions 应用程序的 admin.py 文件，并向其中添加下列代码：

```
from django.contrib import admin
from .models import Action


@admin.register(Action)
```

```
class ActionAdmin(admin.ModelAdmin):
    list_display = ('user', 'verb', 'target', 'created')
    list_filter = ('created',)
    search_fields = ('verb',)
```

上述代码在管理站点中注册了 Action 模型。运行 python manage.py runserver 命令，启动开发服务器，并在浏览器中打开 http://127.0.0.1:8000/admin/actions/action/add/。此时，页面中创建了一个新的 Action 模型，如图 6.4 所示。

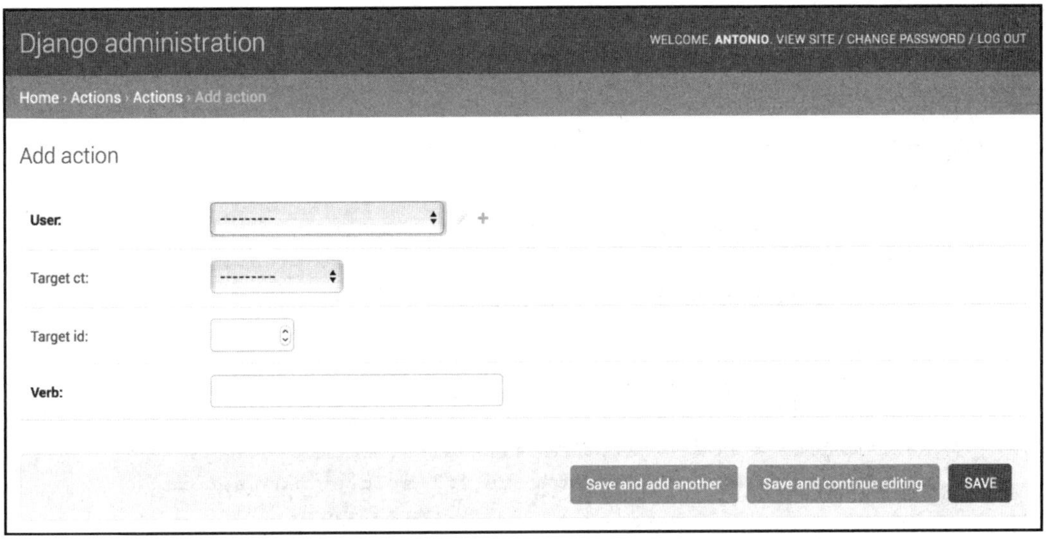

图 6.4

从图 6.4 中可以看到，此处仅显示了映射至实际数据库字段的 target_ct 和 target_id 字段，GenericForeignKey 字段并未在表单中显示。target_ct 字段可选择 Django 项目中任意注册后的模型。另外，还可对内容类型进行限制，并通过 target_ct 字段中的 limit_choices_to 属性从限定的模型集中进行选取，limit_choices_to 属性可将 ForeignKey 字段的内容限制为某个特定的数值集。

在 actions 应用程序内创建新文件，并将其命名为 utils.py。我们将定义一个快捷函数，并以简单的方式生成新的 Action 对象。对此，编辑新的 utils.py 文件，并向其中添加下列代码：

```
from django.contrib.contenttypes.models import ContentType
from .models import Action


def create_action(user, verb, target=None):
```

```
action = Action(user=user, verb=verb, target=target)
action.save()
```

create_action()函数可创建某些活动，并可选择地包含 target 对象。在代码中，可将该函数用作快捷方式，以向活动流中加入新的活动。

6.2.3 避免活动流中的重复内容

某些时候，用户可能会多次执行某项活动，如多次单击 LIKE 或 UNLIKE 按钮；或者在较短时间内多次执行同一项活动，这将导致存储、显示重复的活动。为了避免这一问题，可改进 create_action()以忽略重复的活动。

编辑 actions 应用程序的 utils.py 文件，如下所示：

```python
import datetime
from django.utils import timezone
from django.contrib.contenttypes.models import ContentType
from .models import Action

def create_action(user, verb, target=None):
    # check for any similar action made in the last minute
    now = timezone.now()
    last_minute = now - datetime.timedelta(seconds=60)
    similar_actions = Action.objects.filter(user_id=user.id,
                                            verb= verb,
                                            created__gte=last_minute)
    if target:
        target_ct = ContentType.objects.get_for_model(target)
        similar_actions = similar_actions.filter(
                                            target_ct=target_ct,
                                            target_id=target.id)
    if not similar_actions:
        # no existing actions found
        action = Action(user=user, verb=verb, target=target)
        action.save()
        return True
    return False
```

这里修改了 create_action()函数，以避免保存重复活动。同时，该函数返回了一个布尔值，以显示当前活动是否已被保存。下列内容显示了如何避免重复行为：

❑ 首先，利用 Django 提供的 timezone.now()方法获取当前时间。该方法执行与 datetime.datetime.now()相同的操作，但返回一个 timezone-aware 对象。Django

提供了一项 USE_TZ 设置,以启用/禁用时区功能。通过 startproject 命令创建的默认 settings.py 文件包含了 USE_TZ=True。
- 利用 last_minute 变量存储 1 分钟之前的日期时间,并检索自此起用户执行的相同操作活动。
- 如果最后 1 分钟内不包含相同的操作活动,则创建 Action 对象。若 Action 对象已被创建,则返回 True,否则返回 False。

6.2.4 向活动流中添加用户活动

下面向视图中添加某些操作活动,并对用户创建活动流。针对下列各项交互行为,我们将存储对应的操作活动:
- 用户收藏了一幅图像。
- 用户喜爱某幅图像。
- 用户创建了一个账号。
- 用户关注了一个用户。

编辑 images 应用程序的 views.py 文件,并添加下列导入语句:

```
from actions.utils import create_action
```

在 image_create 视图中保存图像后添加 create_action(),如下所示:

```
new_item.save()
create_action(request.user, 'bookmarked image', new_item)
```

在 image_like 视图中向 users_like 关系添加了用户后,添加 create_action(),如下所示:

```
image.users_like.add(request.user)
create_action(request.user, 'likes', image)
```

下面编辑 account 应用程序中的 views.py 文件,并添加下列导入语句:

```
from actions.utils import create_action
```

在 register 视图中创建了 Profile 对象后,添加 create_action(),如下所示:

```
Profile.objects.create(user=new_user)
create_action(new_user, 'has created an account')
```

在 user_follow 视图中添加 create_action(),如下所示:

```
Contact.objects.get_or_create(user_from=request.user,
                              user_to=user)
create_action(request.user, 'is following', user)
```

在上述代码中不难发现，基于 Action 模型和帮助函数，可简单地将新活动保存至活动流中。

6.2.5 显示活动流

最后，我们需要一种方式可针对每个用户显示活动流。对此，可在用户配置中包含活动流。编辑 account 应用程序的 views.py 文件，导入 Action 模型，并修改配置视图，如下所示：

```python
from actions.models import Action

@login_required
def dashboard(request):
    # Display all actions by default
    actions = Action.objects.exclude(user=request.user)
    following_ids = request.user.following.values_list('id', flat=True)

    if following_ids:
        # If user is following others, retrieve only their actions
        actions = actions.filter(user_id__in=following_ids)
    actions = actions[:10]

    return render(request,
                  'account/dashboard.html',
                  {'section': 'dashboard',
                   'actions': actions})
```

上述代码从数据库中检索所有的操作活动，但不包括当前用户执行的操作。默认状态下，将检索全部平台用户执行的最近活动。如果某个用户关注了另一个用户，将限制查询且仅检索所关注用户执行的操作活动。最后，还需要将对应结果限制为所返回的前 10 个操作活动。此处并未使用 QuerySet 中的 order_by()，其原因在于返回结果仅依赖于 Action 模型中 Meta 选项提供的默认排序顺序。由于在 Action 模型中设置了 ordering = ('-created',)，因而近期的操作活动将最先被显示。

6.2.6 优化涉及关系对象的 QuerySet

每次检索 Action 对象时，通常会访问其关联的 User 对象，以及用户关联的 Profile 对象。Django ORM 提供了一种简单方式，可以同时检索关系对象，从而避免了额外的数据库查询操作。

1. 使用 select_related()

Django 提供了名为 select_related() 的 QuerySet 方法，并可针对一对多关系检索关系对象，这将转换为单一、更加复杂的 QuerySet，但在访问关系对象时可避免额外的查询行为。select_related 方法针对 ForeignKey 和 OneToOne 字段，其工作方式可描述为：执行一个 SQL JOIN 操作，并包含了 SELECT 语句中关系对象的字段。

当使用 select_related() 方法时，可编辑下列代码：

```
actions = actions[:10]
```

同时向所用字段添加 select_related，如下所示：

```
actions = actions.select_related('user', 'user__profile')[:10]
```

此处使用 user__profile 连接单一 SQL 查询中的 Profile 表。如果调用了 select_related()，且未向其传递任何参数，将从全部 ForeignKey 关系中检索对象。一般情况下，总是将 select_related() 限制为以后要访问的关系。

> **注意：**
> 谨慎使用 select_related()，可以大大提高执行时间。

2. 使用 prefetch_related()

当检索一对多关系中的关系对象时，select_related()可对性能提升提供较好的帮助。然而，select_related()并不适用于多对多或多对一关系（ManyToMany 或 ForeignKey 反向字段）。Django 定义了一种名为 prefetch_related 的不同的 QuerySet 方法，并适用于多对多或多对一关系，以及 select_related()所支持的关系。prefetch_related()方法针对每个关系执行独立的查询，并通过 Python 连接结果。此外，该方法还支持 GenericRelation 和 GenericForeignKey 的预取行为。

编辑 account 应用程序的 views.py 文件，对于 GenericForeignKey 目标字段，通过添加 prefetch_related()完成查询操作，如下所示：

```
actions = actions.select_related('user', 'user__profile')\
                 .prefetch_related('target')[:10]
```

上述查询针对用户活动的检索以及关系对象进行了相应的优化。

6.2.7 针对操作活动创建模板

下面创建模板并显示特定的 Action 对象。在 actions 应用程序目录创建新目录，将其命名为 templates，并添加下列结构：

```
actions/
    action/
        detail.html
```

编辑 actions/action/detail.html 模板文件，并向其中添加下列代码行：

```
{% load thumbnail %}

{% with user=action.user profile=action.user.profile %}
<div class="action">
  <div class="images">
    {% if profile.photo %}
      {% thumbnail user.profile.photo "80×80" crop="100%" as im %}
        <a href="{{ user.get_absolute_url }}">
          <img src="{{ im.url }}" alt="{{ user.get_full_name }}"
            class="item-img">
        </a>
    {% endif %}
    {% if action.target %}
      {% with target=action.target %}
        {% if target.image %}
          {% thumbnail target.image "80×80" crop="100%" as im %}
            <a href="{{ target.get_absolute_url }}">
              <img src="{{ im.url }}" class="item-img">
            </a>
        {% endif %}
      {% endwith %}
    {% endif %}
  </div>
  <div class="info">
    <p>
      <span class="date">{{ action.created|timesince }} ago</span>
      <br />
      <a href="{{ user.get_absolute_url }}">
        {{ user.first_name }}
      </a>
      {{ action.verb }}
      {% if action.target %}
        {% with target=action.target %}
          <a href="{{ target.get_absolute_url }}">{{ target }}</a>
        {% endwith %}
```

```
        {% endif %}
      </p>
    </div>
  </div>
{% endwith %}
```

上述模板用于 Action 对象。首先使用了 {% with %} 模板标签检索用户执行的活动以及关联的 Profile 对象。随后，如果 Action 对象包含关联的 target 对象，则显示 target 对象的图像。最后，还将显示一个用户链接，该用户执行了当前活动、verb 以及 target 对象（若存在）。

下面编辑 account 应用程序的 account/dashboard.html 模板，并在 content 下方添加下列代码：

```
<h2>What's happening</h2>
<div id="action-list">
  {% for action in actions %}
    {% include "actions/action/detail.html" %}
  {% endfor %}
</div>
```

在浏览器中打开 http://127.0.0.1:8000/account/，利用已有账号登录并执行相关操作，进而将结果存储于数据库中。随后，利用另一个账号登录，关注之前的用户，并查看配置页面中生成的活动流，如图 6.5 所示。

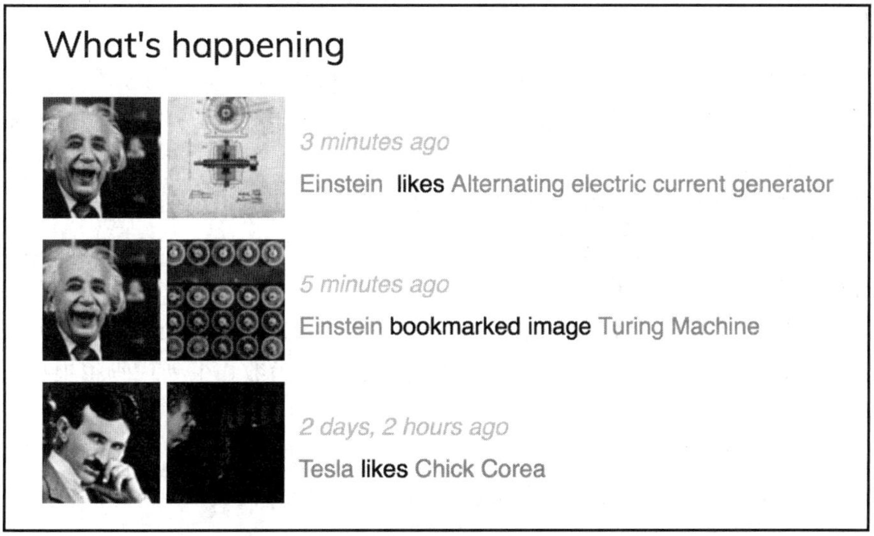

图 6.5

上述内容针对用户创建了完整的活动流，进而可方便地向其中添加新用户。除此之外，还可向活动流中添加翻页功能，即实现与 image_list 视图相同的 AJAX 分页器。

6.3 利用信号实现反规范化计数

在某些场合下，可能需要对数据执行反规范化（denormalize）操作。这里，反规范化是一种数据冗余方式，并可优化读取性能。我们需要对此谨慎处理，并仅在需要时使用。关于反规范化，最大的问题来自难以保持反规范化数据的更新。

通过反规范化计数，本节将考查一个查询性能改进的示例。下面将对 Image 模型中的数据执行反规范化操作，并通过 Django 信号使数据处于更新状态。

6.3.1 与信号协同工作

Django 内置了信号调度器，并在出现特定操作时允许 receiver 函数获得通知。对于发生的一些行为，当需要代码执行相关操作时，信号十分有用。信号可以分离逻辑内容，我们可捕捉特定的动作，而无须考虑引发该动作的应用程序或代码，进而实现产生动作的执行逻辑。例如，可以构建一个信号接收器函数，该函数在每次保存 User 对象时执行。此外，也可以创建自己的信号并在事件发生时获得通知。

Django 针对位于 django.db.models.signals 的模型提供了多种信号。下列内容列举了一些信号：

❑ 在调用 save()方法之前或之后，pre_save 和 post_save 将分别被发送。
❑ 在调用某个模型或 QuerySet 的 delete()方法之前或之后，将分别发送 pre_delete 和 post_delete。
❑ 当模型上的 ManyToManyField 产生变化后，将发送 m2m_changed。

这些只是 Django 所提供的信号子集。读者可访问 https://docs.djangoproject.com/en/3.0/ref/signals/查找所有的内置信号列表。

假设希望根据受欢迎程度检索图像，对此，可使用 Django 的聚合函数，并根据用户的喜好数量检索图像。回忆一下，第 3 章曾使用了聚合函数。下列代码将根据喜好数量检索图像：

```
from django.db.models import Count
from images.models import Image

images_by_popularity = Image.objects.annotate(
```

```
total_likes=Count('users_like')).order_by('-total_likes')
```

然而，与通过某个字段进行排序（存储了总计数）相比，计算全部 likes 对图像进行排序其代价相对高昂。这里，可向 Image 模型添加一个字段，并反规范化全部喜好数量，进而提升涉及该字段的查询性能。下面的问题则是如何保持该字段处于更新状态？

编辑 images 应用程序的 Models.py 文件，并向 Image 模型中添加下列 total_likes 字段：

```
class Image(models.Model):
    # ...
    total_likes = models.PositiveIntegerField(db_index=True,
                                              default=0)
```

total_likes 字段将存储喜爱每幅图像的全部用户计数。当希望过滤或排序 QuerySet 时，反规范化计数结果十分有用。

注意：

在对相关字段执行反规范化操作时，存在多种方式可改进性能。在开始对数据进行反规范化操作前，应考虑数据库索引、查询性能以及缓存机制等。

向数据库表中添加新字段，运行下列命令并创建迁移结果。

python manage.py makemigrations images

对应输出结果如下所示：

```
Migrations for 'images':
  images/migrations/0002_image_total_likes.py
    - Add field total_likes to image
```

随后，运行下列命令并应用上述迁移结果：

python manage.py migrate images

对应输出结果如下所示：

```
Applying images.0002_image_total_likes... OK
```

下面将 receiver 函数绑定至 m2m_changed 信号上。在 images 应用程序目录中创建新文件，将其命名为 signals.py，并向其中添加下列代码：

```
from django.db.models.signals import m2m_changed
from django.dispatch import receiver
from .models import Image


@receiver(m2m_changed, sender=Image.users_like.through)
```

```
def users_like_changed(sender, instance, **kwargs):
    instance.total_likes = instance.users_like.count()
    instance.save()
```

首先，通过 receiver()装饰器将 users_like_changed 函数注册为 receiver 函数，同时将其绑定至 m2m_changed 信号上。我们将该函数连接至 Image.users_like.through，只有当 m2m_changed 信号由该发送方发出时才调用该函数。此外，receiver 函数的注册操作还存在一个替代方案，并采用了 Signal 对象的 connect()方法。

> **注意：**
> Django 信号具有同步和阻塞特征。这里不要将信号与异步任务混淆。但是，我们可以结合两者，并在代码获得某个信号通知时启动异步任务。第 7 章将讨论如何利用 Celery 创建异步任务，构建线上商店。

此外，还需要将 receiver 函数与信号进行连接，进而在每次发送信号时调用该函数。对于信号的注册，一种推荐的方法是将其导入应用程序配置类的 ready()方法中。对此，Django 提供了一个应用程序注册表，以配置和查看应用程序。

6.3.2　应用程序配置类

Django 可针对应用程序定义配置类。当使用 startapp 命令创建一个应用程序时，Django 向应用程序目录中添加了一个 apps.py 文件，同时包含了继承自 AppConfig 类的基本应用程序配置。

应用程序配置类可存储元数据以及应用程序的配置，同时提供了应用程序的内查功能。关于应用程序的配置，读者可访问 https://docs.djangoproject.com/en/3.0/ref/applications/ 以了解更多信息。

为了注册信号 receiver 函数，当使用 receiver()函数时，需要在应用程序配置类的 ready() 方法中导入应用程序的信号模块。一旦应用程序注册表设置完毕，即会调用此方法。另外，应用程序的其他初始化工作也应在该方法内完成。

编辑 images 应用程序的 apps.py 文件，如下所示：

```
from django.apps import AppConfig

class ImagesConfig(AppConfig):
    name = 'images'
```

```
def ready(self):
    # import signal handlers
    import images.signals
```

下面将应用程序的信号导入 ready()方法中，以便加载 images 应用程序时导入信号。利用下列命令运行开发服务器：

```
python manage.py runserver
```

打开浏览器查看图像详细页面，并单击 LIKE 按钮。随后返回至管理站点，浏览并编辑 URL，如 http://127.0.0.1:8000/admin/images/image/1/change/，同时查看 total_likes 属性。其中，total_likes 属性通过喜爱该幅图像的用户总量实现了更新操作，如图 6.6 所示。

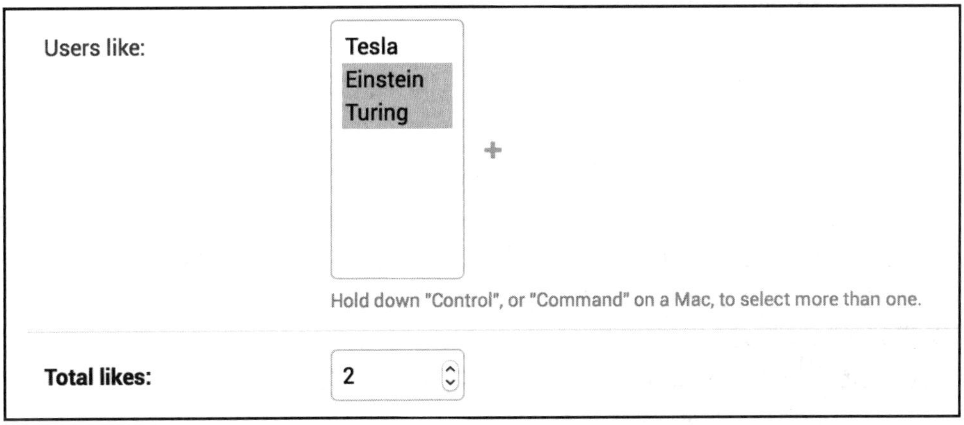

图 6.6

当前，可使用 total_likes 属性并通过受欢迎程度对图像进行排序，或者于某处显示图像，从而避免了使用复杂的查询去计算工作。下列代码实现了根据 like 计数排序后的图像查询操作：

```
from django.db.models import Count

images_by_popularity = Image.objects.annotate(
    likes=Count('users_like')).order_by('-likes')
```

上述查询操作也可采用下列方式编写：

```
images_by_popularity = Image.objects.order_by('-total_likes')
```

上述结果是一类开销较小的 SQL 查询操作，同时也体现了 Django 信号的应用方式。

> **注意：**
> 我们应谨慎使用信号，信号使得了解控制流变得较为困难。大多数时候，如果已知晓通知哪些接收者，就可以避免使用信号。

相应地，需要设置初始计数以匹配数据库的当前状态。对此，利用 python manage.py shell 命令打开 Shell，并运行下列代码：

```
from images.models import Image
for image in Image.objects.all():
    image.total_likes = image.users_like.count()
    image.save()
```

随后，每幅图像的 likes 计数将被更新。

6.4 利用 Redis 存储数据项视图

Redis 是一种高级的键/值型数据库，可存储不同的数据类型，且实现了快速的 I/O 操作。Redis 将数据存储于内存中，但可通过每隔一段时间将数据集转储到磁盘，或将每个命令添加到日志中来实现数据的持久化。与其他键/值存储相比，Redis 非常灵活，它提供了一组强大的命令，并支持各种数据结构，如字符串、哈希、列表、集合、有序集，甚至位图或 HyperLogLogs。

虽然 SQL 最适合于模式定义的持久数据存储，但在处理快速变化的数据、易失性存储或需要快速缓存时，Redis 依然具备许多优势。

6.4.1 安装 Redis

读者如果使用 Linux 或 Mac 系统，可访问 https://redis.io/download 下载最新版本的 Redis。解压 tar.gz 文件后，进入 redis 目录并利用 make 命令编译 Redis，如下所示：

```
cd redis-5.0.8
make
```

当前，Redis 已安装完毕。对于 Windows 环境，推荐使用的 Redis 安装方法是启用 WSL（基于 Linux 的 Windows 子系统），并在 Linux 系统中安装 Redis。关于 WSL 的启用指令和 Redis 的安装，读者可访问 https://redislabs.com/blog/redis-on-windows-10/ 以了解更多内容。

在 Redis 安装完毕后，使用下列 Shell 命令启动 Redis 服务器：

```
src/redis-server
```

对应以下代码行结尾的输出：

```
# Server initialized
* Ready to accept connections
```

默认状态下，Redis 运行于 6379 端口上。通过--port 标记，还可自定义端口，如 redis-server --port 6655。

使 Redis 服务器保持运行状态，同时打开 Shell，利用下列命令启动 Redis 客户端：

```
src/redis-cli
```

Redis 客户端 Shell 提示符如下所示：

```
127.0.0.1:6379>
```

Redis 客户端可以直接从 Shell 中执行 Redis 命令，下面对此予以尝试。在 Redis Shell 中输入 SET 命令，并将值存储于键中，如下所示：

```
127.0.0.1:6379> SET name "Peter"
OK
```

上述命令在 Redis 数据库中利用字符串值 Peter 生成了一个 name 键。输出结果 OK 表示该键已被成功地保存。

接下来，利用 GET 命令检索该值，如下所示：

```
127.0.0.1:6379> GET name
"Peter"
```

除此之外，还可以通过 EXISTS 检查某个键是否存在。如果键存在，则返回 1；否则返回 0，如下所示：

```
127.0.0.1:6379> EXISTS name
(integer) 1
```

另外，还可以使用 EXPIRE 命令设置键过期的时间，该命令允许用户以秒为单位设置时间。另一个选项则是使用 EXPIREAT 命令，它需要一个 Unix 时间戳。当使用 Redis 作为缓存或存储易失数据时，键过期设置将变得十分有用，如下所示：

```
127.0.0.1:6379> GET name
"Peter"
127.0.0.1:6379> EXPIRE name 2
(integer) 1
```

在等待两秒后，再次尝试获取同一个键，如下所示：

```
127.0.0.1:6379> GET name
(nil)
```

其中，(nil)响应表示空响应，即表示未发现对应键。此外，还可使用 DEL 命令删除键，如下所示：

```
127.0.0.1:6379> SET total 1
OK
127.0.0.1:6379> DEL total
(integer) 1
127.0.0.1:6379> GET total
(nil)
```

上述内容只是展示了基本的键操作命令。对应其他数据类型，如字符串、哈希、集合以及有序集，Redis 同样涵盖了大量的命令集。读者可访问 https://redis.io/commands 查看全部 Redis 命令，还可访问 https://redis.io/topics/data-types 以了解所有的 Redis 数据类型。

6.4.2 结合 Python 使用 Redis

这里，我们需要将 Python 绑定至 Redis 中。对此，可利用下列命令并通过 pip 安装 redis-py：

```
pip install redis==3.4.1
```

读者可访问 https://redis-py.readthedocs.io/ 查找 redis-py 的相关文档。

redis-py 包与 Redis 进行交互，同时提供了遵循 Redis 命令语法的 Python 界面。打开 Python Shell 并执行下列代码：

```
>>> import redis
>>> r = redis.Redis(host='localhost', port=6379, db=0)
```

上述代码生成了与 Redis 数据库的连接。在 Redis 中，数据库通过一个整数索引加以标识，而非数据库名称。默认状态下，客户端将连接至数据库 0。当前 Redis 数据库的数量设置为 16，当然也可以在 redis.conf 配置文件中对此进行修改。

下面利用 Python Shell 设置键，如下所示：

```
>>> r.set('foo', 'bar')
True
```

上述命令返回 True，表示已经成功地生成了键。随后，可利用 get()命令对该键进行检索。

```
>>> r.get('foo')
b'bar'
```

在上述代码中可以看到，Redis 中的方法遵循 Redis 命令语法。

下面将 Redis 整合至当前项目中。对此，编辑 bookmarks 项目中的 settings.py 文件，并向其中添加下列设置内容：

```
REDIS_HOST = 'localhost'
REDIS_PORT = 6379
REDIS_DB = 0
```

上述内容便是 Redis 服务器以及将用于项目中的数据库的设置。

6.4.3 将数据视图存储于 Redis 中

本节将讨论一种存储查看一幅图像的全部次数的方法。如果采用 Django ORM 实现这一任务，每次显示图像时将涉及 SQL UPDATE 查询操作。如果采用 Redis，仅需增加存储在内存中的计数器即可，这可有效地提升性能并减少开销。

下面编辑 images 应用程序的 views.py 文件，并在现有的 import 语句后添加下列代码：

```
import redis
from django.conf import settings

# connect to redis
r = redis.Redis(host=settings.REDIS_HOST,
                port=settings.REDIS_PORT,
                db=settings.REDIS_DB)
```

利用上述代码，可建立 Redis 连接，并在当前视图中对其加以使用。编辑 image_detail 视图，如下所示：

```
def image_detail(request, id, slug):
    image = get_object_or_404(Image, id=id, slug=slug)
    # increment total image views by 1
    total_views = r.incr(f'image:{image.id}:views')
    return render(request,
                  'images/image/detail.html',
                  {'section': 'images',
                   'image': image,
                   'total_views': total_views})
```

在该视图中，使用了 incr 命令将既定键值增加 1。如果该键并不存在，incr 将先期对其予以创建。在执行了此类操作后，incr() 方法返回最终的键值还可将该值存储于 total_views 变量中，并将其传递至模板环境中。同时，还使用了某个符号创建 Redis 键，如 object-type:id:field（形如 image:33:id）。

注意：

Redis 键的命名约定使用冒号作为分隔符来创建带有名称空间的键。据此，键名较为冗长，且关联键包含了名称中的部分相同模式。

编辑 images 应用程序的 images/image/detail.html 文件，并在现有的<span class="count">元素后添加下列代码：

```
<span class="count">
  {{ total_views }} view{{ total_views|pluralize }}
</span>
```

在浏览器中打开详细页面，并对其重载多次。每次处理视图时，所显示的全部视图数量将增加 1，如图 6.7 所示。

图 6.7

至此，我们已经成功地在项目中整合了 Redis，进而可存储数据项计数结果。

6.4.4　将排名结果存储于数据库中

本节利用 Redis 实现较为复杂的任务，创建一个图像浏览数量的排名系统。当构建这一排名系统时，可利用 Redis 存储有序集。这里有序集表示一个非重复的字符串集合，其中，每个数字与一个积分值关联，而对应条目则通过其积分值进行排序。

编辑 images 应用程序的 views.py 文件，并向 image_detail 视图中添加下列代码：

```
def image_detail(request, id, slug):
    image = get_object_or_404(Image, id=id, slug=slug)
    # increment total image views by 1
```

```
    total_views = r.incr(f'image:{image.id}:views')
    # increment image ranking by 1
    r.zincrby('image_ranking', 1, image.id)
    return render(request,
                  'images/image/detail.html',
                  {'section': 'images',
                   'image': image,
                   'total_views': total_views})
```

我们使用 zincrby()命令将图像视图存储至包含 image:ranking 键的有序集中。此处将存储图像 id 和一个关联的积分值 1，它将被添加到有序集中该元素的总积分中。这可通过全局方式跟踪全部图像视图，并包含一个以全部视图数量排序的有序集。

下面创建一个新的视图，并显示浏览量最多的图像排名结果。对此，向 images 应用程序的 views.py 文件中添加下列代码：

```
@login_required
def image_ranking(request):
    # get image ranking dictionary
    image_ranking = r.zrange('image_ranking', 0, -1,
                             desc=True)[:10]
    image_ranking_ids = [int(id) for id in image_ranking]
    # get most viewed images
    most_viewed = list(Image.objects.filter(
                           id__in=image_ranking_ids))
    most_viewed.sort(key=lambda x: image_ranking_ids.index(x.id))
    return render(request,
                  'images/image/ranking.html',
                  {'section': 'images',
                   'most_viewed': most_viewed})
```

image_ranking 视图工作方式如下：

（1）使用 zrange()命令获取有序集中的元素，该命令根据最低和最高积分值使用了一个自定义范围。具体来说，使用 0 作为最低值，使用-1 作为最高积分值，并通知 Redis 返回有序集中的全部元素。此外，还定义了 desc=True 检索降序排序的元素。最后，通过[:10]获取较高积分值的前 10 个元素。

（2）构建一个返回后的图像 ID 列表，并作为整数列表将其存储至 image_ranking_ids 变量中。随后针对此类 ID 检索 Image 对象，并强制查询操作通过 list()函数执行。此处需要强制 QuerySet 执行，其原因在于当前使用了其上的 sort()列表方法（因而需要使用到一个对象列表，而非 QuerySet）。

（3）通过图像排名中的索引对象 Image 进行排序。随后，使用模板中的 most_viewed 列表显示 10 幅最常被浏览的图像。

在 images 应用程序的 images/image/模板目录中创建 ranking.html 模板，并向其中添加下列代码：

```
{% extends "base.html" %}

{% block title %}Images ranking{% endblock %}

{% block content %}
  <h1>Images ranking</h1>
  <ol>
    {% for image in most_viewed %}
      <li>
        <a href="{{ image.get_absolute_url }}">
          {{ image.title }}
        </a>
      </li>
    {% endfor %}
  </ol>
{% endblock %}
```

上述模板内容较为直观。代码遍历 most_viewed 列表中的 Image 对象，并显示其名称，同时还包含了一个指向图像详细页面的链接。

最后，还需要针对新视图创建一个 URL 路径。对此，编辑 images 应用程序的 urls.py 文件，并向其中添加下列路径：

```
path('ranking/', views.image_ranking, name='ranking'),
```

运行开发服务器，在 Web 浏览器中访问站点，并针对不同的图像多次加载图像。随后，在浏览器中访问 http://127.0.0.1:8000/images/ranking/，相应的图像排名结果如图 6.8 所示。

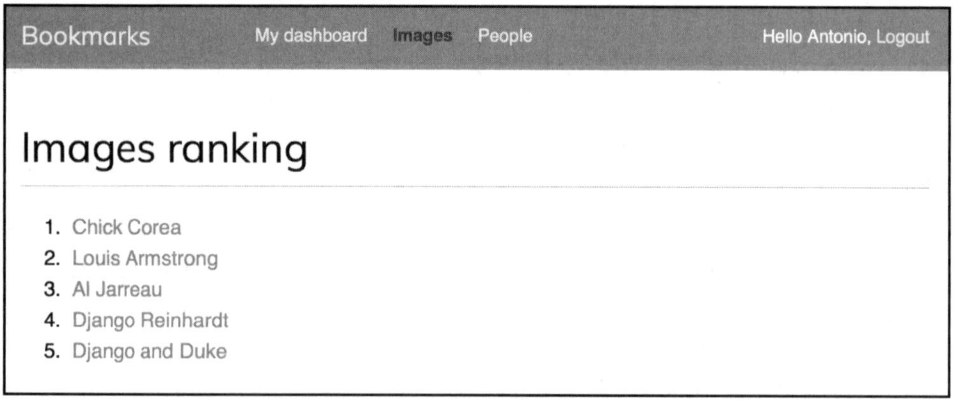

图 6.8

至此，我们利用 Redis 创建了排名系统。

6.4.5 Redis 特性

Redis 并不是 SQL 的替代产物，其体征主要体现在快速存储，并适用于某些特定任务。必要时，可将 Redis 加入开发栈中使用。下列内容展示了 Redis 的一些使用场合：

- 计数机制。如前所述，可通过 Redis 方便地管理计数器。对此，可使用 incr()和 incrby()方法用于计数。
- 存储近期数据项。利用 lpush()和 rpush()可向列表的开始/结尾处添加数据项；使用 lpop()/rpop()移除和返回首/尾元素；利用 ltrim()调整列表长度，进而对其长度进行维护。
- 队列。除 push 和 pop 命令外，Redis 还提供了阻塞队列命令。
- 缓存机制。expire()和 expireat()可将 Redis 用作缓存。此外，针对 Django，我们还可获得第三方 Redis 缓存后台程序。
- pub/sub。针对订阅/取消订阅操作，以及如何将消息发送至通道中，Redis 也提供了相关命令。
- 排名机制和积分榜。Redis 有序集可方便地创建积分榜。
- 实时跟踪。Redis 的快速 I/O 存储特别适用于某些实时场景。

6.5 本章小结

本章利用中间模型和多对多关系构建了关注系统，通过通用关系创建了活动流，优化 QuerySet 并检索关联对象。随后介绍了 Django 信号，并创建了一个信号接收器函数，进而反规范化关联对象计数结果。另外，还探讨了应用程序配置类，并以此加载信号处理程序以及如何在 Django 项目中安装和配置 Redis。最后在项目中使用了 Redis 以存储条目视图，并利用 Redis 实现了图像的排名机制。

第 7 章将介绍如何搭建在线商店。届时将创建一个商品目录，并通过会话创建购物车。此外，我们还将学习如何利用 Celery 启动异步任务。

第 7 章 构建在线商店

第 6 章创建了关注系统以及用户活动流,同时还学习了 Django 信号的工作方式,以及如何将 Redis 整合至项目中进而对图像视图进行计数。

本章将介绍如何搭建基本的在线商店。本章和后续章节将展示构建电子商务平台的必备功能。其中,在线商店使得顾客能够浏览商品、将商品添加至购物车中、使用折扣代码、实现结算流程、信用卡支付以及获取发票。此外,还将实现一个向顾客推荐商品的推荐系统,并通过多种语言实现站点的国际化。

本章主要涉及以下内容:
- 创建商品目录。
- 利用 Django 会话实现购物车功能。
- 创建自定义上下文处理程序。
- 管理客户订单。
- 作为消息代理,利用 RabbitMQ 在项目中配置 Celery。
- 使用 Celery 向客户发送异步通知。
- 利用 Flower 监控 Celery。

7.1 创建在线商店项目

本章着手创建新的 Django 项目,并尝试构建在线商店。其中,用户应能够浏览商品目录,并将商品添加至购物车中。最后,用户将对购物车中的商品结账并生成订单。本章将讨论在线商店的下列各项功能:
- 创建商品目录模型,将其添加至管理站点中,并创建基本视图以显示商品目录。
- 利用 Django 会话开发购物车系统,并允许用户在浏览网站时保存所选的商品。
- 创建表单以及相关功能,并在网站中生成订单。
- 生成订单后,向用户发送异步配置消息(通过电子邮件)。

打开 Shell,针对新项目创建虚拟环境,并利用下列命令将其激活:

```
mkdir env
python3 -m venv env/myshop
source env/myshop/bin/activate
```

利用下列命令在虚拟环境中安装 Django：

```
pip install "Django==3.0.*"
```

打开 Shell 并运行下列命令，利用 shop 应用程序启动 myshop 新项目。

```
django-admin startproject myshop
cd myshop/
django-admin startapp shop
```

编辑项目的 settings.py 文件，并向 INSTALLED_APPS 设置中添加 shop 应用程序，如下所示：

```
INSTALLED_APPS = [
    # ...
    'shop.apps.ShopConfig',
]
```

当前，应用程序针对项目处于活动状态，下面为商品目录定义模型。

7.1.1 创建商品目录模型

在线商店的目录包含了隶属于不同的目录的各种商品，每种商品分别包含名称、可选的描述内容、可选的图像信息、价格以及存货状态。

编辑 shop 应用程序的 models.py 文件，并添加下列代码：

```python
from django.db import models

class Category(models.Model):
    name = models.CharField(max_length=200,
                            db_index=True)
    slug = models.SlugField(max_length=200,
                            unique=True)

    class Meta:
        ordering = ('name',)
        verbose_name = 'category'
        verbose_name_plural = 'categories'

    def __str__(self):
        return self.name

class Product(models.Model):
    category = models.ForeignKey(Category,
                                 related_name='products',
```

```python
                        on_delete=models.CASCADE)
    name = models.CharField(max_length=200, db_index=True)
    slug = models.SlugField(max_length=200, db_index=True)
    image = models.ImageField(upload_to='products/%Y/%m/%d',
                              blank=True)
    description = models.TextField(blank=True)
    price = models.DecimalField(max_digits=10, decimal_places=2)
    available = models.BooleanField(default=True)
    created = models.DateTimeField(auto_now_add=True)
    updated = models.DateTimeField(auto_now=True)

    class Meta:
        ordering = ('name',)
        index_together = (('id', 'slug'),)

    def __str__(self):
        return self.name
```

上述代码定义了 Category 和 Product 模型。其中，Category 模型包含了 name 字段以及唯一的 slug 字段（这里"唯一"意指生成的索引）。Product 模型字段则涵盖以下内容：

- category：表示为 Category 模型的 ForeignKey，并体现了一种一对多的关系：一件商品隶属于某个目录，而一个目录则包含了多件商品。
- name：表示商品的名称。
- slug：用于生成友好的 URL。
- image：表示可选的商品图像。
- description：表示可选的商品描述内容。
- price：该字段使用了 Python 中的 decimal.Decimal 类型存储有限精度的小数。其中，最大位数（包括小数位）由 max_digits 属性以及基于 decimal_places 属性的小数位设置。
- available：定义为一个布尔值，表明商品的存货状态（是否有货），同时用于启用/禁用目录中的商品。
- created：该字段存储对象创建的时间。
- updated：该字段存储对象最后一次更新的时间。

对于 price 字段，我们采用了 DecimalField 而非 FloatField，以避免舍入误差问题。

注意：
一般使用 DecimalField 存储货币金额。FloatField 使用了 Python 中的 float 类型；而 DecimalField 则使用了 Python 中的 Decimal 类型。通过 Decimal 类型，可消除 float 的舍入误差问题。

在 Product 模型的 Meta 类中，我们采用了 index_together 元选项指定 id 和 slug 字段的索引。定义该索引是因为需要通过 id 和 slug 对商品进行查询，对这两个字段使用整体索引可有效地改善查询操作（使用两个字段）的性能。

考虑到将处理模型中的图像，可打开 Shell 并通过下列命令安装 Pillow：

```
pip install Pillow==7.0.0
```

运行下列命令，并创建项目的初始迁移：

```
python manage.py makemigrations
```

对应输出结果如下所示：

```
Migrations for 'shop':
    shop/migrations/0001_initial.py
      - Create model Category
      - Create model Product
```

运行下列命令同步数据库：

```
python manage.py migrate
```

对应输出结果如下所示：

```
Applying shop.0001_initial... OK
```

当前，数据库与模型处于同步状态。

7.1.2 注册管理站点上的目录模型

下面向管理站点中添加模型，进而可方便地管理目录和商品。编辑 shop 应用程序的 admin.py 文件，并向其中添加下列代码：

```python
from django.contrib import admin
from .models import Category, Product

@admin.register(Category)
class CategoryAdmin(admin.ModelAdmin):
    list_display = ['name', 'slug']
    prepopulated_fields = {'slug': ('name',)}

@admin.register(Product)
class ProductAdmin(admin.ModelAdmin):
```

```
list_display = ['name', 'slug', 'price',
                'available', 'created', 'updated']
list_filter = ['available', 'created', 'updated']
list_editable = ['price', 'available']
prepopulated_fields = {'slug': ('name',)}
```

记住，我们使用 prepopulated_fields 属性指定某些字段，其中对应值利用其他字段值自动设置。如前所述，这可便于生成 slug。

另外，ProductAdmin 类中使用了 list_editable 属性，并可一次编辑多行内容。由于只有显示的字段才可被编辑，因而 list_editable 中的任意字段也需要在 list_display 属性中列出。

下面使用下列命令针对当前站点创建一个超级用户：

```
python manage.py createsuperuser
```

利用 python manage.py runserver 命令启动开发服务器，在浏览器中打开 http://127.0.0.1:8000/admin/shop/product/add/，并利用创建的账户登录。随后，通过管理界面添加新的目录和商品。图 7.1 显示了商品变化列表页面（位于管理页面中）。

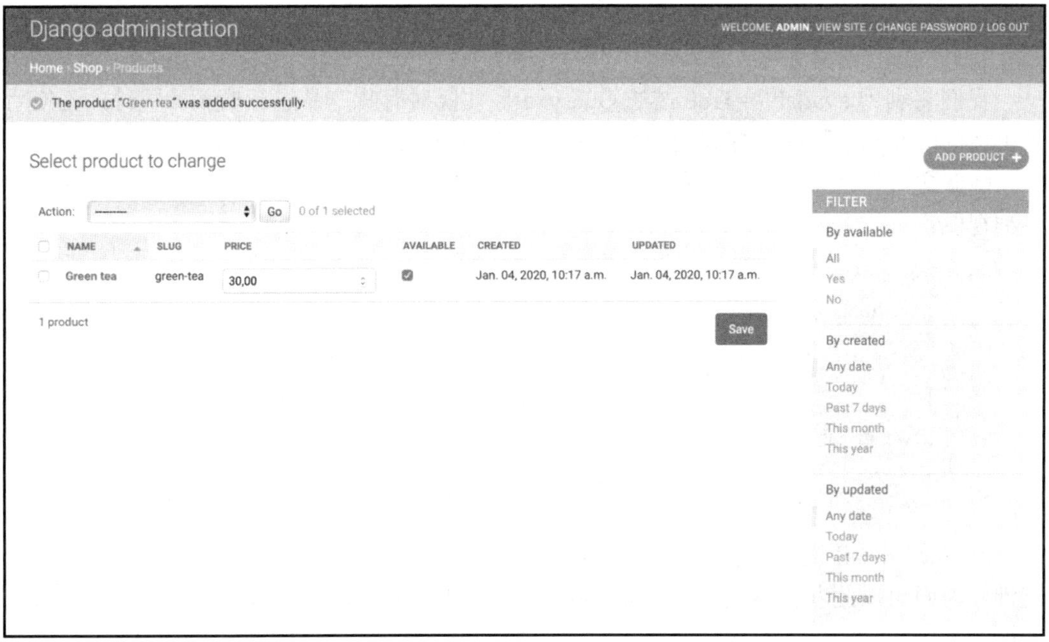

图 7.1

7.1.3 构建目录视图

为了显示商品目录，需要创建一个视图以显示全部商品，或者根据给定目录过滤商品。对此，编辑 shop 应用程序的 views.py 文件，并向其中添加下列代码：

```python
from django.shortcuts import render, get_object_or_404
from .models import Category, Product

def product_list(request, category_slug=None):
    category = None
    categories = Category.objects.all()
    products = Product.objects.filter(available=True)
    if category_slug:
        category = get_object_or_404(Category, slug=category_slug)
        products = products.filter(category=category)
    return render(request,
                  'shop/product/list.html',
                  {'category': category,
                   'categories': categories,
                   'products': products})
```

我们将利用 available=True 过滤 QuerySet，并仅对有货产品进行检索。同时，还使用了可选的 category_slug，并有选择地根据给定目录过滤商品。

除此之外，还需要一个视图检索并显示一件商品。相应地，可向 views.py 文件添加下列视图：

```python
def product_detail(request, id, slug):
    product = get_object_or_404(Product,
                                id=id,
                                slug=slug,
                                available=True)
    return render(request,
                  'shop/product/detail.html',
                  {'product': product})
```

product_detail 期望接收 id 和 slug 参数，进而检索 Product 实例。鉴于 ID 定义为唯一属性，因而可以此获得该实例。然而，我们将在 URL 中包含 slug，并针对商品生成 SEO 友好的 URL。

在生成了商品列表和详细页面后，还需对其定义 URL 路径。在 shop 应用程序目录中创建新文件，将其命名为 urls.py 并添加下列代码：

```
from django.urls import path
from . import views

app_name = 'shop'

urlpatterns = [
    path('', views.product_list, name='product_list'),
    path('<slug:category_slug>/', views.product_list,
        name='product_list_by_category'),
    path('<int:id>/<slug:slug>/', views.product_detail,
        name='product_detail'),
]
```

上述代码表示为商品目录的 URL 模式。此处针对 product_list 视图定义了两个不同的 URL 模式，即名为 product_list 的模式，该模式调用 product_list 视图且不需要任何参数；以及名为 product_list_by_category 的模式，并向视图提供 category_slug 参数，进而根据既定目录过滤商品。另外，此处还针对 product_detail 视图添加了一种模式，并向视图传递 id 和 slug 参数以检索特定的商品。

编辑 myshop 项目的 urls.py 文件，如下所示：

```
from django.contrib import admin
from django.urls import path, include

urlpatterns = [
    path('admin/', admin.site.urls),
    path('', include('shop.urls', namespace='shop')),
]
```

在对象的主 URL 路径中，将在名为 shop 的自定义命名空间下方包含 shop 应用程序的 URL。

接下来，编辑 shop 应用程序的 models.py 文件，导入 reverse()函数，并分别向 Category 和 Product 模型中添加 get_absolute_url()方法，如下所示：

```
from django.urls import reverse
# ...
class Category(models.Model):
    # ...
    def get_absolute_url(self):
        return reverse('shop:product_list_by_category',
                       args=[self.slug])

class Product(models.Model):
```

```python
# ...
def get_absolute_url(self):
    return reverse('shop:product_detail',
                   args=[self.id, self.slug])
```

如前所述,get_absolute_url()可视为一种约定,进而针对既定对象检索 URL。这里将使用刚刚定义于 urls.py 文件中的 URL 路径。

7.1.4 创建目录模板

本节将针对水平列表和详细视图创建模板。在 shop 应用程序目录中生成下列目录和文件结构:

```
templates/
    shop/
        base.html
        product/
            list.html
            detail.html
```

此处需要定义基本模板,并于随后在商品列表和详细视图中对其加以扩展。编辑 shop/base.html 模板,并向其中添加下列代码:

```
{% load static %}
<!DOCTYPE html>
<html>
  <head>
    <meta charset="utf-8" />
    <title>{% block title %}My shop{% endblock %}</title>
    <link href="{% static "css/base.css" %}" rel="stylesheet">
  </head>
  <body>
    <div id="header">
      <a href="/" class="logo">My shop</a>
    </div>
    <div id="subheader">
      <div class="cart">
        Your cart is empty.
      </div>
    </div>
    <div id="content">
      {% block content %}
      {% endblock %}
    </div>
```

```
    </body>
</html>
```

上述代码定义了在线商店所用的基本模板。为了纳入 CSS 样式和模板所用的图像，需要复制本章附带的静态文件，对应位置为 shop 应用程序的 static/目录。随后将其复制至当前项目中的同一位置处。读者可访问 https://github.com/PacktPublishing/Django-3-by-Example/tree/master/Chapter07/myshop/shop/static 以查看该目录的更多内容。

编辑 shop/product/list.html 模板，并向其添加下列代码：

```
{% extends "shop/base.html" %}
{% load static %}

{% block title %}
  {% if category %}{{ category.name }}{% else %}Products{% endif %}
{% endblock %}

{% block content %}
  <div id="sidebar">
    <h3>Categories</h3>
    <ul>
      <li {% if not category %}class="selected"{% endif %}>
        <a href="{% url "shop:product_list" %}">All</a>
      </li>
      {% for c in categories %}
        <li {% if category.slug == c.slug %}class="selected"
          {% endif %}>
          <a href="{{ c.get_absolute_url }}">{{ c.name }}</a>
        </li>
      {% endfor %}
    </ul>
  </div>
  <div id="main" class="product-list">
    <h1>{% if category %}{{ category.name }}{% else %}Products
    {% endif %}</h1>
    {% for product in products %}
      <div class="item">
        <a href="{{ product.get_absolute_url }}">
          <img src="{% if product.image %}{{ product.image.url }}{% else %}{% static "img/no_image.png" %}{% endif %}">
        </a>
        <a href="{{ product.get_absolute_url }}">{{ product.name }}</a>
        <br>
        ${{ product.price }}
      </div>
```

```
    {% endfor %}
  </div>
{% endblock %}
```

此处应确保模板标签未被划分为多个行。

上述代码设置了商品列表模板，该模板扩展了 shop/base.html 模板，同时使用了 categories 环境变量显示侧栏中的全部目录，并采用 products 显示当前页面中的商品。另外，同一模板也适用于以下两种情形：列出所有的现有商品，以及依据某个目录过滤的商品。由于 Product 模型的 image 字段可为空，因而需要针对没有图像的商品提供一幅默认的图像。该图像位于静态文件目录中相对路径 img/no_image.png。

考虑到使用了 ImageField 存储商品图像，因而须通过开发服务器处理上传后的图像文件。

编辑 myshop 应用程序的 settings.py 文件，并添加下列设置内容：

```
MEDIA_URL = '/media/'
MEDIA_ROOT = os.path.join(BASE_DIR, 'media/')
```

MEDIA_URL 表示为基 URL，用于处理用户上传的媒体文件。MEDIA_ROOT 则表示上述文件所处的本地路径，并在 BASE_DIR 变量前动态地对其加以构建。

Django 可以使用开发服务器提供上传的媒体文件。编辑 myshop 应用程序的 urls.py 文件，并向其添加下列代码：

```
from django.conf import settings
from django.conf.urls.static import static

urlpatterns = [
    # ...
]
if settings.DEBUG:
    urlpatterns += static(settings.MEDIA_URL,
                          document_root=settings.MEDIA_ROOT)
```

请记住，我们只在开发期间以这种方式处理静态文件。在生产环境中，永远不要通过 Django 提供静态文件。Django 开发服务器无法通过高效的方式服务静态文件。第 14 章将讨论产品环境中静态文件的服务方式。

下面向在线商店中添加一些商品，并在浏览器中打开 http://127.0.0.1:8000/。图 7.2 显示了相应的商品列表页面。

如果利用管理站点创建了一件商品，且未对其上传任意图像，那么将显示默认的 no_image.png 图像，如图 7.3 所示。

图 7.2

图 7.3

接下来编辑 shop/product/detail.html 模板,并向其中添加下列代码:

```
{% extends "shop/base.html" %}
{% load static %}

{% block title %}
  {{ product.name }}
{% endblock %}

{% block content %}
  <div class="product-detail">
    <img src="{% if product.image %}{{ product.image.url }}{% else %}
    {% static "img/no_image.png" %}{% endif %}">
    <h1>{{ product.name }}</h1>
    <h2>
      <a href="{{ product.category.get_absolute_url }}">
        {{ product.category }}
```

```
        </a>
      </h2>
      <p class="price">${{ product.price }}</p>
      {{ product.description|linebreaks }}
  </div>
{% endblock %}
```

在上述代码中，调用了关联目录对象上的get_absolute_url()方法，以显示属于同一目录下的可用商品。

在浏览器中打开 http://127.0.0.1:8000/，单击任意一件商品以查看产品详细页面，如图7.4所示。

图 7.4

至此，我们创建了基本的商品目录。

7.2 创建购物车

在构建了商品目录后，下一步是创建购物车，用户可以此选取希望购买的商品。购物车可使用户选择商品并设置购物数量，随后，可临时存储此类信息，与此同时，用户可继续浏览网站直至最终提交订单。购物车须在会话中实现持久化操作，以使购物车中的各项内容在用户访问期间得以维护。

本节将采用Django的会话框架对购物车实现持久化操作。购物车将存在于当前会话中，直至购物结束或者付款完毕。除此之外，还需针对购物车及其各项内容创建额外的Django模型。

7.2.1 使用 Django 会话

Django 提供了会话框架，并支持匿名和用户会话。会话框架可针对每名访问者存储任意数据。会话数据存储于服务器端，除非使用基于 Cookie 的会话引擎，否则，Cookie 包含了会话 ID。会话中间件负责管理 Cookie 的发送和接收。默认的会话引擎将会话数据存储于数据库中，但用户也可选取不同的会话引擎。

当使用会话时，须确保项目的 MIDDLEWARE 设置包含'django.contrib.sessions.middleware.SessionMiddleware'，该中间件将对会话进行管理。当利用 startproject 命令创建新项目时，默认状态下将添加至 MIDDLEWARE 设置中。

该会话中间件使当前会话在 request 对象中有效。用户可利用 request.session 访问当前会话，将其视为 Python 字典，进而存储和检索会话数据。默认状态下，会话字典接收可序列化为 JSON 的任意 Python 对象。用户可按照下列方式设置会话中的变量：

```
request.session['foo'] = 'bar'
```

下列代码显示了会话密钥的检索方式：

```
request.session.get('foo')
```

下列代码显示了删除之前存储于会话中的密钥：

```
del request.session['foo']
```

注意：

当用户登录站点时，其匿名会话将消失，同时为验证后的用户创建新的会话。如果用户将数据项存储于匿名会话中，且在登录后继续持有，则需要将原会话数据复制至新的会话中。可以在使用 Django 身份验证系统的 login()函数登录用户之前检索会话数据，然后将其存储在会话中。

7.2.2 会话设置

相应地，有多种设置方案可对项目进行会话配置，其中较为重要的是 SESSION_ENGINE。该设置可用于确定会话的存储位置。默认状态下，Django 利用 django.contrib.sessions 应用程序的 Session 模型将会话存储于数据库中。

Django 提供了以下会话数据存储选项。
- 数据库会话：会话数据存储于数据库中，这也是默认的会话引擎。
- 基于文件的会话：会话数据存储于文件系统中。

- 缓存会话：会话数据存储于缓存后端中。通过 CACHES 设置，可指定相应的缓存后端。缓存系统中的会话存储提供了较好的性能。
- 缓存数据库会话：会话数据存储于直接写入的缓存和数据库中。如果数据未处于缓存中，则只使用数据库进行读取操作。
- 基于 Cookie 的会话：会话数据存储于发送至浏览器的 Cookie 中。

注意：

基于缓存的会话引擎其性能将更加优异。Django 支持 Memcached，读者也可针对 Redis 获取第三方缓存后端程序以及其他缓存系统。

我们也可利用特定的设置自定义会话。下列内容列出了某些较为重要的与会话相关的设置。

- SESSION_COOKIE_AGE：表示会话 Cookie 的持续时间（以秒计），默认值为 1209600 秒（即两个星期）。
- SESSION_COOKIE_DOMAIN：表示会话 Cookie 所用的域名。将其设置为 mydomain.com 可启用跨域 Cookie，或者针对标准的域 Cookie 使用 None。
- SESSION_COOKIE_SECURE：表示一个布尔值，表明仅当当前连接为 HTTPS 连接时，Cookie 方被发送。
- SESSION_EXPIRE_AT_BROWSER_CLOSE：表示一个布尔值，表明关闭浏览器时其会话将过期。
- SESSION_SAVE_EVERY_REQUEST：表示一个布尔值。若该值为 True，将把每个请求会话存储至数据库中。每次保存时，会话过期也将被更新。

读者可访问 https://docs.djangoproject.com/en/3.0/ref/settings/#sessions 以了解全部会话设置和默认值。

7.2.3 会话过期

我们可选择使用浏览器长度（browser-length）会话，或者使用 SESSION_EXPIRE_AT_BROWSER_CLOSE 设置的持久会话。默认时，该设置项设置为 False，并强制会话持续时间为存储于 SESSION_COOKIE_AGE 设置中的对应值。如果 SESSION_EXPIRE_AT_BROWSER_CLOSE 设置为 True，当用户关闭浏览器时会话将过期，SESSION_COOKIE_AGE 设置将不再起到任何作用。

我们还可通过 request.session 中的 set_expiry()方法覆写当前会话的持续时间。

7.2.4 将购物车存储于会话中

在将购物车数据存储至某个会话中时,需要创建一个简单的结构并序列化为 JSON。这里需要针对购物车中的各项内容设置以下数据:

- Product 实例 ID。
- 商品的选购数量。
- 商品的单价。

考虑到商品价格可能会出现变化,因而在添加至购物车后,可将商品价格以及商品自身一同存储。据此,当用户将商品添加至购物车后,可使用当前的商品价格,且无须考虑该商品价格后期是否会发生变化。这意味着,顾客将商品添加到购物车时,该商品的价格将在会话中被维护,直到结账完成或会话结束。

下面将添加相关功能,创建购物车并将其与会话进行关联。购物车的工作方式如下所示:

- 当使用购物车时,须检测自定义会话密钥是否被设置。若会话中未设置购物车,将创建新的购物车并将其保存至购物车会话密钥中。
- 对于连续请求,可执行相同的检测过程,并从购物车会话密钥中获取其中的数据项,可根据当前会话检索购物车数据项,并从数据库中检索其关联的 Product 对象。

编辑当前项目中的 settings.py 文件,并向其中添加下列设置代码:

```
CART_SESSION_ID = 'cart'
```

我们将以此密钥将购物车存储至用户会话中。由于 Django 会话是按访问者管理的,所以可以对所有会话使用相同的购物车会话密钥。

接下来创建一个应用程序用于管理购物车。打开终端并创建新的应用程序,在当前项目目录中运行下列命令:

```
python manage.py startapp cart
```

随后,编辑当前项目的 settings.py 文件,将新的应用程序添加至 INSTALLED_APPS 设置中,如下所示:

```
INSTALLED_APPS = [
    # ...
    'shop.apps.ShopConfig',
    'cart.apps.CartConfig',
]
```

在 cart 应用程序目录中创建新文件，将其命名为 cart.py，并向其中添加下列代码：

```python
from decimal import Decimal
from django.conf import settings
from shop.models import Product

class Cart(object):

    def __init__(self, request):
        """
        Initialize the cart.
        """
        self.session = request.session
        cart = self.session.get(settings.CART_SESSION_ID)
        if not cart:
            # save an empty cart in the session
            cart = self.session[settings.CART_SESSION_ID] = {}
        self.cart = cart
```

上述 Cart 类负责管理购物车，同时该购物车需要通过 request 对象进行初始化。此处利用 self.session = request.session 存储当前会话，使其可访问 Cart 类中的其他方法。

首先，可利用 self.session.get(settings.CART_SESSION_ID)从当前会话中获取购物车。若会话中未发现购物车，通过在会话中设置一个空字典，可创建一个空的购物车。

此处将使用商品 ID 作为键构建 cart 字典，针对每个商品键，字典将包含数量和价格的对应值。据此，可确保某件商品不会被多次添加至购物车中，该方法还可简化购物车数据项的检索方式。

下面定义一个方法将商品添加至购物车中，或者更新其中的商品数量。下列代码将 add()和 save()方法添加至 Cart 类中：

```python
class Cart(object):
    # ...
    def add(self, product, quantity=1, override_quantity=False):
        """
        Add a product to the cart or update its quantity.
        """
        product_id = str(product.id)
        if product_id not in self.cart:
            self.cart[product_id] = {'quantity': 0,
                                     'price': str(product.price)}
        if override_quantity:
            self.cart[product_id]['quantity'] = quantity
        else:
```

```
        self.cart[product_id]['quantity'] += quantity
    self.save()

def save(self):
    # mark the session as "modified" to make sure it gets saved
    self.session.modified = True
```

其中,add()方法接收下列参数作为输入内容。
- product:表示购物车中添加或更新的 product 实例。
- quantity:表示商品数量,作为可选的整数值,其默认值为 1。
- override_quantity:定义为一个布尔值,表示当前数量是否需要利用给定的量值进行更新(True);或者新量值是否需要加入现有的量值中(False)。

我们使用商品 ID 作为购物车内容字典中的键。由于 Django 使用 JSON 序列化会话数据,且 JSON 仅支持字符串,因而需要将商品 ID 转换为字符串。商品 ID 表示为一个键,所持久化的对应值则定义为一个字典,其中包含了商品的数量和价格。这里,商品的价格将从小数转换为字符串,以便对其执行序列化操作。最后,调用 save()保存会话中的购物车。

save()方法通过 session.modified = True 将会话标记为"已调整",这将通知 Django,该会话已发生变化且需要保存。

除此之外,还需要定义一个方法从购物车中移除商品。对此,将下列方法添加至 Cart 类中:

```
class Cart(object):
    # ...
    def remove(self, product):
        """
        Remove a product from the cart.
        """
        product_id = str(product.id)
        if product_id in self.cart:
            del self.cart[product_id]
            self.save()
```

remove()方法从购物车字典中移除了既定商品,并调用 save()方法更新会话中的购物车。
下面将遍历购物车中的各项内容,并访问所关联的 Product 实例。在类中定义一个__iter__()方法,并将其添加至 Cart 类中:

```
class Cart(object):
    # ...
    def __iter__(self):
```

```
"""
Iterate over the items in the cart and get the products
from the database.
"""
product_ids = self.cart.keys()
# get the product objects and add them to the cart
products = Product.objects.filter(id__in=product_ids)

cart = self.cart.copy()
for product in products:
    cart[str(product.id)]['product'] = product

for item in cart.values():
    item['price'] = Decimal(item['price'])
    item['total_price'] = item['price'] * item['quantity']
    yield item
```

在__iter__()方法中，将检索购物车中的Product实例，并将其包含至购物车条目中。最后，还需要遍历购物车中的各个条目，将其价格转换为小数，并将total_price属性添加至各个条目中。__iter__()方法可方便地遍历视图和模板中购物车内的条目。

除此之外，还需要一种方法返回购物车中条目总数量。当在一个对象上执行len()函数时，Python将调用其__len__()方法检索其长度。此处将自定义一个__len__()方法，并返回存储于购物车中的全部条目的数量。

下面将__len__()方法添加至Cart类中。

```
class Cart(object):
    # ...
    def __len__(self):
        """
        Count all items in the cart.
        """
        return sum(item['quantity'] for item in self.cart.values())
```

该方法返回购物车中全部条目的总数。

同时，添加下列方法计算购物车中全部条目的价格。

```
class Cart(object):
    # ...
    def get_total_price(self):
        return sum(Decimal(item['price']) * item['quantity'] for item in self.cart.values())
```

最后，添加下列方法清空购物车会话：

第 7 章 构建在线商店

```
class Cart(object):
    # ...
    def clear(self):
        # remove cart from session
        del self.session[settings.CART_SESSION_ID]
        self.save()
```

至此，Cart 类可以对购物车进行管理了。

7.2.5 创建购物车视图

前述内容定义了 Cart 类可管理购物车。相应地，还需创建相关视图，进而从中添加或移除相关条目，如下所示：

- 添加或更新购物车条目的视图，并可处理商品的总量。
- 从购物车中移除条目的视图。
- 显示购物车条目和总量的视图。

1. 向购物车中添加条目

为了向购物车中加入相关条目，我们需要一个表单以使用户可选择相应的商品数量。对此，在 cart 应用程序目录中创建 forms.py 文件，并向其中添加下列代码：

```
from django import forms

PRODUCT_QUANTITY_CHOICES = [(i, str(i)) for i in range(1, 21)]

class CartAddProductForm(forms.Form):
    quantity = forms.TypedChoiceField(
                            choices=PRODUCT_QUANTITY_CHOICES,
                            coerce=int)
    override = forms.BooleanField(required=False,
                                  initial=False,
                                  widget=forms.HiddenInput)
```

我们将使用该表单向购物车中加入商品。CartAddProductForm 类中定义了以下两个字段。

- quantity：用户在 1~20 选取某个量值，随后采用 TypedChoiceField（coerce=int）将输入转换为一个整数。
- override：表示当前量值是否加至该商品购物车的现有数量上（False）；或者现有数量通过该数值予以更新（True）。由于并不希望向用户显示，因而针对该字段使用了一个 HiddenInput 微件。

接下来创建一个视图向购物车中添加内容。编辑 cart 应用程序的 views.py 文件，并向其中添加下列代码：

```python
from django.shortcuts import render, redirect, get_object_or_404
from django.views.decorators.http import require_POST
from shop.models import Product
from .cart import Cart
from .forms import CartAddProductForm

@require_POST
def cart_add(request, product_id):
    cart = Cart(request)
    product = get_object_or_404(Product, id=product_id)
    form = CartAddProductForm(request.POST)
    if form.is_valid():
        cd = form.cleaned_data
        cart.add(product=product,
                 quantity=cd['quantity'],
                 override_quantity=cd['update'])
    return redirect('cart:cart_detail')
```

该视图负责将商品添加至购物车中，或者更新现有商品的数量。由于该视图将修改数据，因而使用了 require_POST 装饰器且仅支持 POST 请求。另外，该视图接收商品 ID 作为参数。相应地，利用给定的 ID 检索 Product，同时验证 CartAddProductForm。若该表单有效，将添加或更新购物车中的商品。最后，该视图将重定向至 cart_detail URL，以显示购物车中的内容。后面将创建一个 cart_detail 视图。

除此之外，还需要一个视图移除购物车中的条目。向 cart 应用程序的 views.py 文件中添加下列代码：

```python
@require_POST
def cart_remove(request, product_id):
    cart = Cart(request)
    product = get_object_or_404(Product, id=product_id)
    cart.remove(product)
    return redirect('cart:cart_detail')
```

cart_remove 视图接收商品 ID 作为参数。我们可利用给定的 ID 检索 Product 实例，并从购物车中移除该商品。随后，可将用户重定向至 cart_detail URL。

最后，还需要一个视图显示购物车及其条目。相应地，可向 cart 应用程序的 views.py 文件添加下列视图：

```python
def cart_detail(request):
    cart = Cart(request)
```

```
    return render(request, 'cart/detail.html', {'cart': cart})
```

cart_detail 视图将获取当前购物车并对其加以显示。

之前曾创建了视图并将商品添加至购物车中、更新商品数量、从购物车中移除条目并显示购物车内容。下面针对此类视图添加 URL 路径。在 cart 应用程序目录中创建新文件，将其命名为 urls.py 并添加下列 URL。

```
from django.urls import path
from . import views

app_name = 'cart'

urlpatterns = [
    path('', views.cart_detail, name='cart_detail'),
    path('add/<int:product_id>/', views.cart_add, name='cart_add'),
    path('remove/<int:product_id>/', views.cart_remove,
                                     name='cart_remove'),
]
```

编辑 myshop 项目的 urls.py 主文件，添加下列 URL 路径以包含购物车 URL：

```
urlpatterns = [
    path('admin/', admin.site.urls),
    path('cart/', include('cart.urls', namespace='cart')),
    path('', include('shop.urls', namespace='shop')),
]
```

确保在 shop.urls 路径之前添加 URL 路径，因为后者更具局限性。

2. 构建模板显示购物车

cart_add 和 cart_remove 视图并不显示任何模板，因而需要针对 cart_detail 视图创建一个模板，以显示购物车条目以及商品总量。

在 cart 应用程序目录中生成下列文件结构：

```
templates/
    cart/
        detail.html
```

编辑 cart/detail.html 模板，并向其中添加下列代码：

```
{% extends "shop/base.html" %}
{% load static %}

{% block title %}
  Your shopping cart
{% endblock %}
```

```html
{% block content %}
  <h1>Your shopping cart</h1>
  <table class="cart">
    <thead>
      <tr>
        <th>Image</th>
        <th>Product</th>
        <th>Quantity</th>
        <th>Remove</th>
        <th>Unit price</th>
        <th>Price</th>
      </tr>
    </thead>
    <tbody>
      {% for item in cart %}
        {% with product=item.product %}
          <tr>
            <td>
              <a href="{{ product.get_absolute_url }}">
                <img src="{% if product.image %}{{ product.image.url }}
                {% else %}{% static "img/no_image.png" %}{% endif %}">
              </a>
            </td>
            <td>{{ product.name }}</td>
            <td>{{ item.quantity }}</td>
            <td>
              <from action="{% url"cart:cart_remove"product.id%} method="post">
                <input type="submit" value="Remove">
                {%csrf_token%}
              </form>
            </td>
            <td class="num">${{ item.price }}</td>
            <td class="num">${{ item.total_price }}</td>
          </tr>
        {% endwith %}
      {% endfor %}
      <tr class="total">
        <td>Total</td>
        <td colspan="4"></td>
        <td class="num">${{ cart.get_total_price }}</td>
      </tr>
    </tbody>
```

```
</table>
<p class="text-right">
  <a href="{% url "shop:product_list" %}" class="button
  light">Continue shopping</a>
  <a href="#" class="button">Checkout</a>
</p>
{% endblock %}
```

确保没有模板标签被分成多行。

上述模板用于显示购物车中的内容并包含了一个表（存储在当前购物车中的条目）。利用发送至 cart_add 视图的表单，用户可修改所选商品的数量。此外，通过每个条目的 Remove 按钮，用户还可移除购物车中的条目。最后，我们使用了包含 action 属性的 HTML 表单，该属性指向包含商品 ID 的 cart_remove URL。

3. 向购物车中添加商品

这里需要在商品详细页面中设置一个 Add to cart 按钮。对此，可编辑 shop 应用程序的 views.py 文件，并将 CartAddProductForm 添加至 product_detail 视图中，如下所示：

```python
from cart.forms import CartAddProductForm

def product_detail(request, id, slug):
    product = get_object_or_404(Product, id=id,
                                slug=slug,
                                available=True)
    cart_product_form = CartAddProductForm()
    return render(request,
                  'shop/product/detail.html',
                  {'product': product,
                   'cart_product_form': cart_product_form})
```

编辑 shop 应用程序的 shop/product/detail.html 模板，并将下列表单添加至商品的价格中：

```
<p class="price">${{ product.price }}</p>
<form action="{% url "cart:cart_add" product.id %}" method="post">
  {{ cart_product_form }}
  {% csrf_token %}
  <input type="submit" value="Add to cart">
</form>
{{ product.description|linebreaks }}
```

此处应确保以 python manage.py runserver 命令使开发服务器处于运行状态。在浏览器中打开 http://127.0.0.1:8000/，并访问商品的详细页面。其中包含了一个表单，可在向购物车添加商品之前选取对应的数量，如图 7.5 所示。

图 7.5

选择具体数量并单击 Add to cart 按钮。该表单通过 POST 提交至 cart_add 视图，并在会话中将商品加入购物车中，包括其短期价格以及所选的数量。随后，该视图将用户重定向至购物车详细页面，如图 7.6 所示。

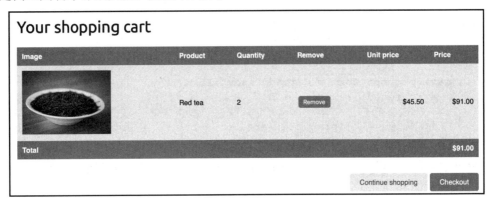

图 7.6

4．更新购物车中的商品数量

当用户查看购物车时，可能需要在提交订单之前修改商品数量。相应地，用户应可在购物车详细页面中更改商品数量。

编辑 cart 应用程序的 views.py 文件，并修改 cart_detail 视图，如下所示：

```
def cart_detail(request):
    cart = Cart(request)
    for item in cart:
```

第 7 章 构建在线商店

```
        item['update_quantity_form'] = CartAddProductForm(
                          initial={'quantity': item['quantity'],
                                   'override': True})
    return render(request, 'cart/detail.html', {'cart': cart})
```

此处针对购物车中的各条目创建了 CartAddProductForm 实例，并支持商品数量的修改操作。随后利用当前数量初始化表单，并将 update 字段设置为 True，即当把表单提交至 cart_add 视图中时，当前数量被新值所替换。

下面编辑 cart 应用程序的 cart/detail.html 模板，并查找下列代码行：

```
<td>{{ item.quantity }}</td>
```

并利用下列代码进行替换：

```
<td>
  <form action="{% url "cart:cart_add" product.id %}" method="post">
    {{ item.update_quantity_form.quantity }}
    {{ item.update_quantity_form.override }}
    <input type="submit" value="Update">
    {% csrf_token %}
  </form>
</td>
```

此处应确保开发服务器通过 python manage.py runserver 命令处于运行状态。在浏览器中打开 http://127.0.0.1:8000/cart/，将显示一个表单，进而可针对各条目编辑商品数量，如图 7.7 所示。

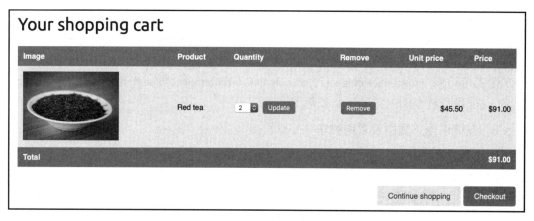

图 7.7

修改商品数量并单击 Update 按钮以测试新的功能项。此外，单击 Remove 按钮还可移除购物车中的商品条目。

7.2.6 针对购物车创建上下文处理器

读者可能已经注意到,即使购物车中包含商品,站点页面上方也会显示"Your cart is empty"这一消息,而此处本应显示购物车中商品的全部数量和价格。由于该消息将显示于全部页面中,我们需要设置一个上下文处理器,并将当前购物车包含于请求上下文中,而与处理请求的视图无关。

1. 上下文处理器

上下文处理器表示为一个 Python 函数,并接收 request 对象作为参数,同时返回一个字典并添加至请求上下文中。当以全局方式对所有模板执行相关操作时,上下文处理器十分有用。

默认条件下,当利用 startproject 命令创建新项目时,项目将在 TEMPLATES 设置的 context_processors 选项中包含下列模板上下文处理器。

- ❑ django.template.context_processors.debug:这将设置上下文中的布尔值 debug 和 sql_queries 变量,该上下文表示为请求中执行的 SQL 查询列表。
- ❑ django.template.context_processors.request:这将设置上下文中的 request 变量。
- ❑ django.contrib.auth.context_processors.auth:这将设置请求中的 user 变量。
- ❑ django.contrib.messages.context_processors.messages:这将设置上下文中的 messages 变量,该上下文中包含了利用消息框架生成的全部消息。

Django 还可使用 django.template.context_processors.csrf 以避免跨站点伪造(CSRF)攻击。该上下文处理器并未出现于当前设置中,出于安全原因,一般会处于开启状态且无法被关闭。

读者可访问 https://docs.djangoproject.com/en/3.0/ref/templates/api/#built-in-template-context-processors 以查看全部内置上下文处理器列表。

2. 在请求上下文中设置购物车

下面创建上下文处理器,并将当前购物车设置到请求上下文中,从而可在任意模板中访问购物车。

在 cart 应用程序目录中创建新文件,将其命名为 context_processors.py。上下文处理器可位于代码的任意位置,下面向当前文件中添加下列代码:

```
from .cart import Cart
```

```python
def cart(request):
    return {'cart': Cart(request)}
```

在当前上下文处理器中，将通过 request 对象实例化购物车，并针对模板定义一个名为 cart 的变量。

编辑项目中的 settings.py 文件，并将 cart.context_processors.cart 添加至 TEMPLATES 设置中的 context_processors 选项中，如下所示：

```python
TEMPLATES = [
    {
        'BACKEND': 'django.template.backends.django.DjangoTemplates',
        'DIRS': [],
        'APP_DIRS': True,
        'OPTIONS': {
            'context_processors': [
                # ...
                'cart.context_processors.cart',
            ],
        },
    },
]
```

每次利用 Django 的 RequestContext 显示模板时，都将执行 cart 上下文处理器。cart 变量将在模板的上下文中被设置。关于 RequestContext，读者可访问 https://docs.djangoproject.com/en/3.0/ref/templates/api/#django.template.RequestContext 以了解更多内容。

📝 注意：

上下文处理器在所有使用了 RequestContext 的请求中被执行。如果当前功能在所有模板中并非必需，特别是涉及数据库查询时，那么，读者可能希望创建一个自定义模板标签，而非上下文处理器。

编辑 shop 应用程序的 shop/base.html 模板，并查找下列代码行：

```html
<div class="cart">
  Your cart is empty.
</div>
```

利用下列代码行进行替换：

```html
<div class="cart">
  {% with total_items=cart|length %}
    {% if cart|length > 0 %}
      Your cart:
      <a href="{% url "cart:cart_detail" %}">
```

```
        {{ total_items }} item{{ total_items|pluralize }},
      ${{ cart.get_total_price }}
    </a>
  {% else %}
    Your cart is empty.
  {% endif %}
{% endwith %}
</div>
```

利用 python manage.py runserver 命令重载服务器，在浏览器中打开 http://127.0.0.1:8000/，并向购物车中添加一些商品。在站点上方位置处，我们可以看到购物车中的商品数量以及全部价格，如图 7.8 所示。

图 7.8

7.3 注册客户订单

当对购物车检查完毕后，需要在数据库中保存一个订单，订单包含了客户信息及其所购买的商品。

针对客户订单管理，利用下列命令创建新的应用程序：

```
python manage.py startapp orders
```

编辑项目中的 settings.py 文件，并向 INSTALLED_APPS 设置中添加新的应用程序，如下所示：

```
INSTALLED_APPS = [
    # ...
    'orders.apps.OrdersConfig',
]
```

现在 orders 应用程序已经激活。

7.3.1 创建订单模型

我们需要一个模型存储订单详细信息，以及另一个模型用于存储所购买的商品，包括价格和数量。编辑 orders 应用程序中的 models.py 文件，并向其中添加下列代码：

```python
from django.db import models
from shop.models import Product

class Order(models.Model):
    first_name = models.CharField(max_length=50)
    last_name = models.CharField(max_length=50)
    email = models.EmailField()
    address = models.CharField(max_length=250)
    postal_code = models.CharField(max_length=20)
    city = models.CharField(max_length=100)
    created = models.DateTimeField(auto_now_add=True)
    updated = models.DateTimeField(auto_now=True)
    paid = models.BooleanField(default=False)

    class Meta:
        ordering = ('-created',)

    def __str__(self):
        return f'Order {self.id}'

    def get_total_cost(self):
        return sum(item.get_cost() for item in self.items.all())

class OrderItem(models.Model):
    order = models.ForeignKey(Order,
                              related_name='items',
                              on_delete=models.CASCADE)
    product = models.ForeignKey(Product,
                                related_name='order_items',
                                on_delete=models.CASCADE)
    price = models.DecimalField(max_digits=10, decimal_places=2)
    quantity = models.PositiveIntegerField(default=1)

    def __str__(self):
        return str(self.id)

    def get_cost(self):
        return self.price * self.quantity
```

Order 模型包含了多个字段，用于存储客户信息。其中，paid 字段默认设置为 False。后面将使用该字段区分付款以及未付款订单。此外，还需要定义一个 get_total_cost()方法，以获取订单中全部购买商品的价格。

OrderItem 模型可存储商品、数量以及单品价格。相应地，get_cost()方法将返回单品价格。

运行下列命令，创建 orders 应用程序的初始迁移：

```
python manage.py makemigrations
```

对应输出结果如下所示：

```
Migrations for 'orders':
  orders/migrations/0001_initial.py
    - Create model Order
    - Create model OrderItem
```

运行下列命令，应用新的迁移。

```
python manage.py migrate
```

当前，订单模型已经与数据库同步。

7.3.2 在管理站点中包含订单模型

下面向管理站点中添加订单模型。编辑 orders 应用程序的 admin.py 文件，如下所示：

```python
from django.contrib import admin
from .models import Order, OrderItem

class OrderItemInline(admin.TabularInline):
    model = OrderItem
    raw_id_fields = ['product']


@admin.register(Order)
class OrderAdmin(admin.ModelAdmin):
    list_display = ['id', 'first_name', 'last_name', 'email',
                    'address', 'postal_code', 'city', 'paid',
                    'created', 'updated']
    list_filter = ['paid', 'created', 'updated']
    inlines = [OrderItemInline]
```

上述代码针对 OrderItem 模型使用了 ModelInline 类，并作为内联方法添加至 OrderAdmin 类中。内联方式可在所关联的同一编辑页面中包含一个模型。

利用 python manage.py runserver 命令运行开发服务器，在浏览器中打开 http://127.0.0.1:8000/admin/orders/order/add/，对应页面如图 7.9 所示。

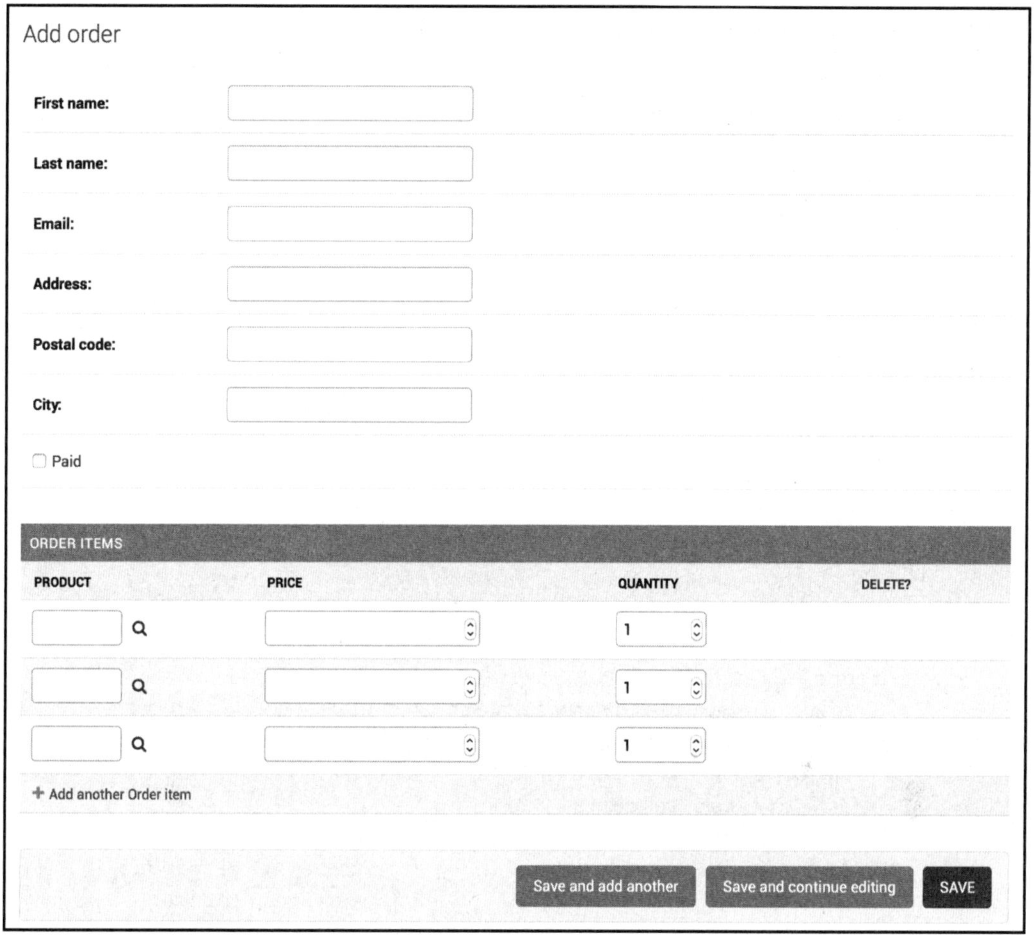

图 7.9

7.3.3 创建客户订单

当用户最终提交订单时，将使用所生成的订单模型对购物车中的商品实现持久化操作。新订单的创建涵盖以下步骤：

（1）向用户显示订单表单，并填充其相关数据。

（2）利用输入的数据创建新的 Order 实例，并针对购物车中的商品创建所关联的 OrderItem 实例。

（3）清空全部购物车中的内容，并将用户重定向至成功页面。

首先，需要生成一个表单来输入订单的详细信息。对此，可在 orders 应用程序目录中生成一个新文件，将其命名为 forms.py 并添加下列代码：

```python
from django import forms
from .models import Order

class OrderCreateForm(forms.ModelForm):
    class Meta:
        model = Order
        fields = ['first_name', 'last_name', 'email', 'address',
                  'postal_code', 'city']
```

上述表单用于生成新的 Order 对象。另外，还需要一个视图处理该表单并生成新的订单。编辑 orders 应用程序的 views.py 文件，并向其中添加下列代码：

```python
from django.shortcuts import render
from .models import OrderItem
from .forms import OrderCreateForm
from cart.cart import Cart

def order_create(request):
    cart = Cart(request)
    if request.method == 'POST':
        form = OrderCreateForm(request.POST)
        if form.is_valid():
            order = form.save()
            for item in cart:
                OrderItem.objects.create(order=order,
                                         product=item['product'],
                                         price=item['price'],
                                         quantity=item['quantity'])
            # clear the cart
            cart.clear()
            return render(request,
                          'orders/order/created.html',
                          {'order': order})
    else:
        form = OrderCreateForm()
    return render(request,
                  'orders/order/create.html',
                  {'cart': cart, 'form': form})
```

在 order_create 视图中，将得到源自当前会话 cart = Cart(request)中的购物车。这依赖于对应的请求方法，具体将执行下列任务：

- GET 请求：实例化 OrderCreateForm 表单并显示 orders/order/create.html 模板。
- POST 请求：验证请求中发送的数据。如果数据有效，将利用 order = form.save() 在数据库生成新的订单。随后将遍历购物车中的商品，并针对各项内容创建 OrderItem。最后，还需要清空购物车中的内容，并显示 orders/order/created.html 模板。

在 orders 应用程序中生成新文件，将其命名为 urls.py 并添加下列代码：

```python
from django.urls import path
from . import views

app_name = 'orders'

urlpatterns = [
    path('create/', views.order_create, name='order_create'),
]
```

这是 order_create 视图的 URL 路径。编辑 myshop 应用程序的 urls.py 文件，并包含以下路径。注意，需要将其置于 shop.urls 路径之前。

```python
path('orders/', include('orders.urls', namespace='orders')),
```

编辑 cart 应用程序的 cart/detail.html 模板，并找到下面这行代码：

```html
<a href="#" class="button">Checkout</a>
```

添加 order_create URL，如下所示：

```html
<a href="{% url "orders:order_create" %}" class="button">
  Checkout
</a>
```

现在用户可以从购物车详细信息页面导航到订单表单了。

对于订单提交，我们仍需要定义相关模板。对此，在 orders 应用程序目录中创建下列文件结构：

```
templates/
    orders/
        order/
            create.html
            created.html
```

编辑 orders/order/create.html 模板，并添加下列代码：

```
{% extends "shop/base.html" %}
```

```
{% block title %}
  Checkout
{% endblock %}

{% block content %}
  <h1>Checkout</h1>

  <div class="order-info">
    <h3>Your order</h3>
    <ul>
      {% for item in cart %}
        <li>
          {{ item.quantity }}x {{ item.product.name }}
          <span>${{ item.total_price }}</span>
        </li>
      {% endfor %}
    </ul>
    <p>Total: ${{ cart.get_total_price }}</p>
  </div>

  <form method="post" class="order-form">
    {{ form.as_p }}
    <p><input type="submit" value="Place order"></p>
    {% csrf_token %}
  </form>
{% endblock %}
```

上述模板显示了购物车中的全部商品以及订单提交的表单。

编辑 orders/order/created.html 模板并添加下列代码：

```
{% extends "shop/base.html" %}

{% block title %}
  Thank you
{% endblock %}

{% block content %}
  <h1>Thank you</h1>
  <p>Your order has been successfully completed. Your order number is
  <strong>{{ order.id }}</strong>.</p>
{% endblock %}
```

当订单成功创建后，将显示上述模板。

启动 Web 开发服务器并跟踪新文件。在浏览器中打开 http://127.0.0.1:8000/，向购物车中加入一组商品，并进入结算页面，如图 7.10 所示。

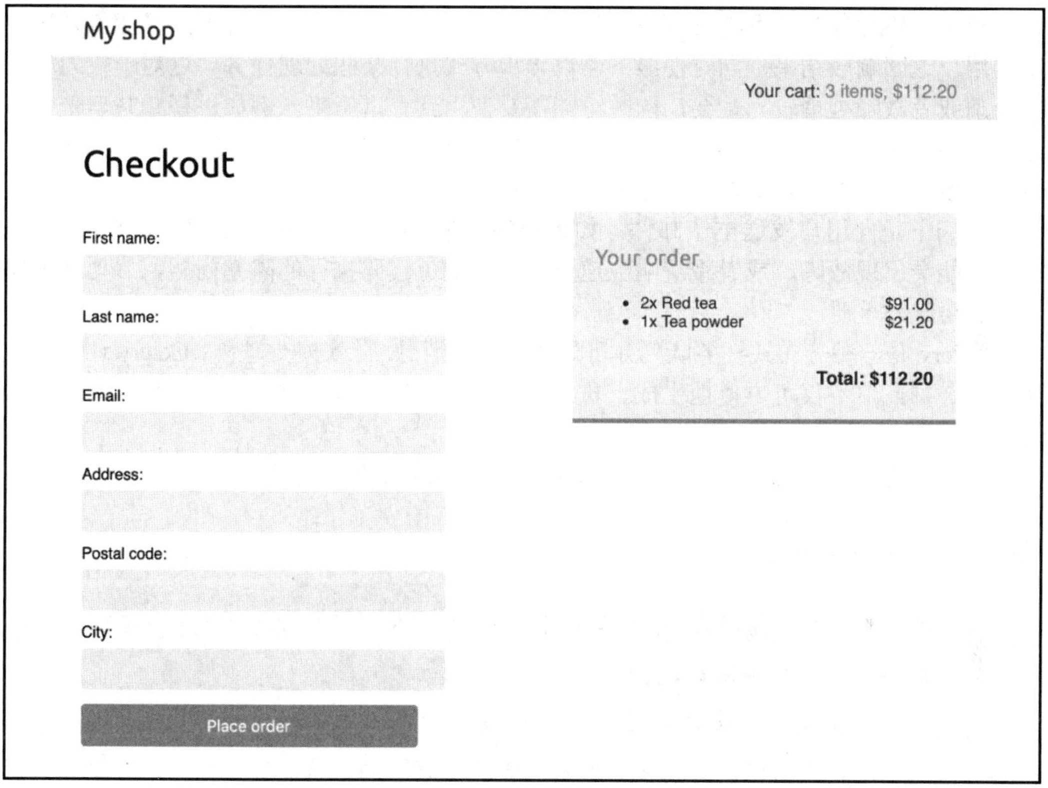

图 7.10

利用有效数据填充上述表单，并单击 Place order 按钮。随后将生成表单，并显示如图 7.11 所示的成功页面。

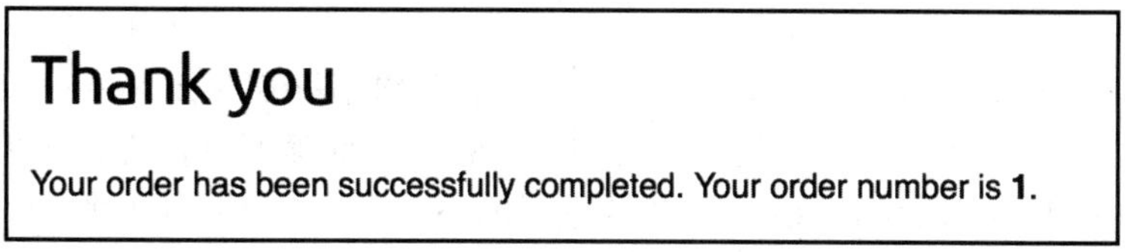

图 7.11

打开管理站点 http://127.0.0.1:8000/admin/orders/order/，可以看到订单已被成功创建。

7.4 利用 Celery 启动异步任务

视图中执行各项任务将对响应时间产生一定的影响。在许多场合下，可能需要尽快地向用户返回响应结果，同时使服务器以异步方式执行某些处理任务。这对于较为耗时的处理或者故障处理较为重要，同时可能需要使用到重试策略。例如，视频共享平台支持用户的上传操作，但需要较长的时间对上传视频进行转码。其间，网站可能会向用户返回一条消息，并通知他们转码过程很快将会开始，同时以异步方式对视频进行转码。另一个例子是向用户发送电子邮件，如果网站从某个视图中发送电子邮件通知，SMTP 连接可能会出现故障，或者减缓响应速度。对于避免代码执行的阻塞问题，启动异步任务将变得越发重要。

Celery 是一种分布式任务队列并可处理大量的消息。除实时处理外，Celery 还支持任务调度。据此，不仅可方便地生成、执行异步任务，还可对其进行调度，从而在特定的时间点运行。

读者可访问 http://docs.celeryproject.org/en/latest/index.html 以查看 Celery 文档。

7.4.1 安装 Celery

本节将安装 Celery 并将其整合至项目中。对此，可使用下列命令通过 pip 安装 Celery：

```
pip install celery==4.4.2
```

Celery 需要使用一个消息代理去处理来自外部资源的请求。消息代理用于将消息转换为正式的消息传递协议，并为多个接收者管理消息队列，从而提供可靠的存储和有保障的消息传递机制。我们可使用消息代理将消息发送至 Celery workers，后者在接收到任务时对其进行处理。

7.4.2 安装 RabbitMQ

对于 Celery 消息代理，存在多种可选方案，包括键值存储（如 Redis）或者消息系统（如 RabbitMQ）。鉴于 RabbitMQ 可视作 Celery 的推荐消息代理，下面将配置基于 RabbitMQ 的 Celery。RabbitMQ 是一种轻量级的系统，支持多种消息协议，并可在可伸缩和高可用性需求下对其加以使用。

在 Linux 环境下，可利用下列命令在 Shell 中安装 RabbitMQ：

```
apt-get install rabbitmq
```

而对于 macOS 或 Windows 环境下的 RabbitMQ 安装，读者可访问 https://www.rabbitmq.com/download.html 获取其单机版本。其中还包含了针对不同 Linux 版本、操作系统和容器的详细安装指南。

在 RabbitMQ 安装完毕后，在 Shell 中利用下列命令启动 RabbitMQ：

```
rabbitmq-server
```

对应输出以下列代码行结尾：

```
Starting broker... completed with 10 plugins.
```

此时，RabbitMQ 处于运行状态并可接收相关消息。

7.4.3 向项目中添加 Celery

对于 Celery 实例，我们需要提供相应的配置信息。在 myshop 应用程序中创建新的 settings.py 文件，将其命名为 celery.py。该文件中包含了项目的 Celery 配置信息，添加代码如下所示：

```python
import os
from celery import Celery

# set the default Django settings module for the 'celery' program.
os.environ.setdefault('DJANGO_SETTINGS_MODULE', 'myshop.settings')

app = Celery('myshop')

app.config_from_object('django.conf:settings', namespace='CELERY')
app.autodiscover_tasks()
```

上述代码将执行以下任务：

（1）针对 Celery 命令行程序，设置 DJANGO_SETTINGS_MODULE 变量。

（2）利用 app = Celery('myshop') 生成应用程序实例。

（3）利用 config_from_object() 方法加载项目设置中的自定义配置内容。namespace 属性设置了与 Celery 相关的设置的前缀将包含在 settings.py 文件中。通过设置 CELERY 命名空间，全部 Celery 设置须在其名称中包含 CELERY_ 前缀（如 CELERY_BROKER_URL）。

（4）最后，针对应用程序，将通知 Celery 自动发现异步任务。Celery 将查找添加至 INSTALLED_APPS 中的每个应用程序目录中的 tasks.py 文件，进而加载定义于其中的异步任务。

下面将导入项目 __init__.py 文件中的 celery 模块，以确保在 Django 启动时加载

Celery。对此，编辑 myshop/__init__.py 文件，并向其中添加下列代码：

```
# import celery
from .celery import app as celery_app
```

现在即可针对应用程序实现异步任务编程了。

> **注意：**
> CELERY_ALWAYS_EAGER 设置支持以异步方式在本地执行任务，而不是将其发送至队列中。这对于单元测试，或者在本地环境下执行应用程序（未运行 Celery）十分有用。

7.4.4 向应用程序中添加异步任务

当用户提交订单后，将生成一个异步任务并向其发送电子邮件通知。常见的做法是在应用程序目录的 tasks 模块中包含应用程序的异步任务。

在 orders 应用程序中创建新文件，并将其命名为 tasks.py，Celery 将于其中查找异步任务。对此，可向该文件中添加下列代码：

```python
from celery import task
from django.core.mail import send_mail
from .models import Order

@task
def order_created(order_id):
    """
    Task to send an e-mail notification when an order is
    successfully created.
    """
    order = Order.objects.get(id=order_id)
    subject = f'Order nr. {order.id}'
    message = f'Dear {order.first_name},\n\n' \
              f'You have successfully placed an order.' \
              f'Your order ID is {order.id}.'
    mail_sent = send_mail(subject,
                          message,
                          'admin@myshop.com',
                          [order.email])
    return mail_sent
```

通过使用 task 装饰器，此处定义了 order_created 任务。不难发现，Celery 任务仅表示为一个利用 task 装饰的 Python 函数。其中，task 函数接收一个 order_id 参数，一般建议向 task 函数传递一个 ID，并在执行任务时查找对象。这里使用了 Django 提供的

send_mail()函数向提交订单的用户发送电子邮件通知。

第 2 章曾讨论了如何配置 Django 以使用 SMTP 服务器。如果不希望配置电子邮件设置，可通知 Django 在控制台中编写电子邮件。对此，可在 settings.py 文件中添加下列设置：

```
EMAIL_BACKEND = 'django.core.mail.backends.console.EmailBackend'
```

💡 **提示**：

异步任务不仅适用于耗时的处理过程，还适用于其他可能出现故障的流程，这些流程不需要花费太多时间来执行，但可能出现连接故障或需要使用重试策略。

下面向 order_create 视图中添加上述任务。编辑 orders 应用程序中的 views.py 文件，导入当前任务，并在清空购物车后调用 order_created 异步任务，如下所示：

```
from .tasks import order_created

def order_create(request):
    # ...
    if request.method == 'POST':
        # ...
        if form.is_valid():
            # ...
            cart.clear()
            # launch asynchronous task
            order_created.delay(order.id)
    # ...
```

上述代码调用对其任务的 delay()方法，并通过异步方式执行。该项任务将添加至队列中，并通过 worker 执行。

打开另一个 Shell 并启动项目中的 Celery worker，使用如下命令：

```
celery -A myshop worker -l info
```

Celery worker 当前处于运行状态，并为执行相关任务做好了准备。此处应确保 Django 也处于运行状态。

在浏览器中打开 http://127.0.0.1:8000/，向购物车中添加少量商品并完成订单。在 Shell 中将启动 Celery worker，对应输出结果如下所示：

```
[2020-01-04 17:43:11,462: INFO/MainProcess] Received task: orders.tasks.
order_created[e990ddae-2e30-4e36-b0e4-78bbd4f2738e]
...
[2020-01-04 17:43:11,685: INFO/ForkPoolWorker-4] Task orders.tasks.
order_created[e990ddae-2e30-4e36-b0e4-78bbd4f2738e] succeeded in
```

```
0.02019841300789267s: 1
```

任务执行后，如果你正在使用电子邮件后端控制台，则订单的电子邮件通知将被发送或显示在 celery worker 的输出中。

7.4.5 监视 Celery

我们可能需要对所执行的异步任务进行监视。具体来说，Flower 是一款基于 Web 的 Celery 监视工具。对此，可通过下列命令安装 Flower：

```
pip install flower==0.9.3
```

安装完毕后，可运行项目目录中的下列命令启动 Flower：

```
celery -A myshop flower
```

在浏览器中打开 http://localhost:5555/dashboard，即可看到处于激活状态下的 Celery workers 以及异步任务统计数据，如图 7.12 所示。

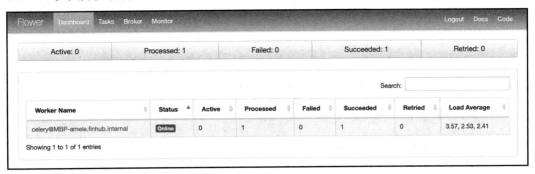

图 7.12

读者可访问 https://flower.readthedocs.io 查看 Flower 文档。

7.5 本章小结

本章构建了基本的在线商店应用程序，其中包括商品目录以及基于会话的购物车功能。此外，还实现了自定义上下文处理器，以使购物车可用于模板中，以及一个提交订单所用的表单。最后，还讲解了如何利用 Celery 启动异步任务。

第 8 章将介绍如何将支付网关整合至在线商店程序中、向管理站点添加自定义操作、导入 CSV 格式的数据，以及动态生成 PDF 文件。

第 8 章 管理支付操作和订单

第 7 章创建了基本的在线商店应用程序，其中包含了商品目录和购物车。除此之外，还讨论了如何利用 Celery 启动异步任务。本章将介绍如何将支付网关整合至站点中，以使用户可通过信用卡支付。此外，还将利用不同的特性扩展管理站点。

本章主要涉及以下内容：
- 将支付网关整合至项目中。
- 将订单导出为 CSV 文件。
- 针对管理站点创建自定义视图。
- 动态生成 PDF 发票。

8.1 整合支付网关

支付网关可在线处理支付行为。当使用支付网关时，可对客户的订单进行管理，并将支付处理委托至安全可靠的第三方，读者不必对系统中的信用卡处理问题担忧，稍后将会对此进行讨论。

我们将整合 Braintree，它被流行的在线服务如优步或 Airbnb 所使用。Braintree 提供了一个 API，允许客户使用信用卡、PayPal、GooglePay 和 Apple Pay 等多种支付方式处理在线支付。关于 Braintree 的更多内容，读者可访问 https://www.braintreepayments.com/。

Braintree 提供了不同的整合选项，最为简单的是插入式（drop-in）集成，其中包含了预先格式化的支付表单。然而，为了自定义结算行为和体验过程，我们将采用更加高级的托管字段（Hosted Fields）集成。关于托管字段，读者可访问 https://developers.braintreepayments.com/guides/hosted-fields/overview/javascript/v3 以查看更多内容。

结算页面上的某些付款字段（如信用卡号、CVV 号或到期日）必须被安全托管。托管字段集成将支付网关域中的结算字段进行托管，并向用户显示一个内联框架，从而能够定制支付表单的外观，同时确保符合支付卡行业（PCI）的相关要求。由于可以自定义表单字段的外观，用户将不会注意到内联框架。

8.1.1 创建 Braintree 沙箱账号

我们需要一个 Braintree 账号将支付网关集成至站点中。下面创建一个沙箱账号，并对 Braintree API 进行测试。在浏览器中打开 https://www.braintreepayments.com/，对应的表单如图 8.1 所示。

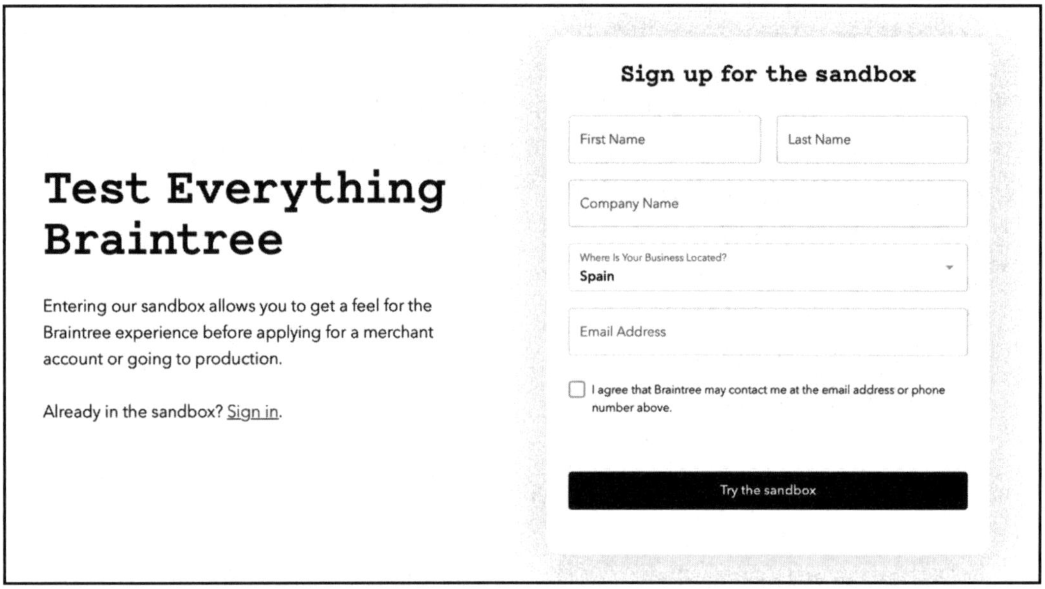

图 8.1

填写详细信息后将生成沙箱账号，随后将会接收到一封来自 Braintree 的电子邮件，其中包含了一个链接以完成账户设置过程。单击该链接，完成账号的后续设置工作。登录 https://sandbox.braintreegateway.com/login 后，将显示如图 8.2 所示内容，其中包含了 Merchant ID、Public Key 和 Private Key。

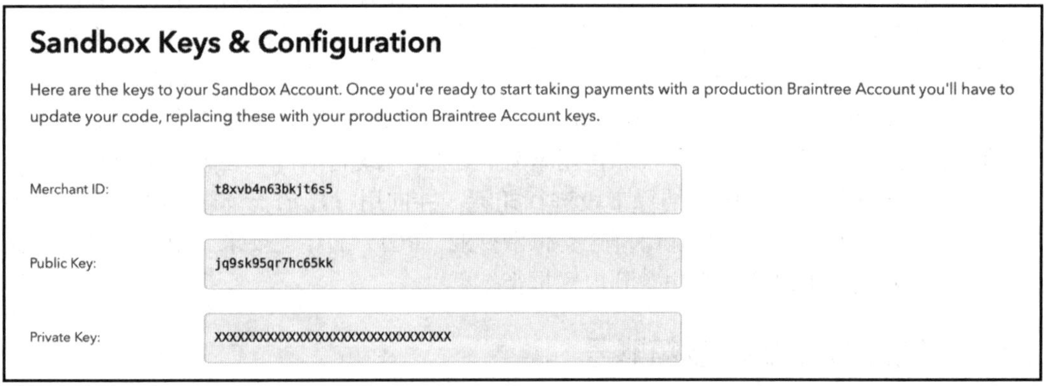

图 8.2

根据图 8.2 中信息，即可验证针对 Braintree API 的请求。注意，此处须确保 Private Key 的私密性。

8.1.2 安装 Braintree Python 模块

Braintree 提供了 Python 模块，并可简化其 API 的处理过程，读者可访问 https://github.com/braintree/braintree_python 查看其源代码。下面利用 braintree 模块将支付网关整合至当前项目中。

利用如下命令在 Shell 中安装 braintree 模块。

```
pip install braintree==3.59.0
```

向项目的 settings.py 文件中添加下列设置内容：

```
# Braintree settings
BRAINTREE_MERCHANT_ID = 'XXX'    # Merchant ID
BRAINTREE_PUBLIC_KEY = 'XXX'     # Public Key
BRAINTREE_PRIVATE_KEY = 'XXX'    # Private key

import braintree

BRAINTREE_CONF=braintree.Configuration (
    braintree.Environment.Sandbox,
    BRAINTREE_MERCHANT_ID,
    BRAINTREE_PUBLIC_KEY,
    BRAINTREE_PRIVATE_KEY
)
```

这里可利用读者的账号替换 BRAINTREE_MERCHANT_ID、BRAINTREE_PUBLIC_KEY 和 BRAINTREE_PRIVATE_KEY 的值。

注意：

对于沙箱的整合操作，我们采用了 Environment.Sandbox。在账号创建完毕后，需要将其修改为 Environment.Production。对于产品环境，Braintree 提供了新的 Merchant ID、Public Key 和 Private Key。第 14 章将针对多种环境讨论具体的配置方式。

下面将支付网关集成至结算处理过程中。

8.1.3 集成支付网关

结算过程的工作方式如下所示：

（1）向购物车加入商品。
（2）对购物车进行结算。
（3）输入信用卡详细信息并支付。

此处将创建新的应用程序对支付过程进行管理。利用下列命令在项目中创建新的应用程序：

```
python manage.py startapp payment
```

编辑项目的 settings.py 文件，并向 INSTALLED_APPS 设置中添加新应用程序，如下所示：

```
INSTALLED_APPS = [
    # ...
    'payment.apps.PaymentConfig',
]
```

当前，payment 处于活动状态。

在客户确定订单后，需要将其重定向至付费处理流程。编辑 orders 应用程序的 views.py 文件，并添加下列导入语句：

```
from django.urls import reverse
from django.shortcuts import render, redirect
```

在同一文件内，查看 order_create 视图中的下列代码行：

```
# launch asynchronous task
order_created.delay(order.id)
return render(request,
              'orders/order/created.html',
              locals())
```

将上述代码替换为下列内容：

```
# launch asynchronous task
order_created.delay(order.id)
# set the order in the session
request.session['order_id'] = order.id
# redirect for payment
return redirect(reverse('payment:process'))
```

在利用上述代码成功生成订单后，可利用 order_id 会话密钥设置当前会话中的订单 ID。随后，将用户重定向至 payment:process URL（稍后将对此加以实现）。需要注意的是，对于队列化和所执行的 order_created 任务，此处需要运行 Celery。

每次创建 Braintree 中的订单时,将会生成唯一的事务标识符。这里将向 orders 应用程序的 Order 模型中加入新的字段以存储事务 ID,进而通过关联的 Braintree 事务实现相互链接。

编辑 orders 应用程序的 models.py 文件,并向 Order 模型中添加下列字段:

```
class Order(models.Model):
    # ...
    braintree_id = models.CharField(max_length=150, blank=True)
```

下面将上述字段与数据库同步。对此,使用下列命令生成迁移:

```
python manage.py makemigrations
```

对应输出结果如下所示:

```
Migrations for 'orders':
  orders/migrations/0002_order_braintree_id.py
    - Add field braintree_id to order
```

利用下列命令将迁移应用至数据库中:

```
python manage.py migrate
```

对应输出结果以下列代码行结尾:

```
Applying orders.0002_order_braintree_id... OK
```

当前,模型变化将与数据库同步。接下来,即可针对每个订单存储 Braintree 事务 ID。下面继续讨论支付网关的集成操作。

8.1.4 使用托管字段集成 Braintree

托管字段集成可通过自定义样式和布局生成支付表单。通过 Braintree JavaScript SDK 以动态方式向对应页面添加 iframe,该 iframe 包含了托管字段支付表单。当客户提交表单后,托管字段将以一种安全的方式收集信用卡详细信息,并尝试对其进行令牌化(tokenize)。若操作成功,可将生成的令牌 nonce 发送到视图,以便使用 Python Braintree 模块进行事务处理。令牌 nonce 是一个针对支付信息的安全、一次性使用的引用,并可在不涉及原始数据的情况下向 Braintree 发送敏感的支付信息。

下面针对支付处理创建一个视图,全部结算过程的工作方式如下所示:

(1) 在视图中,客户端令牌通过 braintree Python 模块生成。该令牌用于下一个操作步骤,进而实例化 Braintree JavaScript 客户端,但并不是当前支付令牌 nonce。

（2）视图显示结算模板。该模板利用客户端令牌加载 Braintree JavaScript SDK，并生成包含托管支付表单字段的 iframe。

（3）用户输入信用卡详细信息并提交表单。支付令牌 nonce 则通过 Braintree JavaScript 生成。随后，利用 POST 请求将该令牌发送至当前视图中。

（4）支付视图接收令牌 nonce，同时结合 braintree Python 模块创建一个事务。

以支付结算视图开始，编辑 payment 应用程序的 views.py 文件，并向其中添加下列代码：

```python
import braintree
from django.shortcuts import render, redirect, get_object_or_404
from django.conf import settings
from orders.models import Order

# instantiate Braintree payment gateway
gateway = braintree.BraintreeGateway(settings.BRAINTREE_CONF)

def payment_process(request):
    order_id = request.session.get('order_id')
    order = get_object_or_404(Order, id=order_id)
    total_cost = order.get_total_cost()

    if request.method == 'POST':
        # retrieve nonce
        nonce = request.POST.get('payment_method_nonce', None)
        # create and submit transaction
        result = gateway.transaction.sale({
            'amount': f'{total_cost:.2f}',
            'payment_method_nonce': nonce,
            'options': {
                'submit_for_settlement': True
            }
        })
        if result.is_success:
            # mark the order as paid
            order.paid = True
            # store the unique transaction id
            order.braintree_id = result.transaction.id
            order.save()
            return redirect('payment:done')
        else:
            return redirect('payment:canceled')
    else:
```

```
        # generate token
        client_token = gateway.client_token.generate()
        return render(request,
                      'payment/process.html',
                      {'order': order,
                       'client_token': client_token})
```

上述代码导入了 braintree 模块，并利用 BraintreeGateway()方法生成了一个 braintree 网关，具体配置定义于项目的 BRAINTREE_CONF 设置项中。

payment_process 视图管理结算处理过程。在该视图中，操作方式如下：

（1）从 order_id 会话密钥中获取当前订单，该订单之前由 order_create 视图存储在会话中。

（2）针对给定的 ID 检索 Order 对象，如果未发现该对象，则返回 Http404 异常。

（3）当视图通过 POST 请求进行加载时，将检索 payment_method_nonce，并利用 braintree.Transaction.sale()创建一个新的事务。这里将向其传递下列参数：

❑ amount：表示向客户收取的总金额。这是一个被格式化两个小数位的字符串。

❑ payment_method_nonce：Braintree 针对当前支付生成令牌 nonce，并通过 Braintree JavaScript SDK 在模板中被创建。

❑ options：发送包含 True 的 submit_for_settlement 选项，使得事务处理可自动提交。

（4）如果事务被成功处理，通过将 paid 属性设置为 True，可将订单标记为"已支付"，同时将网关返回的唯一事务 ID 存储于 braintree_id 属性中。如果支付成功，用户将被重定向至 payment:done URL，否则重定向至 payment:canceled。

（5）如果视图通过 GET 请求被提交，将生成一个客户端令牌，并在模板中加以使用，从而实例化 Braintree JavaScript 客户端。

下面创建基本的视图，以在支付成功（或出于其他原因支付被取消）时对用户进行重定向。对此，向 payment 应用程序的 views.py 文件中添加下列代码：

```
def payment_done(request):
    return render(request, 'payment/done.html')

def payment_canceled(request):
    return render(request, 'payment/canceled.html')
```

在 payment 应用程序目录中创建新文件，将其命名为 urls.py 并添加下列代码：

```
from django.urls import path
from . import views
```

```
app_name = 'payment'

urlpatterns = [
    path('process/', views.payment_process, name='process'),
    path('done/', views.payment_done, name='done'),
    path('canceled/', views.payment_canceled, name='canceled'),
]
```

上述代码表示为支付流程的 URL，其中涵盖了以下 URL 路径。
- process：该视图负责处理当前支付。
- done：如果支付成功，该视图将对用户执行重定向操作。
- canceled：如果支付不成功，该视图将对用户执行重定向操作。

编辑 myshop 应用程序的主 urls.py 文件，针对 payment 应用程序添加下列 URL 路径：

```
urlpatterns = [
    # ...
    path('payment/', include('payment.urls', namespace='payment')),
    path('', include('shop.urls', namespace='shop')),
]
```

注意，在 shop.urls 模式前应设置一个新路径，以避免意外的模式与定义于 shop.urls 中的模式匹配。另外，Django 通过每个 URL 模式依次运行，并在首个与请求 URL 匹配的模式处终止。

在 payment 应用程序目录中创建下列文件结构：

```
templates/
    payment/
        process.html
        done.html
        canceled.html
```

编辑 payment/process.html 模板，并向其中添加下列代码：

```
{% extends "shop/base.html" %}

{% block title %}Pay by credit card{% endblock %}

{% block content %}
  <h1>Pay by credit card</h1>
  <form id="payment" method="post">

    <label for="card-number">Card Number</label>
```

```html
    <div id="card-number" class="field"></div>

    <label for="cvv">CVV</label>
    <div id="cvv" class="field"></div>

    <label for="expiration-date">Expiration Date</label>
    <div id="expiration-date" class="field"></div>

    <input type="hidden" id="nonce" name="payment_method_nonce" value="">
    {% csrf_token %}
    <input type="submit" value="Pay">
</form>
<!-- includes the Braintree JS client SDK -->
<script src="https://js.braintreegateway.com/web/3.44.2/js/client.min.js"></script>
<script src="https://js.braintreegateway.com/web/3.44.2/js/hosted-fields.min.js"></script>
<script>
  var form = document.querySelector('#payment');
  var submit = document.querySelector('input[type="submit"]');

  braintree.client.create({
    authorization: '{{ client_token }}'
  }, function (clientErr, clientInstance) {
    if (clientErr) {
      console.error(clientErr);
      return;
    }

    braintree.hostedFields.create({
      client: clientInstance,
      styles: {
        'input': {'font-size': '13px'},
        'input.invalid': {'color': 'red'},
        'input.valid': {'color': 'green'}
      },
      fields: {
        number: {selector: '#card-number'},
        cvv: {selector: '#cvv'},
        expirationDate: {selector: '#expiration-date'}
      }
    }, function (hostedFieldsErr, hostedFieldsInstance) {
```

```
      if (hostedFieldsErr) {
        console.error(hostedFieldsErr);
        return;
      }

      submit.removeAttribute('disabled');

      form.addEventListener('submit', function (event) {
        event.preventDefault();

        hostedFieldsInstance.tokenize(function (tokenizeErr, payload) {
          if (tokenizeErr) {
            console.error(tokenizeErr);
            return;
          }
          // set nonce to send to the server
          document.getElementById('nonce').value = payload.nonce;
          // submit form
          document.getElementById('payment').submit();
        });
      }, false);
    });
  });
  </script>
{% endblock %}
```

上述代码表示为用以显示支付表单并处理支付操作的模板。其中，针对信用卡输入字段（信用卡号、CVV 号和过期时间），定义了<div>容器，而非<input>元素。这体现了当前字段的指定方式，Braintree JavaScript 客户端将在 iframe 中显示对应字段。除此之外，代码中还包含了名为 payment_method_nonce 的<input>元素，经 Braintree JavaScript 客户端生成后，将把令牌 nonce 发送至当前视图中。

在当前视图中，将加载 Braintree JavaScript SDK，即 client.min.js，以及托管字段组件 hosted-fields.min.js。随后，将执行下列 JavaScript 代码：

（1）利用 braintree.client.create()方法实例化 Braintree JavaScript 客户端，其中使用了 payment_process 视图生成的 client_token。

（2）利用 braintree.hostedFields.create()方法实例化托管字段组件。

（3）针对 input 字段自定义 CSS 样式表。

（4）针对字段 card-number、cvv 和 expiration-date 指定 id 选择器。

（5）针对表单的 submit 操作使用 form.addEventListener()方法添加事件监听器。该方法等待 submit 动作，并在该动作出现时执行。当提交表单时，该字段将通过 Braintree SDK 实现令牌化，且令牌 nonce 设置于 payment_method_nonce 字段中。随后提交该表单，以使视图接收 nonce 并处理支付行为。

编辑 payment/done.html 模板，并向其中添加下列代码：

```
{% extends "shop/base.html" %}

{% block title %} Payment successful {% endblock %}

{% block content %}
  <h1>Your payment was successful</h1>
  <p>Your payment has been processed successfully.</p>
{% endblock %}
```

上述代码表示用户在成功支付后被重定向到的页面的模板。

编辑 payment/canceled.html 模板，并向其中添加下列代码：

```
{% extends "shop/base.html" %}

{% block title %} Payment canceled {% endblock %}

{% block content %}
  <h1>Your payment has not been processed</h1>
  <p>There was a problem processing your payment.</p>
{% endblock %}
```

若交易未成功，上述代码表示用户被重定向的页面模板。下面尝试支付流程。

8.1.5 支付的测试操作

打开 Shell，并利用下列命令运行 RabbitMQ：

```
rabbitmq-server
```

打开另一个 Shell，并利用下列命令在项目目录中启用 Celery worker：

```
celery -A myshop worker -l info
```

再次打开 Shell，利用下列命令启动开发服务器：

```
python manage.py runserver
```

在浏览器中打开 http://127.0.0.1:8000/，向购物车中添加某些商品，并填写结算表单。

当单击 PLACE ORDER 按钮时，订单将持久化至数据库中，订单 ID 将保存至当前会话中。最后，用户将被重定向至支付处理页面。

支付处理页面根据会话检索订单，并在 iframe 中显示托管字段，如图 8.3 所示。

读者可查看 HTML 源代码以了解所生成的 HTML 内容。

Braintree 提供了一个有效/无效信用卡列表以对各种情形进行测试。读者可访问 https://developers.braintreepayments.com/guides/credit-cards/testing-go-live/python 查看供测试使用的信用卡列表。此处将使用 VISA 测试卡 4111 1111 1111 1111，并返回一个成功的测试结果。此外，还将使用 CVV 123 以及一个过期时间（如 12/28）进行测试，输入的信用卡详细信息如图 8.4 所示。

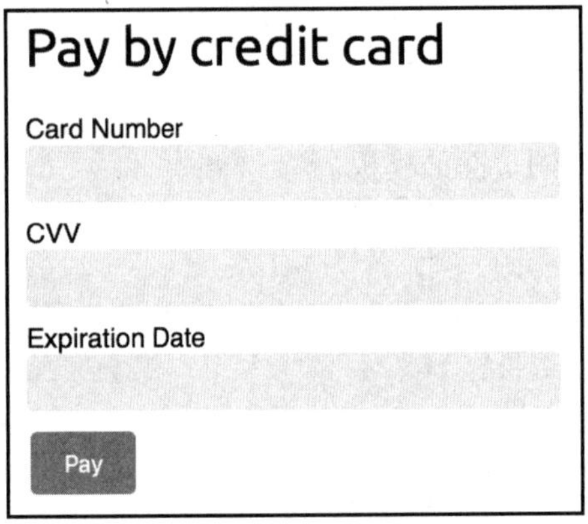

图 8.3

图 8.4

单击 Pay 按钮，将显示如图 8.5 所示页面。

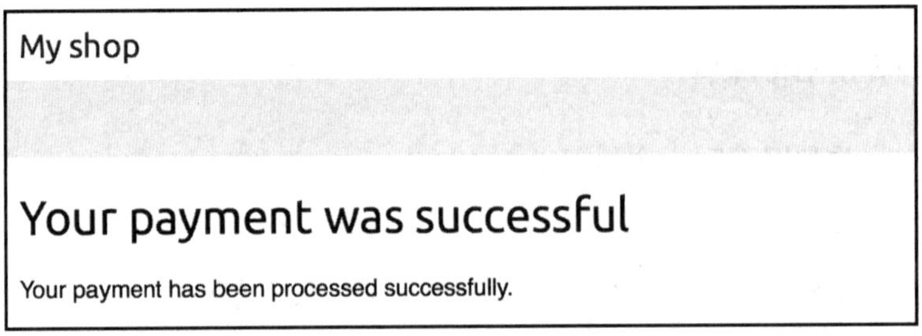

图 8.5

图 8.5 中显示当前交易已被成功处理。下面利用账号登录 https://sandbox.braintreegateway.com/login，在 Transactions 下方，将会看到如图 8.6 所示的交易结果。

接下来，在浏览器中打开 http://127.0.0.1:8000/admin/orders/order/，相关订单已标记

为 Paid，同时还包含了所关联的 Braintree 交易 ID，如图 8.7 所示。

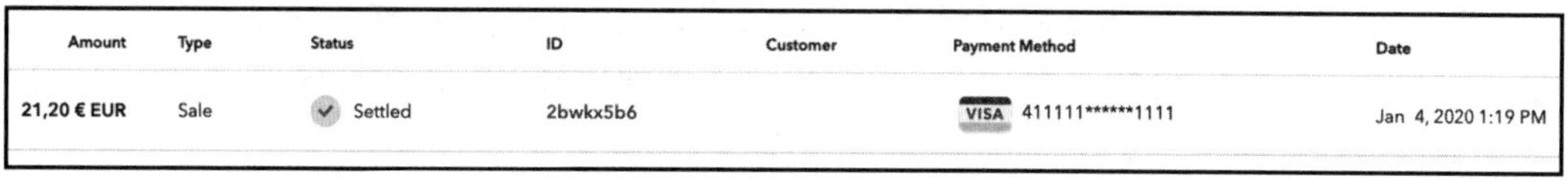

图 8.6

图 8.7

至此，我们实现了一个支付网关进而可处理与信用卡相关的问题。

需要注意的是，payment_process 视图并不处理交易的降低行为。Braintree 提供了由信用卡处理程序返回的处理程序响应代码，这对于了解交易被拒绝的原因十分有用。我们可通过 result.transaction.processor_response_code 获得响应代码，并通过 result.transaction.processor_response_text 获取其关联的响应。关于支付验证响应列表，读者可访问 https://developers.braintreepayments.com/reference/general/processor-responses/authorization-responses 以了解更多信息。

8.1.6 上线

当对具体环境进行测试时，需要访问 https://www.braintreepayments.com 并注册真实账号。当移至产品开发环境中时，需要在项目的 settings.py 文件中修改实际的环境设置，并使用 braintree.Environment.Production 对当前环境进行设置。上线的所有步骤汇总在 https://developers.braintreepayments.com/start/go-live/python。除此之外，读者还可参考第 14 章学习如何针对多种环境配置项目设置。

8.2 将订单导出为 CSV 文件

某些时候，可能需要将模型中的信息导出至一个文件中，进而在其他系统中对其加以导入。CSV（即逗号分隔值）是一种应用较为广泛的数据导入/导出格式，CSV 文件是一种纯文本文件，其中包含了多条记录。通常，每行包含一条记录，并采用一些分隔符

（通常是文字逗号）分隔记录字段。下面将自定义当前站点，并将订单导出为 CSV 文件。

Django 提供了多种选项可对管理站点进行自定义。此处将调整对象列表视图，并包含自定义管理操作。另外，我们还可以实现自定义管理操作，以允许内部用户在修改列表视图中一次对多个元素应用操作。

管理操作的工作方式描述如下：用户从对象列表页面中选取对象（包含多个复选框），随后选取一项操作并在所有的选取条目上执行。图 8.8 显示了相关操作在管理站点中所处的位置。

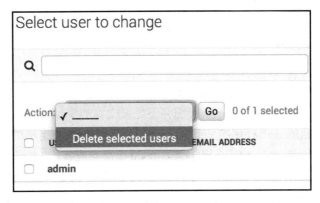

图 8.8

下面编写一个常规函数，并接收下列参数以创建一个自定义操作。
- 显示当前操作行为的 ModelAdmin。
- 作为 HttpRequest 实例的当前请求对象。
- 用户所选对象的 QuerySet。

当对应操作由管理站点触发时，该函数将被执行。

接下来创建一个自定义管理操作，以下载订单列表作为 CSV 文件。编辑 orders 应用程序的 admin.py 文件，并在 OrderAdmin 类之前添加下列代码：

```python
import csv
import datetime
from django.http import HttpResponse

def export_to_csv(modeladmin, request, queryset):
    opts = modeladmin.model._meta
    content_disposition = 'attachment; filename={opts.verbose_name}.csv'
    response = HttpResponse(content_type='text/csv')
    response['Content-Disposition'] = content_disposition
    writer = csv.writer(response)
```

```
    fields = [field for field in opts.get_fields() if not\
    field.many_to_many and not field.one_to_many]
    # Write a first row with header information
    writer.writerow([field.verbose_name for field in fields])
    # Write data rows
    for obj in queryset:
        data_row = []
        for field in fields:
            value = getattr(obj, field.name)
            if isinstance(value, datetime.datetime):
                value = value.strftime('%d/%m/%Y')
            data_row.append(value)
        writer.writerow(data_row)
    return response
export_to_csv.short_description = 'Export to CSV'
```

上述代码将执行下列任务：

（1）创建 HttpResponse 实例（包含了一个自定义的 text/csv 内容类型），并通知浏览器响应结果须视为一个 CSV 文件。此外，还添加了一个 Content-Disposition 头，表明 HTTP 响应包含了一个绑定文件。

（2）创建一个在 response 对象上编写的 CSV writer 对象。

（3）通过模型的_meta 选项的 get_fields()方法，动态获取 model 字段。此处将排除多对多和一对多关系。

（4）编写一个包含字段名称的数据头行。

（5）遍历给定的 QuerySet，并针对 QuerySet 返回的每个对象编写一个数据行。由于 CSV 输出值须为一个字符串，因而此处将对 datetime 对象进行格式化。

（6）设置函数的 short_description 属性，可以在管理站点的操作下拉元素中定制操作的显示名称。

上述内容创建了通用的管理操作，并可将此添加至任意 ModelAdmin 类中。

最后，向 OrderAdmin 类中添加新的 export_to_csv 管理操作，如下所示：

```
class OrderAdmin(admin.ModelAdmin):
    # ...
    actions = [export_to_csv]
```

通过 python manage.py runserver 命令启动开发服务器。在浏览器中打开 http://127.0.0.1:8000/admin/orders/order/，相应的管理操作行为如图 8.9 所示。

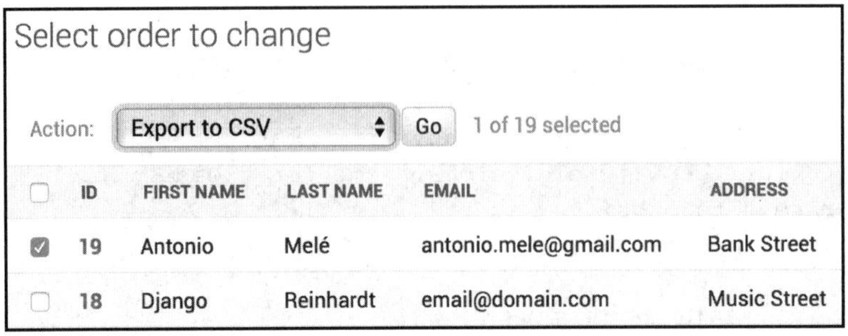

```
Select order to change

Action:  [ Export to CSV ▼ ]  [ Go ]   1 of 19 selected

☐   ID    FIRST NAME   LAST NAME   EMAIL                      ADDRESS
☑   19    Antonio      Melé        antonio.mele@gmail.com     Bank Street
☐   18    Django       Reinhardt   email@domain.com           Music Street
```

图 8.9

选择一些订单，并从下拉列表框中选择 Export to CSV 操作，然后单击 Go 按钮，浏览器将下载生成的名为 order.csv 的 CSV 文件。利用文本编辑器打开该文件，将会看到包含以下格式的内容，其中包含了一个数据头行，以及每个所选 Order 对象的数据行。

```
ID,first name,last name,email,address,postal code,city,created,
updated,paid,braintree id
3,Antonio,Melé,antonio.mele@gmail.com,Bank Street,WS J11,London,04/01/
2020,04/01/2020,True,2bwkx5b6
...
```

不难发现，管理操作的创建过程较为直观。关于基于 Django 的 CSV 文件生成操作，读者可访问 https://docs.djangoproject.com/en/3.0/howto/outputting-csv/以了解更多内容。

8.3　利用自定义视图扩展管理站点

在某些时候，可能希望通过配置 ModelAdmin 创建管理操作和覆盖管理模板来定制管理站点。对此，需要创建一个自定义管理视图。当采用自定义视图时，可构建任意所需的功能项。需要注意的是，仅管理人员可访问视图，并通过扩展管理模板维护其外观。

下面创建一个自定义视图来显示与订单相关的信息。编辑 orders 应用程序的 views.py 文件，并向其中添加下列代码：

```python
from django.contrib.admin.views.decorators import staff_member_required
from django.shortcuts import get_object_or_404
from .models import Order


@staff_member_required
def admin_order_detail(request, order_id):
    order = get_object_or_404(Order, id=order_id)
```

```
        return render(request,
                      'admin/orders/order/detail.html',
                      {'order': order})
```

staff_member_required 装饰器检查请求页面的用户的 is_active 和 is_staff 字段是否设置为 True。在该视图中，将获取一个包含给定 ID 的 Order 对象，并通过模板显示该订单。

编辑 orders 应用程序的 urls.py 文件，并向其中添加下列 URL 路径：

```
path('admin/order/<int:order_id>/', views.admin_order_detail,
    name='admin_order_detail'),
```

在 orders 应用程序的 templates/目录中创建下列文件结构：

```
admin/
    orders/
        order/
            detail.html
```

编辑 detail.htm 模板，并向其中添加下列内容：

```
{% extends "admin/base_site.html" %}

{% block title %}
  Order {{ order.id }} {{ block.super }}
{% endblock %}

{% block breadcrumbs %}
  <div class="breadcrumbs">
    <a href="{% url "admin:index" %}">Home</a> &rsaquo;
    <a href="{% url "admin:orders_order_changelist" %}">Orders</a>
    &rsaquo;
    <a href="{% url "admin:orders_order_change" order.id %}">Order {{ order.id }}</a>
    &rsaquo; Detail
  </div>
{% endblock %}

{% block content %}
<h1>Order {{ order.id }}</h1>
<ul class="object-tools">
  <li>
    <a href="#" onclick="window.print();">Print order</a>
  </li>
</ul>
```

```html
<table>
  <tr>
    <th>Created</th>
    <td>{{ order.created }}</td>
  </tr>
  <tr>
    <th>Customer</th>
    <td>{{ order.first_name }} {{ order.last_name }}</td>
  </tr>
  <tr>
    <th>E-mail</th>
    <td><a href="mailto:{{ order.email }}">{{ order.email }}</a></td>
  </tr>
  <tr>
    <th>Address</th>
    <td>
      {{ order.address }},
      {{ order.postal_code }} {{ order.city }}
    </td>
  </tr>
  <tr>
    <th>Total amount</th>
    <td>${{ order.get_total_cost }}</td>
  </tr>
  <tr>
    <th>Status</th>
    <td>{% if order.paid %}Paid{% else %}Pending payment{% endif %}</td>
  </tr>
</table>

<div class="module">
  <h2>Items bought</h2>
  <table style="width:100%">
    <thead>
      <tr>
        <th>Product</th>
        <th>Price</th>
        <th>Quantity</th>
        <th>Total</th>
      </tr>
    </thead>
    <tbody>
```

```
    {% for item in order.items.all %}
      <tr class="row{% cycle "1" "2" %}">
        <td>{{ item.product.name }}</td>
        <td class="num">${{ item.price }}</td>
        <td class="num">{{ item.quantity }}</td>
        <td class="num">${{ item.get_cost }}</td>
      </tr>
    {% endfor %}
    <tr class="total">
      <td colspan="3">Total</td>
      <td class="num">${{ order.get_total_cost }}</td>
    </tr>
   </tbody>
  </table>
</div>
{% endblock %}
```

确保没有模板标签被分成多行。

上述模板显示了管理站点上的订单详细信息。该模板扩展了 Django 的 admin/base_site.html 模板，其中包含了 HTML 主结构以及 CSS 样式。这里，我们使用了定义于父模板中的代码块包含自己的内容，并显示了与订单和所购买商品相关的信息。

当希望扩展某个管理模板时，需要了解其结构并识别现有的代码块。读者可访问 https://github.com/django/django/tree/3.0/django/contrib/admin/templates/admin 以查找全部管理模板。

必要时，还可重载某个管理模板，对此，可将其复制到具有同一相对路径和文件名的 templates 目录中。Django 管理站点采用了自定义模板，而非默认模板。

最后，在管理站点的列表显示页面中添加指向每个对象的链接。编辑 orders 应用程序的 admin.py 文件，并向其中添加下列代码（位于 OrderAdmin 类之前）：

```
from django.urls import reverse
from django.utils.safestring import mark_safe

def order_detail(obj):
    url=reverse('orders:admin_order_detail', args=[obj.id])
    return mark_safe(f'<a href="{url}">View</a>')
```

上述函数接收一个 Order 对象作为参数，并返回一个指向 admin_order_detail URL 的 HTML 链接。默认状态下，Django 将对 HTML 输出自动转义，因而须通过 mark_safe 函数避免自动转义。

> **提示：**
> 避免在输入中使用来自用户的 mark_safe 可以避免跨站点脚本（XSS）攻击。XSS 攻击将向客户端脚本中注入其他用户可查看的 Web 内容。

编辑 OrderAdmin 类来显示对应链接：

```
class OrderAdmin(admin.ModelAdmin):
    list_display = ['id',
                    'first_name',
                    # ...
                    'updated',
                    order_detail]
```

利用 python manage.py runserver 命令启动开发服务器。在浏览器中打开 http://127.0.0.1:8000/admin/orders/order/，此时，每行包含了一个 View 链接，如图 8.10 所示。

图 8.10

单击任意订单的 View 链接以加载自定义订单页面，对应页面如图 8.11 所示。

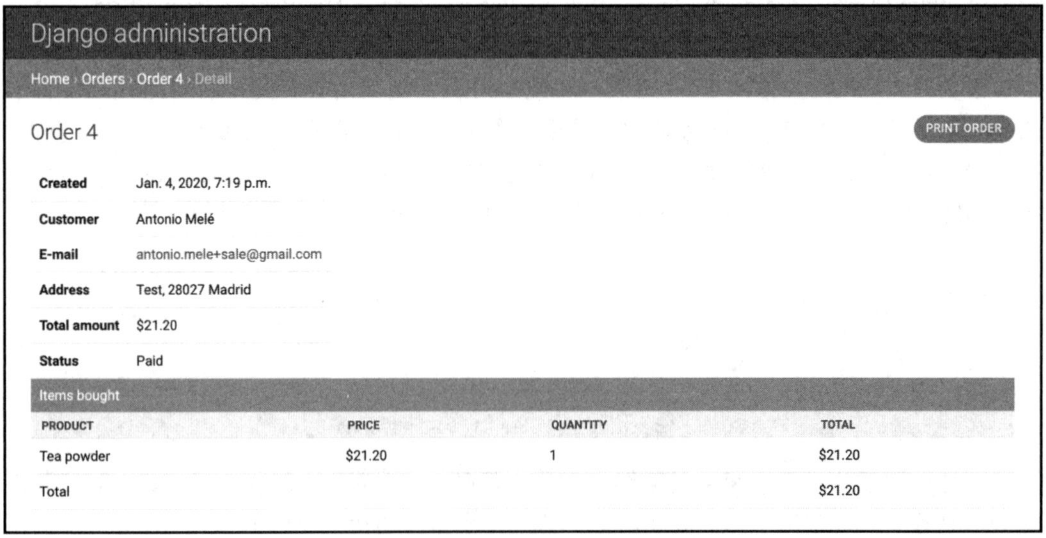

图 8.11

8.4 动态生成 PDF 发票

前述内容实现了结算和支付系统，现在可以针对每个订单生成 PDF 发票。相应地，存在多个 Python 库可生成 PDF 文件。其中，ReportLab 则是一种较为流行的 Python PDF 文件构建库。针对基于 ReportLab 的 PDF 文件输出方式，读者可访问 https://docs.djangoproject.com/en/3.0/howto/outputting-pdf/ 以了解更多信息。

在多数情况下，需要向 PDF 文件中添加自定义样式和格式，从而可方便地显示 HTML 模板，将其转换为一个 PDF 文件，以使 Python "远离"显示层。下面将采用这一方案并利用 Django 生成 PDF 文件。除此之外，我们还将使用到 WeasyPrint。WeasyPrint 是一个 Python 库，并可从 HTML 模板中生成 PDF 文件。

8.4.1 安装 WeasyPrint

首先需要针对操作系统安装 WeasyPrint 的依赖关系，读者可访问 https://weasyprint.readthedocs.io/en/latest/install.html 以了解更多信息。随后，可利用下列命令并通过 pip 安装 WeasyPrint：

```
pip install WeasyPrint==51
```

8.4.2 创建 PDF 模板

我们需要使用到一个 HTML 文档作为 WeasyPrint 的输入内容。此外，还将生成一个 HTML 模板，利用 Django 对其进行显示，并将其传递至 WeasyPrint 中生成 PDF 文件。

在 orders 应用程序的 templates/orders/order/ 目录中创建一个新的模板文件，将其命名为 pdf.html 并添加下列代码：

```
<html>
<body>
  <h1>My Shop</h1>
  <p>
    Invoice no. {{ order.id }}</br>
    <span class="secondary">
      {{ order.created|date:"M d, Y" }}
    </span>
```

```html
    </p>

    <h3>Bill to</h3>
    <p>
      {{ order.first_name }} {{ order.last_name }}<br>
      {{ order.email }}<br>
      {{ order.address }}<br>
      {{ order.postal_code }}, {{ order.city }}
    </p>

    <h3>Items bought</h3>
    <table>
      <thead>
        <tr>
          <th>Product</th>
          <th>Price</th>
          <th>Quantity</th>
          <th>Cost</th>
        </tr>
      </thead>
      <tbody>
        {% for item in order.items.all %}
        <tr class="row{% cycle "1" "2" %}">
          <td>{{ item.product.name }}</td>
          <td class="num">${{ item.price }}</td>
          <td class="num">{{ item.quantity }}</td>
          <td class="num">${{ item.get_cost }}</td>
        </tr>
        {% endfor %}
        <tr class="total">
          <td colspan="3">Total</td>
          <td class="num">${{ order.get_total_cost }}</td>
        </tr>
      </tbody>
    </table>

    <span class="{% if order.paid %}paid{% else %}pending{% endif %}">
      {% if order.paid %}Paid{% else %}Pending payment{% endif %}
    </span>
  </body>
</html>
```

上述代码表示为 PDF 发票的模板。在该模板中，将显示全部订单的详细信息，以及一个包含各种商品的 HTML <table>元素。此外，还将包含一条消息，以显示订单是否已被支付。

8.4.3 显示 PDF 文件

本节将创建一个视图，并利用管理站点对现有订单生成 PDF 发票。编辑 orders 应用程序目录中的 views.py 文件，并向其中添加下列代码：

```python
from django.conf import settings
from django.http import HttpResponse
from django.template.loader import render_to_string
import weasyprint

@staff_member_required
def admin_order_pdf(request, order_id):
    order = get_object_or_404(Order, id=order_id)
    html = render_to_string('orders/order/pdf.html',
                            {'order': order})
    response = HttpResponse(content_type='application/pdf')
    response['Content-Disposition'] = f'filename=order_{order.id}.pdf'
    weasyprint.HTML(string=html).write_pdf(response,
        stylesheets=[weasyprint.CSS(
            settings.STATIC_ROOT + 'css/pdf.css')])
    return response
```

该视图针对某个订单生成一个 PDF 发票。此处使用 staff_member_required 装饰器确保只有管理人员可访问该视图。

这里使用了包含给定 ID 的 Order 对象，并通过 Django 提供的 render_to_string()函数显示 orders/order/pdf.html。经显示后的 HTML 将保存至 html 变量中。

随后，生成了一个新的 HttpResponse 对象，同时指定了 application/pdf 内容类型并包含了 Content-Disposition 头，进而确定对应的文件名。另外，还使用 WeasyPrint 通过显示后的 HTML 代码生成了一个 PDF 文件，同时将该文件写入 HttpResponse 对象中。

我们使用了静态文件 css/pdf.css 将 CSS 样式表添加至已生成的 PDF 文件中。通过 STATIC_ROOT 设置，可通过本地路径对其进行加载。最后，返回生成的响应结果。

如果缺失了样式表，可将位于 shop 应用程序 static/目录中的静态文件复制至项目的同一位置处。

读者可在 https://github.com/packtpublishing/Django-3-by-Example/tree/master/Chapter08/

myshop/shop/static 找到目录的内容。

考虑到需要使用 STATIC_ROOT 设置，因而须将其添加至当前项目中，这也表示为静态文件所处的项目路径。编辑 myshop 项目的 settings.py 文件，并添加下列设置内容：

```
STATIC_ROOT = os.path.join(BASE_DIR, 'static/')
```

随后运行下列命令：

```
python manage.py collectstatic
```

对应输出以下列代码行结尾：

```
133 static files copied to 'code/myshop/static'.
```

collectstatic 命令将应用程序中的所有静态文件复制到 STATIC_ROOT 设置中所定义的目录中，这使得每个应用程序可通过包含其自身的 static/目录提供自己的静态文件。除此之外，还可在 STATICFILES_DIRS 设置中设置额外的静态文件。当执行 collectstatic 命令时，设置于 STATICFILES_DIRS 列表中的全部目录也将复制至 STATIC_ROOT 目录中。当再次执行 collectstatic 命令时，将会被询问是否希望覆盖现有的静态文件。

编辑 orders 应用程序目录中的 urls.py 文件，并向其中添加下列 URL 路径：

```
urlpatterns = [
    # ...
    path('admin/order/<int:order_id>/pdf/',
        views.admin_order_pdf,
        name='admin_order_pdf'),
]
```

下面针对 Order 模型编辑管理列表显示页面，并针对每个结果添加指向 PDF 文件的链接。编辑 orders 应用程序的 admin.py 文件，并在 OrderAdmin 类之前添加下列代码：

```
def order_pdf(obj):
    url = reverse('orders:admin_order_pdf', args=[obj.id])
    return mark_safe(f'<a href="{url}">PDF</a>')
order_pdf.short_description = 'Invoice'
```

如果针对可调用对象指定了一个 short_description 属性，Django 会将其作为列名加以使用。

下面将 order_pdf 添加至 OrderAdmin 类的 list_display 属性中，如下所示：

```
class OrderAdmin(admin.ModelAdmin):
    list_display = ['id',
```

```
# ...
order_detail,
order_pdf]
```

确保开发服务器处于启动状态。在浏览器中打开http://127.0.0.1:8000/admin/orders/order/，每行应包含一个 PDF 链接，如图 8.12 所示。

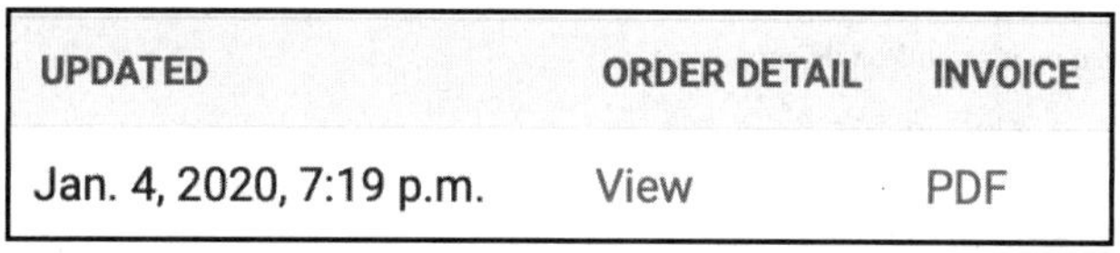

UPDATED	ORDER DETAIL	INVOICE
Jan. 4, 2020, 7:19 p.m.	View	PDF

图 8.12

针对任意订单单击 PDF 链接，对于尚未支付的订单，可以看到一个生成后的 PDF 文件，如图 8.13 所示。

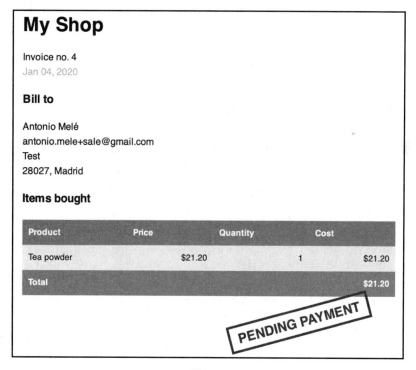

图 8.13

对于已支付的订单，将会看到如图 8.14 所示的 PDF 文件。

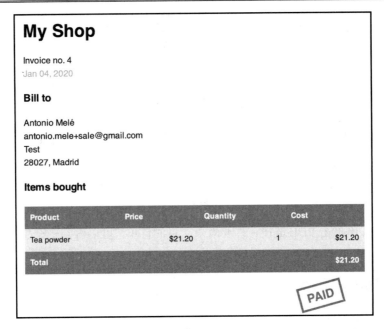

图 8.14

8.4.4 通过电子邮件发送 PDF 文件

在支付成功后，将向用户自动发送一封电子邮件，其中包含了生成的 PDF 发票。对此，需要创建一项异步任务执行该操作。

在 payment 应用程序目录中创建一个新文件，将其命名为 tasks.py 并添加下列代码：

```
from io import BytesIO
from celery import task
import weasyprint

from django.template.loader import render_to_string
from django.core.mail import EmailMessage
from django.conf import settings
from orders.models import Order


@task
def payment_completed(order_id):
    """
    Task to send an e-mail notification when an order is
    successfully created.
```

第 8 章 管理支付操作和订单

```
    """
    order = Order.objects.get(id=order_id)

    # create invoice e-mail
    subject = f'My Shop - EE Invoice no. {order.id}'
    message = 'Please, find attached the invoice for your recent
purchase.'
    email = EmailMessage(subject,
                         message,
                         'admin@myshop.com',
                         [order.email])
    # generate PDF
    html = render_to_string('orders/order/pdf.html', {'order': order})
    out = BytesIO()
    stylesheets=[weasyprint.CSS(settings.STATIC_ROOT + 'css/pdf.css')]
    weasyprint.HTML(string=html).write_pdf(out,
                                           stylesheets=stylesheets)
    # attach PDF file
    email.attach(f'order_{order.id}.pdf',
                 out.getvalue(),
                 'application/pdf')
    # send e-mail
    email.send()
```

此处通过@task 装饰器定义了 payment_completed 任务。在该任务中，我们使用了 Django 提供的 EmailMessage 类创建 email 类。随后，可将该模板渲染至 html 变量中。这里生成了源自渲染模板的 PDF 文件，并将其输出至 BytesIO 实例中，即内存字节缓冲区。接下来，可通过 attach()方法将生成后的 PDF 文件绑定至 EmailMessage 对象上，同时包含 out 缓冲区的内容。最后一步则是发送邮件。

需要注意的是，应在项目的 settings.py 文件中设置 SMTP（简单邮件传输协议）的设置，进而发送电子邮件。关于 SMTP 配置示例，读者可参考第 2 章。如果不打算配置邮件设置，则可通知 Django，并向 settings.py 文件中添加下列设置，进而向控制台编写邮件：

```
EMAIL_BACKEND = 'django.core.mail.backends.console.EmailBackend'
```

下面向视图中添加 payment_completed 任务。编辑 payment 应用程序的 views.py 文件，修改文件如下所示。

```
import braintree
from django.shortcuts import render, redirect, get_object_or_404
from django.conf import settings
```

```python
from orders.models import Order
from .tasks import payment_completed

# instantiate Braintree payment gateway
gateway = braintree.BraintreeGateway(settings.BRAINTREE_CONF)

def payment_process(request):
    order_id = request.session.get('order_id')
    order = get_object_or_404(Order, id=order_id)
    total_cost = order.get_total_cost()

    if request.method == 'POST':
        # retrieve nonce
        nonce = request.POST.get('payment_method_nonce', None)
        # create and submit transaction
        result = gateway.transaction.sale({
            'amount': f'{total_cost:.2f}',
            'payment_method_nonce': nonce,
            'options': {
                'submit_for_settlement': True
            }
        })
        if result.is_success:
            # mark the order as paid
            order.paid = True
            # store the unique transaction id
            order.braintree_id = result.transaction.id
            order.save()
            # launch asynchronous task
            payment_completed.delay(order.id)
            return redirect('payment:done')
        else:
            return redirect('payment:canceled')
    else:
        # generate token
        client_token = gateway.client_token.generate()
        return render(request,
                      'payment/process.html',
                      {'order': order,
                       'client_token': client_token})

def payment_done(request):
```

```
    return render(request, 'payment/done.html')

def payment_canceled(request):
    return render(request, 'payment/canceled.html')
```

当支付成功完成后，我们调用了 payment_completed 任务。随后，调用该任务的 delay() 方法并以异步方式执行。该任务将被添加至队列中，并通过 Celery worker 被执行。

读者可尝试实现一个新的支付流程，并在电子邮件中接收 PDF 发票。

8.5 本章小结

本章利用 Hosted Fields 集成将 Braintree 支付网关集成至项目中。我们构建了一个自定义管理操作，并将订单导出至 CSV 中。此外，还利用自定义视图和模板定制了 Django 管理站点。最后，我们学习了如何利用 WeasyPrint 生成 PDF 文件，以及邮件的发送方式。

第 9 章将介绍 Django 项目的国际化和本地化问题。此外，还将讨论如何利用 Django 会话构建优惠券系统，以及基于 Redis 的商品推荐引擎。

第9章 扩展在线商店应用程序

第8章学习了如何将支付网关整合至项目中,同时还介绍了CSV和PDF文件的生成方式。

本章将向在线商店应用程序中加入优惠券系统。此外,我们还将解决国际化和本地化问题,并尝试构建一个推荐引擎。

本章主要涉及以下内容:
- 创建优惠券系统,以对商品进行打折。
- 对项目进行国际化处理。
- 使用Rosetta处理翻译问题。
- 基于django-parler的翻译模块。
- 构建商品的推荐引擎。

9.1 创建优惠券系统

许多在线商店都会向顾客发放优惠券,顾客可以在购物时兑换折扣。在线优惠券通常包含一个发送至用户的代码,在特定的时间范围内有效。

本章将针对在线商店应用程序构建一个优惠券系统,其中,优惠券在特定时间范围内对客户有效,且不会对兑换次数进行限制。此外,优惠券对购物车中的全部商品均有效。针对这一功能,我们需要创建一个模型存储优惠券代码、有效的时间范围以及相应的折扣。

通过下列命令在myshop项目中创建新的应用程序:

```
python manage.py startapp coupons
```

编辑myshop项目的settings.py文件,并将应用程序添加至INSTALLED_APPS设置中,如下所示:

```
INSTALLED_APPS = [
    # ...
    'coupons.apps.CouponsConfig',
]
```

当前,新的应用程序在Django项目中处于激活状态。

9.1.1 构建优惠券模型

下面开始创建 Coupon 模型。编辑 coupons 应用程序中的 models.py 文件,并向其中添加下列代码:

```python
from django.db import models
from django.core.validators import MinValueValidator, \
                                   MaxValueValidator

class Coupon(models.Model):
    code = models.CharField(max_length=50,
                            unique=True)
    valid_from = models.DateTimeField()
    valid_to = models.DateTimeField()
    discount = models.IntegerField(
                validators=[MinValueValidator(0),
                            MaxValueValidator(100)])
    active = models.BooleanField()

    def __str__(self):
        return self.code
```

上述模型用于存储优惠券。其中,Coupon 模型包含了下列字段。
- code:表示客户在购买过程中使用优惠券可在订单中输入的代码。
- valid_from:优惠券的有效期。
- valid_to:优惠券的截止日期。
- discount:表示折扣率(以百分比表示,因而使用 0~100 的数值)。对于该字段,将通过一个验证器限制所接收的最小值和最大值。
- active:表示为一个布尔值,判断优惠券是否处于激活状态。

运行下列命令,针对 coupons 应用程序生成初始迁移:

```
python manage.py makemigrations
```

对应输出结果如下所示:

```
Migrations for 'coupons':
  coupons/migrations/0001_initial.py:
    - Create model Coupon
```

随后执行下列命令应用迁移结果:

```
python manage.py migrate
```

对应输出结果如下所示:

```
Applying coupons.0001_initial... OK
```

现在迁移结果已经应用到数据库中,下面向管理站点添加 Coupon 模型。对此,编辑 coupons 应用程序的 admin.py 文件,并向其中添加下列代码:

```python
from django.contrib import admin
from .models import Coupon

@admin.register(coupon)
class CouponAdmin(admin.ModelAdmin):
    list_display = ['code', 'valid_from', 'valid_to',
                    'discount', 'active']
    list_filter = ['active', 'valid_from', 'valid_to']
    search_fields = ['code']
```

当前,Coupon 模型已经注册于管理站点中。利用 python manage.py runserver 命令确保运行本地服务器。在浏览器中打开 http://127.0.0.1:8000/admin/coupons/coupon/add/,对应表单如图 9.1 所示。

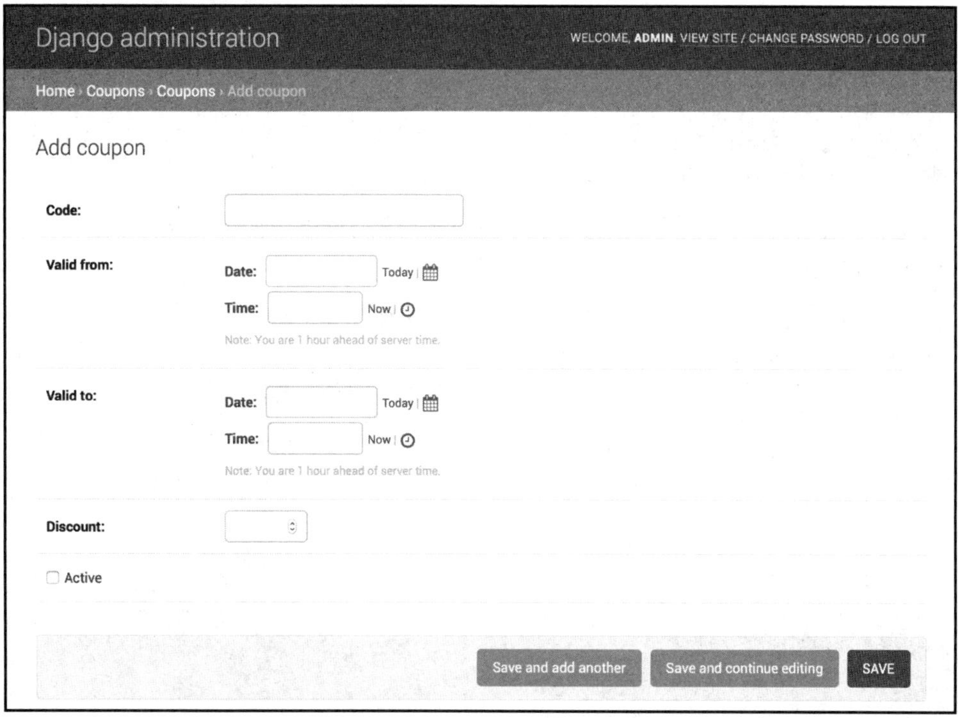

图 9.1

填写上述表单，并创建包含有效日期的新优惠券。确保选中 Active 复选框并单击 SAVE 按钮。

9.1.2 在购物车中使用优惠券

当前，我们可存储新的优惠券，并可执行查询操作以获取现有的优惠券。对于客户来说，需要一种方法可在购物车中使用优惠券，该功能包含以下内容：

（1）用户向购物车中添加商品。

（2）用户在表单中输入优惠券代码，该代码显示于购物车详细页面中。

（3）当用户输入优惠券代码并提交表单后，将据此查询已有的优惠券。另外，还需要检测优惠券代码与用户输入的代码（active 属性为 True）是否匹配，以及当前日期是否位于 valid_from 和 valid_to 值之间。

（4）若存在相应的优惠券，则将其存储至用户的会话中并显示购物车，包括商品折扣以及更新后的总量。

（5）当用户提交订单后，可将优惠券保存到指定的订单中。

在 coupons 应用程序目录中创建新文件，将其命名为 forms.py 并添加下列代码：

```
from django import forms

class CouponApplyForm(forms.Form):
    code = forms.CharField()
```

上述表单用于输入优惠券代码。编辑 coupons 应用程序中的 views.py 文件，并向其中添加下列代码：

```
from django.shortcuts import render, redirect
from django.utils import timezone
from django.views.decorators.http import require_POST
from .models import Coupon
from .forms import CouponApplyForm

@require_POST
def coupon_apply(request):
    now = timezone.now()
    form = CouponApplyForm(request.POST)
    if form.is_valid():
        code = form.cleaned_data['code']
        try:
            coupon = Coupon.objects.get(code__iexact=code,
```

```
                            valid_from__lte=now,
                            valid_to__gte=now,
                            active=True)
            request.session['coupon_id'] = coupon.id
        except Coupon.DoesNotExist:
            request.session['coupon_id'] = None
    return redirect('cart:cart_detail')
```

coupon_apply 视图对优惠券进行验证，并将其存储于用户会话中。此处针对该视图使用了 require_POST 装饰器，并将其限制为 POST 请求。在该视图中，将执行下列任务：

（1）利用提交数据实例化 CouponApplyForm 表单，并检测该表单的有效性。

（2）对于有效表单，将获取用户输入的 code（源自表单的 cleaned_data 字典）。随后根据指定代码尝试检索 Coupon 对象。此处使用 iexact 字段查找，并执行大小写敏感的准确匹配操作。另外，优惠券应处于激活状态（active=True）且日期有效。这里使用了 Django 的 timezone.now()获得当前日期，并与 valid_from 和 valid_to 字段进行比较，即分别执行 lte（小于或等于）和 gte（大于或等于）字段查找操作。

（3）在用户会话中存储优惠券 ID。

（4）将用户重定向至 cart_detail URL，并显示应用优惠券的购物车。

coupon_apply 视图需要使用到一个 URL 路径。对此，在 coupons 应用程序目录中创建一个新文件，将其命名为 urls.py，并向其中添加下列代码：

```
from django.urls import path
from . import views

app_name = 'coupons'

urlpatterns = [
    path('apply/', views.coupon_apply, name='apply'),
]
```

随后，编辑 myshop 项目的 urls.py 主文件，同时包含 coupons URL，如下所示：

```
urlpatterns = [
    # ...
    path('coupons/', include('coupons.urls', namespace='coupons')),
    path('', include('shop.urls', namespace='shop')),
]
```

需要注意的是，应将该路径置于 shop.urls 路径之前。

接下来，编辑 cart 应用程序中的 cart.py 文件，并添加下列导入语句：

```
from coupons.models import Coupon
```

在 Cart 类中__init__()方法的结尾处添加下列代码,并从当前会话初始化优惠券:

```python
class Cart(object):
    def __init__(self, request):
        # ...
        # store current applied coupon
        self.coupon_id = self.session.get('coupon_id')
```

上述代码尝试从当前会话中获取 coupon_id 会话密钥,并将其值存储于 Cart 对象中。下面向 Cart 对象中添加下列方法:

```python
class Cart(object):
    # ...
    @property
    def coupon(self):
        if self.coupon_id:
            try:
                return Coupon.objects.get(id=self.coupon_id)
            except Coupon.DoesNotExist:
                pass
        return None

    def get_discount(self):
        if self.coupon:
            return (self.coupon.discount / Decimal('100')) \
                * self.get_total_price()
        return Decimal('0')

    def get_total_price_after_discount(self):
        return self.get_total_price() - self.get_discount()
```

上述方法的工作方式如下所示。

- coupou():将 coupon()方法定义为 property。如果购物车包含了 coupon_id 属性,则返回包含指定 ID 的 Coupon 对象。
- get_discount():如果购物车中包含了一张优惠券,将检索其折扣率,并返回从购物车总金额中扣除的金额。
- get_total_price_after_discount():在扣除 get_discount()方法返回的金额后,返回购物车的总金额。

Cart 类现在准备处理应用于当前会话的优惠券,并使用相应的折扣。

下面将优惠券系统置入购物车的详细视图中。编辑 cart 应用程序的 views.py 文件,并在文件开始处添加下列导入语句:

```
from coupons.forms import CouponApplyForm
```

接下来，编辑 cart_detail 视图并向其中添加新表单，如下所示：

```python
def cart_detail(request):
    cart = Cart(request)
    for item in cart:
        item['update_quantity_form'] = CartAddProductForm(initial={
                        'quantity': item['quantity'],
                        'override': True})
    coupon_apply_form = CouponApplyForm()

    return render(request,
                  'cart/detail.html',
                  {'cart': cart,
                   'coupon_apply_form': coupon_apply_form})
```

编辑 cart 应用程序的 cart/detail.html 模板，并查看下列语句：

```html
<tr class="total">
 <td>Total</td>
 <td colspan="4"></td>
 <td class="num">${{ cart.get_total_price }}</td>
</tr>
```

替换上述内容为下列代码：

```html
{% if cart.coupon %}
  <tr class="subtotal">
    <td>Subtotal</td>
    <td colspan="4"></td>
    <td class="num">${{ cart.get_total_price|floatformat:"2" }}</td>
  </tr>
  <tr>
    <td>
      "{{ cart.coupon.code }}" coupon
      ({{ cart.coupon.discount }}% off)
    </td>
    <td colspan="4"></td>
    <td class="num neg">
      - ${{ cart.get_discount|floatformat:"2" }}
    </td>
  </tr>
{% endif %}
<tr class="total">
 <td>Total</td>
```

```
<td colspan="4"></td>
<td class="num">
  ${{ cart.get_total_price_after_discount|floatformat:"2" }}
</td>
</tr>
```

上述代码用于显示一张可选的优惠券及其折扣率。如果购物车中包含了一张优惠券，将显示第一行，其中包含了作为小计的购物车的总数量。随后采用第二行显示应用于当前购物车上的优惠券。最后，通过调用 cart 对象上的 get_total_price_after_discount()方法显示总价和折扣。

在同一文件中，在</table> HTML 标签后包含下列代码：

```
<p>Apply a coupon:</p>
<form action="{% url "coupons:apply" %}" method="post">
  {{ coupon_apply_form }}
  <input type="submit" value="Apply">
  {% csrf_token %}
</form>
```

这将显示输入优惠券代码的表单，并将其应用于当前购物车。

在浏览器中打开 http://127.0.0.1:8000/，并向购物车中添加一件商品，在表单中输入优惠券代码以使用刚刚生成的优惠券。此时，购物车中将显示优惠券折扣，如图 9.2 所示。

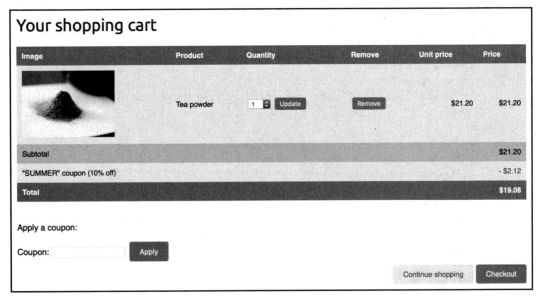

图 9.2

下面向采购过程的下一个步骤中添加一张优惠券。编辑 orders 应用程序的 orders/order/create.html 模板,并查看下列代码行:

```
<ul>
  {% for item in cart %}
    <li>
      {{ item.quantity }}x {{ item.product.name }}
      <span>${{ item.total_price }}</span>
    </li>
  {% endfor %}
</ul>
```

将上述内容替换为下列代码:

```
<ul>
  {% for item in cart %}
    <li>
      {{ item.quantity }}x {{ item.product.name }}
      <span>${{ item.total_price|floatformat:"2" }}</span>
    </li>
  {% endfor %}
  {% if cart.coupon %}
  <li>
    "{{ cart.coupon.code }}" ({{ cart.coupon.discount }}% off)
    <span class=" neg" >-${{ cart.get_discount|floatformat:"2" }}</span>
  </li>
  {% endif %}
</ul>
```

当前,订单概要内容应该包括所用的优惠券(如果存在的话)。查看下列代码行:

```
<p>Total: ${{ cart.get_total_price }}</p>
```

并将上述内容替换为下列代码行:

```
<p>Total: ${{ cart.get_total_price_after_discount|floatformat:"2" }}</p>
```

据此,总价格可通过优惠券的折扣加以计算。在浏览器中打开 http://127.0.0.1:8000/orders/create/,此时,包含所用优惠券的订单概要内容如图 9.3 所示。

目前,用户可将优惠券应用于购物车中。然而,在用户结算购物车时创建的订单中,仍然需要存储优惠券信息。

```
Your order
  • 1x Tea powder              $21.20
  • "SUMMER" (10% off)          - $2.12

                        Total: $19.08
```

图 9.3

9.1.3 在订单中使用优惠券

下面将存储用于每个订单中的优惠券信息。首先，需要调整 Order 模型并存储所关联的 Coupon 对象（如果存在）。

编辑 orders 应用程序中的 models.py 文件，并向其中添加下列导入语句：

```python
from decimal import Decimal
from django.core.validators import MinValueValidator, \
                                    MaxValueValidator
from coupons.models import Coupon
```

随后，向 Order 模型中加入下列字段：

```python
class Order(models.Model):
    # ...
    coupon = models.ForeignKey(Coupon,
                                related_name='orders',
                                null=True,
                                blank=True,
                                on_delete=models.SET_NULL)
    discount = models.IntegerField(default=0,
                                    validators=[MinValueValidator(0),
                                                MaxValueValidator(100)])
```

上述各个字段可存储订单的（可选）优惠券，以及该优惠券包含的折扣百分比。这个折扣值存储于所关联的 Coupon 对象中，但我们将它包含在 Order 模型中，以便在优惠券被修改或删除时保存它。此处将 on_delete 设置为 models.SET_NULL，即如果订单被删除，coupon 字段将设置为 Null。

这里需要生成一个迁移操作，以包含 Order 模型的新字段。在命令行工具中运行下列命令：

```
python manage.py makemigrations
```

对应输出结果如下所示:

```
Migrations for 'orders':
  orders/migrations/0003_auto_20191213_1618.py:
    - Add field coupon to order
    - Add field discount to order
```

利用下列命令应用上述迁移结果:

```
python manage.py migrate orders
```

此处应该会看到一条确认信息,表明新的迁移已经被应用。Order 模型字段的变化当前已被同步至数据库中。

返回至 models.py 文件,修改 Order 模型的 get_total_cost()方法,如下所示:

```
class Order(models.Model):
    # ...
    def get_total_cost(self):
        total_cost = sum(item.get_cost() for item in self.items.all())
        return total_cost - total_cost * \
            (self.discount / Decimal('100'))
```

Order 模型中的 get_total_cost()方法负责计算商品折扣(若存在)。

编辑 orders 应用程序的 views.py 文件,修改 order_create 视图,并在创建新订单时保存所关联的优惠券及其折扣。查看下列代码行:

```
order = form.save()
```

并利用下列代码进行替换:

```
order = form.save(commit=False)
if cart.coupon:
    order.coupon = cart.coupon
    order.discount = cart.coupon.discount
order.save()
```

上述新代码利用 OrderCreateForm 表单的 save()方法生成了一个 Order 对象。通过 commit=False,可避免将其保存至数据库中。如果购物车中包含了一张优惠券,则存储所关联的优惠券及其折扣。随后,将 order 对象保存至数据库中。

利用 python manage.py runserver 命令确保启动开发服务器。在浏览器中打开 http://127.0.0.1:8000/,尝试利用创建的优惠券购买商品。

在购买过程成功结束后,可访问 http://127.0.0.1:8000/admin/orders/order/,进而查看 order 对象是否包含了优惠券及应用了折扣,如图 9.4 所示。

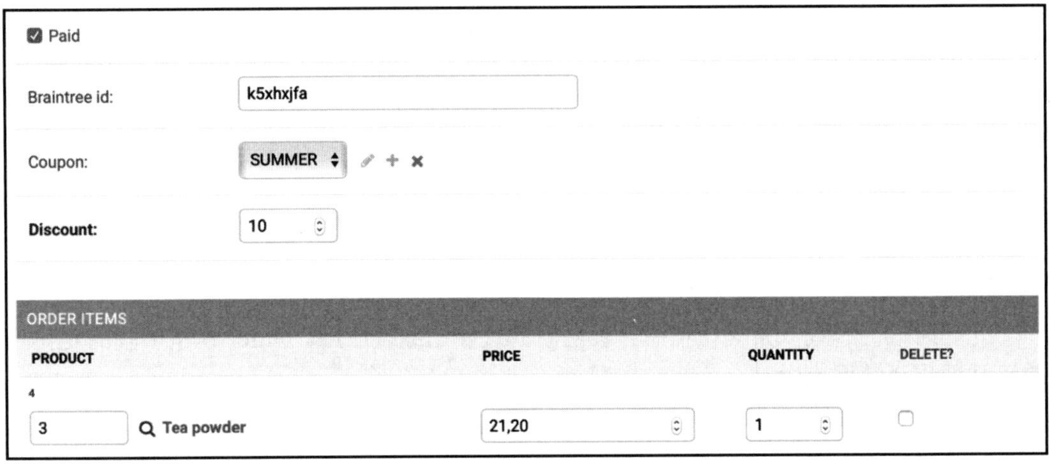

图 9.4

除此之外，还可调整管理订单的详情模板以及订单的 PDF 发票，并采用与购物车相同的方式显示折扣。

下面将向当前项目中添加国际化机制。

9.2 添加国际化和本地化机制

Django 对国际化和本地化提供了全面的支持，可将应用程序翻译为多种语言，并处理与日期、时间、数值和时区相关的地区设置格式。国际化和本地化之间的差别在于，国际化（通常简写为 i18n）是针对不同语言和地区的软件处理行为，以使软件不会固化于特定的语言和地区。本地化（通常简写为 l10n）表示为软件的翻译处理，并将其应用于特定的地区。Django 自身通过国际化框架可翻译为 50 多种语言。

9.2.1 Django 的国际化处理

国际化框架可方便地将翻译字符串标记至 Python 代码或者模板中，并通过 GNU gettext 工具集生成和管理消息文件。这里，消息文件表示为体现某种语言的纯文本文件，其中包含了应用程序中部分或全部翻译字符串，以及针对某种语言各自的翻译结果。消息文件的扩展名表示为.po。当翻译结束后，消息文件将被编译，并对翻译后的字符串提供了快速访问。相应地，编译后的翻译文件包含了.mo 扩展名。

1. 国际化和本地化设置

Django针对国际化问题提供了多种设置,下列内容展示了较为常见的选项:

- USE_I18N:定义为一个布尔值,表示是否启用了Django的翻译系统。默认状态下该值为True。
- USE_L10N:定义为一个布尔值,表示是否启用了本地化格式。当该值为True时,将采用本地化格式显示日期和时间。默认状态下,该值设置为False。
- USE_TZ:表示为一个布尔值,用于确定日期是否与时区相关。当利用startproject命令创建项目时,该值将被设置为True。
- LANGUAGE_CODE:表示项目默认的语言代码,并视为标准的语言ID格式,如美国英语的en-us,或者英国英语的en-gb。另外,该设置需要将USE_I18N设置为True方可生效。读者可访问http://www.i18nguy.com/unicode/language-identifiers.html以查看有效的语言ID列表。
- LANGUAGES:定义为一个元组,其中包含了有效的项目语言并涵盖了语言代码和语言名称。读者可访问django.conf.global_settings查看有效的语言列表。当在站点中选择了一种语言后,可将LANGUAGES设置为该列表的子集。
- LOCALE_PATHS:表示为一个字典,Django于其中查找包含项目翻译的消息文件。
- TIME_ZONE:表示为一个字符串,用于设置项目的时区。当采用startproject命令创建新项目时,该字符串将被设置为UTC。当然,读者可将其设置为其他任意时区,如Europe/Madrid。

上述内容显示了一些国际化和本地化设置。读者可访问https://docs.djangoproject.com/en/2.0/ref/settings/#globalizationi18n-l10n以查看完整列表。

2. 国际化管理命令

Django涵盖了下列管理命令来管理翻译内容。

- makemessages:该命令运行于资源树上,搜索针对翻译内容所标记的全部字符串,或者更新locale目录中的.po消息文件。针对每种语言,将生成一个独立的.po文件。
- compilemessages:该命令将现有的.po消息文件编译为.mo文件,并用于检索翻译内容。

对此,需要使用到gettext工具包创建、更新和编译消息文件。大多数Linux版本均包含了gettext工具包。对于macOS环境,最简单的方式是通过Homebrew(对应网址为https://brew.sh/)并使用brew install gettext命令进行安装。此外,可能还需要通过brew link

--force gettext 命令对其进行强制链接。对于 Windows，读者可访问 https://docs.djangoproject.com/en/3.0/topics/i18n/translation/#gettext-on-windows 并遵循其中的各项步骤进行安装。

3．向 Django 项目中加入翻译功能

下面查看项目国际化处理过程。对此，需要执行以下任务：
（1）在 Python 代码和模板中标记用于翻译的字符串。
（2）运行 makemessages 命令，创建或更新包含源自代码的全部翻译字符串的消息文件。
（3）翻译消息文件中的字符串，并利用 compilemessages 管理命令对其进行编译。

4．Django 如何确定当前语言

Django 提供了一个中间件，可以根据请求数据确定当前语言，即 django.middleware.locale.LocaleMiddleware 中的 LocaleMiddleware 中间件，并执行下列任务：
（1）若采用 i18_patterns，也就是说，使用转换后的 URL 路径，则查找请求 URL 中的语言前缀，进而确定当前语言。
（2）如果未发现语言前缀，则在当前用户会话中查找现有的 LANGUAGE_SESSION_KEY。
（3）如果当前语言未在会话中设置，则查找基于当前语言的 Cookie。该 Cookie 的自定义名称位于 LANGUAGE_COOKIE_NAME 设置中。默认条件下，该 Cookie 的名称为 django_language。
（4）如果未发现 Cookie，将搜索请求的 Accept-Language HTTP 头。
（5）如果 Accept-Language 未指定语言，Django 将使用定义于 LANGUAGE_CODE 设置中的语言。

默认状态下，若未使用 LocaleMiddleware，Django 将使用定义于 LANGUAGE_CODE 设置中的语言。此处描述的处理过程仅适用于使用该中间件。

9.2.2 项目的国际化

下面开始针对项目使用不同的语言，并分别创建在线商店应用程序的英语和西班牙语版本。编辑项目的 settings.py 文件，并向其中添加 LANGUAGES 设置，如下所示：

```
LANGUAGES = (
    ('en', 'English'),
    ('es', 'Spanish'),
)
```

LANGUAGES 设置包含了两个元组,并由语言代码和名称构成。其中,语言代码特定于本地,如 en-us、en-gb 或者 en(通用版本)。根据这一设置,当前应用程序仅包含英语和西班牙语。如果未自定义 LANGUAGES,该网站将提供 Django 翻译成的所有语言。

LANGUAGE_CODE 设置如下所示:

```
LANGUAGE_CODE = 'en'
```

随后向 MIDDLEWARE 设置中添加'django.middleware.locale.LocaleMiddleware',确保该中间件位于 SessionMiddleware 之后,因为 LocaleMiddleware 需要使用会话数据。此外,该中间件还必须放在 CommonMiddleware 之前,因为后者需要一种活动语言来解析所请求的 URL。MIDDLEWARE 设置如下所示:

```
MIDDLEWARE = [
    'django.middleware.security.SecurityMiddleware',
    'django.contrib.sessions.middleware.SessionMiddleware',
    'django.middleware.locale.LocaleMiddleware',
    'django.middleware.common.CommonMiddleware',
    # ...
]
```

注意:

中间件类的顺序十分重要,因为每个中间件均依赖于之前执行的其他中间件所设置的数据。中间件以 MIDDLEWARE 中的出现顺序应用于请求上,而以相反的顺序应用于响应上。

在项目的主目录中创建下列目录结构:

```
locale/
    en/
    es/
```

其中,应用程序的消息文件位于 locale 目录中。再次编辑 settings.py 文件,并向其中添加下列设置:

```
LOCALE_PATHS = (
    os.path.join(BASE_DIR, 'locale/'),
)
```

LOCALE_PATHS 设置定义了 Django 查找翻译文件的目录。首先出现的区域设置路径优先级最高。

当使用项目目录中的 makemessages 命令时,消息文件将在所生成的 locale/目录中被创建。然而，对于包含 locale/目录的应用程序来说，消息文件也将在该目录中被创建。

9.2.3 翻译 Python 代码

当翻译 Python 代码中的文字时，可利用 django.utils.translation 中的 gettext()函数标记翻译字符串。该函数负责对消息进行翻译并返回一个字符串。对应规则可描述为：将该函数作为一个名为_（下画线字符）的较短别名导入。

读者可访问 https://docs.djangoproject.com/en/3.0/topics/i18n/translation/进而查看所有与翻译机制相关的文档。

1．标准翻译

下列代码显示了如何标记一个翻译字符串：

```
from django.utils.translation import gettext as _
output = _('Text to be translated.')
```

2．延迟翻译

对于所有的翻译函数，Django 均提供了延迟（lazy）版本，对应后缀名为_lazy()。当使用延迟函数时，仅在访问数值时字符串才被翻译，而非调用该函数时（即延迟翻译）。当标记为翻译的字符串位于加载模块的执行路径中时，延迟翻译函数即会发挥作用。

> **注意**：
> 当采用 gettext_lazy()而非 gettext()时，表示当数值被访问时，字符串将被翻译。Django 针对所有的翻译函数均提供了延迟版本。

3．包含变量的翻译

针对翻译所标记的字符串可包含占位符，进而涵盖翻译中的变量。下列代码显示了使用占位符的字符串翻译示例：

```
from django.utils.translation import gettext as _
month = _('April')
day = '14'
output = _('Today is %(month)s %(day)s') % {'month': month,
                                             'day': day}
```

通过使用占位符，我们可记录文本变量。例如，上述示例的英文翻译结果可能是"Today is April 14"，而西班牙语版本则表示为"Hoy es 14 de Abril"。通常，当翻译字符串包含多个参数时，一般采用字符串插值，而不是位置插值。据此，即可记录占位符文本。

4. 翻译的复数形式

对于复数形式问题，可使用 ngettext()和 ngettext_lazy()函数，根据表示对象数量的参数，此类函数负责处理单、复数问题。下列示例展示了其应用方式：

```
output = ngettext('there is %(count)d product',
                  'there are %(count)d products',
                  count) % {'count': count}
```

上述内容讨论了 Python 代码中转换文本的基本知识，下面将翻译操作应用到项目中。

5. 翻译自己的代码

编辑项目的 settings.py 文件，导入 gettext_lazy()函数，并按照下列形式修改 LANGUAGES 设置以翻译语言名称：

```
from django.utils.translation import gettext_lazy as _

LANGUAGES = (
    ('en', _('English')),
    ('es', _('Spanish')),
)
```

此处使用了 gettext_lazy()函数（而不是 gettext()函数）以避免循环导入问题，进而在访问时翻译当前语言名称。

打开 Shell 并在项目目录中运行下列命令：

```
django-admin makemessages --all
```

对应输出结果如下所示：

```
processing locale es
processing locale en
```

查看 locale/目录，其中包含了如下所示的文件结构：

```
en/
    LC_MESSAGES/
        django.po
es/
    LC_MESSAGES/
        django.po
```

针对每种语言创建一个.po 文件。利用文本编辑器打开 es/LC_MESSAGES/django.po。

在文件结尾处，可以看到下列代码：

```
#: myshop/settings.py:118
msgid "English"
msgstr ""

#: myshop/settings.py:119
msgid "Spanish"
msgstr ""
```

每个翻译字符串之前是一行注释，表示与文件和行数相关的信息。每项翻译内容涵盖了以下两个字符串。

- msgid：表示出现于源代码中的翻译字符串。
- msgstr：表示为语言翻译，默认状态下为空。其中需要针对给定的字符串输入实际翻译内容。

针对给定的 msgid 字符串，填写 msgstr 翻译内容，如下所示：

```
#: myshop/settings.py:118
msgid "English"
msgstr "Inglées"

#: myshop/settings.py:119
msgid "Spanish"
msgstr "Español"
```

保存修改后的消息文件，打开 Shell 并运行下列命令：

```
django-admin compilemessages
```

对应输出结果如下所示：

```
processing file django.po in myshop/locale/en/LC_MESSAGES
processing file django.po in myshop/locale/es/LC_MESSAGES
```

上述输出结果显示了与被编译的消息文件相关的信息。再次查看 myshop 项目的 locale 目录，对应文件结构如下所示：

```
en/
    LC_MESSAGES/
        django.mo
        django.po
es/
    LC_MESSAGES/
        django.mo
```

```
django.po
```

其中包含了针对每种语言生成的.mo 消息文件。

下面对站点中显示的模型字段名称进行翻译。编辑 orders 应用程序中的 models.py 文件，为 Order 模型字段添加针对翻译内容标记的名称，如下所示：

```python
from django.utils.translation import gettext_lazy as _
class Order(models.Model):
    first_name = models.CharField(_('first name'),
                                  max_length=50)
    last_name = models.CharField(_('last name'),
                                 max_length=50)
    email = models.EmailField(_('e-mail'))
    address = models.CharField(_('address'),
                               max_length=250)
    postal_code = models.CharField(_('postal code'),
                                   max_length=20)
    city = models.CharField(_('city'),
                            max_length=100)
    # ...
```

当用户提交新订单时，我们针对所显示的字段加入了相应的名称，其中包括 first_name、last_name、email、address、postal_code 和 city。需要注意的是，还可以使用 verbose_name 属性对字段进行命名。

在 orders 应用程序目录中创建下列目录结构：

```
locale/
    en/
    es/
```

通过生成 locale 目录，应用程序的字符串翻译将存储于该目录下的消息文件中，而非主文件中。通过这一方式，可针对每个应用程序生成分离的翻译文件。

在项目目录中打开 Shell 并运行下列命令：

```
django-admin makemessages --all
```

对应输出结果如下所示：

```
processing locale es
processing locale en
```

通过文本编辑器打开 order 应用程序的 locale/es/LC_MESSAGES/django.po 文件，将

会看到针对 Order 模型的翻译字符串。针对给定的 msgid 字符串，填写下列 msgstr 翻译内容：

```
#: orders/models.py:11
msgid "first name"
msgstr "nombre"

#: orders/models.py:12
msgid "last name"
msgstr "apellidos"

#: orders/models.py:13
msgid "e-mail"
msgstr "e-mail"

#: orders/models.py:13
msgid "address"
msgstr "dirección"

#: orders/models.py:14
msgid "postal code"
msgstr "código postal"

#: orders/models.py:15
msgid "city"
msgstr "ciudad"
```

待添加翻译内容完毕后，保存当前文件。

除文本编辑器外，还可使用 Poedit 对翻译内容进行编辑。Poedit 是一款翻译编辑软件并使用了 gettext，且支持 Linux、Windows 以及 macOS 环境。读者可访问 https://poedit.net/ 下载 Poedit。

除此之外，还需要对项目表单进行翻译。orders 应用程序的 OrderCreateForm 并不需要被翻译，其原因在于它针对表单字段标记使用了 Order 模型字段的 verbose_name 属性。下面尝试对 cart 和 coupons 应用程序的表单进行翻译。

编辑 cart 应用程序目录中的 forms.py 文件，向 CartAddProductForm 的 quantity 字段添加一个 label 属性，并于随后标记该字段以用于翻译，如下所示：

```
from django import forms
from django.utils.translation import gettext_lazy as _

PRODUCT_QUANTITY_CHOICES = [(i, str(i)) for i in range(1, 21)]
```

```python
class CartAddProductForm(forms.Form):
    quantity = forms.TypedChoiceField(
                        choices=PRODUCT_QUANTITY_CHOICES,
                        coerce=int,
                        label=_('Quantity'))
    update = forms.BooleanField(required=False,
                                initial=False,
                                widget=forms.HiddenInput)
```

编辑 coupons 应用程序的 forms.py 文件,并翻译 CouponApplyForm 表单,如下所示:

```python
from django import forms
from django.utils.translation import gettext_lazy as _

class CouponApplyForm(forms.Form):
    code = forms.CharField(label=_('Coupon'))
```

至此,我们针对 code 字段添加了一个标签并标记以用于翻译。

9.2.4 翻译模板

Django 提供了 {% trans %} 和 {% blocktrans %} 模板标签翻译模板中的字符串。当使用翻译模板标签时,需要在模板上方添加 {% load i18n %} 以对其进行加载。

1. {% trans %} 模板标签

{% trans %} 模板标签可针对翻译标记字符串、常量或者变量内容。从内部来看,Django 在给定文本上执行 gettext(),这也体现了模板中翻译字符串的标记方式,如下所示:

```
{% trans "Text to be translated" %}
```

相应地,可使用 as 将翻译后的内容存储于某个模板使用的变量中。下列示例将翻译后的文本存储于 greeting 变量中:

```
{% trans "Hello!" as greeting %}
<h1>{{ greeting }}</h1>
```

{% trans %} 标签对于简单的翻译字符串十分有用,但却无法处理包含变量的翻译内容。

2. {% blocktrans %} 模板标签

{% blocktrans %} 模板标签可标记包含文字和变量(使用占位符)的内容。下列示例展示了如何使用{% blocktrans %}标签,其中,翻译内容中包含了一个 name 变量。

```
{% blocktrans %}Hello {{ name }}!{% endblocktrans %}
```

另外,还可使用 with 包含模板表达式,如访问对象属性,或者针对变量使用模板过滤器。通常,还需要对此使用占位符。blocktrans 块中无法访问表达式或者对象属性。下列示例显示了如何利用 with 针对所用的 capfirst 过滤器包含一个对象属性。

```
{% blocktrans with name=user.name|capfirst %}
  Hello {{ name }}!
{% endblocktrans %}
```

> **注意:**
> 当需要在翻译字符串中包含变量内容时,可使用{% blocktrans %}代替{% trans %}。

3. 翻译在线商店模板

编辑 shop 应用程序的 shop/base.html 模板,确保在模板开始处加载了 i18n 标签,并标记翻译字符串,如下所示:

```
{% load i18n %}
{% load static %}
<!DOCTYPE html>
<html>
<head>
  <meta charset="utf-8" />
  <title>
    {% block title %}{% trans "My shop" %}{% endblock %}
  </title>
  <link href="{% static "css/base.css" %}" rel="stylesheet">
</head>
<body>
  <div id="header">
    <a href="/" class="logo">{% trans "My shop" %}</a>
  </div>
  <div id="subheader">
    <div class="cart">
      {% with total_items=cart|length %}
        {% if total_items > 0 %}
          {% trans "Your cart" %}:
          <a href="{% url "cart:cart_detail" %}">
            {% blocktrans with total=cart.get_total_price count items=total_items %}
```

```
            {{ items }} item, ${{ total }}
         {% plural %}
            {{ items }} items, ${{ total }}
         {% endblocktrans %}
      </a>
      {% else %}
        {% trans "Your cart is empty." %}
      {% endif %}
    {% endwith %}
  </div>
  </div>
  <div id="content">
    {% block content %}
    {% endblock %}
  </div>
</body>
</html>
```

确保模板标签未被划分为多行。

此处须注意显示购物车概要内容的{% blocktrans %}标签。相应地，购物车中之前的概要内容如下所示：

```
{{ total_items }} item{{ total_items|pluralize }},
${{ cart.get_total_price }}
```

我们使用了{% blocktrans with ... %}和cart.get_total_price的值（此处调用的对象方法）设置占位符total。此外，我们还使用了count，并可针对Django计数对象设置变量，进而选择正确的复数形式。具体来说，这里采用了total_items值设置items变量并计数对象。这使我们可针对单数和复数形式设置某种翻译结果，进而在{% blocktrans %}块中通过{% plural %}标记进行分隔。最终生成如下结果：

```
{% blocktrans with total=cart.get_total_price count items=total_items %}
   {{ items }} item, ${{ total }}
{% plural %}
   {{ items }} items, ${{ total }}
{% endblocktrans %}
```

接下来，编辑shop应用程序的shop/product/detail.html模板，并在开始处加载i18n标签，且位于{% extends %}标签之后（该标签通常是模板中的第一个标签），如下所示：

```
{% load i18n %}
```

接下来，查看下列代码行：

```
<input type="submit" value="Add to cart">
```

并将其替换为:

```
<input type="submit" value="{% trans "Add to cart" %}">
```

下面翻译 orders 应用程序模板。对此，编辑 orders 应用程序的 orders/order/create.html 模板，并标记翻译文本，如下所示:

```
{% extends "shop/base.html" %}
{% load i18n %}

{% block title %}
  {% trans "Checkout" %}
{% endblock %}

{% block content %}
  <h1>{% trans "Checkout" %}</h1>

  <div class="order-info">
    <h3>{% trans "Your order" %}</h3>
    <ul>
      {% for item in cart %}
        <li>
          {{ item.quantity }}x {{ item.product.name }}
          <span>${{ item.total_price }}</span>
        </li>
      {% endfor %}
      {% if cart.coupon %}
        <li>
          {% blocktrans with code=cart.coupon.code discount=cart.coupon.discount %}
            "{{ code }}" ({{ discount }}% off)
          {% endblocktrans %}
          <span class="neg">- ${{ cart.get_discount|floatformat:"2" }}</span>
        </li>
      {% endif %}
    </ul>
    <p>{% trans "Total" %}: ${{ cart.get_total_price_after_discount|floatformat:"2" }}</p>
  </div>

  <form method="post" class="order-form">
    {{ form.as_p }}
```

```
    <p><input type="submit" value="{% trans "Place order" %}"></p>
    {% csrf_token %}
  </form>
{% endblock %}
```

确保模板标签未被划分为多行。考查本章示例代码中的下列文件，以查看字符串相对于翻译的标记方式。

- ❑ shop 应用程序：shop/product/list.html 模板。
- ❑ orders 应用程序：orders/order/created.html 模板。
- ❑ cart 应用程序：cart/detail.html 模板。

读者可访问 https://github.com/PacktPublishing/Django-3-by-Example/tree/master/Chapter09 查看本章的源代码。

下面更新消息文件，以包含新的翻译字符串。打开 Shell 并运行下列命令：

```
django-admin makemessages --all
```

.po 文件位于 myshop 项目的 locale 目录中。当前，orders 应用程序包含了所有的针对翻译所标记的字符串。

编辑项目和 orders 应用程序的.po 翻译文件，并在 msgstr 中包含西班牙语翻译内容。另外，还可使用本章示例源代码中已经翻译完毕的.po 文件。

运行下列命令并编译翻译文件：

```
django-admin compilemessages
```

对应输出结果如下所示：

```
processing file django.po in myshop/locale/en/LC_MESSAGES
processing file django.po in myshop/locale/es/LC_MESSAGES
processing file django.po in myshop/orders/locale/en/LC_MESSAGES
processing file django.po in myshop/orders/locale/es/LC_MESSAGES
```

对于每个.po 翻译文件，此处已经生成了.mo 文件（其中包含了编译后的翻译内容）。

9.2.5 使用 Rosetta 翻译接口

Rosetta 是一个第三方应用程序，可使用与 Django 管理站点相同的接口对翻译内容进行编辑。Rosetta 可方便地编辑.po 文件，并更新编译后的翻译文件。下面向当前项目中加入 Rosetta。

使用下列命令通过 pip 安装 Rosetta：

```
pip install django-rosetta==0.9.3
```

随后，在项目的 settings.py 文件中，向 INSTALLED_APPS 设置添加'rosetta'，如下所示：

```
INSTALLED_APPS = [
    # ...
    'rosetta',
]
```

我们需要向主 URL 配置中添加 Rosetta 的 URL。编辑项目的 urls.py 主文件，并向其中添加下列 URL 路径：

```
urlpatterns = [
    # ...
    path('rosetta/', include('rosetta.urls')),
    path('', include('shop.urls', namespace='shop')),
]
```

这里应确保将上述内容置于 shop.urls 路径之前，以避免产生错误的路径匹配。

打开 http://127.0.0.1:8000/admin/，并以超级用户身份登录。随后，在浏览器中访问 http://127.0.0.1:8000/rosetta/。在 Filter 菜单中，单击 THIRD PARTY 并显示所有的有效消息文件，同时包含 orders 应用程序中的文件。图 9.5 显示了现有的语言列表。

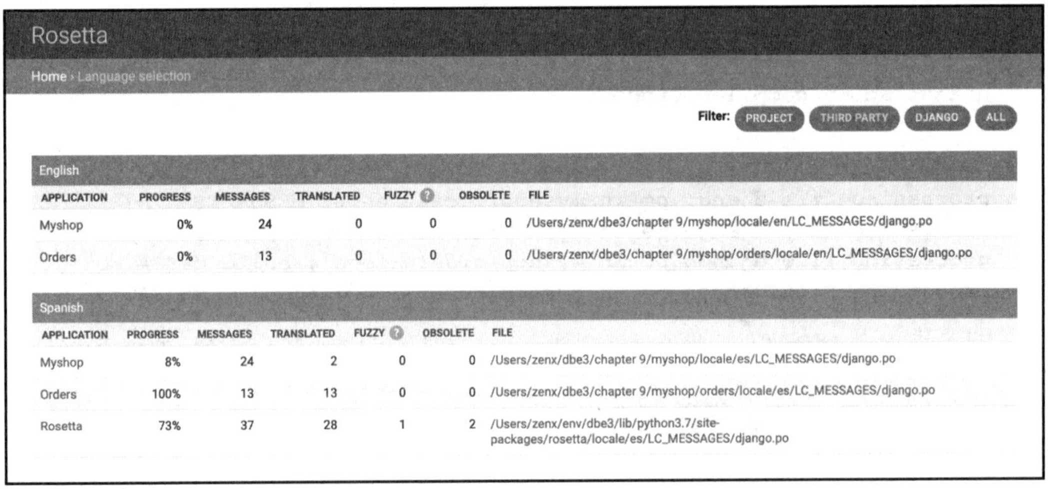

图 9.5

单击 Spanish 部分中的 Myshop 链接，并编辑西班牙语的翻译内容。图 9.6 显示了翻译字符串列表。

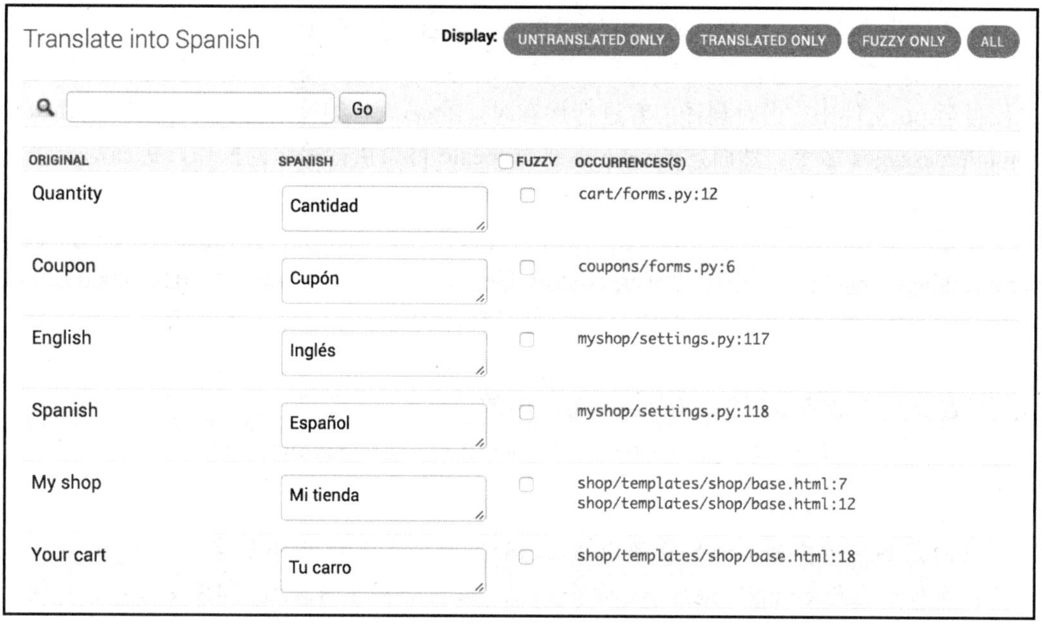

第 9 章　扩展在线商店应用程序

图 9.6

用户可在 SPANISH 列中输入翻译内容。OCCURRENCES(S)列显示了每个翻译字符串所处的当前文件和代码行。

图 9.7 显示了包含了占位符的翻译内容。

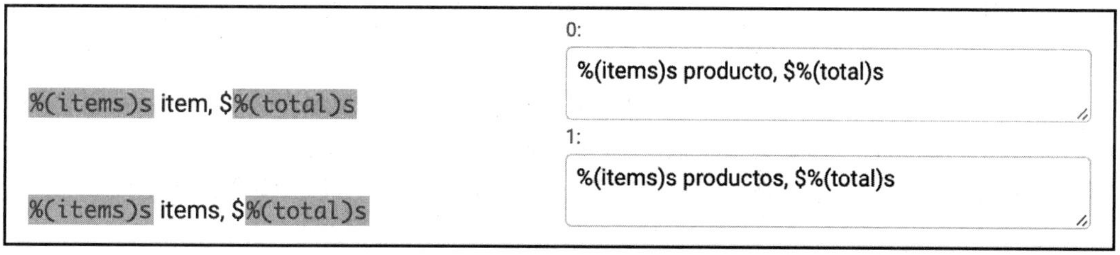

图 9.7

Rosetta 使用了不同的背景颜色显示占位符。当对相关内容进行翻译时，应确保占位符未被翻译。例如下列字符串：

```
%(items)s items, $%(total)s
```

该字符串将被翻译为西班牙语，如下所示：

```
%(items)s productos, $%(total)s
```

读者还可查看本章示例代码，并针对自己的项目使用同一西班牙语翻译。

当完成了翻译内容的编辑工作后，单击 Save and translate next block 按钮，将翻译结果保存至.po 文件中。当对翻译内容进行保存时，Rosetta 将编译消息文件，因而无须运行 compilemessages 命令。然而，Rosetta 需要对 locale 目录执行写访问操作，进而写入消息文件。此时应确保该目录具备有效的权限。

如果希望其他用户能够对翻译内容进行编辑，可在浏览器中打开 http://127.0.0.1:8000/admin/auth/group/add/，并创建名为 translators 的分组。随后访问 http://127.0.0.1:8000/admin/auth/user/，并对授权用户进行编辑，进而可对翻译内容加以编辑。当编辑某个用户时，在 Permissions 部分，可针对每个用户向 Chosen Groups 添加 translators 分组。Rosetta 仅适用于超级用户或者隶属于 translators 分组中的用户。

读者可访问 https://django-rosetta.readthedocs.io/以查看 Rosetta 文档。

注意：

当向产品环境中加入新的翻译内容时，如果使用真正的 Web 服务器为 Django 提供服务，那么在运行 compilemessages 命令之后，或者保存了 Rosetta 翻译结果后，必须重新加载服务器方可生效。

9.2.6 模糊翻译

读者可能已经注意到，Rosetta 中包含了一个 FUZZY 列，该列并不是 Rosetta 中的特性，而是由 gettext 所提供。如果 fuzzy 标记处于活动状态，那么，将不会被包含至编译后的消息文件中。该标记设置了供翻译者查看的翻译字符串。当利用新的翻译字符串更新.po 文件时，某些翻译字符串将会自动标记为 fuzzy。当 gettext 发现某些 msgid 稍作修改时，即会出现这种情况。gettext 将其与原翻译内容进行配对，并将其标记为 fuzzy 以供审阅。翻译者随后将对模糊翻译进行审阅、移除 fuzzy 标记并再次编译翻译文件。

9.2.7 国际化的 URL 路径

Django 针对 URL 提供了国际化功能，并包含了以下两项主要特性。
- ❏ URL 路径中的语言前缀：向 URL 添加语言前缀，以在不同的基本 URL 下为每种语言版本提供服务。
- ❏ 翻译后的 URL 路径：翻译 URL 路径，以使每种语言的 URL 均有所不同。

翻译 URL 的一个原因是为了优化网站的搜索引擎。通过向路径中添加语言前缀，将能够为每种语言建立 URL 索引，而不是为所有语言建立单个 URL。进一步讲，通过将

URL 翻译为每种语言，可向搜索引擎提供针对各种语言排名靠前的 URL。

1. 向 URL 路径中添加语言前缀

Django 可向 URL 路径中加入语言前缀。例如，可在以/en/开始的路径下向站点提供英文版本，而/es/则提供西班牙语版本。当使用 URL 路径中的语言时，需要使用到 Django 提供的 LocaleMiddleware。该框架以此识别请求 URL 中的当前语言。之前，我们曾将其添加至项目的设置中，因而当前无须执行该项操作。

下面向 URL 路径中添加语言前缀。对此，编辑 myshop 应用程序中的 urls.py 主文件，并添加 i18n_patterns()，如下所示：

```python
from django.conf.urls.i18n import i18n_patterns

urlpatterns = i18n_patterns(
    path('admin/', admin.site.urls),
    path('cart/', include('cart.urls', namespace='cart')),
    path('orders/', include('orders.urls', namespace='orders')),
    path('payment/', include('payment.urls', namespace='payment')),
    path('coupons/', include('coupons.urls', namespace='coupons')),
    path('rosetta/', include('rosetta.urls')),
    path('', include('shop.urls', namespace='shop')),
)
```

我们可对不可翻译的标准 URL 和 i18n_patterns 下的路径进行组合，以使某些路径包含语言前缀，而其他路径则不包含前缀。然而，较好的方法是仅使用翻译后的 URL，以避免无意中翻译的 URL 与未翻译的 URL 路径进行匹配。

运行开发服务器并在浏览器中打开 http://127.0.0.1:8000/。Django 将执行之前描述的相关步骤以确定当前语言，并将用户重定向至对应的请求路径，包括语言前缀。查看浏览器中的 URL，当前该 URL 应为 http://127.0.0.1:8000/en/。当前语言通过浏览器的 Accept-Language 头加以设置（英语或西班牙语）；否则将使用设置中所定义的默认 LANGUAGE_CODE（英语）。

2. 翻译 URL 路径

Django 支持 URL 路径中经翻译后的字符串。对于单一 URL 路径，可针对每种语言使用不同的翻译。我们可以使用 ugettext_lazy()函数，以及与文字一样的方式标记 URL 翻译路径。

编辑 myshop 项目的 urls.py 文件，针对 cart、orders、payment 和 coupons 应用程序，向 URL 路径的正则表达式中添加翻译字符串，如下所示：

```
from django.utils.translation import gettext_lazy as _
urlpatterns = i18n_patterns(
 path(_('admin/'), admin.site.urls),
 path(_('cart/'), include('cart.urls', namespace='cart')),
 path(_('orders/'), include('orders.urls', namespace='orders')),
 path(_('payment/'), include('payment.urls', namespace='payment')),
 path(_('coupons/'), include('coupons.urls', namespace='coupons')),
 path('rosetta/', include('rosetta.urls')),
 path('', include('shop.urls', namespace='shop')),
)
```

编辑 orders 应用程序的 urls.py 文件，并标记 URL 翻译路径，如下所示：

```
from django.utils.translation import gettext_lazy as _
urlpatterns = [
    path(_('create/'), views.order_create, name='order_create'),
    # ...
]
```

编辑 payment 应用程序的 urls.py 文件，并修改代码如下所示：

```
from django.utils.translation import gettext_lazy as _
urlpatterns = [
    path(_('process/'), views.payment_process, name='process'),
    path(_('done/'), views.payment_done, name='done'),
    path(_('canceled/'), views.payment_canceled, name='canceled'),
]
```

此处并不需要翻译 shop 应用程序的 URL 路径，因为该路径利用变量构建，且不包含任何其他文字。

打开 Shell，并运行下列命令更新包含新翻译内容的消息文件：

```
django-admin makemessages --all
```

确保开发服务器处于运行状态。在浏览器中打开 http://127.0.0.1:8000/en/rosetta/，单击 Spanish 部分下的 Myshop 链接。此时将会显示针对翻译的 URL 链接。此外，还可单击 Untranslated only 链接，从而仅查看尚未翻译的字符串。

9.2.8 切换语言

鉴于我们采用了包含多种语言的服务内容，因此，用户应可对站点中的语言进行切换。对此，将向当前站点中添加一个语言选择器。其中，语言选择器由一个语言列表构成，并通过链接予以显示。

编辑 shop 应用程序的 shop/base.html 模板，并查看下列代码行：

```
<div id="header">
  <a href="/" class="logo">{% trans "My shop" %}</a>
</div>
```

并利用下列代码进行替换：

```
<div id="header">
  <a href="/" class="logo">{% trans "My shop" %}</a>
  {% get_current_language as LANGUAGE_CODE %}
  {% get_available_languages as LANGUAGES %}
  {% get_language_info_list for LANGUAGES as languages %}
  <div class="languages">
    <p>{% trans "Language" %}:</p>
    <ul class="languages">
      {% for language in languages %}
        <li>
          <a href="/{{ language.code }}/"
          {% if language.code == LANGUAGE_CODE %} class="selected"{% endif%}>
            {{ language.name_local }}
          </a>
        </li>
      {% endfor %}
    </ul>
  </div>
</div>
```

确保模板标签未被划分为多行。

上述代码显示了语言选择器的构建方式，如下所示：

（1）首先利用{% load i18n %}加载国际化标签。

（2）使用{% get_current_language %}标签检索当前语言。

（3）利用{% get_available_languages %}模板标签获取定义于 LANGUAGES 设置中的当前语言。

（4）通过{% get_language_info_list %}标签，可方便地访问语言属性。

（5）构建 HTML 列表以显示所有的语言，并向当前使用的语言添加一个 selected 类属性。

在代码中，针对语言选择器，根据项目设置中的有效语言，我们使用了 i18n 提供的模板标签。在浏览器中打开 http://127.0.0.1:8000/，此时，站点右上方显示了相应的语言选择器，如图 9.8 所示。

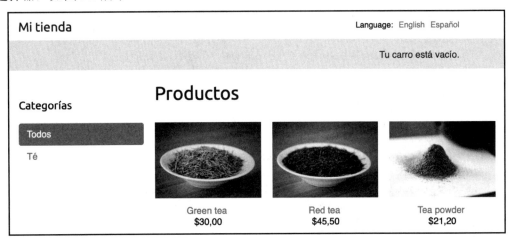

图 9.8

随后，用户即可通过单击方便地对所选语言进行切换。

9.2.9 利用 django-parler 翻译模块

Django 并未提供翻译模块的解决方案，我们需要实现自己的方法，并对存储于不同语言中的内容加以管理，或者使用第三方模块处理模块翻译问题。对此，存在多种第三方应用程序可翻译模块字段，分别采用不同的方法存储和访问翻译内容。django-parler 便是其中之一，该模块提供了一种非常高效的方式对模块进行翻译，并实现了与 Django 站点间的无缝衔接。

django-parler 针对包含翻译内容的每个模块均生成了独立的数据库表，该表包含了所有的翻译字段，以及翻译内容所属原始对象的外键。除此之外，django-parler 还包含了一个语言字段，其中，每行针对一种语言存储了相关内容。

1. 安装 django-parler

可使用下列命令通过 pip 安装 django-parler，如下所示：

```
pip install django-parler==2.0.1
```

编辑项目的 settings.py 文件，并向 INSTALLED_APPS 设置中添加'parler'，如下所示：

```
INSTALLED_APPS = [
```

```
    # ...
    'parler',
]
```

此外，还需要向设置中添加下列代码：

```
PARLER_LANGUAGES = {
    None: (
        {'code': 'en'},
        {'code': 'es'},
    ),
    'default': {
        'fallback': 'en',
        'hide_untranslated': False,
    }
}
```

上述针对 django-parler 设置定义了 en 和 es 两种语言。这里将 en 指定为默认语言，同时表明 django-parler 不应隐藏未翻译的内容。

2. 翻译模型字段

下面针对商品目录添加翻译内容。django-parler 提供了一个 TranslatedModel 模型类，以及一个 TranslatedFields 封装器翻译模型字段。编辑 shop 应用程序的 models.py 文件，并添加下列导入语句：

```
from parler.models import TranslatableModel, TranslatedFields
```

随后，调整 Category 模型，并使 name 和 slug 字段可被翻译，如下所示：

```
class Category(TranslatableModel):
    translations = TranslatedFields(
        name = models.CharField(max_length=200,
                                db_index=True),
        slug = models.SlugField(max_length=200,
                                db_index=True,
                                unique=True)
    )
```

当前，Category 模型继承自 TranslatedModel，而非 models.Model。另外，name 和 slug 字段均包含于 TranslatedFields 封装器中。

编辑 Product 模型，并针对 name、slug 和 description 字段添加翻译内容，如下所示：

```
class Product(TranslatableModel):
```

```
translations = TranslatedFields(
    name = models.CharField(max_length=200, db_index=True),
    slug = models.SlugField(max_length=200, db_index=True),
    description = models.TextField(blank=True)
)
category = models.ForeignKey(Category,
                             related_name='products')
image = models.ImageField(upload_to='products/%Y/%m/%d',
                          blank=True)
price = models.DecimalField(max_digits=10, decimal_places=2)
available = models.BooleanField(default=True)
created = models.DateTimeField(auto_now_add=True)
updated = models.DateTimeField(auto_now=True)
```

针对每个可翻译模块生成另一个模块，django-parler 据此管理翻译内容。图 9.9 显示了 Product 模型字段，以及生成后的 ProductTranslation 模型。

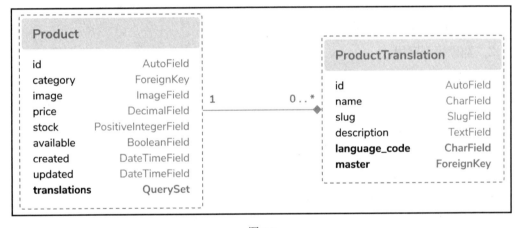

图 9.9

django-parler 生成的 ProductTranslation 模型包含了 name、slug、description 翻译字段、language_code 字段以及针对 Product 主对象的 ForeignKey。此处，Product 与 ProductTranslation 之间包含了一对多关系。针对 Product 对象的每种语言，分别存在相应的 ProductTranslation 对象。

由于 Django 针对翻译内容使用了单独的表，因而无法使用 Django 中的某些特性。例如，无法使用默认的、基于翻译字段的排序功能。我们可以通过查询中的翻译字段执行过滤操作，但无法在 ordering Meta 选项中包含可翻译的字段。

编辑 shop 应用程序的 models.py 文件，并注释掉 Category Meta 类的 ordering 属性，

如下所示：

```
class Category(TranslatableModel):
    # ...
    class Meta:
        # ordering = ('name',)
        verbose_name = 'category'
        verbose_name_plural = 'categories'
```

除此之外，还需要注释掉 Product Meta 类的 ordering 和 index_together 属性。django-parler 的当前版本并未对 index_together 的验证提供任何支持。同时，注释掉 Product Meta 类，如下所示：

```
class Product(TranslatableModel):
    # ...

    # class Meta:
    #     ordering = ('-name',)
    #     index_together = (('id', 'slug'),)
```

关于 django-parler 模块与 Django 之间的兼容性，读者可访问 https://django-parler.readthedocs.io/en/latest/compatibility.html 以了解更多内容。

3．在站点中集成翻译功能

django-parler 与 Django 管理站点间实现了无缝整合，其中包含了 TranslatableAdmin 类，并重载了 Django 提供的 ModelAdmin 类，进而对模块翻译加以管理。

编辑 shop 应用程序的 admin.py 文件，并向其中添加下列导入语句：

```
from parler.admin import TranslatableAdmin
```

调整 CategoryAdmin 和 ProductAdmin 类使其继承自 TranslatableAdmin，而非 ModelAdmin。django-parler 并不支持 prepopulated_fields 属性，但支持 get_prepopulated_fields()方法，并提供了相同的功能。下面据此进行相应的修改，编辑 admin.py 文件，如下所示：

```
from django.contrib import admin
from parler.admin import TranslatableAdmin
from .models import Category, Product

@admin.register(Category)
class CategoryAdmin(TranslatableAdmin):
    list_display = ['name', 'slug']
```

```python
    def get_prepopulated_fields(self, request, obj=None):
        return {'slug': ('name',)}

@admin.register(Product)
class ProductAdmin(TranslatableAdmin):
    list_display = ['name', 'slug', 'price',
                    'available', 'created', 'updated']
    list_filter = ['available', 'created', 'updated']
    list_editable = ['price', 'available']

    def get_prepopulated_fields(self, request, obj=None):
        return {'slug': ('name',)}
```

当前,站点将与新的翻译模型协同工作,同时还需要将修改后的模型与数据库同步。

4. 创建模型翻译的迁移

打开 Shell,运行下列命令并针对模型翻译创建新的迁移:

```
python manage.py makemigrations shop --name "translations"
```

对应输出结果如下所示:

```
Migrations for 'shop':
shop/migrations/0002_translations.py
    - Change Meta options on category
    - Change Meta options on product
    - Remove field name from category
    - Remove field slug from category
    - Alter index_together for product (0 constraint(s))
    - Remove field description from product
    - Remove field name from product
    - Remove field slug from product
    - Create model ProductTranslation
    - Create model CategoryTranslation
```

迁移自动包含了 django-parler 动态创建的 CategoryTranslation 和 ProductTranslation 模型。需要注意的是,迁移删除了模型中之前已有的字段,这意味着我们将失去该数据,同时需要在站点运行后再次设置目录和商品。

编辑 shop 应用程序的 migrations/0002_translations.py 文件,并将下列代码行

```
bases=(parler.models.TranslatedFieldsModelMixin, models.Model),
```

替换为

```
bases=(parler.models.TranslatableModel, models.Model),
```

这可视为对 django-parler 版本中的问题的一种修复手段，进而防止在使用过程中出现迁移问题。这一类问题与模型中现有字段翻译的创建相关，并可以在新的 django-parler 版本中被修复。

运行下列命令并应用迁移：

```
python manage.py migrate shop
```

对应输出结果以下列代码行结尾：

```
Applying shop.0002_translations... OK
```

当前，模型与数据库处于同步状态。

利用 python manage.py runserver 命令运行开发服务器，在浏览器中打开 http://127.0.0.1:8000/en/admin/shop/category/。其中可以看到，由于 name 和 slug 字段被删除，同时使用了 django-parler 生成的可翻译模型，因而现有的目录失去了 name 和 slug 字段。单击该目录并对其进行编辑，我们将会看到 Change category 页面包含了两个不同的选项卡，分别对应于 English 和 Spanish 翻译，如图 9.10 所示。

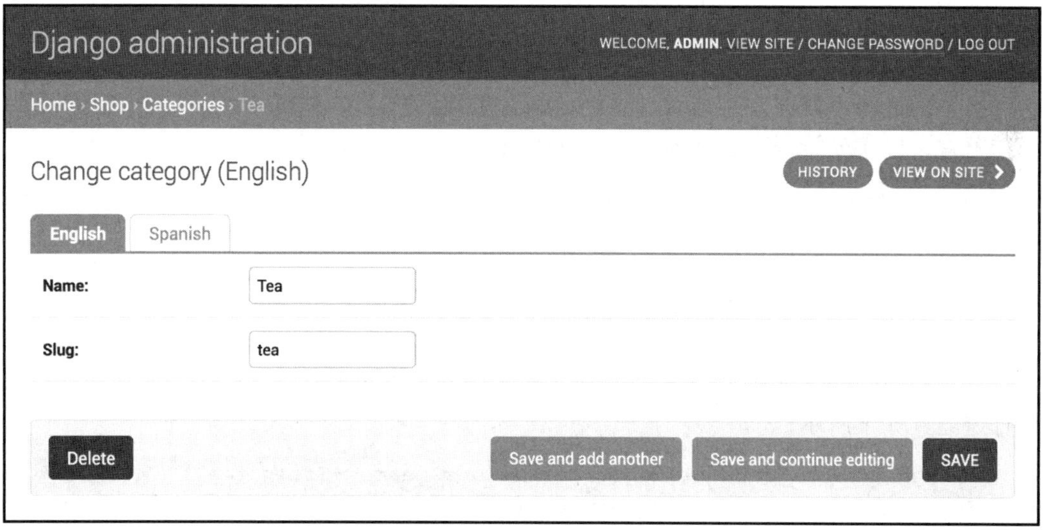

图 9.10

确保针对所有的现有目录填写 name 和 slug 字段，同时添加西班牙语翻译并单击 SAVE 按钮。另外，在修改选项卡之前还应确保对已修改内容进行保存，否则将会丢失相关内容。

在完成了现有目录的数据填写工作后，打开 http://127.0.0.1:8000/en/admin/shop/product/，并对每项商品进行编辑，包括英语和西班牙语的 name、slug 和 description。

5．调整翻译视图

我们需要调整 shop 视图进而使用翻译 QuerySet。运行下列命令并打开 Python Shell：

```
python manage.py shell
```

下面看一下如何检索并查询翻译字段。为了获得具有可翻译字段的对象，并将其翻译为特定语言，可采用 Django 中的 activate()函数，如下所示：

```
>>> from shop.models import Product
>>> from django.utils.translation import activate
>>> activate('es')
>>> product=Product.objects.first()
>>> product.name
'Té verde'
```

另一种方法是使用 django-parler 提供的 language()管理器，如下所示：

```
>>> product=Product.objects.language('en').first()
>>> product.name
'Green tea'
```

当访问翻译字段时，字段可通过当前语言加以解析。对于某一对象，可设置不同的当前语言，以访问特定的翻译内容，如下所示：

```
>>> product.set_current_language('es')
>>> product.name
'Té verde'
>>> product.get_current_language()
'es'
```

当利用 filter()执行某个 QuerySet 时，可采用基于 translations__ 语法的关联翻译对象进行过滤，如下所示：

```
>>> Product.objects.filter(translations__name='Green tea')
<TranslatableQuerySet [<Product: Té verde>]>
```

下面尝试调整商品目录视图。编辑 shop 应用程序的 views.py 文件，在 product_list 视图中，查看下列代码行：

```
category = get_object_or_404(Category, slug=category_slug)
```

并将其替换为下列内容：

```
language = request.LANGUAGE_CODE
category = get_object_or_404(Category,
                             translations__language_code=language,
                             translations__slug=category_slug)
```

随后，编辑 product_detail 视图并查看下列代码行：

```
product = get_object_or_404(Product,
                            id=id,
                            slug=slug,
                            available=True)
```

并将其替换为下列代码：

```
language = request.LANGUAGE_CODE
product = get_object_or_404(Product,
                            id=id,
                            translations__language_code=language,
                            translations__slug=slug,
                            available=True)
```

当前，product_list 和 product_detail 视图适用于检索对象（根据翻译字段）。运行开发服务器并在浏览器中打开 http://127.0.0.1:8000/es/，即可显示商品列表页面，其中包含了翻译为西班牙语的所有商品，如图 9.11 所示。

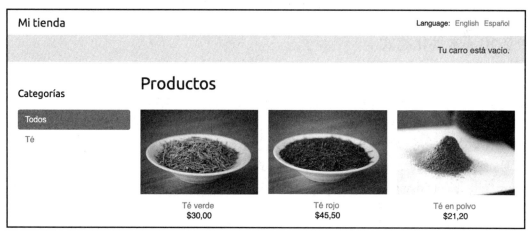

图 9.11

目前，每种商品的 URL 采用了翻译为当前语言的 slug 字段予以构建，如西班牙语的商品 URL 表示为 http://127.0.0.1:8000/es/2/te-rojo/；而英语的 URL 则表示为 http://127.0.0.1:8000/en/2/red-tea/。当浏览商品详细页面时，将会看到翻译后的 URL，以及所选语言对应的商品内容，如图 9.12 所示。

图 9.12

关于 django-parler 的更多内容，读者可访问 https://django-parler.readthedocs.io/en/latest/ 以查看完整文档。

前述内容讨论了如何翻译 Python 代码、模板、URL 路径以及模型字段。为了进一步完善国际化和本地化进程，还需要针对日期、时间和数字使用本地化格式。

9.2.10　本地化格式

取决于用户的地域，可能需要采取不同的格式显示日期、时间和数字。在项目的 settings.py 文件中，通过将 USE_L10N 设置修改为 True，可激活本地化格式。

当启用 USE_L10N 时，Django 将尝试使用特定于本地的格式输出模板中的一个数值。不难发现，站点中英语版本的小数使用了小数点分隔符，而西班牙语版本则采用了逗号。这取决于 Django 指定的 es 本地格式。关于西班牙语的格式配置，读者可访问 https://github.com/django/django/blob/stable/3.0.x/django/conf/locale/es/formats.py 以了解相关内容。

通常情况下，将 USE_L10N 设置为 True，可以使 Django 针对各地区使用本地化格式。然而，在某些场合下，可能不需要采用本地化数值。对于输出必须提供机器可读格式的 JavaScript 或 JSON，这一点尤其重要。

Django 提供了 {% localize %} 模板标签，并可针对模板片段开启/关闭本地化功能，进而可对本地化格式加以控制。对此，需要加载 l10n 标签以使用该模板标签。下列代码示例显示了如何在模板中开启/关闭本地化功能。

```
{% load l10n %}

{% localize on %}
  {{ value }}
{% endlocalize %}

{% localize off %}
  {{ value }}
{% endlocalize %}
```

除此之外，Django 还提供了 localize 和 unlocalize 模板过滤器，以强制或避免某个值的本地化操作。此类过滤器的使用方式如下所示：

```
{{ value|localize }}
{{ value|unlocalize }}
```

此外，还可创建自定义格式文件，并指定本地格式。关于本地化格式的详细信息，读者可访问 https://docs.djangoproject.com/en/3.0/topics/i18n/formatting/。

9.2.11 使用 django-localflavor 验证表单字段

django-localflavor 是一个第三方模块，其中包含了特定的工具集，如特定于每个国家的表单字段或模型字段。这对于验证本地区域、本地电话号码、身份证号码、社会安全号码等十分有用。该数据包被组织成一系列以 ISO 3166 国家代码命名的模块。

使用下列命令安装 django-localflavor：

```
pip install django-localflavor==3.0.1
```

编辑项目的 settings.py 文件，并向 INSTALLED_APPS 设置中添加 localflavor，如下所示：

```
INSTALLED_APPS = [
    # ...
    'localflavor',
]
```

下面将添加美国的邮政编码字段，并以此创建新订单。

编辑 orders 应用程序的 forms.py 文件，如下所示：

```
from django import forms
from localflavor.us.forms import USZipCodeField
```

```
from .models import Order

class OrderCreateForm(forms.ModelForm):
    postal_code = USZipCodeField()
    class Meta:
        model = Order
        fields = ['first_name', 'last_name', 'email', 'address',
                  'postal_code', 'city']
```

此处从 localflavor 的 us 包中导入了 USZipCodeField 字段，并将其用于 OrderCreateForm 表单的 postal_code 字段。

运行开发服务器，并在浏览器中打开 http://127.0.0.1:8000/en/orders/create/。填写全部字段，输入 3 个字母的邮政代码并于随后提交表单。此时将会显示 USZipCodeField 生成的验证错误，如下所示：

```
Enter a zip code in the format XXXXX or XXXXX-XXXX.
```

这仅是一个简单的示例，展示了如何在项目中使用源自 localflavor 中的自定义字段，以实现验证功能。localflavor 提供的本地组件使得应用程序可适应于特定的国家。读者可访问 https://django-localflavor.readthedocs.io/en/latest/以查看 django-localflavor 文档，以及针对每个国家的本地组件。

下面将讨论构建在线商店应用程序的推荐引擎。

9.3 构建推荐引擎

推荐引擎是一个系统，它预测用户对某件商品的偏好或评级。系统根据用户的行为和信息为其选择相关的商品。当前，推荐系统在许多在线商店应用程序中均有所应用，并帮助用户从大量的商品中选择感兴趣的内容。较好的推荐系统可提升用户的参与度。通过提升每位用户的平均收入，电子商务网站也可从相关产品的推荐系统中获益。

本节将创建一个简单且功能强大的推荐引擎，进而向用户推荐常购商品。我们将根据历史销售记录对商品予以推荐，进而判别经常性一起购买的商品。此外，还将推荐两种不同场合下的"互补性"商品，如下所示。

- ❑ 商品详细页面：显示一个商品列表，通常与当前给定的产品一起购买，并显示为：购买该产品的用户也购买了 X、Y、Z。这里需要定义一个数据结构，以存储每件商品与所显示商品一起购买的次数。
- ❑ 购物车详细页面：根据用户向购物车中加入的商品，还可推荐与其一起购买的商品。在这种情况下，所关联的商品积分值须进行汇总。

这里将使用到 Redis 存储一起购买的商品。回忆一下，第 6 章曾对 Redis 有所讨论，如果读者尚未安装 Redis，可参考第 6 章中的相关内容。

下面将根据添加至购物车中的商品向用户进行商品推荐，并针对站点中购买的每件商品在 Redis 中存储一个键。该键包含了基于积分值的 Redis 有序集。每次购买商品完成后，一同购买的每件商品其积分值将加 1。

利用下列命令在当前环境中安装 redis-py：

```
pip install redis==3.4.1
```

编辑项目的 settings.py 文件，并向其中添加下列设置：

```
REDIS_HOST = 'localhost'
REDIS_PORT = 6379
REDIS_DB = 1
```

上述设置需要建立与 Redis 服务器间的连接。在 shop 应用程序目录中创建新文件，将其命名为 recommender.py，并向其中添加下列代码：

```python
import redis
from django.conf import settings
from .models import Product

# connect to redis
r = redis.Redis(host=settings.REDIS_HOST,
                port=settings.REDIS_PORT,
                db=settings.REDIS_DB)

class Recommender(object):

    def get_product_key(self, id):
        return f'product:{id}:purchased_with'

    def products_bought(self, products):
        product_ids = [p.id for p in products]
        for product_id in product_ids:
            for with_id in product_ids:
                # get the other products bought with each product
                if product_id != with_id:
                    # increment score for product purchased together
                    r.zincrby(self.get_product_key(product_id),
                              1,
                              with_id)
```

其中，Recommender 类可存储商品并对其生成推荐内容。

get_product_key()方法接收一个 Product 对象 ID，并针对有序集（其中存储了关联商品）构建 Redis 键，形如 product: [id]:purchased_with。

products_bought()方法接收一起购入的 Product 对象列表（也就是说，隶属于同一个订单）。

在该方法中，将执行下列任务：

（1）对于给定的 Product 对象获取商品 ID。

（2）遍历商品 ID。对于每个 ID，遍历每件商品并忽略相同的商品，进而获得一起购买的商品。

（3）针对每件购买的商品，利用 get_product_id()方法获得 Redis 商品键。例如，对于 ID 为 33 的商品，该方法返回键 product:33:purchased_with，表示为一个针对有序集的键，包含了与当前商品一同购买的商品 ID。

（4）将包含于有序集中的每个商品 ID 的积分值增加 1。该积分值表示与当前商品一起购买的另一件商品的购买次数。

因此，我们定义了一个方法，用于存储一起购买的商品，并设置其积分值。相应地，另一个方法可针对给定的商品列表检索一起购买的商品。对此，可将 suggest_products_for() 方法添加至 Recommender 类中，如下所示：

```python
def suggest_products_for(self, products, max_results=6):
    product_ids = [p.id for p in products]
    if len(products) == 1:
        # only 1 product
        suggestions = r.zrange(
                        self.get_product_key(product_ids[0]),
                        0, -1, desc=True)[:max_results]
    else:
        # generate a temporary key
        flat_ids = ''.join([str(id) for id in product_ids])
        tmp_key = f'tmp_{ flat_ids }'
        # multiple products, combine scores of all products
        # store the resulting sorted set in a temporary key
        keys = [self.get_product_key(id) for id in product_ids]
        r.zunionstore(tmp_key, keys)
        # remove ids for the products the recommendation is for
        r.zrem(tmp_key, *product_ids)
        # get the product ids by their score, descendant sort
        suggestions = r.zrange(tmp_key, 0, -1,
                               desc=True)[:max_results]
```

```
        # remove the temporary key
        r.delete(tmp_key)
    suggested_products_ids = [int(id) for id in suggestions]

    # get suggested products and sort by order of appearance
    suggested_products =list(Product.objects.filter(id__in=suggested_products_ids))
    suggested_products.sort(key=lambda x:suggested_products_ids.index(x.id))
    return suggested_products
```

suggest_products_for()方法接收下列参数。

❏ products：表示推荐的 Product 对象列表，可包含一件或多件商品。

❏ max_results：定义为一个整数，表示为所返回的最大推荐数量。

在该方法中，将执行下列动作：

（1）针对给定的 Product 对象，获得商品 ID。

（2）对于一件商品，检索与其一起购买的商品 ID，并通过一起购买的次数进行排序。对此，可使用 Redis 中的 ZRANGE 命令。此处将最终数量限制在 max_results 属性中指定的数量（默认时为6）。

（3）对于多件商品，将生成一个采用商品 ID 构建的临时 Redis 键。

（4）对于每件给定商品的有序集中的全部项，将对其全部积分值汇总求和，这可通过 Redis 的 ZUNIONSTORE 命令实现。ZUNIONSTORE 命令利用给定键执行有序集的并集，并将元素的积分值求和结果存储于一个新的 Redis 键中。关于该命令，读者可访问 https://redis.io/commands/ZUNIONSTORE 以了解更多内容。此处将汇总积分结果保存于一个临时键中。

（5）由于需要汇总积分值，因而可能获得与推荐结果相同的商品。对此，可利用 ZREM 命令从生成的有序集中进行删除。

（6）从临时键中检索商品 ID，并将结果数量限制在 max_results 属性中指定的数量，并于随后移除临时键。

（7）最后，利用给定的 ID 获得 Product 对象，并按照与它们相同的顺序对商品进行排序。

出于实际目的，还需要添加一个方法来清空推荐内容。相应地，可向 Recommender 类添加下列方法：

```
def clear_purchases(self):
    for id in Product.objects.values_list('id', flat=True):
        r.delete(self.get_product_key(id))
```

在使用推荐引擎的过程中，确保在数据库中包含多个 Product 对象，并在 Redis 路径的 Shell 中使用下列命令初始化 Redis 服务器：

```
src/redis-server
```

打开另一个 Shell，运行下列命令打开 Python Shell：

```
python manage.py shell
```

确保在数据库中至少包含 4 件商品，并通过其名称检索 4 件不同的商品：

```
>>> from shop.models import Product
>>> black_tea = Product.objects.get(translations__name='Black tea')
>>> red_tea = Product.objects.get(translations__name='Red tea')
>>> green_tea = Product.objects.get(translations__name='Green tea')
>>> tea_powder = Product.objects.get(translations__name='Tea powder')
```

随后，尝试添加某些商品，并对推荐引擎进行测试，如下所示：

```
>>> from shop.recommender import Recommender
>>> r = Recommender()
>>> r.products_bought([black_tea, red_tea])
>>> r.products_bought([black_tea, green_tea])
>>> r.products_bought([red_tea, black_tea, tea_powder])
>>> r.products_bought([green_tea, tea_powder])
>>> r.products_bought([black_tea, tea_powder])
>>> r.products_bought([red_tea, green_tea])
```

另外，所存储的积分值如下所示：

```
black_tea:  red_tea (2), tea_powder (2), green_tea (1)
red_tea:    black_tea (2), tea_powder (1), green_tea (1)
green_tea:  black_tea (1), tea_powder (1), red_tea (1)
tea_powder: black_tea (2), red_tea (1), green_tea (1)
```

下面激活一种语言以对翻译后的商品进行检索，进而获得商品的推荐内容，并与给定的单件商品一同购买，如下所示：

```
>>> from django.utils.translation import activate
>>> activate('en')
>>> r.suggest_products_for([black_tea])
[<Product: Tea powder>, <Product: Red tea>, <Product: Green tea>]
>>> r.suggest_products_for([red_tea])
[<Product: Black tea>, <Product: Tea powder>, <Product: Green tea>]
>>> r.suggest_products_for([green_tea])
[<Product: Black tea>, <Product: Tea powder>, <Product: Red tea>]
```

```
>>> r.suggest_products_for([tea_powder])
[<Product: Black tea>, <Product: Red tea>, <Product: Green tea>]
```

可以看到，推荐商品的顺序源自其积分值。下面针对包含汇总积分值的多件商品获取推荐内容，如下所示：

```
>>> r.suggest_products_for([black_tea, red_tea])
[<Product: Tea powder>, <Product: Green tea>]
>>> r.suggest_products_for([green_tea, red_tea])
[<Product: Black tea>, <Product: Tea powder>]
>>> r.suggest_products_for([tea_powder, black_tea])
[<Product: Red tea>, <Product: Green tea>]
```

不难发现，所建议的商品与汇总积分值相匹配。例如，针对 black_tea 和 red_tea 所推荐的商品分别是 tea_powder (2+1) 和 green_tea (1+1)。

经验证，推荐算法以期望的方式工作。下面针对当前站点显示推荐商品。

编辑 shop 应用程序的 views.py 文件，添加推荐功能并在 product_detail 视图中检索 4 种推荐商品的最大值，如下所示：

```
from .recommender import Recommender

def product_detail(request, id, slug):
    language = request.LANGUAGE_CODE
    product = get_object_or_404(Product,
                                id=id,
                                translations__language_code=language,
                                translations__slug=slug,
                                available=True)
    cart_product_form = CartAddProductForm()

    r = Recommender()
    recommended_products = r.suggest_products_for([product], 4)

    return render(request,
                  'shop/product/detail.html',
                  {'product': product,
                   'cart_product_form': cart_product_form,
                   'recommended_products': recommended_products})
```

编辑 shop 应用程序的 shop/product/detail.html 模板，并在 {{ product.description | linebreaks }} 之后添加下列代码：

```
{% if recommended_products %}
  <div class="recommendations">
```

```
  <h3>{% trans "People who bought this also bought" %}</h3>
  {% for p in recommended_products %}
    <div class="item">
      <a href="{{ p.get_absolute_url }}">
        <img src="{% if p.image %}{{ p.image.url }}{% else %}
        {% static "img/no_image.png" %}{% endif %}">
      </a>
      <p><a href="{{ p.get_absolute_url }}">{{ p.name }}</a></p>
    </div>
  {% endfor %}
  </div>
{% endif %}
```

运行开发服务器，并在浏览器中打开 http://127.0.0.1:8000/en/。单击任意一件商品查看其详细信息。可以看到，推荐商品位于当前商品的下方，如图 9.13 所示。

图 9.13

除此之外，还应在购物车中包含商品推荐内容。相关推荐内容取决于用户添加至购物车中的商品。

编辑 cart 应用程序中的 views.py 文件，导入 Recommender 类并编辑 cart_detail 视图，如下所示：

```python
from shop.recommender import Recommender
def cart_detail(request):
    cart = Cart(request)
    for item in cart:
        item['update_quantity_form'] = CartAddProductForm(initial={
                        'quantity': item['quantity'],
                        'override': True})

    coupon_apply_form = CouponApplyForm()

    r = Recommender()
    cart_products = [item['product'] for item in cart]
    recommended_products = r.suggest_products_for(cart_products,
                                                  max_results=4)
return render(request,
              'cart/detail.html',
              {'cart': cart,
               'coupon_apply_form': coupon_apply_form,
               'recommended_products': recommended_products})
```

编辑 cart 应用程序的 cart/detail.html 模板，并在 </table> HTML 标签后添加下列代码：

```
{% if recommended_products %}
  <div class="recommendations cart">
    <h3>{% trans "People who bought this also bought" %}</h3>
    {% for p in recommended_products %}
      <div class="item">
        <a href="{{ p.get_absolute_url }}">
          <img src="{% if p.image %}{{ p.image.url }}{% else %}
          {% static "img/no_image.png" %}{% endif %}">
        </a>
        <p><a href="{{ p.get_absolute_url }}">{{ p.name }}</a></p>
      </div>
    {% endfor %}
  </div>
{% endif %}
```

在浏览器中打开 http://127.0.0.1:8000/en/，并向购物车中添加一组商品。当访问 http://127.0.0.1:8000/en/cart/时，针对购物车中的该项商品，将会看到汇总后的商品推荐内容，如图9.14所示。

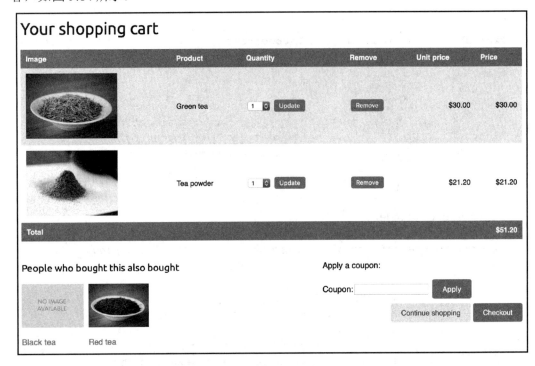

图9.14

至此，我们通过Django和Redis构建了完整的推荐引擎。

9.4 本章小结

本章通过会话机制创建了一个优惠券系统。我们学习了Django项目国际化和本地化方面的基本知识。随后，针对翻译标记了代码和模板字符串，以及如何生成和编译翻译文件。另外，还在项目中安装了Rosetta，进而通过浏览器界面管理翻译内容。接下来，翻译了URL模式，创建了语言选择器，以使用户可切换站点的语言。而后，使用了django-parler翻译模型，同时采用django-localflavor验证本地化表单字段。最后，利用Redis构建了一个推荐引擎，进而推荐经常需要购买的各类商品。

第10章将介绍一个新项目，并通过基于类的视图和Django搭建一个网络教学平台，同时还将创建一个包含定制内容的管理系统。

第 10 章　打造网络教学平台

第 9 章向在线商店应用程序中加入了国际化机制，同时还构建一个优惠券系统以及商品推荐引擎，本章将创建一个新项目，即网络教学平台，并构建一个内容管理系统（CMS）。在线学习平台是一个较好的应用程序示例，其间，我们需要提供工具生成灵活的内容。本章将学习如何构建讲师创建课程、并以高效的方式管理课程内容的功能。

本章将学习以下内容：
- ❏　为模型创建固定文件。
- ❏　使用模型继承。
- ❏　创建模型自定义字段。
- ❏　使用基于类的视图和混入类。
- ❏　构建表单集。
- ❏　管理分组和权限。
- ❏　创建 CMS。

10.1　设置网络教学项目

我们最终的项目将是一个电子教学平台。首先，需要针对该项目创建一个虚拟环境，并通过下列命令对其进行激活：

```
mkdir env
python3 -m venv env/educa
source env/educa/bin/activate
```

利用下列命令在虚拟环境中安装 Django，如下所示：

```
pip install "Django==3.0.*"
```

我们将在项目中管理图像上传，因此也需要利用下列命令安装 Pillow：

```
pip install Pillow==7.0.0
```

利用下列命令创建新项目：

```
django-admin startproject educa
```

在新的 educa 目录中，利用下列命令创建新应用程序：

```
cd educa
django-admin startapp courses
```

编辑 educa 项目的 settings.py 文件，并向 INSTALLED_APPS 设置中添加 courses，如下所示：

```
INSTALLED_APPS = [
    'courses.apps.CoursesConfig',
    'django.contrib.admin',
    'django.contrib.auth',
    'django.contrib.contenttypes',
    'django.contrib.sessions',
    'django.contrib.messages',
    'django.contrib.staticfiles',
]
```

courses 应用程序针对当前项目处于活动状态，下面针对课程和课程内容定义模型。

10.2 构建课程模型

网络教学平台将提供不同科目的课程。其中，每门课程将分为可配置数量的模块，每个模块将包含可配置数量的内容。这里将包含不同类型的内容，如文本、文件、图像或视频。下列示例展示了课程目录的数据结构：

```
Subject 1
  Course 1
    Module 1
      Content 1 (image)
      Content 2 (text)
    Module 2
      Content 3 (text)
      Content 4 (file)
      Content 5 (video)
      ...
```

接下来构建课程模块。编辑 courses 应用程序的 models.py 文件，并向其中添加下列代码：

```
from django.db import models
```

```python
from django.contrib.auth.models import User

class Subject(models.Model):
    title = models.CharField(max_length=200)
    slug = models.SlugField(max_length=200, unique=True)

    class Meta:
        ordering = ['title']

    def __str__(self):
        return self.title

class Course(models.Model):
    owner = models.ForeignKey(User,
                              related_name='courses_created',
                              on_delete=models.CASCADE)
    subject = models.ForeignKey(Subject,
                                related_name='courses',
                                on_delete=models.CASCADE)
    title = models.CharField(max_length=200)
    slug = models.SlugField(max_length=200, unique=True)
    overview = models.TextField()
    created = models.DateTimeField(auto_now_add=True)

    class Meta:
        ordering = ['-created']

    def __str__(self):
        return self.title


class Module(models.Model):
    course = models.ForeignKey(Course,
                               related_name='modules',
                               on_delete=models.CASCADE)
    title = models.CharField(max_length=200)
    description = models.TextField(blank=True)

    def __str__(self):
        return self.title
```

上述代码分别定义了初始 Subject、Course 和 Module 模块。其中，Course 模型字段如下所示。
- owner：表示创建课程的教师。
- subject：表示课程所属的科目，即指向 Subject 模型的 ForeignKey 字段。
- title：表示课程的标题。
- slug：表示课程的 slug，后面将用于 URL 中。
- overview：表示 TextField 列，用于存储一个课程的概述。
- created：表示课程创建的日期和时间。鉴于 auto_now_add=True，当创建新对象时，该字段将自动由 Django 设置。

每门课程可划分为多个模块。因此，Module 模块包含了一个指向 Course 模块的 ForeignKey 字段。

打开 Shell 并运行下列命令，进而创建当前应用程序的初始迁移。

```
python manage.py makemigrations
```

对应输出结果如下所示：

```
Migrations for 'courses':
  courses/migrations/0001_initial.py:
    - Create model Course
    - Create model Module
    - Create model Subject
    - Add field subject to course
```

随后，运行下列命令并向当前数据库应用全部迁移结果：

```
python manage.py migrate
```

对应输出结果如下所示，其中包含了全部已应用的迁移结果：

```
Applying courses.0001_initial... OK
```

当前，courses 应用程序的模型与数据库同步。

10.2.1 在管理站点中注册模型

下面向管理站点中添加课程模型。编辑 courses 应用程序目录中的 admin.py 文件，并向其中添加下列代码：

```
from django.contrib import admin
from .models import Subject, Course, Module
```

```python
@admin.register(Subject)
class SubjectAdmin(admin.ModelAdmin):
    list_display = ['title', 'slug']
    prepopulated_fields = {'slug': ('title',)}

class ModuleInline(admin.StackedInline):
    model = Module

@admin.register(Course)
class CourseAdmin(admin.ModelAdmin):
    list_display = ['title', 'subject', 'created']
    list_filter = ['created', 'subject']
    search_fields = ['title', 'overview']
    prepopulated_fields = {'slug': ('title',)}
    inlines = [ModuleInline]
```

课程应用程序模型当前已在管理站点中被注册。注意，此处采用@admin.register()装饰器注册管理站点中的模型。

10.2.2 使用固定文件提供模型的初始数据

某些时候，可能需要利用硬编码数据预先设置数据库，当自动包含项目设置中的初始数据，而不是采用手动方式对其进行添加时，这十分有用。Django 提供了一种简单的方法，从数据库加载和转储数据到被称为 fixtures 的文件中。Django 提供了 JSON、XML 或 YAML 格式的固定文件。这里，我们将生成一个固定文件，并针对其项目包含多个初始 Subject 对象。

首先需要利用下列命令创建一个超级用户：

```
python manage.py createsuperuser
```

随后，利用下列命令运行开发服务器：

```
python manage.py runserver
```

在浏览器中打开 http://127.0.0.1:8000/admin/courses/subject/，并利用当前管理站点创建多个科目。对应的列表显示页面如图 10.1 所示。

在 Shell 中运行下列命令：

```
python manage.py dumpdata courses --indent=2
```

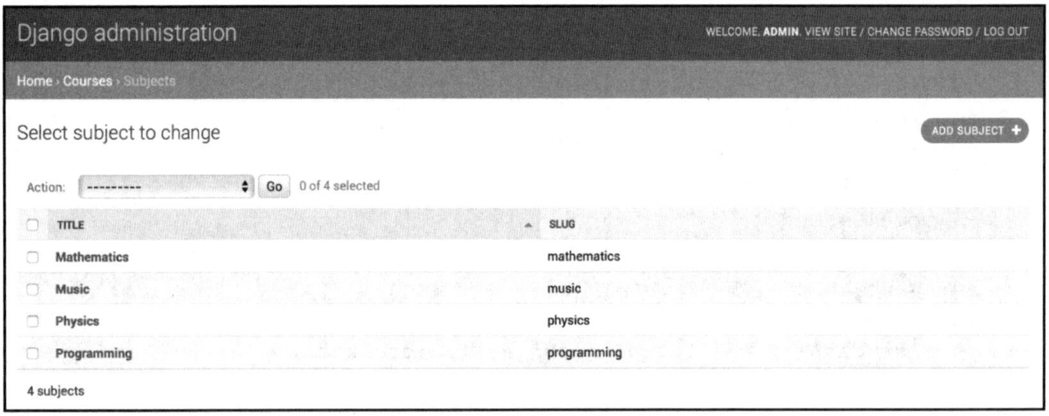

![图10.1](图10.1占位)

图 10.1

对应输出结果如下所示：

```
[
{
  "model": "courses.subject",
  "pk": 1,
  "fields": {
    "title": "Mathematics",
    "slug": "mathematics"
  }
},
{
  "model": "courses.subject",
  "pk": 2,
  "fields": {
    "title": "Music",
    "slug": "music"
  }
},
{
  "model": "courses.subject",
  "pk": 3,
  "fields": {
    "title": "Physics",
    "slug": "physics"
  }
},
{
```

```
  "model": "courses.subject",
  "pk": 4,
  "fields": {
    "title": "Programming",
    "slug": "programming"
  }
 }
]
```

dumpdata 命令将数据从数据库转储至标准输出中，默认时以 JSON 格式进行序列化。最终的数据结构包含了与模型及其 Django 字段相关的信息，进而能够将其加载至数据库中。

通过将应用程序名称提供给当前命令，或者利用 app.Model 格式指定单一的输出模型，可将输出内容限制在应用程序模型中。另外，还可通过--format 标记指定对应格式。默认状态下，dumpdata 向标准输出中输出序列化数据。然而，利用--output 标记还可进一步标明输出文件。--indent 标记可用于指定相应的缩进。读者可运行 python manage.py dumpdata --help 命令，以查看关于 dumpdata 参数的更多信息。

利用下列命令，可将固定文件转储至 courses 应用程序的 fixtures/目录中：

```
mkdir courses/fixtures
python manage.py dumpdata courses --indent=2 --output=courses/fixtures/subjects.json
```

运行开发服务器并利用管理站点移除所创建的科目。随后，利用下列命令将固定文件加载至数据库中：

```
python manage.py loaddata subjects.json
```

所有的 Subject 对象将包含于固定文件中，并加载至数据库中。

默认时，Django 查找每个应用程序 fixtures/目录中的文件，我们可对 loaddata 命令指定固定文件的完整路径。除此之外，还可使用 FIXTURE_DIRS 设置通知查找固定文件的其他路径。

> **注意：**
> 固定文件不仅对初始数据的设置有效，同时还针对应用程序或者测试所需的数据提供了样本数据。

关于固定文件的测试应用，读者可访问 https://docs.djangoproject.com/en/3.0/topics/testing/tools/#fixture-loading 以了解其应用方式。

如果希望将固定文件加载至模型迁移中，可查看与数据迁移相关的 Django 文档，对应网址为 https://docs.djangoproject.com/en/3.0/topics/migrations/#data-migrations。

10.3 创建包含多样化内容的模型

本节将向课程模块中添加不同的内容类型，如文本、图像、文件和视频，因而需要定义一种通用的数据模型以存储各类数据。第 6 章曾讨论了通用关系的便利性，同时创建了外键以指向任意模型的对象。这里将生成 Content 模型以表示模块的内容并定义通用关系，进而关联各类内容。

编辑 courses 应用程序的 models.py 文件，并添加下列导入语句：

```
from django.contrib.contenttypes.models import ContentType
from django.contrib.contenttypes.fields import GenericForeignKey
```

随后，在文件结尾处添加下列代码：

```
class Content(models.Model):
    module = models.ForeignKey(Module,
                               related_name='contents',
                               on_delete=models.CASCADE)
    content_type = models.ForeignKey(ContentType,
                                     on_delete=models.CASCADE)
    object_id = models.PositiveIntegerField()
    item = GenericForeignKey('content_type', 'object_id')
```

上述代码定义了 Content 模型。其中，一个模块中包含了多项内容，因此对 Module 模型定义了一个 ForeignKey 字段。此外，还设置了一个通用关系，进而关联表示不同内容类型的、不同模块的对象。需要注意的是，我们需要 3 个字段设置通用关系。在 Content 模块中，对应字段包括以下内容。

- content_type：表示 ContentType 模型的 ForeignKey 字段。
- object_id：表示 PositiveIntegerField，用以存储关联对象的主键。
- item：通过整合上述两个字段，表示为关联对象的 GenericForeignKey 字段。

下面将针对每种内容类型使用不同的模型。当前内容模型包含了一些公共字段，但在存储实际数据方面却有所不同。

10.3.1 使用模型继承机制

Django 支持模型的继承关系，其工作方式类似于 Python 语言中的标准类继承机制。关于继承关系的应用，Django 提供了下列 3 种选择方案。

- 抽象模型：当需要将某些公共信息置于多个模型中时，该模型十分有用。
- 多表模型继承：当层次结构中的每个模型自身被视为一个完整的模型时，即可使用此类模型。
- 代理模型：若需要修改模型的行为，如包含附加方法、修改默认的管理器，或者使用不同的元数据选项时，该模型较为有效。

下面将对每种模型加以深入讨论。

1. 抽象模型

抽象模型表示为基类，其中定义了全部子模型中需要包含的字段。Django 针对抽象模型不会创建任何数据库表。相应地，数据库将针对每个子模型生成一个数据库表，包括继承自抽象类的字段，以及定义于子模型中的字段。

在将某个模型标记为抽象模型时，需要在其 Meta 类中设置 abstract = True。Django 将对此予以识别，且不会对其创建数据库表。当创建子模型时，仅需定义该抽象模型的子类即可。

下列示例展示了一个抽象 Content 模型以及一个 Text 子模型：

```
from django.db import models

class BaseContent(models.Model):
    title = models.CharField(max_length=100)
    created = models.DateTimeField(auto_now_add=True)

    class Meta:
        abstract = True

class Text(BaseContent):
    body = models.TextField()
```

其中，Django 仅对 Text 模型创建了一个表，并包含了 title、created 和 body 字段。

2. 多表模型继承

在多表模型继承关系中，每个模型对应一个数据库表。针对子模型中的父模型，Django 创建了一个 OneToOneField 字段。当采用多表继承时，需要定义现有模型的子类。Django 将针对原始模型和子模型创建一个数据库表。下列示例代码显示了多表继承机制：

```
from django.db import models

class BaseContent(models.Model):
    title = models.CharField(max_length=100)
```

```
        created = models.DateTimeField(auto_now_add=True)
class Text(BaseContent):
    body = models.TextField()
```

Django 会在 Text 模型中包含一个自动生成的 OneToOneField 字段，并针对每个模型创建一个数据库表。

3. 代理模型

代理模型用于修改模型的行为，如设置附加方法或者不同的元数据选项，同时会对原始模型的数据库表执行相关操作。当创建代理模型时，需要向模型的 Meta 类中添加 proxy=True。

下列代码示例展示了如何创建代理模型：

```
from django.db import models
from django.utils import timezone

class BaseContent(models.Model):
    title = models.CharField(max_length=100)
    created = models.DateTimeField(auto_now_add=True)

class OrderedContent(BaseContent):
    class Meta:
        proxy = True
        ordering = ['created']

    def created_delta(self):
        return timezone.now() - self.created
```

此处定义了一个 OrderedContent 模型，并表示为 Content 模型的代理模型。该模型针对 QuerySet 提供了默认排序，以及一个 created_delta()方法。Content 和 OrderedContent 模型均会对同一个数据库表进行操作。通过任意一个模型，对象将通过 ORM 被访问。

10.3.2 创建内容模型

courses 应用程序的 Content 模型包含了通用关系，进而关联不同类型的内容。下面将针对每种内容类型创建不同的模型，所有的内容模型将包含某些公共字段以及附加字段，以存储自定义数据。此处将创建一个抽象模型，并针对全部内容模型提供相应的公共字段。

编辑 courses 应用程序的 models.py 文件，并向其中添加下列代码：

```python
class ItemBase(models.Model):
    owner = models.ForeignKey(User,
                              related_name='%(class)s_related',
                              on_delete=models.CASCADE)
    title = models.CharField(max_length=250)
    created = models.DateTimeField(auto_now_add=True)
    updated = models.DateTimeField(auto_now=True)

    class Meta:
        abstract = True

    def __str__(self):
        return self.title

class Text(ItemBase):
    content = models.TextField()

class File(ItemBase):
    file = models.FileField(upload_to='files')

class Image(ItemBase):
    file = models.FileField(upload_to='images')

class Video(ItemBase):
    url = models.URLField()
```

在上述代码中，我们定义了一个名为 ItemBase 的抽象模型，因此在其 Meta 类中设置了 abstract=True。

在该模型中，分别定义了 owner、title、created 和 updated 字段。此类公共字段将用于全部内容类型。

其中，owner 字段可存储创建当前内容的用户。由于该字段定义于一个抽象类中，因而需要针对每个子模型使用不同的 related_name。对于 related_name 属性中的 model 类名，Django 可将占位符指定为%(class)s。据此，每个子模型的 related_name 将自动生成。由于我们将'%(class)s_related'用作 related_name，因而子模型的逆向关系分别表示为 text_related、file_related、image_related 和 video_related。

之前曾定义了 4 个不同的内容模型，分别继承自 ItemBase 抽象模型，具体如下：
- Text 用于存储文本内容。
- File 用于存储文件，例如 PDF 文件。

- ❑ Image 存储图像文件。
- ❑ Video 存储视频。使用 URLField 字段提供一个视频 URL。

除自身的字段外，每个子模型还包含了定义于 ItemBase 类中的字段。相应地，将分别针对 Text、File、Image、Video 模型创建数据库表。由于 ItemBase 定义为抽象模型，因而不存在与该模型关联的数据库表。

编辑之前创建的 Content 模型，并修改其 content_type 字段，如下所示：

```
content_type = models.ForeignKey(ContentType,
                on_delete=models.CASCADE,
                limit_choices_to={'model__in':(
                                'text',
                                'video',
                                'image',
                                'file')})
```

其中添加了 limit_choices_to 参数，并限制查找可用于通用关系中的 ContentType 对象。这里采用了 model__in 字段，并将查询结果过滤为包含 model 属性（即'text'、'video'、'image'或'file'）的 ContentType 对象。

接下来创建一个迁移，并包含之前添加的新模型。在命令行中运行下列命令：

```
python manage.py makemigrations
```

对应输出结果如下所示：

```
Migrations for 'courses':
  courses/migrations/0002_content_file_image_text_video.py
    - Create model Content
    - Create model File
    - Create model Image
    - Create model Text
    - Create model Video
```

随后运行下列命令应用新的迁移结果：

```
python manage.py migrate
```

对应输出结果以下列代码行结尾：

```
Applying courses.0002_content_file_image_text_video... OK
```

至此，我们创建了相关模型，并可向课程模块中添加各种内容。然而，此类模型仍有所欠缺，即课程模型和内容应遵循特定顺序。对此，需要添加一个字段并对其轻松排序。

10.3.3 创建自定义模型字段

Django 包含了完整的模型字段集合，并以此构建模型。此外，还可创建自己的模型字段，并存储自定义数据或者对现有字段的行为进行调整。

此处需要设置一个字段，并针对对象定义顺序。当使用现有 Django 字段为对象指定顺序时，一种较为简单的方式是向模型添加 PositiveIntegerField。通过使用整数值，即可方便地设置对象的顺序。对此，可创建一个继承自 PositiveIntegerField 的自定义顺序字段，进而提供附加行为。

顺序字段涉及两种相关的功能，如下所示：

- ❑ 若未提供特定顺序，将自动赋予某个顺序值。具体来说，若未采用某一特定顺序存储一个新对象，字段将被自动赋予一个数字，该值位于最后一个现有排序对象之后。例如，如果存在两个顺序分别为 1 和 2 的对象，当保存第 3 个对象时，如果未提供特定的顺序，将自动向其赋予顺序 3。
- ❑ 相对于其他字段的顺序对象。课程模块将根据其所属课程和模块内容进行排序。

在 courses 应用程序中创建新的 fields.py 文件，并向其中添加下列代码：

```python
from django.db import models
from django.core.exceptions import ObjectDoesNotExist

class OrderField(models.PositiveIntegerField):
    def __init__(self, for_fields=None, *args, **kwargs):
        self.for_fields = for_fields
        super().__init__(*args, **kwargs)

    def pre_save(self, model_instance, add):
        if getattr(model_instance, self.attname) is None:
            # no current value
            try:
                qs = self.model.objects.all()
                if self.for_fields:
                    # filter by objects with the same field values
                    # for the fields in "for_fields"
                    query = {field: getattr(model_instance, field)\
                    for field in self.for_fields}
                    qs = qs.filter(**query)
                # get the order of the last item
                last_item = qs.latest(self.attname)
```

```
                value = last_item.order + 1
            except ObjectDoesNotExist:
                value = 0
            setattr(model_instance, self.attname, value)
            return value
        else:
            return super().pre_save(model_instance, add)
```

上述代码表示为自定义的 OrderField 字段，并继承自 Django 提供的 PositiveIntegerField 字段。OrderField 字段接收一个可选的 for_fields 参数，以表明所需计算的字段。

当前字段重载了 PositiveIntegerField 字段的 pre_save()方法，并在该字段保存至数据库之前被执行。在该方法中，将执行下列操作：

（1）检查模型实例中的该字段是否已存在某个值，此处使用了 self.attname（表示为针对模型字段的属性名）。如果属性名不为 None，将根据所赋予的顺序计算相应的顺序，具体如下：

- 构建一个 QuerySet 并针对字段模型检索所有对象。通过访问 self.model，可检索字段所属的模型。
- 根据字段的当前值为模型字段（定义于该字段的 for_fields 属性中）过滤 QuerySet。据此，可相对于给定字段计算顺序。
- 利用 last_item = qs.latest(self.attname)从数据库中计算包含最先顺序的对象。如果未发现对象，可将当前对象赋予首位并向其分配顺序 0。
- 如果对象存在，则向现有的最先顺序加 1。
- 利用 setattr()将计算后的顺序分配模型实例中的字段值，并返回该顺序值。

（2）如果模型实例包含当前字段值，则可对其加以使用，而不是计算该值。

注意：

当创建自定义模型字段时，应使其具备通用性，并避免依赖于特定模型或字段的硬编码数据。最终，对应字段应适用于任意模型。

关于编写自定义模型字段，读者可访问 https://docs.djangoproject.com/en/3.0/howto/custom-model-fields/以了解更多信息。

10.3.4　向模块和内容对象中添加顺序机制

下面向当前模型中加入新的字段。编辑 courses 应用程序的 models.py 文件，向 Module 模型中导入 OrderField 类和一个字段，如下所示：

```
from .fields import OrderField

class Module(models.Model):
    # ...
    order = OrderField(blank=True, for_fields=['course'])
```

这里,新字段命名为 order,并指定对应顺序根据 for_fields=['course']所设置的课程进行计算。这意味着,新模块的顺序将通过"加 1"的方式被分配同一 Course 对象的最后一个模块。

下面编辑 Module 模块的__str__()方法,并包含其顺序,如下所示。

```
class Module(models.Model):
    # ...
    def __str__(self):
        return f'{self.order}. {self.title}'
```

除此之外,模块内容也需要遵循特定的顺序。对此,可向 Content 模块中添加一个 OrderField 字段,如下所示:

```
class Content(models.Model):
    # ...
    order = OrderField(blank=True, for_fields=['module'])
```

此处,对应顺序将根据 module 字段进行计算。

最后,还需要针对两个模块添加默认顺序。因此,可向 Module 和 Content 模块定义下列 Meta 类:

```
class Module(models.Model):
    # ...
    class Meta:
        ordering = ['order']

class Content(models.Model):
    # ...
    class Meta:
        ordering = ['order']
```

Module 和 Content 模块如下所示:

```
class Module(models.Model):
    course = models.ForeignKey(Course,
                               related_name='modules',
                               on_delete=models.CASCADE)
```

```python
    title = models.CharField(max_length=200)
    description = models.TextField(blank=True)
    order = OrderField(blank=True, for_fields=['course'])

    class Meta:
        ordering = ['order']

    def __str__(self):
        return f'{self.order}. {self.title}'

class Content(models.Model):
    module = models.ForeignKey(Module,
                               related_name='contents',
                               on_delete=models.CASCADE)
    content_type = models.ForeignKey(ContentType,
                                     on_delete=models.CASCADE,
                                     limit_choices_to={'model__in':(
                                                        'text',
                                                        'video',
                                                        'image',
                                                        'file')})
    object_id = models.PositiveIntegerField()
    item = GenericForeignKey('content_type', 'object_id')
    order = OrderField(blank=True, for_fields=['module'])

    class Meta:
        ordering = ['order']
```

下面将生成新的模型迁移,进而反映新的顺序字段。打开 Shell 并运行下列命令:

```
python manage.py makemigrations courses
```

对应输出结果如下所示:

```
You are trying to add a non-nullable field 'order' to content without a
default; we can't do that (the database needs something to populate
existing rows).
Please select a fix:
 1) Provide a one-off default now (will be set on all existing rows with
a null value for this column)
 2) Quit, and let me add a default in models.py
Select an option:
```

Django 显示,需要针对数据库中的现有行,提供新 order 字段的默认值。如果该字段包含 null=True，将接收一个 null 值，Django 会自动生成迁移，而不是请求默认值。我们可以指定一个默认值，或者删除迁移，并在生成迁移之前向 models.py 文件中的 order 字段添加一个 default 属性。

输入 1 并按 Enter 键，进而针对现有记录提供一个默认值。对应输出结果如下所示：

```
Please enter the default value now, as valid Python
The datetime and django.utils.timezone modules are available, so you can
do e.g. timezone.now
Type 'exit' to exit this prompt
>>>
```

输入 0 并以此表示现有记录的默认值，随后按 Enter 键。对于 Module 模型，Django 将向用户请求一个默认值。选择第 1 个选项并输入 0 作为默认值。最终输出结果如下所示：

```
Migrations for 'courses':
  courses/migrations/0003_auto_20191214_1253.py
    - Change Meta options on content
    - Change Meta options on module
    - Add field order to content
    - Add field order to module
```

随后，利用下列命令使新的迁移生效：

```
python manage.py migrate
```

该命令的输出结果将提示用户，当前迁移已成功执行，如下所示：

```
Applying courses.0003_auto_20191214_1253... OK
```

接下来对新字段进行测试。运行下列命令打开 Shell：

```
python manage.py shell
```

同时创建新的课程，如下所示：

```
>>> from django.contrib.auth.models import User
>>> from courses.models import Subject, Course, Module
>>> user = User.objects.last()
>>> subject = Subject.objects.last()
>>> c1 = Course.objects.create(subject=subject, owner=user, title='Course 1', slug='course1')
```

至此，我们在数据库中创建了一门新课程。下面向该课程添加模块，并查看如何自动计算对应的顺序。对此，我们创建一个初始模块并检查其顺序，如下所示：

```
>>> m1 = Module.objects.create(course=c1, title='Module 1')
>>> m1.order
0
```

其中，OrderField 将其值设置为 0，这是第 1 个针对给定课程创建的 Module 对象。下面针对同一课程生成第 2 个模块，如下所示：

```
>>> m2 = Module.objects.create(course=c1, title='Module 2')
>>> m2.order
1
```

OrderField 计算下一个顺序值，为现有对象的最先顺序加 1。接下来创建第 3 个模块，同时强制指定一个特定的顺序，如下所示：

```
>>> m3 = Module.objects.create(course=c1, title='Module 3', order=5)
>>> m3.order
5
```

如果指定了一个自定义顺序，OrderField 字段并不会产生干扰，并使用赋予 order 中的对应值。

下面创建第 4 个模块，如下所示：

```
>>> m4 = Module.objects.create(course=c1, title='Module 4')
>>> m4.order
6
```

该模块的顺序将被自动设置。OrderField 字段并不会保证全部顺序值均处于连续状态。但是，该字段遵循现有的顺序值，并且总是根据现有的最先顺序指定下一个顺序。

下面创建第 2 门课程，并向其中添加下列模块：

```
>>> c2 = Course.objects.create(subject=subject, title='Course 2',
slug='course2', owner=user)
>>> m5 = Module.objects.create(course=c2, title='Module 1')
>>> m5.order
0
```

当计算新模块的顺序时，对应字段仅考虑属于同一门课程的现有模块。由于这是第 2 门课程的第 1 个模块，最终顺序值为 0，其原因是 Module 模型的 order 字段中设置了 for_fields=['course']。

至此，我们已经成功地创建了第 1 个自定义模型字段。

10.4 创建 CMS

上述内容创建了通用的数据模型，本节将尝试构建 CMS。CMS 允许教师创建课程，并对其内容进行管理，其中涉及下列各项功能：
- 登录 CMS。
- 列出教师创建的课程。
- 创建、编辑和删除课程。
- 向某一门课程中加入模块并对其重新排序。
- 向每个模块添加不同的内容类型，并对其重新排序。

10.4.1 添加认证系统

本节向当前平台中加入 Django 的认证系统。其中，教师和学生表示为 Django 的 User 模型实例。因此，可通过 django.contrib.auth 的认证视图登录网站。

编辑 educa 项目的主 urls.py 文件，并添加 Django 认证框架的 login 和 logout 视图，如下所示：

```
from django.contrib import admin
from django.urls import path
from django.contrib.auth import views as auth_views

urlpatterns = [
    path('accounts/login/', auth_views.LoginView.as_view(),
         name='login'),
    path('accounts/logout/', auth_views.LogoutView.as_view(),
         name='logout'),
    path('admin/', admin.site.urls),
]
```

10.4.2 创建认证模板

在 courses 应用程序目录中生成下列文件结构：

```
templates/
    base.html
    registration/
```

```
login.html
logged_out.html
```

在构建认证模板之前,需要针对当前项目设置基本模板。编辑 base.html 模板,并向其中添加下列内容:

```
{% load static %}
<!DOCTYPE html>
<html>
<head>
  <meta charset="utf-8" />
  <title>{% block title %}Educa{% endblock %}</title>
  <link href="{% static "css/base.css" %}" rel="stylesheet">
</head>
<body>
  <div id="header">
    <a href="/" class="logo">Educa</a>
    <ul class="menu">
      {% if request.user.is_authenticated %}
        <li><a href="{% url "logout" %}">Sign out</a></li>
      {% else %}
        <li><a href="{% url "login" %}">Sign in</a></li>
      {% endif %}
    </ul>
  </div>
  <div id="content">
    {% block content %}
    {% endblock %}
  </div>

  <script src="https://ajax.googleapis.com/ajax/libs/jquery/3.4.1/jquery.min.js">
  </script>
  <script>
    $(document).ready(function() {
      {% block domready %}
      {% endblock %}
    });
  </script>
</body>
</html>
```

上述代码定义了基本模板，其他模板可在此基础上进行扩展。在该模板中，定义了下列块。

- title：用于为每个页面添加自定义标题的其他模板块。
- content：表示为内容的主块。扩展了基本模板的所有模板应向该块中添加内容。
- domready：位于 jQuery 的 $document.ready()函数中，当 DOM（文档对象模型）完成加载过程后可执行代码。

用于该模板中的 CSS 样式位于 courses 应用程序的 static/目录中，读者可查看本章示例代码以了解具体内容。同时，可将 static/目录复制至当前项目的同一目录中，并对其加以使用。读者可访问 https://github.com/PacktPublishing/Django-3-byExample/tree/master/Chapter10/educa/courses/static 以了解该目录的更多内容。

编辑 registration/login.html 模板，并向其中添加下列代码：

```
{% extends "base.html" %}

{% block title %}Log-in{% endblock %}

{% block content %}
  <h1>Log-in</h1>
  <div class="module">
    {% if form.errors %}
      <p>Your username and password didn't match. Please try again.</p>
    {% else %}
      <p>Please, use the following form to log-in:</p>
    {% endif %}
    <div class="login-form">
      <form action="{% url 'login' %}" method="post">
        {{ form.as_p }}
        {% csrf_token %}
        <input type="hidden" name="next" value="{{ next }}" />
        <p><input type="submit" value="Log-in"></p>
      </form>
    </div>
  </div>
{% endblock %}
```

这可视为 Django login 视图中的标准登录模板。

编辑 registration/logged_out.html 模板，并向其中添加下列代码：

```
{% extends "base.html" %}
```

```
{% block title %}Logged out{% endblock %}

{% block content %}
  <h1>Logged out</h1>
  <div class="module">
    <p>You have been successfully logged out.
      You can <a href="{% url "login" %}">log-in again</a>.</p>
  </div>
{% endblock %}
```

在用户注销后,将向其显示上述模板。利用下列命令运行开发服务器:

```
python manage.py runserver
```

在浏览器中打开 http://127.0.0.1:8000/accounts/login/,对应登录页面如图 10.2 所示。

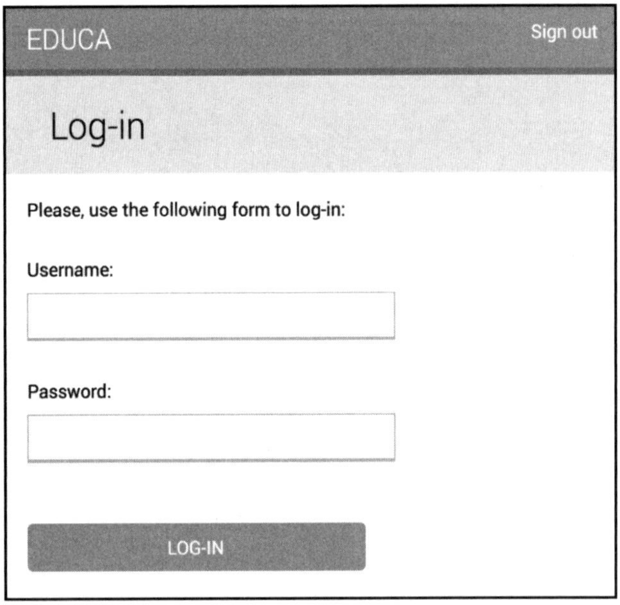

图 10.2

10.4.3 设置基于类的视图

本节将构建视图,进而创建、编辑、删除课程。对此,我们将使用基于类的视图。编辑 courses 应用程序的 views.py 文件,并向其中添加下列代码:

```
from django.views.generic.list import ListView
from .models import Course

class ManageCourseListView(ListView):
    model = Course
    template_name = 'courses/manage/course/list.html'

    def get_queryset(self):
        qs = super().get_queryset()
        return qs.filter(owner=self.request.user)
```

上述代码定义了 ManageCourseListView 视图，该视图继承自 Django 的通用 ListView。此处重载了该视图的 get_queryset()方法，且仅检索当前用户创建的课程。为了防止用户编辑、更新或删除其他教师创建的课程，还需要重载创建、更新、删除视图中的 get_queryset()方法。当需要针对多个基于类的视图提供特定的行为时，建议使用混合类（mixins）。

10.4.4 针对基于类的视图使用混合类

混合类定义为针对某个类的多重继承结果，并可以此提供公共离散功能，这些功能添加到其他混合类中以定义类的行为。混合类的应用主要涉及以下两种情形：

❑ 针对某个类，需要提供多项可选功能。
❑ 使用多个类中的特定功能。

Django 包含了多种混合类，并可向基于类的视图中添加附加功能。关于混合类，读者可访问 https://docs.djangoproject.com/en/3.0/topics/class-based-views/mixins/以了解更多信息。

下面将创建一个混合类，以包含一个公共行为，并在课程的视图中对其加以使用。编辑 courses 应用程序的 views/py 文件，并按照下列方式对其进行修改：

```
from django.urls import reverse_lazy
from django.views.generic.list import ListView
from django.views.generic.edit import CreateView, UpdateView, \
                                      DeleteView

from .models import Course

class OwnerMixin(object):
    def get_queryset(self):
        qs = super().get_queryset()
```

```python
            return qs.filter(owner=self.request.user)
class OwnerEditMixin(object):
    def form_valid(self, form):
        form.instance.owner = self.request.user
        return super().form_valid(form)
class OwnerCourseMixin(OwnerMixin):
    model = Course
    fields = ['subject', 'title', 'slug', 'overview']
    success_url = reverse_lazy('manage_course_list')
class OwnerCourseEditMixin(OwnerCourseMixin, OwnerEditMixin):
    template_name = 'courses/manage/course/form.html'
class ManageCourseListView(OwnerCourseMixin, ListView):
    template_name = 'courses/manage/course/list.html'
class CourseCreateView(OwnerCourseEditMixin, CreateView):
    pass
class CourseUpdateView(OwnerCourseEditMixin, UpdateView):
    pass
class CourseDeleteView(OwnerCourseMixin, DeleteView):
    template_name = 'courses/manage/course/delete.html'
```

上述代码创建了 OwnerMixin 和 OwnerEditMixin 混合类，并与 Django 提供的 ListView、CreateView、UpdateView、DeleteView 视图结合使用。其中，OwnerMixin 实现了 get_queryset()方法，该方法供视图使用，以获得基本 QuerySet。当前混合类将重载该方法，通过 owner 属性过滤对象，并检索属于当前用户（request.user）的对象。

OwnerEditMixin 则实现了 form_valid()方法，该方法供使用 Django ModelFormMixin 混合类的视图加以使用，即包含表单和模型表单的视图，如 CreateView 和 UpdateView。若提交后的表单有效，那么 form_valid()方法将被执行。

该方法的默认行为是存储实例（如模型表单），并将用户重定向至 success_url。我们重载了该方法，并自动将当前用户设置在所保存对象的 owner 属性中。据此，在保存时可自动设置对象的所有者。

OwnerMixin 类可用于与模型（包含了 owner 属性）交互的视图。

除此之外，我们还定义了继承自 OwnerMixin 的 OwnerCourseMixin 类，并针对子视图提供了下列属性。

- model：即针对 QuerySet 使用的模型，并可供全部视图使用。
- fields：表示模型字段，并构建 CreateView 和 UpdateView 视图的模型表单。
- success_url：用于 CreateView、UpdateView 和 DeleteView，并在表单成功提交或对象被删除后重定向用户。我们使用了一个包含 manage_course_list 名称的 URL（稍后将对此创建）。

我们使用下列属性定义 OwnerCourseEditMixin 混合类。

- template_name：该模板将用于 CreateView 和 UpdateView 视图。

最后，创建下列 OwnerCourseMixin 子类视图。

- ManageCourseListView：列出用户创建的课程。该视图继承自 OwnerCourseMixin 和 ListView，并针对列出课程的模板定义特定的 template_name 属性。
- CourseCreateView：使用模型表单创建一个新的 Course 对象，并使用了定义于 OwnerCourseMixin 中的字段构建模型表单（同时也是 CreateView 的子类）。另外，该视图使用了定义于 OwnerCourseEditMixin 中的模板。
- CourseUpdateView：支持现有 Course 对象的编辑操作，并使用了定义于 OwnerCourseMixin 中的字段构建模型表单（同时也是 UpdateView 的子类）。另外，该视图使用了定义于 OwnerCourseEditMixin 中的模板。
- CourseDeleteView：该视图继承自 OwnerCourseMixin 和通用 DeleteView，并针对模板定义了特定的 template_name 属性，用以确认课程删除。

10.4.5 分组和权限

前述内容讨论了创建基本的视图对课程进行管理。当前，任意用户均可访问这一类视图。对此，我们需要对视图进行适当限制。具体来说，仅教师具有课程的创建和管理权限。

Django 的认证框架包含了权限系统，从而可向用户和分组分配相应的权限。本节将对教师这一类用户创建一个分组，并分配创建、更新、删除课程的权限。

使用 python manage.py runserver 命令运行开发服务器，在浏览器中打开 http://127.0.0.1:8000/admin/auth/group/add/ 并创建新的 Group 对象。添加名称 Instructors，除 Subject 模型的权限外，选择 courses 应用程序的全部权限，如图 10.3 所示。

从图 10.3 中可以看出，每种模型存在 4 种不同的权限，即 can view、can add、can change 和 can delete。在选择了分组的权限后，单击 SAVE 按钮。

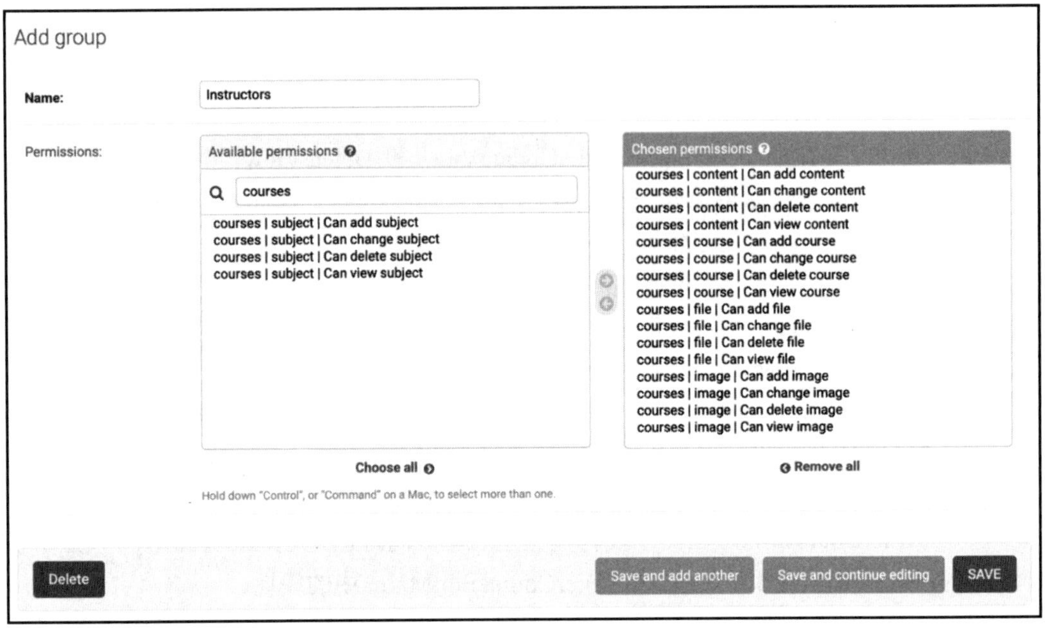

图 10.3

Django 针对模型采用自动方式创建权限，但用户也可自定义权限。我们将在第 12 章构建 API 中学习创建自定义的权限，关于自定义权限的添加方式，读者可访问 https://docs.djangoproject.com/en/3.0/topics/auth/customizing/#custom-permissions 以了解更多内容。

打开 http://127.0.0.1:8000/admin/auth/user/add/ 创建一个新用户。编辑该用户并将其加入 Instructors 分组，如图 10.4 所示。

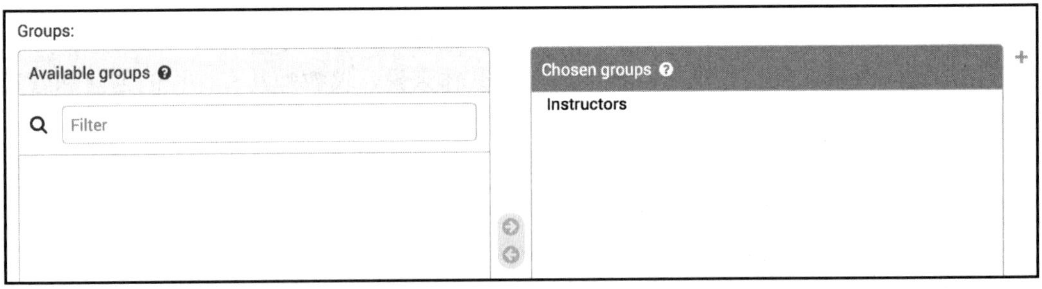

图 10.4

这里，用户继承了其所属分组的权限，但也可通过管理站点向单个用户添加个人权限。如果 is_superuser 设置为 True，那么用户将自动拥有全部权限。

10.4.6 限制访问基于类的视图

相应地,我们可限制对视图的访问权限,即仅拥有相应权限的用户可添加、更改或删除 Course 对象。对此,可采用 django.contrib.auth 提供的两个混合类限制对视图的访问,具体如下。

- LoginRequiredMixin:复制 login_required 装饰器的各项功能。
- PermissionRequiredMixin:将视图访问权限授予具有特定权限的用户。注意,超级用户自动拥有全部权限。

编辑 courses 应用程序的 views.py 文件,并添加下列导入语句:

```
from django.contrib.auth.mixins import LoginRequiredMixin, \
                                      PermissionRequiredMixin
```

使 OwnerCourseMixin 继承自 LoginRequiredMixin 和 PermissionRequiredMixin,如下所示:

```
class OwnerCourseMixin(OwnerMixin,
                       LoginRequiredMixin,
                       PermissionRequiredMixin):
    model = Course
    fields = ['subject', 'title', 'slug', 'overview']
    success_url = reverse_lazy('manage_course_list')
```

随后,向 course 视图添加 permission_required 属性,如下所示:

```
class ManageCourseListView(OwnerCourseMixin, ListView):
    template_name = 'courses/manage/course/list.html'
    permission_required = 'courses.view_course'

class CourseCreateView(OwnerCourseEditMixin, CreateView):
    permission_required = 'courses.add_course'

class CourseUpdateView(OwnerCourseEditMixin, UpdateView):
    permission_required = 'courses.change_course'

class CourseDeleteView(OwnerCourseMixin, DeleteView):
    template_name = 'courses/manage/course/delete.html'
    permission_required = 'courses.delete_course'
```

PermissionRequiredMixin 检测访问视图的用户是否具有 permission_required 属性中指定的权限。对应视图仅供具有适当权限的用户访问。

下面针对相关视图创建 URL。在 courses 应用程序目录中创建新文件，将其命名为 urls.py 并向其中添加下列代码：

```
from django.urls import path
from . import views

urlpatterns = [
    path('mine/',
         views.ManageCourseListView.as_view(),
         name='manage_course_list'),
    path('create/',
         views.CourseCreateView.as_view(),
         name='course_create'),
    path('<pk>/edit/',
         views.CourseUpdateView.as_view(),
         name='course_edit'),
    path('<pk>/delete/',
         views.CourseDeleteView.as_view(),
         name='course_delete'),
]
```

对于课程视图的显示、创建、编辑和删除功能，上述代码表示为相应的 URL 路径。编辑 educa 项目的 urls.py 文件，并包含 courses 应用程序的 URL 路径，如下所示：

```
from django.urls import path, include

urlpatterns = [
    path('accounts/login/', auth_views.LoginView.as_view(), name='login'),
    path('accounts/logout/', auth_views.LogoutView.as_view(),
         name='logout'),
    path('admin/', admin.site.urls),
    path('course/', include('courses.urls')),
]
```

另外，还需要针对此类视图创建模板。在 courses 应用程序的 templates/目录中生成下列目录和文件：

```
courses/
    manage/
```

```
course/
    list.html
    form.html
    delete.html
```

编辑 courses/manage/course/list.html 模板，并向其中添加下列代码：

```
{% extends "base.html" %}

{% block title %}My courses{% endblock %}

{% block content %}
  <h1>My courses</h1>

  <div class="module">
    {% for course in object_list %}
      <div class="course-info">
        <h3>{{ course.title }}</h3>
        <p>
          <a href="{% url "course_edit" course.id %}">Edit</a>
          <a href="{% url "course_delete" course.id %}">Delete</a>
        </p>
      </div>
    {% empty %}
      <p>You haven't created any courses yet.</p>
    {% endfor %}
    <p>
      <a href="{% url "course_create" %}" class="button">Create new course</a>
    </p>
  </div>
{% endblock %}
```

上述代码表示为针对 ManageCourseListView 视图的模板。在该模板中，列出了当前用户创建的对应课程。其中分别包含了一个编辑或删除每门课程的链接，以及一个创建新课程的链接。

利用 python manage.py runserver 命令运行开发服务器。在浏览器中打开 http://127.0.0.1:8000/accounts/login/?next=/course/mine/，并以 Instructors 分组用户身份登录。在登录后，将被重定向至 http://127.0.0.1:8000/course/mine/ 的 URL，如图 10.5 所示。

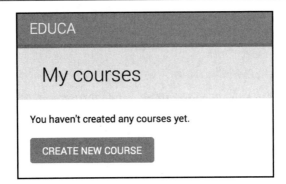

图 10.5

该页面显示了当前用户创建的全部课程。

对于创建、更新课程视图的表单，下面生成模板并对其予以显示。编辑 courses/manage/course/form.html 模板并编写下列代码：

```
{% extends "base.html" %}

{% block title %}
  {% if object %}
    Edit course "{{ object.title }}"
  {% else %}
    Create a new course
  {% endif %}
{% endblock %}

{% block content %}
  <h1>
    {% if object %}
      Edit course "{{ object.title }}"
    {% else %}
      Create a new course
    {% endif %}
  </h1>
  <div class="module">
    <h2>Course info</h2>
    <form method="post">
      {{ form.as_p }}
      {% csrf_token %}
      <p><input type="submit" value="Save course"></p>
    </form>
  </div>
{% endblock %}
```

form.html 模板用于 CourseCreateView 和 CourseUpdateView 视图。在该模板中，将检测 object 变量是否处于当前上下文中。若是，则可更新已有课程，并将其用于页面标题中。否则，将创建新的 Course 对象。

在浏览器中打开 http://127.0.0.1:8000/course/mine/，并单击 CREATE NEW COURSE 按钮，对应结果如图 10.6 所示。

填写表单并单击 SAVE COURSE 按钮，对应课程将被保存。随后用户将被重定向至课程列表页面，如图 10.7 所示。

图 10.6　　　　　　　　　　　　图 10.7

接下来，单击生成后的课程的 Edit 链接，将会再次显示该表单，但此次将对已有的 Course 对象进行编辑，而不是创建一个对象。

最后，编辑 courses/manage/course/delete.html 模板并向其中添加下列代码：

```
{% extends "base.html" %}

{% block title %}Delete course{% endblock %}

{% block content %}
```

```
<h1>Delete course "{{ object.title }}"</h1>
<div class="module">
  <form action="" method="post">
    {% csrf_token %}
    <p>Are you sure you want to delete "{{ object }}"?</p>
    <input type="submit" value="Confirm">
  </form>
</div>
{% endblock %}
```

上述代码表示为 CourseDeleteView 视图的模板，该视图继承自 Django 提供的 DeleteView，在经过用户确认后将删除一个对象。

打开浏览器中的课程列表并单击课程的 Delete 链接，对应的确认页面如图 10.8 所示。

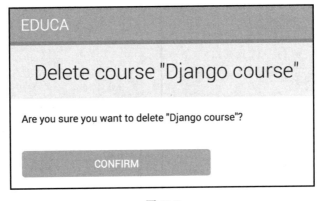

图 10.8

单击 CONFIRM 按钮后，对应课程将被删除，同时将被再次重定向至课程列表页面。

至此，教师可创建、编辑、删除课程。接下来，我们将使用 CMS 添加课程模块和相关内容。下面开始讨论课程模块的管理。

10.5　管理课程模块和内容

本节将构建一个系统来管理课程模块及其内容。对此，我们需要创建表单，并用于管理每门课程的多个模块，以及针对每个模块的不同内容类型。另外，模块和内容需要包含特定的顺序，同时应可通过 CMS 对其进行重新排序。

10.5.1 针对课程模块使用表单集

Django 包含了抽象层，并可与同一页面中的多个表单协同工作，这一类表单分组称作 formsets（表单集）。表单集负责管理某个 Form 或 ModelForm 的多个实例。全部表单均一次性提交，表单集则负责处理初始时的表单显示数量、限制可提交的最大表单数量并对全部表单进行验证。

表单集包含的 is_valid() 方法可以一次性地验证所有表单。此外，还可针对表单提供初始数据，并指定所显示的额外空表单的数量。

关于表单集和模型表单集，读者可分别访问 https://docs.djangoproject.com/en/3.0/topics/forms/formsets/ 和 https://docs.djangoproject.com/en/3.0/topics/forms/modelforms/#model-formsets 以了解更多信息。

由于一门课程可划分为不同数量的模块，因而较好的方法是使用表单集对其进行管理。在 courses 应用程序目录中创建 forms.py 文件，并向其中添加下列代码：

```python
from django import forms
from django.forms.models import inlineformset_factory
from .models import Course, Module

ModuleFormSet = inlineformset_factory(Course,
                                      Module,
                                      fields=['title',
                                              'description'],
                                      extra=2,
                                      can_delete=True)
```

上述代码定义了 ModuleFormSet，我们将采用 Django 提供的 inlineformset_factory() 函数对其加以构建。内联表单集表示为表单集之上的小型抽象层，并可简化与关联对象的操作过程。对于与 Course 对象关联的 Module 对象，该函数可采用动态方式构建模型表单集。

表单集的构建过程涉及以下参数。

- fields：表单集的每个表单中所包含的字段。
- extra：可设置附加空表单的数量，进而在表单集中予以显示。
- can_delete：若该参数设置为 True，Django 将针对每个表单包含一个布尔字段，并以复选框输入形式加以显示。据此，用户可标记希望删除的对象。

编辑 courses 应用程序的 views.py 文件，并向其中添加下列代码：

```python
from django.shortcuts import redirect, get_object_or_404
from django.views.generic.base import TemplateResponseMixin, View
from .forms import ModuleFormSet

class CourseModuleUpdateView(TemplateResponseMixin, View):
    template_name = 'courses/manage/module/formset.html'
    course = None

    def get_formset(self, data=None):
        return ModuleFormSet(instance=self.course,
                             data=data)

    def dispatch(self, request, pk):
        self.course = get_object_or_404(Course,
                                        id=pk,
                                        owner=request.user)
        return super().dispatch(request, pk)

    def get(self, request, *args, **kwargs):
        formset = self.get_formset()
        return self.render_to_response({'course': self.course,
                                        'formset': formset})

    def post(self, request, *args, **kwargs):
        formset = self.get_formset(data=request.POST)
        if formset.is_valid():
            formset.save()
            return redirect('manage_course_list')
        return self.render_to_response({'course': self.course,
                                        'formset': formset})
```

CourseModuleUpdateView 视图负责处理表单集针对特定课程添加、更新、删除模块。该视图继承自下列混合类和视图。

- TemplateResponseMixin：该混合类负责显示模板并返回一个 HTTP 响应，其中需要使用到 template_name 属性，以此表明所显示的模板，并提供了一个 render_to_response() 方法来传递上下文并显示模板。
- View：Django 提供的基于类的基本视图。

在上述视图中，需要实现下列各方法。

- get_formset()：在构建表单集时可避免重复代码。针对包含可选数据的给定 Course 对象，需要创建一个 ModuleFormSet 对象。
- dispatch()：该方法由 View 类提供，并接收一个 HTTP 请求及其参数，并尝试委托至与所用 HTTP 方法匹配的小写方法，即 GET 请求将被委托至 get() 方法，

POST 请求将委托至 post()方法。在该方法中，使用 get_object_or_404()快捷函数，并针对既定 id 参数（隶属于当前用户）获取 Course 对象。由于需要针对 GET 和 POST 请求检索课程，因而需要将此类代码纳入 dispatch()方法中。此外，将其保存至视图的 course 属性中，以便其他方法也可对其加以访问。

- get()：执行 GET 请求。构建一个空 ModuleFormSet 表单集，并利用 TemplateResponseMixin 提供的 render_to_response()方法，连同当前 Course 对象将其显示于模板中。
- post()：执行 POST 请求。该方法将执行下列操作：
  - 利用所提交的数据构建 ModuleFormSet 实例。
  - 执行表单集的 is_valid()方法，并验证其中的全部表单。
  - 若表单集有效，将调用 save()方法对其予以保存。此时，任何产生的变化，如添加、更新或删除模块，都将应用于数据库上。随后，用户将被重定向至 manage_course_list URL。如果表单无效，则渲染模板显示相关的错误信息。

编辑 courses 应用程序的 urls.py 文件，并向其中添加下列 URL 路径：

```
path('<pk>/module/',
    views.CourseModuleUpdateView.as_view(),
    name='course_module_update'),
```

在 courses/manage/模板目录中创建新目录，并将其命名为 module。创建 courses/manage/module/formset.html 模板，并向其添加下列代码：

```
{% extends "base.html" %}

{% block title %}
 Edit "{{ course.title }}"
{% endblock %}

{% block content %}
 <h1>Edit "{{ course.title }}"</h1>
 <div class="module">
   <h2>Course modules</h2>
   <form method="post">
     {{ formset }}
     {{ formset.management_form }}
     {% csrf_token %}
     <input type="submit" value="Save modules">
   </form>
 </div>
{% endblock %}
```

在该模板中，我们创建了<form> HTML 元素，其中包含了 formset。除此之外，还针对包含变量{{formset.management_form }}的表单集设置了管理表单。其中，管理表单涵盖了隐藏字段，并控制初始、全部、最小和最大表单数量，因而表单集的创建过程将变得十分简单。

编辑 courses/manage/course/list.html 模板，并在课程编辑和删除链接下方，针对 course_module_update URL 添加下列链接：

```
<a href="{% url "course_edit" course.id %}">Edit</a>
<a href="{% url "course_delete" course.id %}">Delete</a>
<a href="{% url "course_module_update" course.id %}">Edit modules</a>
```

上述链接用于编辑课程模块。

在浏览器中打开 http://127.0.0.1:8000/course/mine/，创建一门课程并单击它的 Edit modules 链接，对应的表单集如图 10.9 所示。

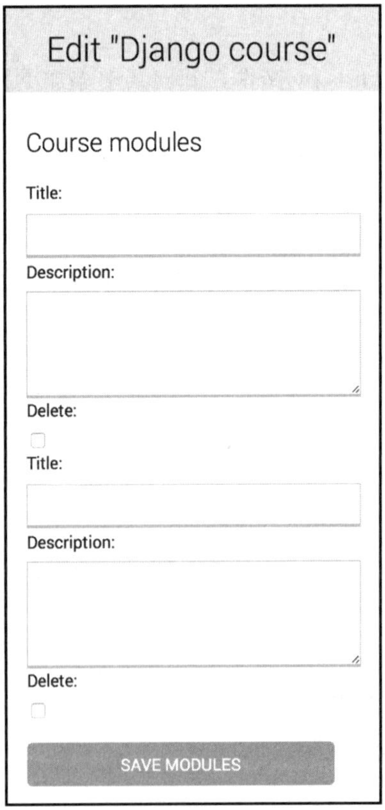

图 10.9

该表单集针对课程中的每个 Module 对象设置了一个表单。此后，由于针对 ModuleFormSet 设置了 extra=2，因而将显示两个额外的空表单。当保存该表单集时，Django 将另外赠加两个附加字段来添加新的模块。

10.5.2 向课程模块中添加内容

当前，我们需要一种方法可向课程模块中添加内容。目前包含 4 种不同的内容类型，即文本、视频、图像和文件。对此，可考虑生成 4 种不同的视图以创建相关内容，且分别对应于每个模型。因此，我们将采取一种更加通用的方案创建视图，进而可处理内容模型中对象的创建或更新操作。

编辑 courses 应用程序的 views.py 文件，并向其中添加下列代码：

```python
from django.forms.models import modelform_factory
from django.apps import apps
from .models import Module, Content

class ContentCreateUpdateView(TemplateResponseMixin, View):
    module = None
    model = None
    obj = None
    template_name = 'courses/manage/content/form.html'

    def get_model(self, model_name):
        if model_name in ['text', 'video', 'image', 'file']:
            return apps.get_model(app_label='courses',
                                  model_name=model_name)
        return None

    def get_form(self, model, *args, **kwargs):
        Form = modelform_factory(model, exclude=['owner',
                                                 'order',
                                                 'created',
                                                 'updated'])
        return Form(*args, **kwargs)

    def dispatch(self, request, module_id, model_name, id=None):
        self.module = get_object_or_404(Module,
                                        id=module_id,
                                        course__owner=request.user)
        self.model = self.get_model(model_name)
```

```
        if id:
            self.obj = get_object_or_404(self.model,
                                         id=id,
                                         owner=request.user)
        return super().dispatch(request, module_id, model_name, id)
```

上述代码展示了 ContentCreateUpdateView 的第 1 部分内容。据此，可创建、更新不同模型的内容。该模型定义了下列方法。

- ❑ get_model()：检查模型名称是否是 4 个内容模型名称之一，即 Text、Video、Image 或 File。随后，利用 Django 的 apps moudle 针对给定的模型名称获取实际类。如果给定的模型名称不符，该方法则返回 None。
- ❑ get_form()：利用表单框架的 modelform_factory()函数构建动态表单。考虑到针对 Text、Video、Image 和 File 模块构建一个表单，因而将使用 exclude 参数来指定要从表单中排除的公共字段，并让所有其他属性自动包含进来。据此，根据模型的不同，我们不需要知道要包括哪些字段。
- ❑ dispatch()：该方法接收下列 URL 参数，并作为类属性存储对应的模块、模型和内容对象。
  - ➢ module_id：内容所关联的模块 ID。
  - ➢ model_name：要创建、更新的内容的模型名称。
  - ➢ id：所更新的对象 ID。当创建新对象时，该参数设置为 None。

下面向 ContentCreateUpdateView 添加 get()和 post()方法，如下所示：

```
def get(self, request, module_id, model_name, id=None):
    form = self.get_form(self.model, instance=self.obj)
    return self.render_to_response({'form': form,
                                    'object': self.obj})

def post(self, request, module_id, model_name, id=None):
    form = self.get_form(self.model,
                         instance=self.obj,
                         data=request.POST,
                         files=request.FILES)
    if form.is_valid():
        obj = form.save(commit=False)
        obj.owner = request.user
        obj.save()
        if not id:
            # new content
            Content.objects.create(module=self.module,
```

```
                                    item=obj)
        return redirect('module_content_list', self.module.id)

    return self.render_to_response({'form': form,
                                    'object': self.obj})
```

上述方法解释如下。

- get()：当接收 GET 请求时执行该方法，并针对所更新的 Text、Video、Image 或 File 实例构建模型表单。否则，将不传递任何实例并创建新对象，因为如果未提供 ID，self.obj 表示为 None。
- post()：当接收 POST 请求时执行该方法，向其传递所提交的数据和文件以构建模型表单，并于随后对此进行验证。如果表单有效，将创建新对象，并在保存到数据库之前分配 request.user 并作为其持有者。接下来将检查 id 参数，如果未提供 ID，则知晓当前用户创建了新对象，而非更新现有对象。如果是一个新对象，将对给定模块创建一个 Content 对象，并将新内容与其关联。

编辑 courses 应用程序中的 urls.py 文件，并向其中添加下列 URL 路径：

```
path('module/<int:module_id>/content/<model_name>/create/',
    views.ContentCreateUpdateView.as_view(),
    name='module_content_create'),

path('module/<int:module_id>/content/<model_name>/<id>/',
    views.ContentCreateUpdateView.as_view(),
    name='module_content_update'),
```

新的 URL 路径解释如下。

- module_content_create：创建新文本、视频、图像或文件对象，并将其添加至模块中。其中涉及 module_id 和 model_name 参数，第 1 个参数可将新内容对象链接至给定的模块；第 2 个参数则指定了构建表单的内容模型。
- module_content_update：更新现有的文本、视频、图像或文件对象。其中涉及 module_id、model_name、id 参数，用以识别所更新的内容。

在 courses/manage/ 模板目录中创建新的目录，并将其命名为 content。创建 courses/manage/content/form.html 模板，并向其中添加下列代码：

```
{% extends "base.html" %}

{% block title %}
  {% if object %}
    Edit content "{{ object.title }}"
```

```
    {% else %}
      Add a new content
    {% endif %}
{% endblock %}

{% block content %}
  <h1>
    {% if object %}
      Edit content "{{ object.title }}"
    {% else %}
      Add a new content
    {% endif %}
  </h1>
  <div class="module">
    <h2>Course info</h2>
    <form action="" method="post" enctype="multipart/form-data">
      {{ form.as_p }}
      {% csrf_token %}
      <p><input type="submit" value="Save content"></p>
    </form>
  </div>
{% endblock %}
```

上述代码定义了 ContentCreateUpdateView 视图模板。在该模板中，将检查 object 变量是否处于当前上下文中。如果 object 位于当前上下文中，则更新现有对象，否则将创建新对象。

由于表单包含了针对 File 和 Image 内容模型的文件上传，因而在<form> HTML 元素中包含了 enctype="multipart/form-data"。

运行开发服务器，打开 http://127.0.0.1:8000/course/mine/，针对已有课程单击 Edit modules 链接并创建一个模块。利用 python manage.py shell 命令打开 Python Shell，获取最近生成的模块 ID，如下所示。

```
>>> from courses.models import Module
>>> Module.objects.latest('id').id
6
```

运行开发服务器并在浏览器中访问 http://127.0.0.1:8000/course/module/6/content/image/create/，通过之前获得的 ID 替换现有模块 ID。图 10.10 显示了创建 Image 对象的表单。

当前不要提交表单，否则，鉴于尚未定义 module_content_list URL，因而将会出现错误。稍后将会创建它。

图 10.10

除此之外，还需要一个视图并对相关内容予以删除。编辑 courses 应用程序的 views.py 文件，并向其中添加下列代码：

```python
class ContentDeleteView(View):

    def post(self, request, id):
        content = get_object_or_404(Content,
                                    id=id,
                                    module__course__owner=request.user)
        module = content.module
        content.item.delete()
        content.delete()
        return redirect('module_content_list', module.id)
```

ContentDeleteView 类将利用给定的 ID 检索 Content 对象；删除所关联的 Text、Video、Image 或 File 对象；最后将删除 Content 对象，并将用户重定向至 module_content_list URL，进而显示该模块的其他内容。

编辑 courses 应用程序的 urls.py 文件，并向其中添加下列 URL：

```python
path('content/<int:id>/delete/',
     views.ContentDeleteView.as_view(),
     name='module_content_delete'),
```

至此，教师可方便地对相关内容予以创建、更新和删除。

10.5.3 管理模块和内容

前述内容构建了相关视图，并可创建、编辑、删除课程模块和内容。下一步需要一个视图以显示某一门课程的全部模块，并针对特定模块列出相关内容。

编辑 courses 应用程序的 views.py 文件，并向其中添加下列代码：

```python
class ModuleContentListView(TemplateResponseMixin, View):
    template_name = 'courses/manage/module/content_list.html'

    def get(self, request, module_id):
        module = get_object_or_404(Module,
                                   id=module_id,
                                   course__owner=request.user)

        return self.render_to_response({'module': module})
```

上述代码定义了 ModuleContentListView 视图，该视图利用属于当前用户给定的 ID 获取 Module 对象，并通过给定的模块显示模板。

编辑 courses 应用程序的 urls.py 文件，并向其中添加下列 URL：

```python
path('module/<int:module_id>/',
     views.ModuleContentListView.as_view(),
     name='module_content_list'),
```

在 templates/courses/manage/module/ 目录中创建新模板，将其命名为 content_list.html，并添加下列代码：

```html
{% extends "base.html" %}

{% block title %}
  Module {{ module.order|add:1 }}: {{ module.title }}
{% endblock %}

{% block content %}
{% with course=module.course %}
  <h1>Course "{{ course.title }}"</h1>
  <div class="contents">
    <h3>Modules</h3>
    <ul id="modules">
    {% for m in course.modules.all %}
```

```
      <li data-id="{{ m.id }}" {% if m == module %}
       class="selected"{% endif %}>
        <a href="{% url "module_content_list" m.id %}">
         <span>
           Module <span class="order">{{ m.order|add:1 }}</span>
         </span>
         <br>
         {{ m.title }}
        </a>
      </li>
    {% empty %}
      <li>No modules yet.</li>
    {% endfor %}
  </ul>
  <p><a href="{% url "course_module_update" course.id %}">
  Edit modules</a></p>
</div>
<div class="module">
  <h2>Module {{ module.order|add:1 }}: {{ module.title }}</h2>
  <h3>Module contents:</h3>

  <div id="module-contents">
    {% for content in module.contents.all %}
      <div data-id="{{ content.id }}">
        {% with item=content.item %}
          <p>{{ item }}</p>
          <a href="#">Edit</a>
          <form action="{% url "module_content_delete" content.id %}"
           method="post">
            <input type="submit" value="Delete">
            {% csrf_token %}
          </form>
        {% endwith %}
      </div>
    {% empty %}
      <p>This module has no contents yet.</p>
    {% endfor %}
  </div>
  <h3>Add new content:</h3>
  <ul class="content-types">
    <li><a href="{% url "module_content_create" module.id "text" %}">
```

```
            Text</a></li>
        <li><a href="{% url "module_content_create" module.id "image" %}">
            Image</a></li>
        <li><a href="{% url "module_content_create" module.id "video" %}">
            Video</a></li>
        <li><a href="{% url "module_content_create" module.id "file" %}">
            File</a></li>
      </ul>
    </div>
{% endwith %}
{% endblock %}
```

确保模板标签未被划分为多行。

上述模板针对某一门课程显示全部模块，以及所选模块的相关内容。此处将遍历课程模块并在一个侧栏中对其予以显示。随后，将遍历该模块的对应内容，并访问 content.item 以获取所关联的 Text、Video、Image 或 File 对象。除此之外，还设置了一个链接进而创建新的文本、视频、图像或文件内容。

这里，我们希望知道每个 item 是哪一种类型的对象，即 Text、Video、Image 或 File。对此，需要使用到模型名称构建 URL 进而编辑对象。除此之外，还应根据内容类型在模板中显示每个条目。通过访问对象的_meta 属性，可从模型的 Meta 类中针对某个对象获取模型。无论如何，Django 并不允许访问在模板中以下画线开始的变量和属性，以防止检索私有属性或调用私有方法。针对于此，可编写自定义模板过滤器解决这一问题。

在 courses 应用程序目录中创建下列文件结构：

```
templatetags/
    __init__.py
    course.py
```

编辑 course.py 模块，并向其中添加下列代码：

```
from django import template

register = template.Library()

@register.filter
def model_name(obj):
    try:
        return obj._meta.model_name
    except AttributeError:
        return None
```

上述代码定义了 model_name 模板过滤器,并可作为 object|model_name 用于模板中,以针对某个对象获得模型名称。

编辑 templates/courses/manage/module/content_list.html 模板,并在{% extends %}模板标签下方向其添加下列代码行:

```
{% load course %}
```

这将加载 course 模板标签,随后查看下列代码行:

```
<p>{{ item }}</p>
<a href="#">Edit</a>
```

并替换为下列内容:

```
<p>{{ item }} ({{ item|model_name }})</p>
<a href="{% url "module_content_update" module.id item|model_name item.id %}">
    Edit
</a>
```

下面将显示模板中的条目模型,使用模型名称构建链接以编辑对象。

编辑 courses/manage/course/list.html 模板,并向 module_content_list URL 添加一个链接,如下所示:

```
<a href="{% url "course_module_update" course.id %}">Edit modules</a>
{% if course.modules.count > 0 %}
  <a href="{% url "module_content_list" course.modules.first.id %}">
  Manage contents</a>
{% endif %}
```

新链接允许用户访问课程第 1 个模块中的内容(若存在)。

终止开发服务器并利用 python manage.py runserver 命令再次运行该服务器。通过终止和运行开发服务器,可确保 course 模板标签文件被加载。

打开 http://127.0.0.1:8000/course/mine/,针对某一门课程(至少包含了一个模块)单击 Manage contents 链接,对应页面如图 10.11 所示。

当单击左侧栏中的某个模块时,其内容将显示于页面的主区域中。同时,该模板还包含了多个链接,并针对所显示的模块添加新的文本、视频、图像或文件内容。

向模块添加一组不同的内容类型,并查看最终结果。对应内容将显示于 Module contents 下方,如图 10.12 所示。

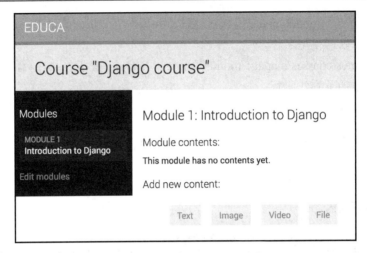

图 10.11

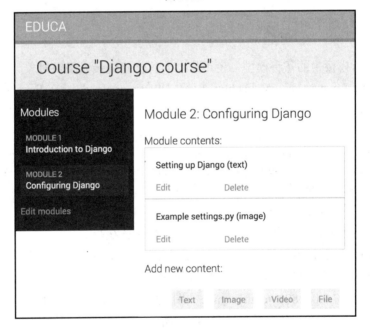

图 10.12

10.5.4 对模块和内容重排序

我们需要提供一种简单的方式，以对课程模块及其内容进行重新排序。对此，可使用JavaScript的拖曳微件,并通过拖曳的方式使用户对课程模块重新排序。当用户终止某个模块的拖曳行为时,将发送异步请求(AJAX)并存储新的模块顺序。

django-braces是一个第三方模块,其中包含了Django通用混合类集合。此类混合类针对基于类的视图提供了附加特性。关于django-braces提供的全部混合类列表,读者可访问https://django-braces.readthedocs.io/以了解更多内容。

此处将使用到下列django-braces混合类。

- CsrfExemptMixin:避免检测POST请求中的CSRF令牌,无须生成csrf_token即可执行AJAX POST请求。
- JsonRequestResponseMixin:将请求数据解析为JSON,并将响应序列化为JSON,同时使用application/json内容类型返回HTTP响应。

使用下列命令通过pip安装django-braces:

```
pip install django-braces==1.14.0
```

我们需要一个视图接收编码于JSON中的模块ID的最新顺序。编辑courses应用程序的views.py文件,并向其中添加下列代码:

```python
from braces.views import CsrfExemptMixin, JsonRequestResponseMixin

class ModuleOrderView(CsrfExemptMixin,
                      JsonRequestResponseMixin,
                      View):
    def post(self, request):
        for id, order in self.request_json.items():
            Module.objects.filter(id=id,
                course__owner=request.user).update(order=order)
        return self.render_json_response({'saved': 'OK'})
```

上述代码定义了ModuleOrderView视图。

相应地,还可构建类似的视图并对模块的内容进行排序。对此,向views.py文件中添加下列代码:

```python
class ContentOrderView(CsrfExemptMixin,
                       JsonRequestResponseMixin,
                       View):
    def post(self, request):
        for id, order in self.request_json.items():
            Content.objects.filter(id=id,
                module__course__owner=request.user) \
                .update(order=order)
        return self.render_json_response({'saved': 'OK'})
```

下面编辑 courses 应用程序的 urls.py 文件，并向其中添加下列 URL 路径：

```
path('module/order/',
    views.ModuleOrderView.as_view(),
    name='module_order'),

path('content/order/',
    views.ContentOrderView.as_view(),
    name='content_order'),
```

最后，还需要实现模板中的拖曳功能，对此将使用 jQuery UI 库。jQuery UI 构建于 jQuery 之上，并提供了一组界面交互、效果和微件集合。此处将使用到其中的 sortable 元素。首先，需要在基模板中载入 jQuery UI。打开位于 courses 应用程序 templates/ 目录中的 base.html 文件，在当前脚本下方添加 jQuery UI 以加载 jQuery，如下所示：

```
<script src="https://ajax.googleapis.com/ajax/libs/jquery/3.4.1/jquery.min.js"> </script>
<script src="https://ajax.googleapis.com/ajax/libs/jqueryui/1.12.1/jquery-ui.min.js"></script>
```

此处在 jQuery 框架之后加载 jQuery UI。下面编辑 courses/manage/module/content_list.html 模板，并在模板底部添加下列代码：

```
{% block domready %}
  $('#modules').sortable({
    stop: function(event, ui) {
      modules_order = {};
      $('#modules').children().each(function(){
        // update the order field
        $(this).find('.order').text($(this).index() + 1);
        // associate the module's id with its order
        modules_order[$(this).data('id')] = $(this).index();
      });
      $.ajax({
        type: 'POST',
        url: '{% url "module_order" %}',
        contentType: 'application/json; charset=utf-8',
        dataType: 'json',
        data: JSON.stringify(modules_order)
      });
    }
  });
```

```
$('#module-contents').sortable({
  stop: function(event, ui) {
    contents_order = {};
    $('#module-contents').children().each(function(){
      // associate the module's id with its order
      contents_order[$(this).data('id')] = $(this).index();
    });

    $.ajax({
      type: 'POST',
      url: '{% url "content_order" %}',
      contentType: 'application/json; charset=utf-8',
      dataType: 'json',
      data: JSON.stringify(contents_order),
    });
  }
});
{% endblock %}
```

JavaScript 代码位于{% block domready %}块中，因而包含于 jQuery 的$(document).ready()事件中（定义于 base.html 模板中）。这将确保页面加载后执行 JavaScript 代码。

这里针对侧栏中的模块列表定义了一个 sortable 元素，并对模块的内容列表定义了另一个不同的元素。二者以类似的方式工作。

在该代码中，将执行下列任务：

（1）首先针对 modules HTML 元素定义了一个 sortable 元素。注意，由于 jQuery 针对选择器使用了 CSS 标记，因而此处使用#modules。

（2）针对 stop 事件定义一个函数。每次用户结束元素排序时将引发该事件。

（3）创建一个空的 modules_order 目录。其中，字典的键表示为模块的 ID，对应的值则表示为针对每个模块所分配的顺序。

（4）遍历#module 子元素，针对每个模块重新计算显示顺序并获取其 data-id 属性，其中包含了模块的 ID。我们添加 ID 作为 modules_order 字典的键，并添加模块的新索引作为值。

（5）向 content_order URL 发送 AJAX POST 请求，其中包含了请求中 modules_order 的序列化 JSON 数据。对应的 ModuleOrderView 负责更新模块的顺序。

对内容进行排序的 sortable 元素也基本相同。返回至浏览器并重新加载页面，现在可对模块和内容分别进行单击和拖曳操作，进而对其进行重新排序，如图 10.13 所示。

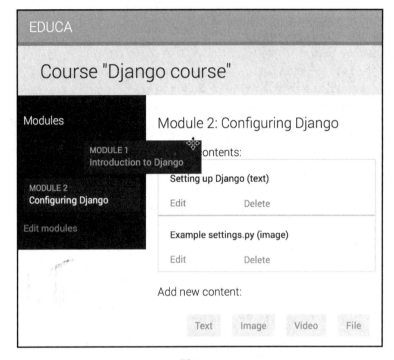

图 10.13

至此，我们对课程模块和模块内容完成了重排序操作。

10.6 本章小结

本章介绍了如何使用固定设置为模型提供初始数据。通过使用模型继承，我们创建了一个通用的系统来管理课程模块的不同类型内容。然后，实现了一个定制的模型字段以排序对象，以及如何使用基于类的视图和混合类。接下来，使用分组和权限限制对视图的访问。最后，使用表单集管理课程模块，并使用 jQuery UI 实现了一个拖放功能以重新排序模块及其内容。

第 11 章将构建一个学生注册系统，显示不同类型的内容，并学习如何与 Django 的缓存框架协同工作。

第 11 章　渲染和缓存内容

第 10 章使用了模型继承机制以及通用关系创建了灵活的课程内容模型。此外还实现了自定义模型字段，并利用基于类的视图构建了课程管理系统。最后，我们创建了基于 AJAX 的拖曳式功能，并对课程模块及其内容进行排序。

本章将实现以下功能：访问课程内容、创建学生注册系统，以及管理学生的课程注册。另外，还将利用 Django 缓存框架对数据进行缓存。

本章主要涉及以下内容：
- ❑ 创建公共视图以显示课程信息。
- ❑ 构建学生注册系统。
- ❑ 管理学生的课程注册。
- ❑ 显示课程模块的各种内容。
- ❑ 安装和配置 Memcached。
- ❑ 利用缓存框架对内容进行缓存。
- ❑ 利用 django-memcache-status 监测 Memcached。

下面从创建学生课程目录开始，让学生浏览、注册现有课程。

11.1　显 示 课 程

对于课程目录，需要设置下列功能项：
- ❑ 列出全部课程，并按照科目筛选（可选）。
- ❑ 显示一门课程的概要内容。

编辑 courese 应用程序的 views.py 文件，并添加下列代码：

```
from django.db.models import Count
from .models import Subject

class CourseListView(TemplateResponseMixin, View):
    model = Course
    template_name = 'courses/course/list.html'

    def get(self, request, subject=None):
```

```
            subjects = Subject.objects.annotate(
                        total_courses=Count('courses'))
            courses = Course.objects.annotate(
                        total_modules=Count('modules'))
            if subject:
                subject = get_object_or_404(Subject, slug=subject)
                courses = courses.filter(subject=subject)
            return self.render_to_response({'subjects': subjects,
                                           'subject': subject,
                                           'courses': courses})
```

上述代码定义了 CourseListView 视图，该视图继承自 TemplateResponseMixin 和 View。在该视图中，将执行下列任务：

（1）检索全部科目。此处采用了 ORM 的 annotate()方法（基于 Count()聚合函数），包括每种科目的全部课程数量。

（2）检索全部课程，包括每门课程中所包含的全部模块数量。

（3）如果给定某个科目的 slug URL 参数，将检索对应的科目对象，并将查询操作限定为隶属于该科目的课程。

（4）使用 TemplateResponseMixin 提供的 render_to_response()方法，将对象渲染于模板中，并返回一个 HTTP 响应。

针对单门课程概要内容的显示，下面创建一个详细视图，可向 views.py 文件中添加下列代码：

```
from django.views.generic.detail import DetailView

class CourseDetailView(DetailView):
    model = Course
    template_name = 'courses/course/detail.html'
```

上述视图继承自 Django 提供的通用 DetailView，此处将指定 model 和 template_name 属性。Django 的 DetailView 期望接收主键（pk）或 slug URL 参数，进而针对给定模型检索单一对象；随后将显示设置于 template_name 中的模板，包括模板上下文变量 object 中的 Course 对象。

编辑 educa 项目的主 urls.py 文件，并向其中添加下列 URL 路径：

```
from courses.views import CourseListView

urlpatterns = [
    # ...
```

```
    path('', CourseListView.as_view(), name='course_list'),
]
```

由于需要显示 URL http://127.0.0.1:8000/中的课程列表,因而需要向项目的 urls.py 主文件中添加 course_list URL 路径,以及包含/course/前缀的 courses 应用程序的所有其他 URL。

编辑 courses 应用程序的 urls.py 文件,并添加下列 URL 路径:

```
path('subject/<slug:subject>)/',
    views.CourseListView.as_view(),
    name='course_list_subject'),
path('<slug:slug>/',
    views.CourseDetailView.as_view(),
    name='course_detail'),
```

此处,我们定义了下列 URL 路径。

❑ course_list_subject:显示某项科目的全部课程。

❑ course_detail:显示单门课程的概要内容。

下面针对 CourseListView 和 CourseDetailView 视图构建模板。在 courses 应用程序的 templates/courses/目录中生成下列文件结构:

```
course/
    list.html
    detail.html
```

编辑 courses 应用程序的 courses/course/list.html 模板,并编写下列代码:

```
{% extends "base.html" %}

{% block title %}
  {% if subject %}
    {{ subject.title }} courses
  {% else %}
    All courses
  {% endif %}
{% endblock %}

{% block content %}
  <h1>
    {% if subject %}
      {{ subject.title }} courses
```

```html
        {% else %}
          All courses
        {% endif %}
      </h1>
      <div class="contents">
        <h3>Subjects</h3>
        <ul id="modules">
          <li {% if not subject %}class="selected"{% endif %}>
            <a href="{% url "course_list" %}">All</a>
          </li>
          {% for s in subjects %}
            <li {% if subject == s %}class="selected"{% endif %}>
              <a href="{% url "course_list_subject" s.slug %}">
                {{ s.title }}
                <br><span>{{ s.total_courses }} courses</span>
              </a>
            </li>
          {% endfor %}
        </ul>
      </div>
      <div class="module">
        {% for course in courses %}
          {% with subject=course.subject %}
            <h3>
              <a href="{% url "course_detail" course.slug %}">
                {{ course.title }}
              </a>
            </h3>
            <p>
              <a href="{% url "course_list_subject" subject.slug %}">{{ subject }}</a>.
              {{ course.total_modules }} modules.
              Instructor: {{ course.owner.get_full_name }}
            </p>
          {% endwith %}
        {% endfor %}
      </div>
{% endblock %}
```

确保模板标签未被划分为多行。

上述模板将列出当前全部课程。我们创建了一个HTML列表显示全部Subject对象，并针对每个对象建立了一个指向 course_list_subject URL 的链接。此外，还添加了一个 selected HTML 类，并突出显示当前科目（若存在）。最后，遍历每个 Course 对象，并显示模块的全部数量以及教师的名字。

运行开发服务器并在浏览器中打开 http://127.0.0.1:8000/。对应的页面如图 11.1 所示。

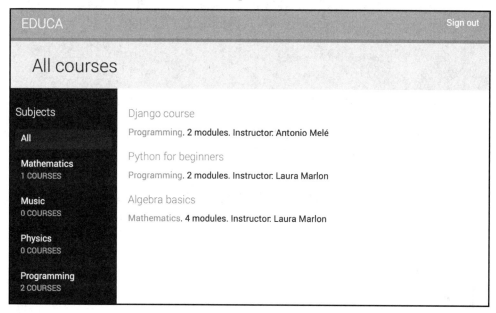

图 11.1

其中，左侧栏包含了全部科目，以及每项科目的全部课程数量。用户可单击任意科目以筛选所显示的课程。

编辑 courses/course/detail.html 模板，并向其中添加下列代码：

```
{% extends "base.html" %}

{% block title %}
  {{ object.title }}
{% endblock %}

{% block content %}
  {% with subject=course.subject %}
    <h1>
      {{ object.title }}
    </h1>
```

```
    <div class="module">
      <h2>Overview</h2>
      <p>
        <a href="{% url "course_list_subject" subject.slug %}">
        {{ subject.title }}</a>.
        {{ object.modules.count }} modules.
        Instructor: {{ object.owner.get_full_name }}
      </p>
      {{ object.overview|linebreaks }}
    </div>
  {% endwith %}
{% endblock %}
```

上述模板显示了某一门课程的概述和详细内容。在浏览器中打开 http://127.0.0.1:8000/ 并单击任意一门课程，对应的页面内容如图 11.2 所示。

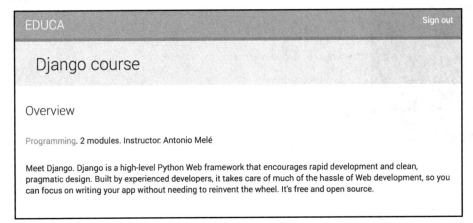

图 11.2

至此，我们创建了课程显示的公共区域。接下来，需要允许用户可以学生身份进行注册并选取相关课程。

11.2 添加学生注册机制

利用下列命令创建新的应用程序：

```
python manage.py startapp students
```

编辑 educa 项目的 settings.py 文件，并向 INSTALLED_APPS 设置中添加新的应用程序，如下所示：

```
INSTALLED_APPS = [
    # ...
    'students.apps.StudentsConfig',
]
```

11.2.1 创建学生注册视图

编辑 students 应用程序的 views.py 文件，并编写下列代码：

```
from django.urls import reverse_lazy
from django.views.generic.edit import CreateView
from django.contrib.auth.forms import UserCreationForm
from django.contrib.auth import authenticate, login

class StudentRegistrationView(CreateView):
    template_name = 'students/student/registration.html'
    form_class = UserCreationForm
    success_url = reverse_lazy('student_course_list')

    def form_valid(self, form):
        result = super().form_valid(form)
        cd = form.cleaned_data
        user = authenticate(username=cd['username'],
                            password=cd['password1'])
        login(self.request, user)
        return result
```

上述视图允许学生可在网站中进行注册。这里采用了通用的 CreateView，并提供了创建模型对象的功能。该视图需要使用下列属性。

- ❑ template_name：显示当前视图的模板路径。
- ❑ form_class：创建对象的表单且须为 ModelForm。这里使用了 Django 的 UserCreationForm 作为注册表单去创建 User 对象。
- ❑ success_url：当表单被成功提交后，用户被重定向的 URL。反向命名为 student_course_list 的 URL，并在 11.3 节中对此加以创建，进而列出学生所注册的课程。

当有效表单数据发布后，form_valid()方法将被调用，且需要返回一个 HTTP 响应。我们重载了该方法，并在用户成功注册后登录。

在 students 应用程序目录中创建新的文件，将其命名为 urls.py 并添加下列代码：

```python
from django.urls import path
from . import views

urlpatterns = [
    path('register/',
         views.StudentRegistrationView.as_view(),
         name='student_registration'),
]
```

随后，编辑 educa 项目的 urls.py 文件，并针对 students 应用程序添加 URL，即向 URL 配置中添加下列路径：

```python
urlpatterns=[
    #…
    path('students/',include('students.urls')),
]
```

在 students 应用程序目录中创建下列文件结构：

```
templates/
    students/
        student/
            registration.html
```

编辑 students/student/registration.html 模板，并向其中添加下列代码：

```html
{% extends "base.html" %}

{% block title %}
    Sign up
{% endblock %}

{% block content %}
    <h1>
        Sign up
    </h1>
    <div class="module">
        <p>Enter your details to create an account:</p>
        <form method="post">
            {{ form.as_p }}
            {% csrf_token %}
            <p><input type="submit" value="Create my account"></p>
        </form>
```

```
        </div>
{% endblock %}
```

运行开发服务器，并在浏览器中打开 http://127.0.0.1:8000/students/register/，对应的注册表单如图 11.3 所示。

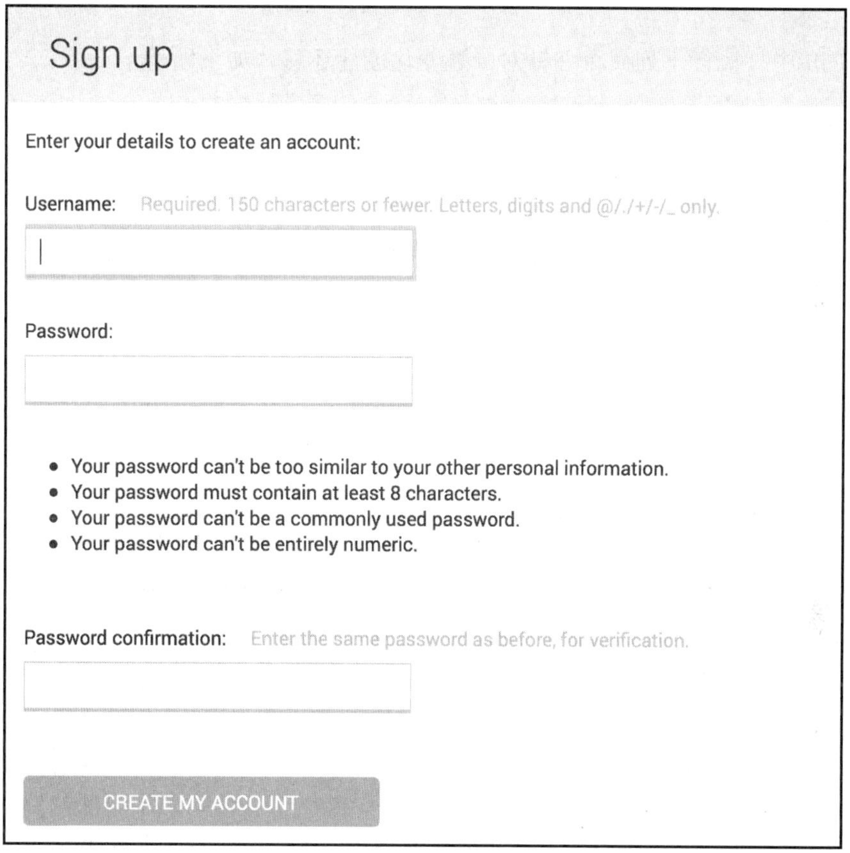

图 11.3

需要注意的是，设置于 StudentRegistrationView 视图的 success_url 属性中的 student_course_list URL 目前尚不存在。如提交表单，Django 并不会发现对应的 URL，并在成功注册后重定向用户。11.3 节将讨论该 URL 的创建过程。

11.2.2 注册课程

在用户账号创建完毕后，即可注册相关课程。为了存储注册信息，需要在 Course 和

User 模型间创建多对多关系。

编辑 courses 应用程序的 models.py 文件，并向 Course 模型中添加下列字段：

```
students = models.ManyToManyField(User,
                                  related_name='courses_joined',
                                  blank=True)
```

在 Shell 中，执行下列命令并针对上述变化创建迁移，如下所示：

```
python manage.py makemigrations
```

对应输出结果如下所示：

```
Migrations for 'courses':
  courses/migrations/0004_course_students.py
    - Add field students to course
```

随后，执行下列命令并应用上述迁移：

```
python manage.py migrate
```

对应输出结果以下列代码行结尾：

```
Applying courses.0004_course_students... OK
```

当前，可利用所选课程关联学生对象。下面创建学生注册课程这一功能。

在 students 应用程序目录中创建新文件，将其命名为 forms.py 并添加下列代码：

```
from django import forms
from courses.models import Course

class CourseEnrollForm(forms.Form):
    course = forms.ModelChoiceField(queryset=Course.objects.all(),
                                    widget=forms.HiddenInput)
```

接下来，将面向学生使用该表单并注册课程。course 字段对应于学生所注册的课程，因而表示为一个 ModelChoiceField。鉴于并不打算向用户显示这一字段，因而此处使用了 HiddenInput 微件。相应地，可在 CourseDetailView 视图中使用该表单，并显示注册按钮。

编辑 students 应用程序的 views.py 文件，并添加下列代码：

```
from django.views.generic.edit import FormView
from django.contrib.auth.mixins import LoginRequiredMixin
from .forms import CourseEnrollForm

class StudentEnrollCourseView(LoginRequiredMixin, FormView):
```

```
    course = None
    form_class = CourseEnrollForm

    def form_valid(self, form):
        self.course = form.cleaned_data['course']
        self.course.students.add(self.request.user)
        return super().form_valid(form)

    def get_success_url(self):
        return reverse_lazy('student_course_detail',
                            args=[self.course.id])
```

上述代码定义了 StudentEnrollCourseView 视图，用于处理在 courses 中注册的学生对象。该视图继承自 LoginRequiredMixin 混合类，因此，仅登录后的用户可访问该视图。除此之外，考虑到还需要处理表单提交问题，因而该视图还继承自 Django 的 FormView 视图。对于 form_class 属性，这里使用了 CourseEnrollForm 表单。此外，对于给定的 Course 对象的存储操作，还定义了一个 course 属性。若表单有效，将把当前用户添加至注册课程的学生对象中。

若表单被成功提交，get_success_url()方法将返回用户重定向的 URL。注意，该方法等价于 success_url 属性。我们将逆置 student_course_detail URL。

编辑 students 应用程序的 urls.py 文件，并向其中添加下列 URL 路径：

```
path('enroll-course/',
    views.StudentEnrollCourseView.as_view(),
    name='student_enroll_course'),
```

下面向课程概述页面中添加注册按钮表单。对此，编辑 courses 应用程序的 views.py 文件，并修改 CourseDetailView，如下所示：

```
from students.forms import CourseEnrollForm

class CourseDetailView(DetailView):
    model = Course
    template_name = 'courses/course/detail.html'

    def get_context_data(self, **kwargs):
        context = super().get_context_data(**kwargs)
        context['enroll_form'] = CourseEnrollForm(
                                    initial={'course':self.object})
        return context
```

针对模板显示问题，上述代码使用了 get_context_data()方法包含了当前上下文中的注册表单。我们使用当前的 Course 对象初始化表单的隐藏课程字段，以便直接提交。

编辑 courses/course/detail.html 模板，并查看下列代码行：

```
{{ object.overview|linebreaks }}
```

并替换为下列代码：

```
{{ object.overview|linebreaks }}
{% if request.user.is_authenticated %}
    <form action="{% url "student_enroll_course" %}" method="post">
        {{ enroll_form }}
        {% csrf_token %}
        <input type="submit" value="Enroll now">
    </form>
{% else %}
    <a href="{% url "student_registration" %}" class="button">
        Register to enroll
    </a>
{% endif %}
```

上述代码定义了注册课程的按钮。对于验证后的用户，将显示注册按钮，包括指向 student_enroll_course URL 的隐藏表单。若用户未被验证，那么，将仅显示平台注册链接。

确保开发服务器处于运行状态，在浏览器中打开 http://127.0.0.1:8000/，并单击某一门课程。对于登录用户，将会看到位于课程概述下方的一个 ENROLL NOW 按钮，如图 11.4 所示。

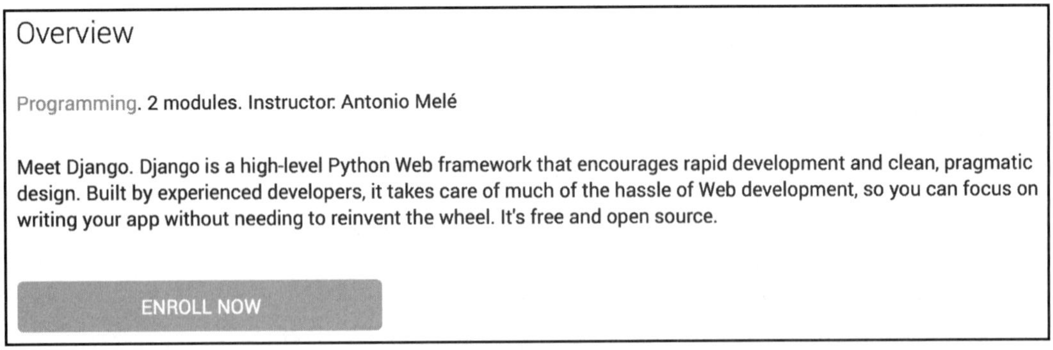

图 11.4

对于未登录用户，将会看到一个 REGISTER TO ENROLL 按钮。

11.3 访问课程内容

考虑到需要使用一个视图显示学生注册的课程，以及使用另一个视图以访问课程内容，因而可编辑 students 应用程序的 views.py 文件，并向其中添加下列代码：

```python
from django.views.generic.list import ListView
from courses.models import Course

class StudentCourseListView(LoginRequiredMixin, ListView):
    model = Course
    template_name = 'students/course/list.html'

    def get_queryset(self):
        qs = super().get_queryset()
        return qs.filter(students__in=[self.request.user])
```

上述视图针对学生对象而定义，并列出了其所注册的相关课程。该视图继承自 LoginRequiredMixin，以确保仅登录后的用户可访问该视图。此外，该视图还继承自通用 ListView，以显示 Course 对象列表。此处将重载 get_queryset()方法，且仅检索学生注册的课程。对此，将通过学生的 ManyToManyField 字段筛选 QuerySet。

接下来，向 student 应用程序中的 views.py 文件中添加下列代码：

```python
from django.views.generic.detail import DetailView

class StudentCourseDetailView(DetailView):
    model = Course
    template_name = 'students/course/detail.html'

    def get_queryset(self):
        qs = super().get_queryset()
        return qs.filter(students__in=[self.request.user])

    def get_context_data(self, **kwargs):
        context = super().get_context_data(**kwargs)
        # get course object
        course = self.get_object()
        if 'module_id' in self.kwargs:
            # get current module
            context['module'] = course.modules.get(
```

```
                                id=self.kwargs['module_id'])
        else:
            # get first module
            context['module'] = course.modules.all()[0]
        return context
```

上述代码定义了 StudentCourseDetailView 视图。其中重载了 get_queryset()方法，并将基 QuerySet 限定为用户注册的课程。除此之外，还重载了 get_context_data()方法，若给定了 module_id URL 参数，还将在当前上下文中设置课程模块。否则，将设置课程的第一个模块。通过这种方式，学生可浏览课程中的模块。

编辑 students 应用程序的 urls.py 文件，并向其中添加下列 URL 路径：

```
path('courses/',
     views.StudentCourseListView.as_view(),
     name='student_course_list'),

path('course/<pk>/',
     views.StudentCourseDetailView.as_view(),
     name='student_course_detail'),

path('course/<pk>/<module_id>/',
     views.StudentCourseDetailView.as_view(),
     name='student_course_detail_module'),
```

在 students 应用程序的 templates/students/目录中创建下列文件结构：

```
course/
    detail.html
    list.html
```

编辑 students/course/list.html 模板，并向其中添加下列代码：

```
{% extends "base.html" %}

{% block title %}My courses{% endblock %}

{% block content %}
  <h1>My courses</h1>

  <div class="module">
    {% for course in object_list %}
      <div class="course-info">
        <h3>{{ course.title }}</h3>
```

```
      <p><a href="{% url "student_course_detail" course.id %}">
        Access contents</a></p>
     </div>
    {% empty %}
     <p>
      You are not enrolled in any courses yet.
      <a href="{% url "course_list" %}">Browse courses</a>
      to enroll in a course.
     </p>
    {% endfor %}
  </div>
{% endblock %}
```

上述模板显示了学生注册的课程。需要注意的是，当新学生在当前平台上成功注册后，需要重定向至 student_course_list URL 处。除此之外，当学生登录至平台后，也应重定向至该 URL 处。

编辑 educa 项目的 settings.py 文件，并向其中添加下列代码：

```
from django.urls import reverse_lazy
LOGIN_REDIRECT_URL = reverse_lazy('student_course_list')
```

如果请求中未包含 next 参数，那么，在成功登录后，上述代码表示为 auth 模块重定向学生所用的设置。在成功登录后，学生将被重定向至 student_course_list URL，进而查看他们所注册的课程。

编辑 students/course/detail.html 模板，并向其中添加下列代码：

```
{% extends "base.html" %}

{% block title %}
  {{ object.title }}
{% endblock %}

{% block content %}
  <h1>
    {{ module.title }}
  </h1>
  <div class="contents">
    <h3>Modules</h3>
    <ul id="modules">
      {% for m in object.modules.all %}
        <li data-id="{{ m.id }}" {% if m == module %} class="selected"
{% endif %}>
```

```
        <a href="{% url "student_course_detail_module" object.id m.id %}">
          <span>
            Module <span class="order">{{ m.order|add:1 }} </span>
          </span>
          <br>
          {{ m.title }}
        </a>
      </li>
    {% empty %}
      <li>No modules yet.</li>
    {% endfor %}
  </ul>
</div>
<div class="module">
  {% for content in module.contents.all %}
    {% with item=content.item %}
      <h2>{{ item.title }}</h2>
      {{ item.render }}
    {% endwith %}
  {% endfor %}
</div>
{% endblock %}
```

上述是注册后的学生访问课程内容的模板。首先，我们构建了一个 HTML 列表，其中包含了全部课程模块，并突出显示当前模块。随后，遍历当前模块内容，并访问每项内容条目，同时利用{{item.render}}对其加以显示。后面将向内容模型中添加 render()方法，该方法将正确地显示相关内容。

11.4 渲染不同内容的类型

我们需要提供一种方式显示每一个内容的类型。编辑 courses 应用程序的 models.py 文件，并向 ItemBase 模型中添加 render()方法，如下所示：

```python
from django.template.loader import render_to_string

class ItemBase(models.Model):
    # ...

    def render(self):
        return render_to_string(
```

```
            f'courses/content/{self._meta.model_name}.html',
            {'item': self})
```

上述方法使用 render_to_string()函数显示一个模板，并作为字符串返回显示后的内容。每种内容类型都是采用在内容模型之后命名的模板予以显示。此处使用了 self._meta.model_name，并通过动态方式针对每项内容生成相应的模板。render()方法针对各种内容的显示提供了一个公共接口。

在 courses 应用程序的 templates/courses/目录中生成下列文件结构：

```
content/
    text.html
    file.html
    image.html
    video.html
```

编辑 courses/content/text.html 模板并编写下列代码：

```
{{ item.content|linebreaks }}
```

这表示为文本内容渲染模板。linebreaks 模板过滤器将纯文本中的换行符替换为 HTML 换行符。

编辑 courses/content/file.html 并添加下列内容：

```
<p><a href="{{ item.file.url }}" class="button">Download file</a></p>
```

这表示为文件渲染模板，并生成一个文件下载链接。

编辑 courses/content/image.html 模板并编写下列内容：

```
<p><img src="{{ item.file.url }}"alt="{{item.title}}"></p>
```

这表示为图像渲染模板。对于通过 ImageField 和 FileField 上传的文件，需要设置项目并利用开发服务器服务媒体文件。

编辑项目的 settings.py 文件，并向其中添加下列代码：

```
MEDIA_URL = '/media/'
MEDIA_ROOT = os.path.join(BASE_DIR, 'media/')
```

需要注意的是，MEDIA_URL 表示为基本 URL，并服务于上传后的文件；而 MEDIA_ROOT 表示当前文件位于的本地路径。

编辑项目的 urls.py 文件，并向其中添加下列导入语句：

```
from django.conf import settings
from django.conf.urls.static import static
```

随后在文件结尾处编写下列代码行：

```
if settings.DEBUG:
    urlpatterns += static(settings.MEDIA_URL,
                          document_root=settings.MEDIA_ROOT)
```

至此，当前项目已经准备好上传和服务媒体文件。Django 开发服务器在开发期间（将 DEBUG 设置为 True）服务媒体文件。注意，开发服务器并不适用于产品应用环境。第 14 章将讨论如何设置产品环境。

除此之外，还需要针对 Video 对象的显示创建一个模板。对于嵌入的视频内容，这里将使用 django-embed-video。django-embed-video 是一个第三方 Django 应用程序，可将来自 YouTube 或 Vimeo 的视频嵌入模板中，只需提供视频的公共 URL。

利用下列命令安装 django-embed-video 包：

```
pip install django-embed-video==1.3.2
```

编辑项目的 settings.py 文件，并向 INSTALLED_APPS 设置中添加应用程序，如下所示：

```
INSTALLED_APPS = [
    # ...
    'embed_video',
]
```

读者访问 https://django-embed-video.readthedocs.io/en/latest/，以查看 django-embed-video 应用程序的文档。

编辑 courses/content/video.html 模板并编写下列代码：

```
{% load embed_video_tags %}
{% video item.url "small" %}
```

这表示为视频渲染模板。

运行开发服务器，并在浏览器中访问 http://127.0.0.1:8000/course/mine/。利用 Instructors 分组中的用户访问站点，并向某一门课程中添加多项内容。当包含视频内容时，仅复制任意 YouTube URL 即可，如 https://www.youtube.com/watch?v=bgV39DlmZ2U，并将其包含至表单的 url 字段中。

在向课程中添加了相关内容后，打开 http://127.0.0.1:8000/，单击当前课程，并单击 ENROLL NOW 按钮。该门课程将被注册，同时用户将被重定向至 student_course_detail URL。图 11.5 显示了示例课程内容页面。

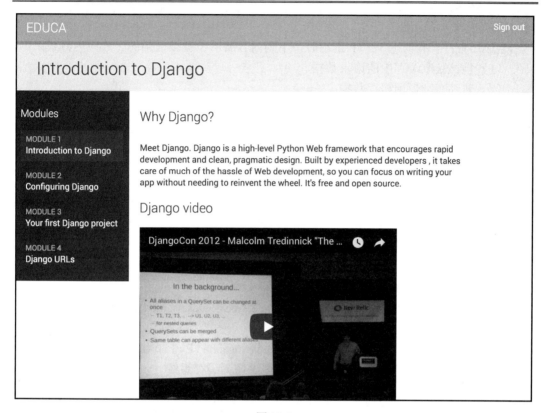

图 11.5

至此，针对不同类型课程内容的渲染，我们创建了一个公共接口。

11.5 使用缓存框架

Web 应用程序的 HTTP 请求通常会涉及数据库访问、数据处理以及模板渲染。与静态站点服务相比，处理过程的代价往往较为高昂。当站点流量逐渐增加时，某些请求中的开销可能非常大，这也是缓存的用武之地。通过缓存查询、计算结果或 HTTP 请求中的显示内容，可以在后续请求中避免开销较大的操作。这将在服务器端转换为较短的响应时间以及较少的处理操作。

Django 包含一个健壮的缓存系统，并可利用不同的粒度级别缓存数据。具体来说，可以缓存单次查询、特定视图的输出结果、部分显示的模板内容，甚至是全部站点。数据项可针对某一默认的时间存储于缓存系统中。另外，还可针对缓存数据指定默认的超时时间。

当应用程序获得某个 HTTP 请求时，下列内容展示了缓存框架的一般应用方式：

（1）尝试获取缓存中的请求数据。

（2）若存在则返回缓存数据。

（3）若不存在则执行下列任务：

❏ 执行查询或所需的处理操作，以获取对应数据。

❏ 将生成的数据保存至缓存中。

❏ 返回数据。

关于 Django 缓存的详细信息，读者可访问 https://docs.djangoproject.com/en/3.0/topics/cache/。

11.5.1 有效的缓存后端

Django 包含了多种缓存后端，具体如下。

❏ backends.memcached.MemcachedCache 或 backends.memcached.PyLibMCCache：即 Memcached 后端。Memcached 是一个快速的、高效的、基于内存的缓存服务器。后端的使用依赖于用户所选取的 Memcached Python 绑定。

❏ backends.db.DatabaseCache：使用数据库作为缓存系统。

❏ backends.filebased.FileBasedCache：使用文件存储系统，并作为单独的文件序列化和存储每个缓存值。

❏ backends.locmem.LocMemCache：本地内存缓存后端，这也是默认的缓存后端。

❏ backends.dummy.DummyCache：仅用于开发的虚拟缓存后端，实现了缓存接口，但实际上并未缓存任何事物。该缓存针对每个进程且是线程安全的。

📝 注意：

为了获得最佳性能，可使用基于内存的缓存后端，如 Memcached 后端。

11.5.2 安装 Memcached

下面将使用 Memcached 后端。Memcached 运行于内存中，并占用一定量的 RAM 空间。当所占用的 RAM 已满时，Memcached 将移除早期数据，并存储新数据。

读者可访问 https://memcached.org/downloads 并下载 Memcached。在 Linux 环境下，可通过下列命令安装 Memcached：

```
./configure && make && make test && sudo make install
```

对于 macOS X 环境，可利用 brew install memcached 命令并根据 Homebrew 包管理器安装 Memcached。另外，读者可访问 https://brew.sh/下载 Homebrew。

在 Memcached 安装完毕后，打开 Shell 并利用下列命令启动 Memcached：

```
memcached -l 127.0.0.1:11211
```

默认状态下，Memcached 运行于 11211 端口上。但是，也可通过-l 选项自定义主机和端口。关于 Memcached 的更多信息，读者可访问 https://memcached.org。

在 Memcached 安装完毕后，还需要安装其 Python 绑定。对此，可使用下列命令：

```
pip install python-memcached==1.59
```

11.5.3 缓存设置

Django 提供了下列缓存设置项。
- CACHES：表示为一个字典，其中包含了项目的全部有效缓存。
- CACHE_MIDDLEWARE_ALIAS：用于存储的缓存别名。
- CACHE_MIDDLEWARE_KEY_PREFIX：用于缓存键的前缀。
- 如果在多个站点间共有相同的缓存，设置前缀可避免键冲突问题。
- CACHE_MIDDLEWARE_SECONDS：缓存页面的默认秒数。

通过 CACHES 设置项，可配置项目的缓存系统。该设置项表示为一个字典，并可针对多项缓存进行配置。包含于 CACHES 字典中的每项缓存可指定下列数据。
- BACKEND：所用的缓存后端。
- KEY_FUNCTION：表示为一个字符串，包含一个带点的可调用路径，该路径接收前缀、版本和键作为参数，并返回一个最终的缓存键。
- KEY_PREFIX：针对全部缓存键的字符串前缀，以避免冲突问题。
- LOCATION：表示缓存的位置。取决于缓存后端，该项可定义为一个字典、主机和端口，或者是一个内存后端的名称。
- OPTIONS：传递至缓存后端的附加参数。
- TIMEOUT：表示存储缓存键的默认超时量（以秒计）。默认状态下为 300 秒，即 5 分钟。若该项设置为 None，则缓存键将不会过期。
- VERSION：缓存键默认的版本号，这对于缓存版本控制来说十分有用。

11.5.4 向项目中添加 Memcached

下面针对当前项目配置缓存。编辑 educa 项目的 settings.py 文件，并向其中添加下列代码：

```
CACHES = {
    'default': {
        'BACKEND': 'django.core.cache.backends.memcached.MemcachedCache',
        'LOCATION': '127.0.0.1:11211',
    }
}
```

此处将使用到 MemcachedCache 后端，并利用 address:port 标识指定其位置。如果包含多个 Memcached 实例，可使用一个 LOCATION 列表。

11.5.5　监控 Memcached

为了实现对 Memcached 的监控，可使用名为 django-memcache-status 的第三方数据包。该应用程序对于管理站点中的 Memcached 实例显示相应的统计数据。相应地，可通过下列命令安装 django-memcache-status：

```
pip install django-memcache-status==2.2
```

编辑 settings.py 文件，并向 INSTALLED_APPS 设置项中添加'memcache_status'，如下所示：

```
INSTALLED_APPS = [
    # ...
    'memcache_status',
]
```

编辑 courses 应用程序的 admin.py 文件，并向其中添加下列代码行：

```
# use memcache admin index site
admin.site.index_template = 'memcache_status/admin_index.html'
```

确保 Memcached 处于运行状态。在另一个 Shell 窗口中启动开发服务器，并在浏览器中打开 http://127.0.0.1:8000/admin/。利用超级用户身份登录当前站点，管理站点的索引页面如图 11.6 所示。

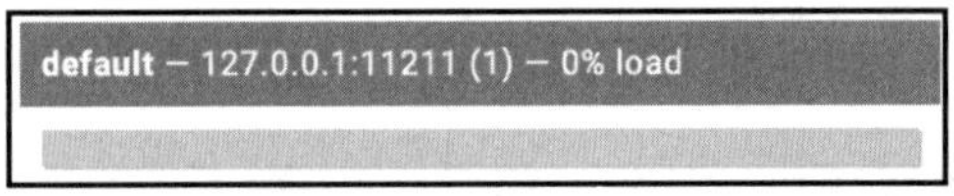

图 11.6

图 11.6 显示了缓存应用状态的条形图。绿色表示可用缓存，红色表示已用空间。当

单击图框上方标题时，将显示 Memcached 实例的详细信息。

至此，我们针对当前项目设置了 Memcached，并可对其进行监控。下面开始对数据进行缓存。

11.5.6 缓存级别

Django 以粒度升序提供了下列缓存级别。
- 底层缓存 API：提供了最高粒度的缓存，并可缓存特定的查询和计算。
- 模板缓存：可缓存模板片段。
- 基于每个视图的缓存：针对单一视图提供缓存。
- 基于每个站点的缓存：提供了最高级别的缓存，并可缓存整个网站。

> **注意：**
> 在实现缓存之前应考虑相应的缓存策略。首先需要关注代价相对高昂的查询或计算，它们不是按每个用户计算的。

11.5.7 使用底层缓存 API

底层缓存 API 可利用任意粒度存储缓存中的对象，相关 API 位于 django.core.cache，其导入方式如下所示：

```
from django.core.cache import cache
```

这将使用默认的缓存，即 caches['default']。另外，也可通过其别名访问特定的缓存，如下所示：

```
from django.core.cache import caches
my_cache = caches['alias']
```

接下来考查缓存 API 的工作方式。利用 python manage.py shell 命令打开 Shell，并执行下列代码：

```
>>> from django.core.cache import cache
>>> cache.set('musician', 'Django Reinhardt', 20)
```

此处将访问默认的缓存后端，并使用 set(key,value,timeout) 存储'musician'键 20 秒，其中包含了一个'Django Reinhardt'字符串。如果未指定超时时间，Django 将使用 CACHES 设置项中针对缓存后端指定的默认超时。接下来执行下列代码：

```
>>> cache.get('musician')
'Django Reinhardt'
```

随后根据当前缓存对键进行检索。等待 20 秒后将执行下列同一代码：

```
>>> cache.get('musician')
```

这一次并未返回任何值。'musician'缓存键超时，鉴于该键不再位于缓存中，因而 get() 方法返回 None。

> **注意：**
> 由于无法分辨实际值和缓存丢失，因此，一般应避免在缓存键中存储 None 值。

下面利用下列命令缓存 QuerySet：

```
>>> from courses.models import Subject
>>> subjects = Subject.objects.all()
>>> cache.set('my_subjects', subjects)
```

接下来执行 Subject 模型上的 QuerySet，并将返回的对象存储于'my_subjects'键中。随后可检索缓存后的数据，如下所示：

```
>>> cache.get('my_subjects')
<QuerySet [<Subject: Mathematics>, <Subject: Music>, <Subject: Physics>, <Subject: Programming>]>
```

下一步将缓存视图中的某些查询。编辑 courses 应用程序的 views.py 文件，并添加下列导入语句：

```
from django.core.cache import cache
```

在 CourseListView 的 get()方法中，查看下列代码：

```
subjects = Subject.objects.annotate(
            total_courses=Count('courses'))
```

并替换为下列内容：

```
subjects = cache.get('all_subjects')
if not subjects:
    subjects = Subject.objects.annotate(
            total_courses=Count('courses'))
    cache.set('all_subjects', subjects)
```

在上述代码中，我们尝试利用 cache.get()方法从缓存中获取 all_students 键。如果未发现该键，则返回 None（尚未缓存，或者已经缓存但已超时），执行查询操作并检索全部 Subject 对象及其课程数量，随后利用 cache.set()缓存结果。

运行开发服务器并在浏览器中打开 http://127.0.0.1:8000/。当执行该视图时，缓存键不存在且 QuerySet 被执行。在浏览器中打开 http://127.0.0.1:8000/admin/，单击 Memcached 部分进一步丰富 Memcached 统计数据。图 11.7 显示了缓存所使用的数据。

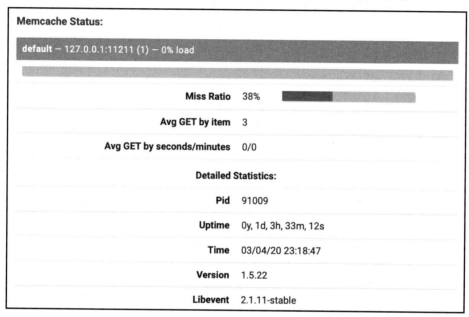

图 11.7

查看 Curr Items 项，此处应为 1，表明缓存中当前存储了一个数据项；Get Hits 则表示成功的 get 命令的数量；Get Misses 表示丢失键的 get 请求；Miss Ratio 则通过 Get Hits 和 Get Misses 进行计算。

返回至 http://127.0.0.1:8000/，并多次重新加载页面。当查看缓存统计结果时，将会看到多次读取操作（相应地，Get Hits 和 Cmd Get 将增加）。

11.5.8 缓存动态数据

很多时候，用户希望缓存基于动态数据的相关内容。对此，需要构建动态键，并包含全部所需信息，进而唯一地标识缓存数据。

编辑 courses 应用程序的 views.py 文件，并修改 CourseListView 视图，如下所示：

```
class CourseListView(TemplateResponseMixin, View):
    model = Course
```

```python
    template_name = 'courses/course/list.html'

    def get(self, request, subject=None):
        subjects = cache.get('all_subjects')
        if not subjects:
            subjects = Subject.objects.annotate(
                           total_courses=Count('courses'))
            cache.set('all_subjects', subjects)
        all_courses = Course.objects.annotate(
                          total_modules=Count('modules'))
        if subject:
            subject = get_object_or_404(Subject, slug=subject)
            key = f'subject_{subject.id}_courses'
            courses = cache.get(key)
            if not courses:
                courses = all_courses.filter(subject=subject)
                cache.set(key, courses)
        else:
            courses = cache.get('all_courses')
            if not courses:
                courses = all_courses
                cache.set('all_courses', courses)
        return self.render_to_response({'subjects': subjects,
                                        'subject': subject,
                                        'courses': courses})
```

在该示例中，我们缓存了全部课程，以及通过科目所筛选的课程。如果未设定任何科目，那么将使用 all_courses 存储全部课程。如果存在某个科目，则利用 f'subject_{subject.id}_courses'动态地构建该键。

需要注意的是，此处不可使用缓存后的 QuerySet 构建其他 QuerySet，其原因在于缓存的内容实际上为当前 QuerySet 的结果，因而无法执行下列操作：

```
courses = cache.get('all_courses')
courses.filter(subject=subject)
```

相反，需要创建基 QuerySet Course.objects.annotate(total_modules=Count('modules'))，且需要对其进行强制执行，同时利用 all_courses.filter(subject=subject)进一步限制 QuerySet，以防止数据未存在于缓存中。

11.5.9 缓存模板片段

缓存模板片段可视作一种高层方案，需要通过{% load cache %}在模板中加载缓存标签。随后，可使用{% cache %}模板标签缓存特定的模板片段。对此，一般采用下列模板标签：

```
{% cache 300 fragment_name %}
    ...
{% endcache %}
```

{% cache %}模板标签包含两个必需的参数，即超时时间值（以秒计）以及片段名称。如果需要根据动态数据缓存内容，还可传递附加参数至{% cache %}模板标签中，以唯一标识当前片段。

编辑 students 应用程序的/students/course/detail.html，并在{% extends %}标签后添加下列代码：

```
{% load cache %}
```

随后查看下列代码行：

```
{% for content in module.contents.all %}
  {% with item=content.item %}
    <h2>{{ item.title }}</h2>
    {{ item.render }}
  {% endwith %}
{% endfor %}
```

并替换为下列内容：

```
{% cache 600 module_contents module %}
  {% for content in module.contents.all %}
    {% with item=content.item %}
      <h2>{{ item.title }}</h2>
      {{ item.render }}
    {% endwith %}
  {% endfor %}
{% endcache %}
```

我们采用名称 module_contents 缓存模板片段，并向其中传递当前的 Module 对象。因此，可唯一标识该片段。注意，当请求不同的模块时，这可避免缓存某个模块的内容，以及服务于错误的内容。

> **注意：**
> 如果 USE_I18N 设置为 True，那么，每个站点的中间件缓存将遵循处于活动状态下的语言。如果使用{% cache %}模板标签，则必须使用模板中可用的翻译专用变量（之一）来实现相同的结果，如{% cache 600 name request.LANGUAGE_CODE %}。

11.5.10 缓存视图

利用 django.views.decorators.cache 中的 cache_page 装饰器，可缓存独立视图的输出结果。其中，装饰器需要使用到 timeout 参数（以秒计）。

下面在当前视图中对其加以应用。编辑 students 应用程序的 urls.py 文件，并添加下列导入语句：

```python
from django.views.decorators.cache import cache_page
```

随后，向 student_course_detail 和 student_course_detail_module URL 应用 cache_page 装饰器，如下所示：

```python
path('course/<pk>/',
    cache_page(60 * 15)(views.StudentCourseDetailView.as_view()),
    name='student_course_detail'),
path('course/<pk>/<module_id>/',
    cache_page(60 * 15)(views.StudentCourseDetailView.as_view()),
    name='student_course_detail_module'),
```

当前，StudentCourseDetailView 的结果将缓存 15 分钟。

注意：

每个视图缓存都使用 URL 来构建缓存键。指向同一视图的多个 URL 将被单独缓存。

11.5.11 使用每个站点缓存

站点缓存则是最高级别的缓存，进而可缓存整个网站。对此，可编辑项目的 settings.py 文件，并向 MIDDLEWARE 设置中添加 UpdateCacheMiddleware 和 FetchFromCacheMiddleware 类，如下所示：

```python
MIDDLEWARE = [
    'django.middleware.security.SecurityMiddleware',
    'django.contrib.sessions.middleware.SessionMiddleware',
    'django.middleware.cache.UpdateCacheMiddleware',
    'django.middleware.common.CommonMiddleware',
    'django.middleware.cache.FetchFromCacheMiddleware',
    # ...
]
```

注意，在请求阶段，中间件将以既定顺序被执行，而在响应阶段则以逆序执行。当中间件以逆序执行时，考虑到 UpdateCacheMiddleware 运行于响应期内，因而将置于 CommonMiddleware 之前。FetchFromCacheMiddleware 则置于 CommonMiddleware 之后，因为需要访问后者所设置的请求数据。

接下来，向 settings.py 文件中添加下列设置内容：

```
CACHE_MIDDLEWARE_ALIAS = 'default'
CACHE_MIDDLEWARE_SECONDS = 60 * 15 # 15 minutes
CACHE_MIDDLEWARE_KEY_PREFIX = 'educa'
```

在上述设置中，针对缓存中间件使用了默认缓存，并将全局缓存超时设置为 15 分钟。此外，还对所有缓存键指定了一个前缀，当针对多个项目使用相同的 Memcached 后端时，可避免出现键冲突问题。站点现在将缓存并返回所有 GET 请求的缓存内容。

据此，可对每个站点缓存功能进行测试。当前，站点缓存方案并不适用，因为课程管理视图需要显示更新后的数据，并即刻反映这一变化。一种较好的方案是缓存用于向学生显示课程内容的模板或视图。

至此，我们已经了解了 Django 提供的缓存数据的方法。读者可视具体情况定义缓存策略，并考虑代价相对高昂的 QuerySet 或计算的优先顺序。

11.6 本章小结

本章实现了课程目录的公共视图，并针对学生构建了一个系统用以注册课程。此外，我们还针对课程模块创建了不同类型内容的渲染功能。最后，学习了如何使用 Django 缓存框架，以及如何安装、监测 Memcached 缓存后端。

第 12 章将使用 Django REST 框架对当前项目构建 RESTful API。

第 12 章 构建 API

第 11 章构建了学生注册和课程登记系统,并创建了相关视图以显示课程内容。除此之外,我们还学习了使用 Django 的缓存框架。

本章将针对电子教学平台创建 RESTful API。相应地,API 可构建多个平台可用的公共核心,如站点、移动应用程序和插件等。例如,可针对电子教学平台创建一个供移动应用程序使用的 API。如果向第三方提供了某个 API,则可使用相关信息,并通过编程方式操作应用程序。API 使得开发人员可在平台上自动执行操作,并将服务与其他应用程序或在线服务进行集成。因此,我们将针对电子教学平台构建功能齐全的 API。

本章主要涉及以下内容:
- 安装 Django REST 框架。
- 针对模型创建序列化器。
- 构建 RESTful API。
- 创建嵌套序列化器。
- 构建自定义 API 视图。
- 处理 API 认证。
- 向 API 视图中添加授权。
- 创建自定义授权。
- 实现视图集和路由器。
- 通过 Requests 库使用 API。

下面首先讨论 API 的设置。

12.1 构建 RESTful API

当构建 API 时,存在多种方式可构建其端点和动作,但我们建议遵循 REST 原则。REST 是表述性状态转移(Representational State Transfer)的简写。RESTful API 是基于资源的,对应模型即体现了相关资源,诸如 GET、POST、PUT 或 DELETE 这一类 HTTP 方法用于检索、创建、更新或删除对象。另外,HTTP 响应代码也用于该上下文中。不同的 HTTP 响应代码将被返回,并以此表明 HTTP 请求的结果,如 2XX 成功响应代码、4XX

错误代码等。

RESTful API 中最为常见的数据交换格式是 JSON 和 XML，此处将针对项目利用 JSON 序列化机制构建 RESTful API。对应 API 提供了下列功能：

- 检索科目。
- 检索有效课程。
- 检索课程内容。
- 注册一门课程。

通过创建自定义视图，我们将利用 Django 构建一个 API。相应地，存在多种第三方模块可为项目创建 API，其中较为流行的是 Django REST 框架。

12.1.1 安装 Django REST 框架

Django REST 框架可针对项目方便地构建 RESTful API。读者可访问 https://www.django-rest-framework.org/以了解 REST 框架的全部信息。

打开 Shell 并利用下列命令安装框架：

```
pip install djangorestframework==3.11.0
```

编辑 educa 项目的 settings.py 文件，向 INSTALLED_APPS 设置中添加 rest_framework，以激活当前应用程序，如下所示：

```
INSTALLED_APPS = [
    # ...
    'rest_framework',
]
```

随后向 settings.py 文件中添加下列代码：

```
REST_FRAMEWORK = {
    'DEFAULT_PERMISSION_CLASSES':
        'rest_framework.permissions.DjangoModelPermissionsOrAnonReadOnly'
    ]
}
```

通过 REST_FRAMEWORK 设置，可向 API 提供特定的配置。REST 框架提供了范围较广的设置可配置相关的默认行为。DEFAULT_PERMISSION_CLASSES 设置指定了默认权限，并读取、创建、更新或删除对象。这里将 DjangoModelPermissionsOrAnonReadOnly 定义为唯一的默认权限类，该类依赖于 Django 的授权系统，当对匿名用户提供只读访问时，可使用户创建、更新或删除对象。后面将在向视图中添加授权部分对授权机制进行详细讨论。

读者可访问 https://www.django-rest-framework.org/api-guide/settings/，并查看完整的 REST 框架可用设置列表。

12.1.2 定义序列化器

待 REST 框架设置完毕后，还需要确定数据的序列化方式。输出数据应以特定的格式进行序列化，而输入数据则需要执行反序列化操作。REST 框架提供了下列类，以针对单一对象构建序列化器。

- Serializer：针对常规 Python 类实例提供序列化。
- ModelSerializer：针对模型实例提供了序列化操作。
- HyperlinkedModelSerializer：等同于 ModelSerializer，但利用链接（而非主键）体现对象关系。

下面创建第一个序列化器。在 courses 应用程序目录内生成下列文件结构：

```
api/
    __init__.py
    serializers.py
```

我们将在 api 目录中构建所有的 API 功能，以使相关内容处于良好的组织状态。编辑 serializers.py 文件，并添加下列代码：

```python
from rest_framework import serializers
from ..models import Subject

class SubjectSerializer(serializers.ModelSerializer):
    class Meta:
        model = Subject
        fields = ['id', 'title', 'slug']
```

上述代码表示为 Subject 模型的序列化器。序列化器的定义方式与 Django 的 Form 和 ModelForm 类相似。Meta 类负责指定实现序列化的模型，以及包含于序列化中的字段。如果未设置 fields 属性，那么需要包含全部模型字段。

接下来尝试使用序列化器。打开命令行工具，利用下列命令启动 Django Shell：

```
python manage.py shell
```

并运行下列代码：

```
>>> from courses.models import Subject
```

```
>>> from courses.api.serializers import SubjectSerializer
>>> subject = Subject.objects.latest('id')
>>> serializer = SubjectSerializer(subject)
>>> serializer.data
{'id': 4, 'title': 'Programming', 'slug': 'programming'}
```

在该示例中，我们获得 Subject 对象、创建 SubjectSerializer 实例并访问序列化数据。不难发现，该模型数据已转换为 Python 本地数据类型。

12.1.3 理解解析器和渲染器

序列化后的数据必须以特定的格式呈现，然后才能在 HTTP 响应中返回。类似地，当获取某个 HTTP 请求时，需要解析输入数据，并在对其进行操作前执行反序列化操作。REST 框架内置了渲染器和解析器对此进行处理。

下面考查如何解析输入数据。在 Python Shell 中执行下列代码：

```
>>> from io import BytesIO
>>> from rest_framework.parsers import JSONParser
>>> data = b'{"id":4,"title":"Programming","slug":"programming"}'
>>> JSONParser().parse(BytesIO(data))
{'id': 4, 'title': 'Programming', 'slug': 'programming'}
```

当给定 JSON 字符串输入后，可使用 REST 框架提供的 JSONParser 类将其转换为 Python 对象。

除此之外，REST 框架还提供了 Renderer 类，可格式化 API 响应结果。该框架通过内容协商确定使用哪个渲染器程序，并期望接收请求的 Accept 头确定响应的内容类型。一种可选的方案是，渲染器可通过 URL 的格式后缀确定。例如，URL http://127.0.0.1:8000/api/data.json 可能表示为触发 JSONRenderer 的端点，以返回 JSON 响应。

返回至 Shell，并执行下列代码渲染前述序列化器示例中的 serializer 对象：

```
>>> from rest_framework.renderers import JSONRenderer
>>> JSONRenderer().render(serializer.data)
```

对应输出结果如下所示：

```
b'{"id":4,"title":"Programming","slug":"programming"}'
```

此处使用了 JSONRenderer 将序列化数据渲染至 JSON。默认状态下，REST 框架使用两个不同的渲染器，即 JSONRenderer 和 BrowsableAPIRenderer。其中，后者提供了一个 Web 接口，从而可方便地浏览 API。相应地，利用 REST_FRAMEWORK 设置的 DEFAULT_

RENDERER_CLASSES 选项，还可修改默认的渲染器类。

关于渲染器和解析器，读者可分别访问 https://www.django-rest-framework.org/api-guide/renderers/和 https://www.django-rest-framework.org/api-guide/parsers/以了解更多信息。

12.1.4 构建列表和详细视图

REST 框架包含了一组通用视图集和混合类，可以此构建 API 视图，并提供了检索、创建、更新或删除模型对象的功能。读者可访问 https://www.django-rest-framework.org/api-guide/generic-views/，并查看 REST 框架提供的全部通用混合类和视图。

下面创建列表和详细视图来检索 Subject 对象。在 courses/api/目录中生成新文件，将其命名为 views.py，并向其中添加下列代码：

```
from rest_framework import generics
from ..models import Subject
from .serializers import SubjectSerializer

class SubjectListView(generics.ListAPIView):
    queryset = Subject.objects.all()
    serializer_class = SubjectSerializer

class SubjectDetailView(generics.RetrieveAPIView):
    queryset = Subject.objects.all()
    serializer_class = SubjectSerializer
```

上述代码使用了 REST 框架的通用 ListAPIView 和 RetrieveAPIView 视图。针对详细视图，这里包含了一个 pk URL 参数，并针对给定的主键检索对象。两个视图均包含下列属性。

- queryset：基 QuerySet，用于检索对象。
- serializer_class：用于序列化对象的类。

接下来向视图中加入 URL 路径。在 courses/api/目录中生成新文件，将其命名为 urls.py，并向其中添加下列代码：

```
from django.urls import path
from . import views

app_name = 'courses'

urlpatterns = [
    path('subjects/',
```

```
            views.SubjectListView.as_view(),
            name='subject_list'),
     path('subjects/<pk>/',
            views.SubjectDetailView.as_view(),
            name='subject_detail'),
]
```

编辑 educa 项目中的主 urls.py 文件，并包含 API 路径，如下所示：

```
urlpatterns = [
     # ...
     path('api/', include('courses.api.urls', namespace='api')),
]
```

此处针对 API URL 使用了 api 命名空间。同时，应确保利用 python manage.py runserver 命令使服务器处于运行状态。打开 Shell，利用 curl 检索 URL http://127.0.0.1:8000/api/subjects/，如下所示：

```
curl http://127.0.0.1:8000/api/subjects/
```

对应的响应结果如下所示：

```
[
    {
        "id":1,
        "title":"Mathematics",
        "slug":"mathematics"
    },
    {
        "id":2,
        "title":"Music",
        "slug":"music"
    },
    {
        "id":3,
        "title":"Physics",
        "slug":"physics"
    },
    {
        "id":4,
        "title":"Programming",
        "slug":"programming"
    }
]
```

为了获得更好的可读性、缩进良好的 JSON 响应，可以使用 curl 和 json_pp 实用程序，如下所示。

```
curl http://127.0.0.1:8000/api/subjects/ | json_pp
```

HTTP 响应包含了一个 JSON 格式的 Subject 对象列表。如果读者的操作系统中尚未安装 curl，可访问 https://curl.haxx.se/dlwiz/ 进行下载。除 curl 外，还可通过其他工具发送自定义的 HTTP 请求，如 Postman 这一类浏览器扩展，读者可访问 https://www.getpostman.com/ 进行下载。

在浏览器中打开 http://127.0.0.1:8000/api/subjects/，将会看到 REST 框架的可浏览 API，如图 12.1 所示。

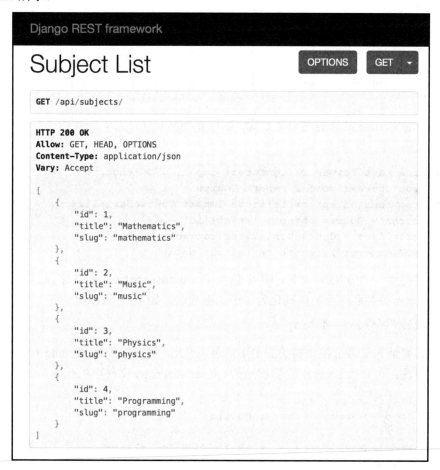

图 12.1

这表示为 BrowsableAPIRenderer 提供的 HTML 接口，并显示了执行请求的数据结果头和内容。此外，还可在 URL 中包含 ID，进而访问 Subject 对象的 API 详细视图。

在浏览器中打开 http://127.0.0.1:8000/api/subjects/1/，将会看到以 JSON 格式显示的单一 Subject 对象。

12.1.5 创建嵌套序列化器

本节将针对 Course 模型创建序列化器。对此，编辑 courses 应用程序的 api/serializers.py 文件，并向其中添加下列代码：

```python
from ..models import Course

class CourseSerializer(serializers.ModelSerializer):
    class Meta:
        model = Course
        fields = ['id', 'subject', 'title', 'slug', 'overview',
                  'created', 'owner', 'modules']
```

下面查看 Course 对象的序列化方式。运行 python manage.py shell 命令打开 Shell，并运行下列代码：

```
>>> from rest_framework.renderers import JSONRenderer
>>> from courses.models import Course
>>> from courses.api.serializers import CourseSerializer
>>> course = Course.objects.latest('id')
>>> serializer = CourseSerializer(course)
>>> JSONRenderer().render(serializer.data)
```

此时将得到一个 JSON 对象，其中包含了 CourseSerializer 中的字段。可以看到，modules 管理器的关联对象被序列化为一个主键列表，如下所示：

```
"modules": [6, 7, 9, 10]
```

我们需要纳入与每个模块相关的更多信息，因此，需要序列化 Module 对象并对其进行嵌套。对此，可修改 courses 应用程序的 api/serializers.py 文件中的代码，如下所示：

```python
from rest_framework import serializers
from ..models import Course, Module


class ModuleSerializer(serializers.ModelSerializer):
    class Meta:
        model = Module
```

```
        fields = ['order', 'title', 'description']
class CourseSerializer(serializers.ModelSerializer):
    modules = ModuleSerializer(many=True, read_only=True)
    class Meta:
        model = Course
        fields = ['id', 'subject', 'title', 'slug', 'overview',
                  'created', 'owner', 'modules']
```

这里定义了 ModuleSerializer，并针对 Module 模型提供了序列化。随后，向 CourseSerializer 添加一个 modules 属性，并嵌套 ModuleSerializer 序列化器。另外，设置 many=True 并以此表明将要序列化多个对象。同时，read_only 参数意味着该字段具有只读属性，且不应包含至任何用于创建或更新对象的输入中。

打开 Shell 并再次创建 CourseSerializer 实例，利用 JSONRenderer 显示序列器的 data 属性。此时，所列模块的序列化操作将采用嵌套的 ModuleSerializer 序列化器完成，如下所示：

```
"modules": [
    {
        "order": 0,
        "title": "Introduction to overview",
        "description": "A brief overview about the Web Framework."
    },
    {
        "order": 1,
        "title": "Configuring Django",
        "description": "How to install Django."
    },
    ...
]
```

读者可访问 https://www.django-rest-framework.org/api-guide/serializers/ 以了解与序列化器相关的更多内容。

12.1.6 构建自定义视图

REST 框架提供了 APIView 类，可以在 Django 的 View 类之上构建 API 功能。APIView 类不同于 View，它使用 REST 框架的自定义 Request 和 Response 对象，并处理 APIException 异常以返回适当的 HTTP 响应结果。除此之外，APIView 类还内置了认证和授权系统，对视图的访问进行管理。

下面创建一个视图用于注册课程。编辑 courses 应用程序的 api/views.py 文件，并向其中添加下列代码：

```python
from django.shortcuts import get_object_or_404
from rest_framework.views import APIView
from rest_framework.response import Response
from ..models import Course

class CourseEnrollView(APIView):
    def post(self, request, pk, format=None):
        course = get_object_or_404(Course, pk=pk)
        course.students.add(request.user)
        return Response({'enrolled': True})
```

CourseEnrollView 视图负责处理用户的课程注册操作，如下所示：

（1）创建一个自定义视图，并定义为 APIView 的子类。

（2）针对 POST 操作定义一个 post()方法，当前视图不支持其他 HTTP 方法。

（3）期望接收一个包含课程 ID 的 pk URL 参数。根据给定的 pk 参数检索课程，若不存在，则抛出 404 异常。

（4）向 Course 对象的 students 多对多关系中添加当前用户，并返回成功后的响应结果。

编辑 api/urls.py 文件，针对 CourseEnrollView 视图添加下列 URL 路径：

```python
path('courses/<pk>/enroll/',
     views.CourseEnrollView.as_view(),
     name='course_enroll'),
```

从理论上讲，当前可执行 POST 请求，并在某门课程中注册当前用户。但是，还需要对用户进行身份验证，以防止未验证用户访问该视图。下面考查 API 验证和授权的工作方式。

12.1.7 处理身份验证

REST 框架提供了验证类对执行请求的用户进行验证。如果验证成功，该框架将在 request.user 中设置验证后的 User 对象；否则，将设置 Django 的 AnonymousUser 实例。

REST 框架提供了以下验证后端。

❏ BasicAuthentication：表示为基本的 HTTP 验证，用户和密码由客户端通过

Base64 编码的授权 HTTP 报头发送。读者可访问 https://en.wikipedia.org/wiki/Basic_access_authentication 以了解更多信息。
- TokenAuthentication：基于令牌的验证系统。Token 模型用于存储用户的令牌。用户包含了 Authorization HTTP 验证头中的令牌。
- SessionAuthentication：针对验证操作，使用 Django 的会话后端。该后端可对站点前端的 API 执行验证后的 AJAX 请求。
- RemoteUserAuthentication：将验证委托至 Web 服务器上，并设置 REMOTE_USER 环境变量。

通过定义 REST 框架提供的 BaseAuthentication 类的子类，并重载 authenticate() 方法，还可构建自定义验证后端。

另外，还可基于每个视图设置身份验证，或者通过 DEFAULT_AUTHENTICATION_CLASSES 设置项采用全局方式对其进行设置。

> **注意：**
> 身份验证仅识别执行请求的用户，且不会允许或拒绝对视图的访问。用户必须通过相应权限限制对视图的访问。

用户访问 https://www.django-rest-framework.org/api-guide/authentication/ 可找到所有关于身份验证的信息。

接下来向视图中添加 BasicAuthentication。编辑 courses 应用程序的 api/views.py 文件，并向 CourseEnrollView 添加 authentication_classes 属性，如下所示：

```python
from rest_framework.authentication import BasicAuthentication

class CourseEnrollView(APIView):
    authentication_classes = (BasicAuthentication,)
    # ...
```

此时，用户将通过所设置的凭证（位于 HTTP 请求的 Authorization 头中）进行验证。

12.1.8　向视图中添加权限

REST 框架中包含了一个权限系统，可以限制对视图的访问。REST 框架中的某些内置权限包括以下方面。
- AllowAny：不受限制的访问，无论用户是否被验证。
- IsAuthenticated：仅支持验证用户的访问。

- IsAuthenticatedOrReadOnly：对已验证用户可完整访问。匿名用户仅可执行读取方法，如 GET、HEAD 或 OPTIONS。
- DjangoModelPermissions：与 django.contrib.auth 关联的权限。对应的视图需要使用到 queryset 属性。仅被分配模型权限的验证用户才被授予权限。
- DjangoObjectPermissions：在每个对象上的 Django 权限。

如果用户被拒绝，一般会得到以下 HTTP 错误代码。

- HTTP 401：未验证。
- HTTP 403：不具备相应的权限。

关于权限问题，读者可访问 https://www.django-rest-framework.org/api-guide/permissions/ 以了解更多内容。

编辑 courses 应用程序的 api/views.py 文件，并向 CourseEnrollView 中添加一个 permission_classes 属性，如下所示：

```python
from rest_framework.authentication import BasicAuthentication
from rest_framework.permissions import IsAuthenticated

class CourseEnrollView(APIView):
    authentication_classes = (BasicAuthentication,)
    permission_classes = (IsAuthenticated,)
    # ...
```

此处包含了一个 IsAuthenticated 权限，以防止匿名用户访问视图。下面针对新的 API 方法执行 POST 请求。

确保开发服务器处于运行状态。打开 Shell 并运行下列命令：

```
curl -i -X POST http://127.0.0.1:8000/api/courses/1/enroll/
```

对应的响应结果如下所示：

```
HTTP/1.1 401 Unauthorized
...
{"detail": "Authentication credentials were not provided."}
```

一如所料，此处将生成 401 HTTP 代码，即用户尚未被验证。对此，可通过某个用户执行基本的验证操作，并利用现有用户的凭证替换 student:password，如下所示：

```
curl -i -X POST -u student:password http://127.0.0.1:8000/api/courses/1/enroll/
```

对应的响应结果如下所示：

```
HTTP/1.1 200 OK
...
{"enrolled": true}
```

相应地，可访问管理站点，并查看用户的课程注册状态。

12.1.9 创建视图集和路由器

ViewSets 可定义 API 的交互行为，同时令 REST 框架利用 Router 对象动态地构建 URL。通过视图集，可避免多个视图间的重复逻辑现象。视图集包含了以下标准操作：

- 创建操作：create()方法。
- 检索操作：list()和 retrieve()方法。
- 更新操作：update()和 partial_update()方法。
- 删除操作：destroy()方法。

下面针对 Course 模型创建一个视图集。编辑 api/views.py 文件，并向其中添加下列代码：

```
from rest_framework import viewsets
from .serializers import CourseSerializer

class CourseViewSet(viewsets.ReadOnlyModelViewSet):
    queryset = Course.objects.all()
    serializer_class = CourseSerializer
```

这里定义了 ReadOnlyModelViewSet 的子类，并针对两个列表对象提供了只读操作 list()和 retrieve()，或者检索单一对象。

编辑 api/urls.py 文件，并针对视图集创建一个路由器，如下所示：

```
from django.urls import path, include
from rest_framework import routers
from . import views

router = routers.DefaultRouter()
router.register('courses', views.CourseViewSet)

urlpatterns = [
    # ...
    path('', include(router.urls)),
]
```

上述代码创建了 DefaultRouter 对象，并利用 courses 前缀注册当前视图集。这里，路由器负责针对视图集自动生成 URL。

在浏览器中打开 http://127.0.0.1:8000/api/，其中，路由器在其基 URL 中列出了全部视图集，如图 12.2 所示。

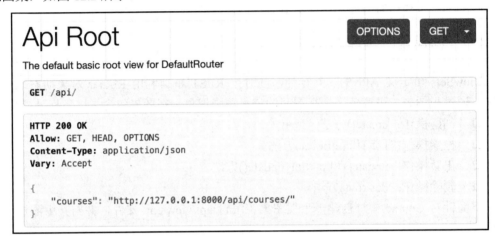

图 12.2

随后可访问 http://127.0.0.1:8000/api/courses/，并检索课程列表。

关于视图集的更多内容，读者可访问 https://www.django-rest-framework.org/api-guide/viewsets/；此外，读者还可访问 https://www.django-rest-framework.org/api-guide/routers/以查看与路由器相关的更多信息。

12.1.10 向视图集添加附加操作

我们可以向视图集添加额外的操作，将之前的 CourseEnrollView 视图修改为自定义视图集操作。对此，编辑 api/views.py 文件，并修改 CourseViewSet 类，如下所示：

```
from rest_framework.decorators import action

class CourseViewSet(viewsets.ReadOnlyModelViewSet):
    queryset = Course.objects.all()
    serializer_class = CourseSerializer

    @action(detail=true,
            methods=['post'],
            authentication_classes=[BasicAuthentication],
            permission_classes=[IsAuthenticated])
    def enroll(self, request, *args, **kwargs):
```

```
course = self.get_object()
course.students.add(request.user)
return Response({'enrolled': True})
```

上述代码加入了自定义 enroll()方法，体现了针对视图集的附加操作。上述代码解释如下：

（1）使用框架的 action 装饰器，通过 detail=True 参数，表明执行于单一对象上的操作。

（2）装饰器针对当前操作添加了自定义属性。我们指定，仅 post 方法支持当前视图，并设置验证和授权类。

（3）使用 self.get_object()检索 Courses 对象。

（4）向 students 多对多关系中添加当前用户，并返回自定义响应结果。

编辑 api/urls.py 文件，并移除下列 URL：

```
path('courses/<pk>/enroll/',
    views.CourseEnrollView.as_view(),
    name='course_enroll'),
```

编辑 api/views.py 文件，并移除 CourseEnrollView 类。

当前，注册课程的 URL 可通过路由器自动生成。由于采用了名为 enroll 的操作予以动态构建，因而该 URL 保持不变。

12.1.11 创建自定义权限

学生应能够访问他们所注册的相关课程，同时，仅注册了课程的学生可访问其中的内容。对此，一种较好的方式是使用自定义权限类。相应地，Django 提供了一个 BasePermission 类，并可定义下列方法。

- has_permission()：视图级别的权限检测。
- has_object_permission()：实例级别的权限检测。

这些方法应返回 True 并授予访问权限，否则返回 False。

在 courses/api/目录中生成新文件，将其命名为 permissions.py，并向其中添加下列代码：

```
from rest_framework.permissions import BasePermission

class IsEnrolled(BasePermission):
    def has_object_permission(self, request, view, obj):
        return obj.students.filter(id=request.user.id).exists()
```

此处定义了 BasePermission 的子类，并重载了 has_object_permission()方法。同时，我们将检测执行请求的用户是否位于 Courses 对象的 students 关系中，并于随后使用 IsEnrolled 权限。

12.1.12 序列化课程内容

本节将讨论课程内容的序列化操作。Content 模型包含了通用外键，并可关联不同内容模型的对象。在第 11 章中，曾针对所有的内容模型加入了公共 render()方法。我们可使用该方法向 API 提供所显示的内容。

编辑 courses 应用程序的 api/serializers.py 文件，并向其中添加下列代码：

```python
from ..models import Content

class ItemRelatedField(serializers.RelatedField):
    def to_representation(self, value):
        return value.render()

class ContentSerializer(serializers.ModelSerializer):
    item = ItemRelatedField(read_only=True)

    class Meta:
        model = Content
        fields = ['order', 'item']
```

上述代码设置了一个自定义字段，即 REST 框架提供的 RelatedField 序列化器字段的子类，并重载了 to_representation()方法。此外，还针对 Content 模型定义了 ContentSerializer 序列化器，并针对 item 通用外键使用了自定义字段。

对于包含相关内容的 Module 模型，需要使用到一个替代的序列化器，以及一个扩展的 Course 序列化器。编辑 api/serializers.py 文件，并向其中添加下列代码：

```python
class ModuleWithContentsSerializer(serializers.ModelSerializer):
    contents = ContentSerializer(many=True)

    class Meta:
        model = Module
        fields = ['order', 'title', 'description', 'contents']

class CourseWithContentsSerializer(serializers.ModelSerializer):
    modules = ModuleWithContentsSerializer(many=True)
```

```
class Meta:
    model = Course
    fields = ['id', 'subject', 'title', 'slug',
              'overview', 'created', 'owner', 'modules']
```

下面创建一个模拟 retrieve()操作行为的视图，但包含了相应的课程内容。编辑 api/views.py 文件，并向 CourseViewSet 类中添加下列方法。

```
from .permissions import IsEnrolled
from .serializers import CourseWithContentsSerializer

class CourseViewSet(viewsets.ReadOnlyModelViewSet):
    # ...
    @action(detail=True,
            methods=['get'],
            serializer_class=CourseWithContentsSerializer,
            authentication_classes=[BasicAuthentication],
            permission_classes=[IsAuthenticated, IsEnrolled])
    def contents(self, request, *args, **kwargs):
        return self.retrieve(request, *args, **kwargs)
```

该方法描述如下：

- ❑ 使用带有参数 detail=True 的 action 装饰器表明当前操作执行于某个单一对象上。
- ❑ 仅 GET 方法支持该操作。
- ❑ 使用新的 CourseWithContentsSerializer 序列化器类，包含了所显示的课程内容。
- ❑ 使用 IsAuthenticated 和自定义 IsEnrolled 权限。据此，可确保仅注册了课程的用户可访问其内容。
- ❑ 使用现有的 retrieve()动作返回 Course 对象。

在浏览器中打开 http://127.0.0.1:8000/api/courses/1/contents/，若采用正确的凭证内容访问视图，将会看到每个课程模块包含了针对课程内容所显示的 HTML，如下所示：

```
{
    "order": 0,
    "title": "Introduction to Django",
    "description": "Brief introduction to the Django Web Framework.",
    "contents": [
        {
            "order": 0,
            "item": "<p>Meet Django. Django is a high-level
            Python Web framework
            ...</p>"
```

```
        },
        {
            "order": 1,
            "item": "\n<iframe width=\"480\" height=\"360\"
            src=\"http://www.youtube.com/embed/bgV39DlmZ2U?
            wmode=opaque\"
            frameborder=\"0\" allowfullscreen></iframe>\n"
        }
    ]
}
```

至此，我们构建了简单的 API，使得其他服务可通过编程方式访问课程应用程序。除此之外，REST 框架利用 ModelViewSet 视图集还可处理对象的创建和编辑操作。本章介绍了 Django REST 框架的主要内容，读者还可访问 https://www.django-rest-framework.org/，并查看扩展文档中的与其功能相关的更多信息。

12.1.13　使用 RESTful API

前述内容实现了一个 API，我们可在其他应用程序中通过编程方式对其加以使用。例如，可在应用程序前端中使用 JavaScript 与 API 交互，这种方式类似于第 5 章所构建的 AJAX 功能。此外，还可在 Python 或其他编程语言构建的应用程序中使用 API。

下面将创建一个简单的 Python 应用程序并使用 RESTful API 检索全部有效课程，并完成学生注册操作。其间，我们将学习如何使用 HTTP 基本验证机制对 API 进行验证，同时执行 GET 和 POST 请求。

下面将通过 Python Requests 库使用 API。这里，Requests 是较为流行的 Python HTTP 库，并抽象了 HTTP 请求处理的复杂度，同时还提供了简单的 HTTP 服务应用界面。关于 Requests 库的文档，读者可访问 https://requests.readthedocs.io/en/master/以了解更多内容。

打开 Shell 并利用下列命令安装 Requests 库：

```
pip install requests==2.23
```

创建新的目录（与 educa 项目目录并列）并将其命名为 api_examples。随后，在 pi_examples/目录中生成新的文件，并将其命名为 enroll_all.py，该文件结构如下所示。

```
api_examples/
    enroll_all.py
educa/
    ...
```

编辑 enroll_all.py 文件，并向其中添加下列代码：

```python
import requests

base_url = 'http://127.0.0.1:8000/api/'

# retrieve all courses
r = requests.get(f'{base_url}courses/')
courses = r.json()

available_courses = ', '.join([course['title'] for course in courses])
print(f'Available courses: {available_courses}')
```

上述代码执行了下列各项操作：

（1）导入 Requests 库，并针对当前 API 定义基本 URL。

（2）使用 requests.get()方法检索 API 中的数据，也就是说，向 URL http://127.0.0.1:8000/api/courses/发送 GET 请求。该 API 端点提供了公共访问功能，因而无须验证。

（3）使用当前响应对象的 json()方法解码 API 返回的 JSON 数据。

（4）输出每门课程的标题属性。

利用下列命令启动 educa 项目目录中的开发服务器：

```
python manage.py runserver
```

在另一个 Shell 中，在 api_examples/目录中执行下列命令：

```
python enroll_all.py
```

随后将输出包含全部课程标题的列表，如下所示。

```
Available courses: Introduction to Django, Python for beginners, Algebra basics
```

这是第一次自动调用 API。

编辑 enroll_all.py 文件并修改下列代码。

```python
import requests

username = ''
password = ''

base_url = 'http://127.0.0.1:8000/api/'

# retrieve all courses
```

```
r = requests.get(f'{base_url}courses/')
courses = r.json()

available_courses = ', '.join([course['title'] for course in courses])
print(f'Available courses: {available_courses}')

for course in courses:
  course_id = course['id']
  course_title = course['title']
  r = requests.post(f'{base_url}courses/{course_id}/enroll/',
                    auth=(username, password))

  if r.status_code == 200:
    # successful request
    print(f'Successfully enrolled in {course_title}')
```

利用已有用户的证书替换 username 和 password 变量值。

新代码将执行下列操作：

（1）定义注册课程学生的用户名和密码。

（2）遍历从 API 中检索的全部有效课程。

（3）将课程 ID 属性存储于 course_id 变量中，同时将标题属性存储于 course_title 变量中。

（4）使用 requests.post()方法并针对每门课程将 POST 请求发送至 URL http://127.0.0.1:8000/api/courses/[id]/enroll/处。该 URL 对应于 CourseEnrollView API 视图，允许在某门课程上注册用户。另外，我们通过 course_id 变量针对每门课程构建了 URL。CourseEnrollView 视图需要进行验证，其间使用了 IsAuthenticated 权限和 BasicAuthentication 验证类。Requests 库支持 HTTP 基本的验证操作，我们可采用 auth 参数传递包含用户名和密码的一个元组，并通过 HTTP 基本的验证机制对用户进行验证。

（5）如果响应状态码为 200 OK，则输出消息以表明用户已成功地注册了对应课程。

相应地，我们可采用不同类型的 Requests 验证操作。关于 Requests 验证机制，读者可访问 https://requests.readthedocs.io/en/master/user/authentication/以了解更多内容。

在 api_examples/目录中执行下列命令：

```
python enroll_all.py
```

对应输出结果如下所示。

```
Available courses: Introduction to Django, Python for beginners, Algebra basics
```

```
Successfully enrolled in Introduction to Django
Successfully enrolled in Python for beginners
Successfully enrolled in Algebra basics
```

至此，我们利用 API 在有效课程上成功地注册了用户。针对平台中的每一门课程，将可看到一条 Successfully enrolled 消息。可以看到，在其他应用程序上使用 API 十分简单。我们可根据 API 轻松地构建其他功能，其他用户也可将此类 API 集成至自己的应用程序中。

12.2 本章小结

本章讨论了如何使用 Django REST 框架构建项目的 RESTful API。其间，我们针对模型创建了序列化器和视图以及自定义 API 视图。此外，还向 API 中添加了验证机制，进而通过相关权限限制对 API 视图的访问。随后，我们考查了如何创建自定义权限，同时还实现了视图集和路由器。最后，通过 Requests 库使用外部 Python 脚本中的 API。

第 13 章将讨论如何利用 Django Channels 构建聊天服务器，并通过 WebSockets 实现异步通信，以及使用 Redis 设置通道层。

第13章 搭建聊天服务器

第12章创建了项目的 RESTful API。本章将利用 Django Channels 为学生创建聊天服务器。据此，学生可访问针对不同注册课程的聊天室。当构建聊天服务器时，将介绍如何通过 ASGI（异步服务器网关接口）服务 Django 项目，进而实现异步通信。

本章主要涉及以下主题：
- 向项目中添加 Channels。
- 构建一个 WebSocket 使用者和相应的路由机制。
- 实现 WebSocket 客户端。
- 利用 Redis 启用通道层。
- 使使用者完全处于异步状态。

13.1 创建聊天应用程序

本节将实现一个聊天服务器，针对每一门课程向学生提供一个聊天室，注册对应课程的学生可访问聊天室，并实时交换信息。这里我们将使用 Channels 构建聊天室功能。Channels 是一个 Django 应用程序，并扩展了 Django 以处理需要长时间连接的协议，如 WebSockets、chatbots 或 MQTT（常用于物联网项目的轻量级发布/订阅消息传输机制）。

当使用 Channels 时，除标准的 HTTP 同步视图外，还可方便地在项目中实现实时异步功能。下面首先向项目中添加新的应用程序，该程序涵盖了聊天服务器的主要逻辑。

运行项目 educa 目录下的下列命令创建新的应用程序文件结构：

```
django-admin startapp chat
```

编辑 educa 项目的 settings.py 文件，并通过编辑 INSTALLED_APPS 设置项激活项目中的 chat 应用程序，如下所示。

```
INSTALLED_APPS = [
    # ...
    'chat',
]
```

当前，新的 chat 应用程序在项目中处于激活状态。

13.1.1 实现聊天室视图

针对每一门课程,需要向学生提供不同的聊天室。对此,需要针对学生创建一个视图,并加入给定课程的聊天室。其中,仅注册了课程的学生可访问该课程的聊天室。

编辑 chat 应用程序的 views.py 文件并添加下列代码:

```python
from django.shortcuts import render, get_object_or_404
from django.http import HttpResponseForbidden
from django.contrib.auth.decorators import login_required

@login_required
def course_chat_room(request, course_id):
    try:
        # retrieve course with given id joined by the current user
        course = request.user.courses_joined.get(id=course_id)
    except:
        # user is not a student of the course or course does not exist
        return HttpResponseForbidden()
    return render(request, 'chat/room.html', {'course': course})
```

上述代码定义了 course_chat_room 视图。在该视图中,我们使用@login_required 装饰器防止未验证用户访问该视图。另外,该视图接收一个 course_id 参数,用于检索包含既定 ID 的课程。

这里,我们访问了用户通过 courses_joined 关系注册的课程,并利用给定 ID 检索课程。如果包含给定 ID 的相关课程不存在,或者用户未注册该课程,则返回 HttpResponseForbidden 响应结果,并转换为包含状态码 403 的 HTTP 响应结果。否则,可渲染 chat/room.html 模板并将 course 对象传递至模板上下文中。

这里,需要针对视图添加一个 URL 模式。在 chat 应用程序目录中创建一个新文件,并将其命名为 urls.py,并向其中添加下列代码:

```python
from django.urls import path
from . import views

app_name = 'chat'

urlpatterns = [
    path('room/<int:course_id>/', views.course_chat_room,
        name='course_chat_room'),
]
```

这可视为 chat 应用程序的初始 URL 模式文件。这里定义了 course_chat_room URL 模式，包含了基于 int 前缀的 course_id 参数（此处仅使用整数值）。

随后，在项目的主 URL 模式中包含 chat 应用程序的新 URL 模式。编辑 educa 项目的 urls.py 文件，并向其中添加下列代码行：

```
urlpatterns = [
    # ...
    path('chat/', include('chat.urls', namespace='chat')),
]
```

当前，chat 应用程序的 URL 模式被添加至项目的 chat/路径下。

相应地，需要针对 course_chat_room 视图创建一个模板，该模板将包含一个聊天过程中交换消息的可视化区域，以及一个带有向聊天者发送文本信息的提交按钮的文本输入框。

在 chat 应用程序目录中创建下列文件结构：

```
templates/
    chat/
        room.html
```

编辑 chat/room.html 模板并向其中添加下列代码：

```
{% extends "base.html" %}

{% block title %}Chat room for "{{ course.title }}"{% endblock %}

{% block content %}
  <div id="chat">
  </div>
  <div id="chat-input">
    <input id="chat-message-input" type="text">
    <input id="chat-message-submit" type="submit" value="Send">
  </div>
{% endblock %}

{% block domready %}
{% endblock %}
```

这表示为课程聊天室的模板。在该模板中，我们扩展了项目的 base.html 模板，并填写了其中的 content 块。另外，我们还利用 chat ID 定义了 <div>HTML 元素，这将用于显示当前用户或其他学生发送的聊天消息。除此之外，此处还定义了第二个包含 text 输入的<div>元素，以及一个允许用户发送信息的提交按钮。同时，此处还包含了 base.html 模板定义的 domready 块（后面将通过 JavaScript 予以实现），进而构建与 WebSocket 的连接，并发送或接收消息。

运行开发服务器，在浏览器中打开 http://127.0.0.1:8000/chat/room/1/，同时利用数据库中已有课程的 ID 替换 1。随后，注册了课程且当前处于登录状态的用户即可访问聊天室，如图 13.1 所示。

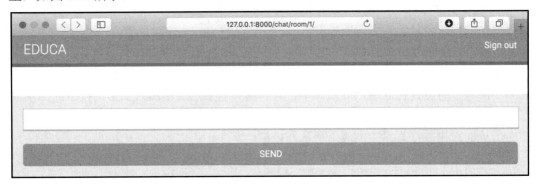

图 13.1

图 13.1 中显示了课程聊天室屏幕，以供学生们讨论与课程相关的话题。

13.1.2　禁用站点缓存

在第 11 章中，我们曾向 Django 项目添加了站点缓存。当前，则需要采用更细粒度的缓存方法以防止聊天室页面被缓存。对此，应禁用站点缓存，且仅在必要时使用缓存。

编辑 settings.py 文件，同时注释掉 MIDDLEWARE 设置中的 UpdateCacheMiddleware 和 FetchFromCacheMiddleware 类，如下所示。

```
MIDDLEWARE = [
    'django.middleware.security.SecurityMiddleware',
    'django.contrib.sessions.middleware.SessionMiddleware',
    # 'django.middleware.cache.UpdateCacheMiddleware',
    'django.middleware.common.CommonMiddleware',
    # 'django.middleware.cache.FetchFromCacheMiddleware',
    # ...
]
```

此处禁用了项目中的站点缓存，以避免新的聊天室视图被缓存。接下来，我们将学习如何向项目中加入 Channels，进而实现实时聊天服务器。

13.2 基于 Channels 的实时 Django

聊天服务器针对每门课程向学生提供了聊天室。注册了课程的学生可访问课程聊天室并交换消息。该功能涉及服务器和客户端的实时通信。因此，客户端应可连接至聊天室，并可在任何时候发送或接收数据。在将 AJAX 轮询机制或长轮询机制与数据库或 Redis 的消息存储机制结合使用时，将存在多种方式可实现这一特性。尽管如此，标准的同步 Web 应用程序仍无法高效地实现聊天服务器。对此，可通过基于 ASGI 的异步通信构建聊天服务器。

13.2.1 基于 ASGI 的异步应用程序

Django 通常采用 Web 服务器网关接口（ASGI）进行部署，对于 Python 而言，这是一种处理 HTTP 请求的标准接口。然而，当与异步应用程序协同工作时，还需要使用到另一种名为 ASGI 的接口，进而处理 WebSocket 请求。ASGI 针对异步 Web 服务器和应用程序合并了 Python 标准。

Django 3 支持基于 ASGI 的异步 Python 程序，但尚未支持异步视图或中间件。如前所述，Channels 扩展了 Django，因而可处理 HTTP 以及需要长轮询连接的协议，如 WebSockets 和 chatbots。

通过在服务器和客户端之间建立持久的、开放的、双向传输控制协议（TCP）连接，WebSockets 提供了全双工通信。因此，我们将使用 WebSockets 实现聊天服务器。

针对基于 ASGI 的 Django 部署机制，读者可访问 https://docs.djangoproject.com/en/3.0/howto/deployment/asgi/以了解更多内容。

13.2.2 基于 Channels 的请求/响应周期

需要注意的是，应理解标准同步请求周期和 Channels 实现间的请求周期差异。图 13.2 显示了同步 Django 设置的请求周期。

当 HTTP 请求由浏览器发送至 Web 服务器时，Django 负责处理请求并将对应的 HttpRequest 对象发送至对应的视图中。该视图处理请求并返回一个 HttpResponse 对象（作为 HTTP 响应结果返回至浏览器中）。相应地，没有一种机制可以在未关联 HTTP 请求的情况下维护打开的连接，或向浏览器发送数据。

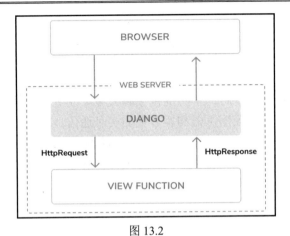

图 13.2

图 13.3 显示了基于 WebSockets 并使用 Channels 时的 Django 项目的请求周期。

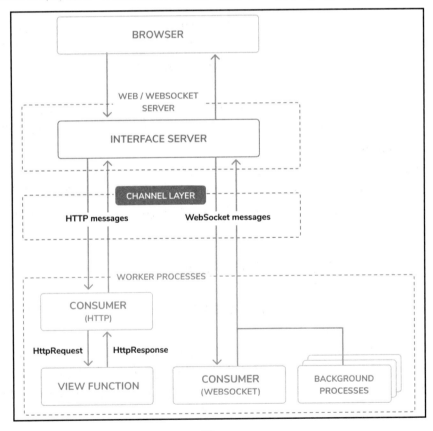

图 13.3

Channels 利用通过通道发送的消息替换 Django 的请求/响应周期。HTTP 请求仍然利用 Django 路由至视图功能处,但由通道进行路由。此外,Channels 还支持 WebSockets 消息处理机制,其中包含了在通道层交换消息的使用者和生产者。Channels 保留了 Django 的同步架构,因而可选编写同步代码或异步代码,或者二者的组合。

13.3 安装 Channels

本节将在项目中添加 Channels,并对其设置所需的基本 ASGI 应用程序路由以管理 HTTP 请求。

利用下列命令在虚拟环境中安装 Channels:

```
pip install channels==2.4.0
```

编辑 educa 项目的 settings.py 文件,向 INSTALLED_APPS 设置中添加 channels,如下所示。

```
INSTALLED_APPS = [
    # ...
    'channels',
]
```

当前,channels 应用程序在项目中处于激活状态。

Channels 需要定义一个单根应用程序,并针对全部请求被执行。对此,可通过向项目中添加 ASGI_APPLICATION 设置定义根应用程序,这与指向项目的基 URL 模式的 ROOT_URLCONF 十分类似。除此之外,还可将根应用程序置于项目的任意位置处,但建议将其置于名为 routing.py 的项目级文件中。

在 educa 项目目录(与 settings.py 文件同级)创建新的文件,并将其命名为 routing.py。随后添加下列代码:

```
from channels.routing import ProtocolTypeRouter

application = ProtocolTypeRouter({
    # empty for now
})
```

接下来,向项目的 settings.py 文件中添加下列代码行:

```
ASGI_APPLICATION = 'educa.routing.application'
```

上述代码定义了主 ASGI 应用程序,并在通过 ASGI 服务 Django 项目时被执行。相应地,可使用 Channels 提供的 ProtocolTypeRouter 类作为路由系统的主入口点。ProtocolTypeRouter 类接收一个字典,并将通信类型(如 http 或 websocket)映射至 ASGI 应用程序中。因此,可利用空字典初始化该类,并于随后利用路由(针对聊天应用程序 WebSocket 的使用者)进行填充。

当 Channels 被添加至 INSTALLED_APPS 设置后,它将接管对 runserver 命令的控制,并取代标准的 Django 开发服务器。除了处理异步请求的 Django 视图的 URL 路由,Channels 开发服务器还将管理 WebSocket 使用者的路由。

利用下列命令启动开发服务器:

```
python manage.py runserver
```

对应的输出结果如下所示。

```
Watching for file changes with StatReloader
Performing system checks...

System check identified no issues (0 silenced).
February 06, 2020 - 23:12:33
Django version 3.0, using settings 'educa.settings'
Starting ASGI/Channels version 2.4.0 development server at
http://127.0.0.1:8000/
Quit the server with CONTROL-C.
```

检查输出结果是否包含 Starting ASGI/Channels version 2.4.0 development server,该行代码用于确认是否在使用 Channels 开发服务器管理同步和异步请求,而非标准的 Django 开发服务器。HTTP 请求的行为与之前一样,但是它们通过 channels 进行路由。

当项目中安装了 Channels 后,即可针对相关课程构建聊天服务器。为了实现项目的聊天服务器,需要执行下列步骤:

(1) 设置使用者:使用者定义为独立的代码片段,并采用与传统的 HTTP 视图类似的方式处理 WebSockets。我们将构建使用者,进而将消息读、写至通信通道中。

(2) 配置路由:Channels 提供了路由类,并可以此组合和栈化使用者。相应地,应对聊天使用者配置 URL 路由。

(3) 实现 WebSocket 客户端:当某位学生访问聊天室时,我们将从浏览器连接到 WebSocket 并使用 JavaScript 发送或接收消息。

(4) 启用通道层:通道层支持不同应用程序实例间的会话,同时也是编写分布式实时应用程序的一个有用部分。随后,将使用 Redis 设置一个通道层。

13.4 编写使用者

使用者等同于异步应用程序的 Django 视图。如前所述，它们对 WebSockets 的处理方式与传统视图对 HTTP 请求的处理方式类似。使用者可视为 ASGI 应用程序，并可处理消息、通知和其他事物。与 Django 视图不同，使用者针对长时间运行的通信而构建。URL 将通过组合和栈化使用者的路由类映射至使用者上。

下面将实现一类基本的使用者。该类使用者可接受 WebSocket 连接，并可将接收自 WebSocket 的每条消息回传于自己。这一初始功能可使学生向使用者发送消息，同时接收其发送的消息。

在 chat 应用程序目录中生成新的文件，将其命名为 consumers.py，并添加下列代码：

```python
import json
from channels.generic.websocket import WebsocketConsumer

class ChatConsumer(WebsocketConsumer):
    def connect(self):
        # accept connection
        self.accept()

    def disconnect(self, close_code):
        pass

    # receive message from WebSocket
    def receive(self, text_data):
        text_data_json = json.loads(text_data)
        message = text_data_json['message']
        # send message to WebSocket
        self.send(text_data=json.dumps({'message': message}))
```

这表示为 ChatConsumer 使用者，该类继承自 Channels WebsocketConsumer 类，并实现了基本的 WebSocket 使用者，其中实现了下列方法：

- connnect()方法。当接收新的连接时调用该方法，可以接受任何包含 self.accept() 的连接。此外，还可通过调用 self.close()拒绝某个连接。
- disconnect()方法：当关闭套接字时调用该方法。由于客户端关闭连接时无须实现任何操作，因而可使用 pass。
- receive()方法：当接收数据时将调用该方法，此处希望文本作为 text_data（对于二进制数据则表示为 binary_data）被接收。另外，可将所接收的文本数据视为 JSON。因此，可使用 json.loads()方法将所接收的 JSON 数据加载至 Python 字典中。随后，可访问 message 键，这也是所接收的 JSON 结构中所显示的内容。当回传消息至 WebSocket 时，可利用 self.send()方法，并通过 json.dumps()方法再次将其转换为 JSON 格式。

使用者 ChatConsumer 的初始版本可接收任意 WebSocket 连接，并将所接收的每条消息回传至 WebSocket 客户端。需要注意的是，使用者并不会向其他客户端广播消息。后面将构建一个通道层实现这一功能。

13.5 路由机制

我们需要定义一个 URL 将连接路由至所实现的 ChatConsumer 使用者处。对此，Channels 提供了路由类，以组合和栈化使用者，进而根据具体的连接进行分发。这里可将其视为针对异步应用程序的 Django 的 URL 路由系统。

随后，在 chat 应用程序中创建新文件，将其命名为 routing.py 并添加下列代码：

```
from django.urls import re_path
from . import consumers

websocket_urlpatterns = [
    re_path(r'ws/chat/room/(?P<course_id>\d+)/$', consumers.ChatConsumer),
]
```

在上述代码中，我们将 URL 模式映射至 chat/consumers.py 文件中定义的 ChatConsumer 类，此外还使用了 Django 的 re_path 以及正则表达式定义路径。其中，URL 包含了一个名为 course_id 的整数，该参数在使用者范围内有效，并可标识用户连接的课程聊天室。

💡提示：

在 WebSocket URL 前添加/ws/是一种较好的做法，以将它们与用于标准同步 HTTP 请求的 URL 区分开。除此之外，当 HTTP 服务器根据当前路径进行路由请求时，还将简化产品的设置。

编辑全局 routing.py 文件（该文件与 settings.py 文件同级），如下所示。

```
from channels.auth import AuthMiddlewareStack
from channels.routing import ProtocolTypeRouter, URLRouter
```

```
import chat.routing

application = ProtocolTypeRouter({
    'websocket': AuthMiddlewareStack(
        URLRouter(
            chat.routing.websocket_urlpatterns
        )
    ),
})
```

上述代码使用了 URLRouter 将 websocket 连接映射至 chat 应用程序 routing 文件的 websocket_urlpatterns 列表中。这种标准的 ProtocolTypeRouter 路由器自动将 HTTP 请求映射至标准的 Django 视图中（如果未提供特定的 http 映射）。另外，我们还使用了 Channels 提供的 AuthMiddlewareStack 类，该类支持标准的 Django 验证，其中，用户的细节内容存储于当前会话中。这里我们将访问使用者范围内的用户实例，并标识发送消息的用户。

13.6 实现 WebSocket 客户端

前述内容创建了 course_chat_room 视图及其对应的学生访问相应的课程聊天室的模板。此外，我们还实现了一个针对聊天服务器的 WebSocket 使用者，并将其与 URL 路由绑定。当前，我们需要构建一个 WebSocket 客户端，以建立与课程聊天室模板中的 WebSocket 之间的连接，进而能够发送/接收消息。

本节将通过 JavaScript 实现 WebSocket 客户端，同时打开和维护浏览器中的连接。同时，我们还将使用 jQuery 与文档对象模型（DOM）元素进行交互，且 jQuery 已被加载至当前项目的基模板中。

编辑 chat 应用程序的 chat/room.html 模板，并修改 domready 代码块，如下所示。

```
{% block domready %}
  var url = 'ws://' + window.location.host +
            '/ws/chat/room/' + '{{ course.id }}/';
  var chatSocket = new WebSocket(url);
{% endblock %}
```

我们可通过 WebSocket 协议定义 URL，如 ws://（或者针对安全的 WebSocket 的 wss://，类似于 https://）。对此，可通过浏览器的当前位置构建 URL，这可从 window.location.host 中得到。URL 的其余内容则利用聊天室 URL 模式予以构建，相关内容已在 chat 应用程序的 routing.py 文件中加以定义。

此处编写了全部 URL，而不是通过其名称进行构建，其原因在于 Channels 并未提供 URL 的逆置方式。针对当前课程，我们使用了当前课程 ID 生成 URL，并将该 URL 存储于新的 url 变量中。

随后，利用 new WebSocket(url)打开经存储的 URL 的 WebSocket 连接，并将实例化后的 WebSocket 客户端对象分配给新的变量 chatSocket。

至此，我们创建了 WebSocket 使用者，同时包含了相应的路由机制，并实现了基本的 WebSocket 客户端。下面尝试实现聊天功能的初始版本。

利用下列命令启动开发服务器：

```
python manage.py runserver
```

在浏览器中打开 URL http://127.0.0.1:8000/chat/room/1/，将其中的 1 替换为数据库中已有课程的 ID，并查看控制台输出内容。除了页面及其静态文件的 HTTP GET 请求，还可看到包含 WebSocket HANDSHAKING 和 WebSocket CONNECT 的两行代码，如下所示。

```
HTTP GET /chat/room/1/ 200 [0.02, 127.0.0.1:57141]
HTTP GET /static/css/base.css 200 [0.01, 127.0.0.1:57141]
WebSocket HANDSHAKING /ws/chat/room/1/ [127.0.0.1:57144]
WebSocket CONNECT /ws/chat/room/1/ [127.0.0.1:57144]
```

Channels 开发服务器利用标准的 TCP 套接字监听输入的套接字连接。其间，握手行为表示为 HTTP 至 WebSockets 的桥接结果。在握手操作中，连接的细节是经过协商的，任何一方都可以在完成连接之前关闭连接。需要注意的是，当前我们使用 self.accept()方法接受 ChatConsumer 类（该类实现于 chat 应用程序中的 consumers.py 文件中）的 connect()方法中的任意连接。该连接在接受后即可在控制台中看到 WebSocket CONNECT 消息。

如果使用浏览器开发工具跟踪网络连接，那么还将看到针对已构建的 WebSocket 连接的相关信息，如图 13.4 所示。

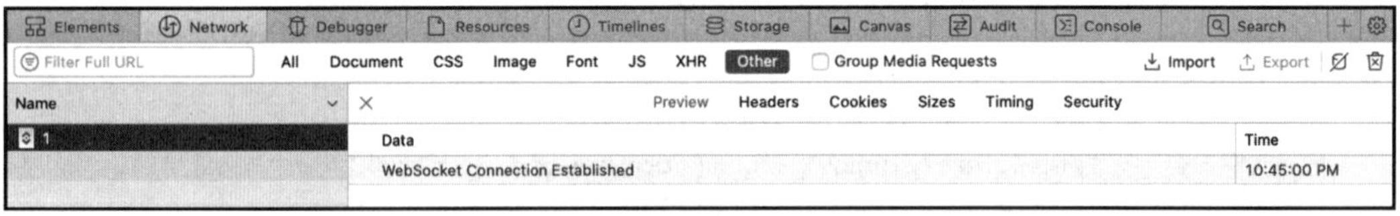

图 13.4

考虑到已经连接至 WebSocket，接下来将与其进行交互。因此，需要实现相关方法处理公共事件，如接收一条消息或关闭连接。编辑 chat 应用程序的 chat/room.html 模板，并修改 domready 代码块，如下所示。

```
{% block domready %}
```

第 13 章 搭建聊天服务器

```
  var url = 'ws://' + window.location.host +
            '/ws/chat/room/' + '{{ course.id }}/';
  var chatSocket = new WebSocket(url);

  chatSocket.onmessage = function(e) {
    var data = JSON.parse(e.data);
    var message = data.message;

    var $chat = $('#chat');
    $chat.append('<div class="message">' + message + '</div>');
    $chat.scrollTop($chat[0].scrollHeight);
  };

  chatSocket.onclose = function(e) {
    console.error('Chat socket closed unexpectedly');
  };
{% endblock %}
```

上述代码针对 WebSocket 客户端定义了下列事件：

- onmessage：当数据通过 WebSocket 接收时被触发。随后将对消息进行解析，即 JSON 格式，并访问其 message 属性。接下来，将包含消息的新<div>元素附加到包含聊天 ID 的 HTML 元素。这将向聊天日志中添加新的消息，同时保持之前添加至日志的全部消息。相应地，可将聊天日志<div>滚动至底部，以确保新消息可见。对此，可滚动至聊天日志的整体高度处（可通过访问 srollHeight 属性得到）。

- onclose：当关闭与 WebSocket 的连接时被触发。一般情况下，我们并不希望关闭连接，如果出现这种情况，可将错误"Chat socket closed unexpectedly"写入控制台日志中。

当接收新消息时，我们已经实现了相关操作以显示该消息。此外，还需要实现相关功能，进而向套接字发送消息。

编辑 chat 应用程序的 chat/room.html 模板，并将下列 JavaScript 代码添加至 domready 代码块的底部：

```
var $input = $('#chat-message-input');
var $submit = $('#chat-message-submit');

$submit.click(function() {
  var message = $input.val();
  if(message) {
```

```javascript
    // send message in JSON format
    chatSocket.send(JSON.stringify({'message': message}));

    // clear input
    $input.val('');

    // return focus
    $input.focus();
  }
});
```

上述代码针对提交按钮的 click 事件定义了一个函数，并利用 ID chat-message-submit 选择该函数。当单击提交按钮时，将执行下列各项操作：

（1）利用 ID chat-message-input 从文本输入元素中读取用户输入的消息。

（2）利用 if(message)检查消息是否包含内容。

（3）如果用户输入了消息，则可通过 JSON.stringify()形成 JSON 内容，如{'message': 'string entered by the user'}。

（4）通过 WebSocket 发送 JSON 内容，同时调用 chatSocket 客户端的 send()方法。

（5）利用$input.val('')方法将值设置为空字符串，从而清除文本输入内容。

（6）利用$input.focus()方法返回文本输入的焦点，以便用户可直接写入新消息。

当前，用户可利用文本输入并单击提交按钮发送消息。

为了进一步改善用户体验，可在页面加载完毕后即生成文本输入焦点，以便用户可直接输入内容。此外，还可捕捉键盘按键的单击事件，以标识 Enter/Return 键，并触发提交按钮上的 click 事件。因此，用户可单击提交按钮或按 Enter/Return 键发送消息。

编辑 chat 应用程序的 chat/room.html 模板，并向 domready 代码块底部添加下列 JavaScript 代码：

```javascript
$input.focus();
$input.keyup(function(e) {
  if (e.which === 13) {
    // submit with enter / return key
    $submit.click();
  }
});
```

上述代码主要关注文本输入问题，此外还针对输入的 keyup()事件定义了一个函数。对应用户的按键行为，我们将检查其键码是否为 13，即对应于 Enter/Return 键。相应地，还可访问 https://keycode.info 查看相应的键码。当按下 Enter/Return 时，将触发提交按钮的 click 事件，进而向 WebSocket 发送消息。

chat/room.html 模板的完整 domready 代码块如下所示。

```javascript
{% block domready %}
  var url = 'ws://' + window.location.host +
            '/ws/chat/room/' + '{{ course.id }}/';
  var chatSocket = new WebSocket(url);

  chatSocket.onmessage = function(e) {
    var data = JSON.parse(e.data);
    var message = data.message;

    var $chat = $('#chat');
    $chat.append('<div class="message">' + message + '</div>');
    $chat.scrollTop($chat[0].scrollHeight);
  };

  chatSocket.onclose = function(e) {
    console.error('Chat socket closed unexpectedly');
  };

  var $input = $('#chat-message-input');
  var $submit = $('#chat-message-submit');

  $submit.click(function() {
    var message = $input.val();
    if(message) {
      // send message in JSON format
      chatSocket.send(JSON.stringify({'message': message}));

      // clear input
      $input.val('');

      // return focus
      $input.focus();
    }
  });

  $input.focus();
  $input.keyup(function(e) {
    if (e.which === 13) {
      // submit with enter / return key
```

```
        $submit.click();
    }
});
{% endblock %}
```

在浏览器中打开 URL http://127.0.0.1:8000/chat/room/1/，将其中的 1 替换为数据库中已有课程的 ID。如果登录用户已注册了课程，则可在文本框中输入文本，并单击 SEND 按钮或按 Enter 键。图 13.5 显示了聊天日志中的消息内容。

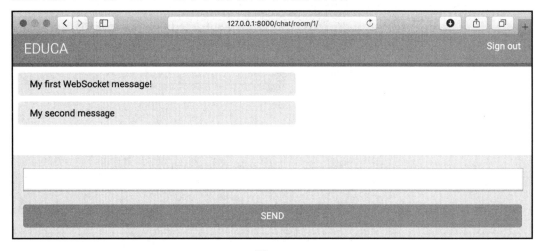

图 13.5

当前，消息已通过 WebSocket 被发送，且使用者 ChatConsumer 可接收到该消息，并通过 WebSocket 将其回传。另外，chatSocket 客户端接收到一个消息事件，并触发 onmessage()函数，同时将消息添加至聊天日志中。

至此，我们通过 WebSocket 使用者和 WebSocket 客户端实现了相关功能，并建立了客户端/服务器通信，从而能够发送或接收事件。然而，聊天服务器尚无法向其他客户端广播消息。如果打开第二个浏览器选项卡并输入一条消息，该消息将不会显示于第一个选项卡中。因此，当构建使用者之间的通信时，应启用一个通道层。

13.7 启用通道层

通道层支持不同的应用程序实例间的通信行为。具体来说，通道层是一种传输机制，使得多个使用者实例彼此间以及 Django 不同部分之间进行通信。

在聊天服务器中，针对同一课程聊天室，可能存在多个 ChatConsumer 使用者实例。进入聊天室的每名学生将在其浏览器中实例化 WebSocket 客户端，并通过一个 WebSocket 使用者实例打开连接。对此，需要一个公共通道层在使用者之间分发消息。

13.7.1 通道和分组

通道层提供了两种抽象机制以管理通信，即通道和分组。

- 通道：通道可被视为一个收件箱，并于其中发送消息或作为一个任务队列。另外，每个通道均包含一个名称。消息通过知晓通道名称的用户被发送至通道中，并于随后发送至监听该通道的使用者处。
- 分组：多个通道可分为一组，且每组包含一个名称。任何知晓分组名称的用户均可添加或移除通道。当采用分组名称时，还可向分组中的全部通道发送消息。

接下来将与通道分组协同工作，进而实现聊天服务器。当针对每个课程聊天室创建一个通道分组时，ChatConsumer 实例将能够实现彼此间的通信。

13.7.2 利用 Redis 设置通道层

对于通道层来说，Redis 是一个推荐选项，虽然通道也支持其他通道层类型。Redis 可作为通道层的通信存储，第 6 章和第 9 章曾使用了 Redis。

如果尚未安装 Redis，则可参考第 6 章查看具体的安装说明。

当把 Redis 用作通道层时，需要安装 channels-redis 包。对此，可利用下列命令在虚拟环境中安装 channels-redis 包：

```
pip install channels-redis==2.4.2
```

编辑 educa 项目的 settings.py 文件，并向其中添加下列代码：

```
CHANNEL_LAYERS = {
    'default': {
        'BACKEND': 'channels_redis.core.RedisChannelLayer',
        'CONFIG': {
            'hosts': [('127.0.0.1', 6379)],
        },
    },
}
```

CHANNEL_LAYERS 设置项定义了项目中可用的通道层配置内容。其中，我们通过 channels-redis 包提供的 RedisChannelLayer 后端定义了默认的通道层，并指定了 Redis 运行的主机 127.0.0.1 和端口 6379。

接下来尝试使用通道层。利用下列命令在 Shell 的 Redis 目录中初始化 Redis 服务器：

src/redis-server

利用下列命令打开 Django Shell：

python manage.py shell

当验证通道层是否可与 Redis 通信时，可编写下列代码将消息发送至名为 test_channel 的测试通道并反向接收：

```
>>> import channels.layers
>>> from asgiref.sync import async_to_sync
>>> channel_layer = channels.layers.get_channel_layer()
>>> async_to_sync(channel_layer.send)('test_channel', {'message': 'hello'})
>>> async_to_sync(channel_layer.receive)('test_channel')
```

对应输出结果如下所示：

```
{'message': 'hello'}
```

上述代码通过通道层向测试通道发送了一条消息，并于随后从通道层中接收该消息。可以看到，通道层可成功地与 Redis 进行通信。

13.7.3 更新使用者以广播消息

本节将编辑 ChatConsumer 使用者去使用通道层，此外还将针对每个课程聊天室使用通道分组。因此，我们将采用课程 ID 构建分组名。ChatConsumer 实例知晓分组名，并可实现彼此间的通信。

编辑 chat 应用程序的 consumers.py 文件，导入 async_to_sync()函数，并修改 ChatConsumer 类的 connect()方法，如下所示。

```
import json
from channels.generic.websocket import WebsocketConsumer
from asgiref.sync import async_to_sync

class ChatConsumer(WebsocketConsumer):
    def connect(self):
        self.id = self.scope['url_route']['kwargs']['course_id']
        self.room_group_name = 'chat_%s' % self.id
        # join room group
```

```
    async_to_sync(self.channel_layer.group_add)(
        self.room_group_name,
        self.channel_name
    )
    # accept connection
    self.accept()

# ...
```

上述代码导入了 async_to_sync()帮助函数，并封装了异步通道层的方法调用。ChatConsumer 则是一个同步 WebsocketConsumer 使用者，但需要调用通道层的异步方法。

connect()方法将执行下列任务：

（1）在当前范围内检索课程 ID，以获悉与聊天室关联的课程。对此，可访问 self.scope['url_route']['kwargs']['course_id']，并检索 URL 中的 course_id 参数。这里，每个使用者均包含一个范围，其中涵盖了与其的连接、URL 传递的参数和验证用户（如果存在）相关的信息。

（2）利用分组对应的课程 ID 构建分组名。注意，此时将针对每个课程聊天室持有一个通道分组。随后可将分组名存储于使用者的 room_group_name 属性中。

（3）将当前通道添加至分组中即可加入该分组，同时获得使用者 channel_name 属性中的通道名。另外，可使用通道层的 group_add()方法将通道添加至分组中。同时，我们还通过 async_to_sync()封装器使用了通道层的异步方法。

（4）保持 self.accept()调用并接收 WebSocket 连接。

当 ChatConsumer 使用者接收到一个新的 WebSocket 连接时，对应通道将添加至其范围内与当前课程关联的分组中。当前，使用者将能够接收发送至该分组中的任何消息。

在同一 consumers.py 文件中，修改 ChatConsumer 类的 disconnect()方法，如下所示。

```
class ChatConsumer(WebsocketConsumer):
    # ...

    def disconnect(self, close_code):
        # leave room group
        async_to_sync(self.channel_layer.group_discard)(
            self.room_group_name,
            self.channel_name
        )

    # ...
```

当连接关闭时，可调用通道层的 group_discard()方法以离开当前分组。同时，还可通过 async_to_sync()封装器使用通道层异步方法。

在同一 consumers.py 文件中，修改 ChatConsumer 类的 receive()方法，如下所示。

```
class ChatConsumer(WebsocketConsumer):
    # ...

    # receive message from WebSocket
    def receive(self, text_data):
        text_data_json = json.loads(text_data)
        message = text_data_json['message']

        # send message to room group
        async_to_sync(self.channel_layer.group_send)(
            self.room_group_name,
            {
                'type': 'chat_message',
                'message': message,
            }
        )
```

当接收 WebSocket 连接中的消息时（而非将消息发送至所关联的通道），则需要将该消息发送至分组中。对此，可调用通道层的 group_send()方法。另外，还可根据 async_to_sync()封装器使用通道层异步方法。在发送至分组的事件中，需要传递下列信息：

❏ type：事件类型，表示为与方法名对应的特定键，该方法应在接收事件的使用者上被调用。可以在使用者中实现一个与消息类型同名的方法，以便在接收具有该特定类型的消息时执行这一方法。

❏ message：所发送的实际消息。

在同一 consumers.py 文件的 ChatConsumer 类中添加新方法 chat_message()，如下所示。

```
class ChatConsumer(WebsocketConsumer):
    # ...

    # receive message from room group
    def chat_message(self, event):
        # Send message to WebSocket
        self.send(text_data=json.dumps(event))
```

若消息从 WebSocket 处接收，那么 chat_message()方法负责匹配发送至通道分组的 type 键。当包含 chat_message 类型的消息被发送至分组时，订阅该分组的全部使用者（消费者）将接收该消息，并执行 chat_message()方法。在 chat_message()方法中，所接收的事件消息将发送至 WebSocket 处。

完整的 consumers.py 文件如下所示。

```python
import json
from channels.generic.websocket import WebsocketConsumer
from asgiref.sync import async_to_sync

class ChatConsumer(WebsocketConsumer):
    def connect(self):
        self.id = self.scope['url_route']['kwargs']['course_id']
        self.room_group_name = 'chat_%s' % self.id
        # join room group
        async_to_sync(self.channel_layer.group_add)(
            self.room_group_name,
            self.channel_name
        )
        # accept connection
        self.accept()

    def disconnect(self, close_code):
        # leave room group
        async_to_sync(self.channel_layer.group_discard)(
            self.room_group_name,
            self.channel_name
        )

    # receive message from WebSocket
    def receive(self, text_data):
        text_data_json = json.loads(text_data)
        message = text_data_json['message']

        # send message to room group
        async_to_sync(self.channel_layer.group_send)(
            self.room_group_name,
            {
                'type': 'chat_message',
                'message': message,
            }
        )

    # receive message from room group
    def chat_message(self, event):
        # send message to WebSocket
        self.send(text_data=json.dumps(event))
```

至此，我们实现了 ChatConsumer 中的通道层，使用者可广播消息并实现彼此间的通信。

利用下列命令运行开发服务器：

```
python manage.py runserver
```

在浏览器中打开 URL http://127.0.0.1:8000/chat/room/1/，利用数据库中已有课程的 ID 替换 1。接下来编写一条消息并发送，随后打开第二个浏览器窗口，访问同一 URL 并从每个浏览器窗口中发送一条消息。

对应结果如图 13.6 所示。

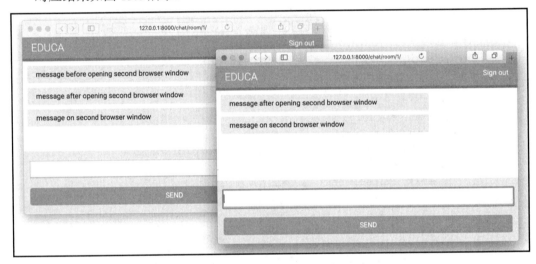

图 13.6

可以看到，第一条消息仅显示于第一个浏览器窗口中。当打开第二个浏览器窗口时，任何浏览器窗口中发送的消息将显示于两个窗口中。当打开新的浏览器窗口并访问每个聊天室 URL 时，这将在浏览器的 JavaScript WebSocket 客户端和服务器的 WebSocket 使用者之间建立一个新的 WebSocket 连接。每个通道将被添加至与课程 ID（通过 URL 传递至当前使用者处）关联的分组中。消息则被发送至分组中，并被全部的使用者所接收。

13.7.4　将上下文添加至消息中

当前，消息可在聊天室内的全部用户之间交换，但我们还希望显示消息的发送者，以及消息的发送时间。接下来尝试向消息中添加上下文。

编辑 chat 应用程序中的 consumers.py 文件，并实现下列调整：

```python
import json
from channels.generic.websocket import WebsocketConsumer
from asgiref.sync import async_to_sync
from django.utils import timezone

class ChatConsumer(WebsocketConsumer):
    def connect(self):
        self.user = self.scope['user']
        self.id = self.scope['url_route']['kwargs']['course_id']
        self.room_group_name = 'chat_%s' % self.id
        # join room group
        async_to_sync(self.channel_layer.group_add)(
            self.room_group_name,
            self.channel_name
        )
        # accept connection
        self.accept()

    def disconnect(self, close_code):
        # leave room group
        async_to_sync(self.channel_layer.group_discard)(
            self.room_group_name,
            self.channel_name
        )

    # receive message from WebSocket
    def receive(self, text_data):
        text_data_json = json.loads(text_data)
        message = text_data_json['message']
        now = timezone.now()

        # send message to room group
        async_to_sync(self.channel_layer.group_send)(
            self.room_group_name,
            {
                'type': 'chat_message',
                'message': message,
                'user': self.user.username,
                'datetime': now.isoformat(),
            }
        )

    # receive message from room group
```

```
def chat_message(self, event):
    # send message to WebSocket
    self.send(text_data=json.dumps(event))
```

下面导入 Django 提供的 timezone 模块。在使用者的 connect()方法中，可利用 self.scope['user']在对应范围内检索当前用户，并将其存储于使用者的新的 user 属性中。当使用者通过 WebSocket 接收消息时，将通过 timezone.now()方法获取当前时间，并以 ISO 8601 格式传递当前 user、datetime 以及发送至通道分组的事件中的消息。

编辑 chat 应用程序中的 chat/room.html 模板，并查找下列代码行：

```
var data = JSON.parse(e.data);
var message = data.message;

var $chat = $('#chat');
$chat.append('<div class="message">' + message + '</div>');
```

将上述代码行替换为下列代码：

```
var data = JSON.parse(e.data);
var message = data.message;

var dateOptions = {hour: 'numeric', minute: 'numeric', hour12: true};
var datetime = new Date(data['datetime']).toLocaleString('en',
dateOptions);

var isMe = data.user === '{{ request.user }}';
var source = isMe ? 'me' : 'other';
var name = isMe ? 'Me' : data.user;

var $chat = $('#chat');
$chat.append('<div class="message ' + source + '">' +
             '<strong>' + name + '</strong> ' +
             '<span class="date">' + datetime + '</span><br>' +
             message +
             '</div>');
```

上述代码实现了以下变化内容：

（1）将消息中接收的日期/时间转换为 JavaScript Date，并通过指定的区域设置对其进行格式化。

（2）检索消息中接收的用户，并通过两个不同的变量进行比较，以帮助识别用户。

（3）如果发送消息的用户为当前用户，变量 source 将得到值 me，否则将得到 other 值。使用 Django 的模板语言{{ request.user }}检查消息是否源自当前用户或其他用户。随后,可将 source 用作主<div>元素的 class,进而区分当前用户和其他用户发送的消息。另外,根据 class 属性,可采用不同的 CSS 样式。

(4)如果发送消息的用户为当前用户,或者是发送消息的该用户名,变量 name 将得到值 Me,随后可据此显示发送当前消息的用户名。

(5)在附加至聊天日志的消息中使用对应的用户名和日期/时间。

在浏览器中打开 URL http://127.0.0.1:8000/chat/room/1/,利用数据库中的已有课程 ID 替换 1。如果用户处于登录状态并注册了某一门课程,则可编写并发送一条消息。

随后,以隐身模式打开第二个浏览器窗口,以防止使用同一会话。接下来,使用不同的用户登录,针对同一课程进行注册并发送消息。

此时将利用两个不同的用户交换消息,并查看用户和时间,从而明确区分当前用户和其他用户发送的消息。图 13.7 显示了两个用户间的对话。

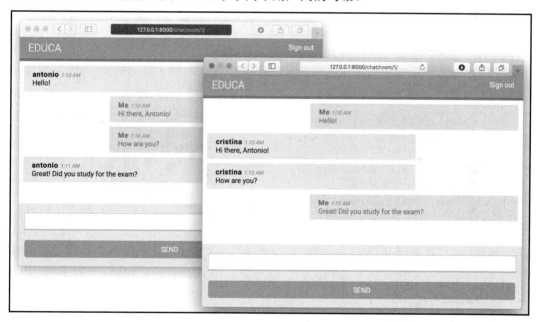

图 13.7

13.8 调整使用者使其处于完全异步状态

我们实现的 ChatConsumer 类继承自 WebsocketConsumer 基类,该类呈同步状态。对于访问 Django 模型以及调用常规的同步 I/O 函数来说,同步使用者十分方便。然而,异步使用者则展示了更高的性能,其原因在于,当处理请求时,它们并不需要使用到额外的线程。考虑到我们采用了异步通道层函数,因而可方便地重写 ChatConsumer 类,并使其处于异步状态。

编辑 chat 应用程序的 consumers.py 文件,并进行下列调整:

```python
import json
from channels.generic.websocket import AsyncWebsocketConsumer
from asgiref.sync import async_to_sync
from django.utils import timezone

class ChatConsumer(AsyncWebsocketConsumer):
    async def connect(self):
        self.user = self.scope['user']
        self.id = self.scope['url_route']['kwargs']['course_id']
        self.room_group_name = 'chat_%s' % self.id
        # join room group
        await self.channel_layer.group_add(
            self.room_group_name,
            self.channel_name
        )
        # accept connection
        await self.accept()

    async def disconnect(self, close_code):
        # leave room group
        await self.channel_layer.group_discard(
            self.room_group_name,
            self.channel_name
        )

    # receive message from WebSocket
    async def receive(self, text_data):
        text_data_json = json.loads(text_data)
        message = text_data_json['message']
        now = timezone.now()
        # send message to room group
        await self.channel_layer.group_send(
            self.room_group_name,
            {
                'type': 'chat_message',
                'message': message,
```

第13章 搭建聊天服务器

```
            'user': self.user.username,
            'datetime': now.isoformat(),
        }
    )

# receive message from room group
async def chat_message(self, event):
    # send message to WebSocket
    await self.send(text_data=json.dumps(event))
```

上述代码实现了下列变化：

- ❑ 使用者 ChatConsumer 继承自 AsyncWebsocketConsumer 类并实现了异步调用。
- ❑ 修改了所有方法定义，即从 def 修改为 async def。
- ❑ 使用 await 调用异步函数以执行 I/O 操作。
- ❑ 当调用通道层上的方法时，不再使用 async_to_sync()帮助函数。

再次利用两个不同的浏览器窗口打开 URL http://127.0.0.1:8000/chat/room/1，并确认聊天服务器仍处于工作状态。当前，聊天服务器完全处于异步状态。

13.9 集成聊天应用程序和视图

目前，聊天服务器已实现完毕，注册了某门课程的学生可彼此间通信。下面针对加入每门课程的聊天室中的学生添加一个链接。

编辑 students 应用程序的 students/course/detail.html 模板，并在<div class="contents">元素底部添加下列<h3> HTML 元素代码：

```
<div class="contents">
  ...
  <h3>
    <a href="{% url "chat:course_chat_room" object.id %}">
      Course chat room
    </a>
  </h3>
</div>
```

打开浏览器并访问学生注册的课程，以查看课程的内容。其中，侧栏将包含一个 Course chat room 链接，并指向课程的聊天室视图。单击该链接后将进入聊天室，如图 13.8 所示。

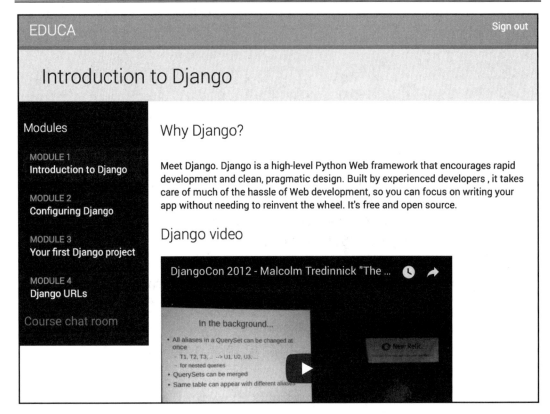

图 13.8

13.10 本章小结

本章学习了如何利用通道创建聊天服务器，并实现了 WebSocket 使用者和客户端。除此之外，我们还通过 Redis 并利用通道层启用了使用者间的通信机制，进而调整使用者以使其处于完全异步状态。

第 14 章将考查如何利用 NGINX、uWSGI 和 Daphne 针对 Django 项目构建产品环境。另外，我们还将学习如何实现一个自定义中间件，并生成自定义管理命令。

第 14 章 部 署 项 目

第 13 章针对学生利用 Django Channels 构建了一个实时聊天服务器。考虑到我们已经创建了一个全功能的电子教学平台，接下来将在在线服务器上设置一个产品环境，以便通过互联网进行访问。前述内容仅在开发环境中工作，并使用 Django 开发服务器运行站点。本章将讨论如何配置产品环境，并以安全和高效的方式服务于 Django 项目。

本章主要涉及以下主题：
- 配置产品环境。
- 创建自定义中间件。
- 实现自定义管理命令。

14.1 创建产品环境

本节将部署 Django 项目至产品环境中，我们应遵循下列各项步骤：
（1）针对产品环境配置项目设置。
（2）采用 PostgreSQL 数据库。
（3）利用 uWSGI 和 NGINX 设置 Web 服务器。
（4）利用 NGINX 处理静态数据资源。
（5）基于 SSL 的安全连接。
（6）使用 Daphne 服务 Django Channels。

14.1.1 针对多种环境管理设置内容

在实际项目中，往往需要处理多种环境，其中至少涉及本地和产品环境，但同时也会包含其他环境，如测试或前期生产环境。某些项目设置可共用于全部环境，而其他一些设置则需要针对每种环境进行调整。下面针对多种环境定义项目设置，同时使其处于有组织状态。

在 educa 项目的 settings.py 文件同级位置创建 settings/ 目录，将 settings.py 文件重命名为 base.py 并将其移至新建的 settings/ 目录中。在 setting/ 文件夹中生成下列附加文件：

```
settings/
```

```
__init__.py
base.py
local.py
pro.py
```

对应文件解释如下。
- base.py:基础设置文件,包含了公共设置内容(即之前的 settings.py 文件)。
- local.py:针对本地环境的自定义设置。
- pro.py:针对商品环境的自定义设置。

编辑 settings/base.py 文件,并查看下列代码行:

```
BASE_DIR = os.path.dirname(os.path.dirname(os.path.abspath(__file__)))
```

并替换为下列代码:

```
BASE_DIR =os.path.dirname(os.path.dirname(os.path.abspath(
                    os.path.join(__file__,os.pardir))))
```

我们已经将设置文件移动到比它低一级的目录中,所以 BASE_DIR 应指向父目录才可保证有效性。对此,可利用 os.pardir 指向父目录。

编辑 settings/local.py 文件并添加下列代码行:

```
from .base import *

DEBUG = True

DATABASES = {
    'default': {
        'ENGINE': 'django.db.backends.sqlite3',
        'NAME': os.path.join(BASE_DIR, 'db.sqlite3'),
    }
}
```

上述代码表示为针对本地环境的设置文件,其中导入了定义于 base.py 文件中的全部设置项,同时仅对当前环境定义了特定的设置内容。此外,我们还复制了 base.py 文件中的 DEBUG 和 DATABASES 设置,此类设置将针对每种环境加以设置。此时,可移除 base.py 文件中的 DATABASES 和 DEBUG 设置。

编辑 settings/pro.py 文件,如下所示:

```
from .base import *

DEBUG = False
```

```
ADMINS = (
    ('Antonio M', 'email@mydomain.com'),
)

ALLOWED_HOSTS = ['*']

DATABASES = {
    'default': {
    }
}
```

上述代码表示为产品环境的设置，下面深入考查每项内容，具体如下。

- ❑ DEBUG：将 DEBUG 设置为 False 对于产品环境来说是一种强制行为。否则，将导致向所有人公开回溯信息和敏感配置数据。
- ❑ ADMINS：若 DEBUG 设置为 False，且某个视图产生异常，全部信息将通过电子邮件发送至 ADMINS 设置中的相关人员。此处，应确保利用个人信息替换名称/电子邮件元组数据。
- ❑ ALLOWED_HOSTS：Django 仅支持包含于当前列表中的主机，并服务于应用程序序，这可视作一种安全措施。这里将限制用于应用程序服务的主机名。
- ❑ DATABASES：该设置项暂时为空，后面将介绍用于生产环境的数据库设置。

📝 注意：
当处理多种环境时，须创建基础设置文件，以及针对每种环境的设置文件。其中，环境设置文件应继承自公共设置的内容，并重载特定环境下的设置内容。

我们已经将项目设置放置在与默认 settings.py 文件不同的位置。除非定义了所用的设置模块，否则将无法利用 manage.py 工具执行任何命令。当在 Shell 中运行管理命令，或者设置一个 DJANGO_SETTINGS_MODULE 环境变量时，还需要添加一个--settings 标记。

打开 Shell 并运行下列命令：

```
export DJANGO_SETTINGS_MODULE=educa.settings.pro
```

该语句将针对当前 Shell 会话设置 DJANGO_SETTINGS_MODULE 环境变量。如果并不希望针对每个新 Shell 执行该命令，可将该命令添加至 Shell 的.bashrc 或.bash_profile 文件配置中。如果不希望设置该变量，则需要运行管理命令，并添加--settings 标记，如下所示：

```
python manage.py migrate --settings=educa.settings.pro
```

至此，我们已经成功地针对多种环境组织了相关设置内容。

14.1.2 使用 PostgreSQL

SQLite 数据库是本书使用较多的数据库。SQLite 相对简单并可实现快速安装，但对于生产环境，还需要使用到更为强大的数据库产品，如 PostgreSQL、MySQL 或 Oracle。第 3 章曾讨论了 PostgreSQ 的安装和设置方式。

下面开始创建 PostgreSQ 用户。对此，打开 Shell 并运行下列命令以创建一个数据库用户：

```
su postgres
createuser -dP educa
```

此时将提示输入用户的密码和权限。输入完毕后，可利用下列命令生成新的数据库：

```
createdb -E utf8 -U educa educa
```

随后可编辑 settings/pro.py 文件，并修改 DATABASES 设置，如下所示：

```
DATABASES = {
    'default': {
        'ENGINE': 'django.db.backends.postgresql',
        'NAME': 'educa',
        'USER': 'educa',
        'PASSWORD': '*****',
    }
}
```

利用数据库名和所创建的用户凭证替换上述数据。新数据库当前为空，运行下列命令并应用全部数据库迁移：

```
python manage.py migrate
```

最后，利用下列命令创建超级用户：

```
python manage.py createsuperuser
```

14.1.3 项目检查

Django 包含了 check 管理命令，并可随时对项目进行检测。该命令接收安装于 Django 中的应用程序，并输出相关错误和警告信息。如果添加了 --deploy 选项，则仅会触发与产品应用相关的额外检测。打开 Shell，运行下列命令以执行检测任务：

```
python manage.py check --deploy
```

输出结果包含了一些警告信息（不存在错误消息），这意味着检测成功，但仍需要查看相应的警告内容，确保项目处于产品安全状态。此处并不打算对此加以深入讨论，但确实应在应用产品之前对项目加以检测，并以此发现相关问题。

14.1.4 通过 WSGI 为 Django 提供服务

WSGI 是 Django 的主要开发平台。WSGI 是 Web 服务器网关接口的缩写，并可对 Web 上的 Python 应用程序提供服务。

当利用 startproject 命令创建新项目时，Django 在项目目录中生成 wsgi.py 文件，该文件包含了可调用的 WSGI 应用程序，即当前应用程序的访问点。

WSGI 可在 Django 开发服务器上运行项目，以及在产品环境中所选的服务器上部署应用程序。

读者可访问 https://wsgi.readthedocs.io/en/latest/ 以学习更多内容。

14.1.5 安装 uWSGI

本书采用 Django 开发服务器运行本地环境。但是，我们需要使用到真实的 Web 服务器，并在产品环境中部署应用程序。

uWSGI 是一类快速的 Python 应用程序服务器，通过 WSGI 规范与 Python 应用程序进行通信。uWSGI 将 Web 请求转换为 Django 项目可处理的格式。

我们可使用下列命令安装 uWSGI：

```
pip install uwsgi==2.0.18
```

当构建 uWSGI 时，需要使用到 C 编译器，如 gcc 或 clang。在 Linux 环境下，需要通过 apt-get install build-essential 命令进行安装。

对于 macOS 环境，可通过 Homebrew 包管理器和 brew install uwsgi 命令安装 uWSGI。

如果需要在 Windows 上安装 uWSGI，则需要使用到 Cygwin（对应网址为 https://www.cygwin.com）。然而，UNIX 才是较为理想的 uWSGI 应用环境。

读者可访问 https://uwsgi-docs.readthedocs.io/en/latest/，并查看 uWSGI 文档。

14.1.6 配置 uWSGI

用户可通过命令行运行 uWSGI。打开 Shell 并在 educa 项目目录中运行下列命令：

```
sudo uwsgi --module=educa.wsgi:application \
--env=DJANGO_SETTINGS_MODULE=educa.settings.pro \
--master --pidfile=/tmp/project-master.pid \
--http=127.0.0.1:8000 \
--uid=1000 \
--virtualenv=/home/env/educa/
```

利用实际的虚拟环境路径替换 virtualenv 选项中的路径。如果未使用虚拟环境，则可忽略该选项。

如果缺少所需权限，则需要在该命令前添加 sudo。如果默认状态下模块未被加载，可能还需要添加--plugin=python3 选项。

利用这一命令，可通过下列选项在本地主机上运行 uWSGI：

❑ 使用可调用的 educa.wsgi:application WSGI。
❑ 针对产品环境加载当前设置。
❑ 通知 uWSGI 使用 educa 虚拟环境。

如果未在项目目录中运行命令，则可在项目路径中包含选项--chdir=/path/to/educa/。

在浏览器中打开 http://127.0.0.1:8000/，对应页面如图 14.1 所示。

图 14.1

可以看到，渲染后对应于课程列表视图的 HTML，但并未加载 CSS 样式表或图像，其原因在于我们无须配置 uWSGI 以服务静态文件。本章后面将在产品环境中配置静态文件。

uWSGI 可在.ini 文件中设置自定义配置，与通过命令行传递选项相比，这显得更加方便。

在全局 educa/目录中创建下列文件结构：

```
config/
    uwsgi.ini
logs/
```

编辑 config/uwsgi.ini 文件，并向其中添加下列代码：

```
[uwsgi]
# variables
projectname = educa
base = /home/projects/educa

# configuration
master = true
virtualenv = /home/env/%(projectname)
pythonpath = %(base)
chdir = %(base)
env = DJANGO_SETTINGS_MODULE=%(projectname).settings.pro
module = %(projectname).wsgi:application
socket = /tmp/%(projectname).sock
chmod-socket = 666
```

在.ini 文件中，我们定义了下列变量。

❑ projectname：表示为 Django 项目名，即 educa。
❑ base：educa 项目的绝对路径。可利用当前项目的绝对路径对其进行替换。

上述内容表示为用于 uWSGI 选项中的自定义变量。只要名称与 uWSGI 选项不同，用户可定义任意变量。

下面对下列选项进行设置。

❑ master：启用主进程。
❑ virtualenv：虚拟环境路径，可利用应用程序路径对其加以替换。
❑ pythonpath：添加至 Python 路径的路径。
❑ chdir：项目目录路径，uWSGI 在加载应用程序前将修改为该目录。
❑ env：环境变量。此处包含了指向产品环境设置的 DJANGO_SETTINGS_MODULE 变量。
❑ module：所用的 WSGI 模块。这里将其设置为包含于项目 wsgi 模块中的、可调用的 application。
❑ socket：表示为绑定服务器的 UNIX/TCP 套接字。
❑ chmod-socket：表示为应用于套接字文件的文件权限。在当前示例中，可使用 666 以便 NGINX 可读/写套接字。

socket 选项用于与某些第三方路由器进行通信，如 NGINX；而 http 选项则用于 uWSGI 接收输入的 HTTP 请求并实现自身的路由。鉴于把 NGINX 配置为 Web 服务器，因而这里将通过一个套接字运行 uWSGI，并通过套接字与 uWSGI 进行通信。

关于 uWSGI 的选项列表，读者可访问 https://uwsgi-docs.readthedocs.io/en/latest/

Options.html 以了解更多内容。

接下来，可利用下列命令并参照自定义配置运行 uWSGI：

```
uwsgi --ini config/uwsgi.ini
```

目前尚无法从浏览器访问 uWSGI 实例，因为该实例通过套接字运行。下面将进一步完善产品环境。

14.1.7 安装 NGINX

当向某个站点提供服务时，除动态内容外，还应涵盖静态文件，如 CSS 样式表、JavaScript 文件和图像。虽然 uWSGI 适用于静态文件，但却向 HTTP 请求中加入了不必要的开销，因此，建议首先设置一个 Web 服务器，如 NGINX。

NGINX 是一个专注于高并发、高性能和低内存使用的 Web 服务器。NGINX 还充当反向代理，接收 HTTP 请求，并将它们路由到不同的后端。通常，可使用 Web 服务器（如前面的 NGINX）高效、快速地提供静态文件，并将动态请求转发给 uWSGI 工作者。通过使用 NGINX，还可以应用相关规则，并受益于它的反向代理功能。

利用下列命令安装 NGINX：

```
sudo apt-get install nginx
```

对于 macOS 环境，可使用 brew install nginx 命令安装 NGINX。

读者可访问 https://nginx.org/en/download.html，其中包含了 Windows 环境下的 NGINX 二进制文件。

打开 Shell 并利用下列命令运行 NGINX：

```
sudo nginx
```

在浏览器中打开 URL http://127.0.0.1，对应页面如图 14.2 所示。

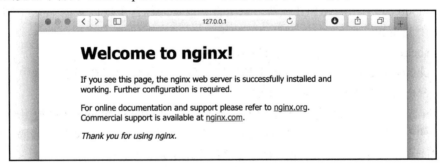

图 14.2

如果可以看到如图 14.2 所示页面，则表明 NGINX 已经安装成功，80 是 NGINX 默认配置的端口。

14.1.8　产品环境

图 14.3 显示了所设置的产品环境下的请求/响应周期。

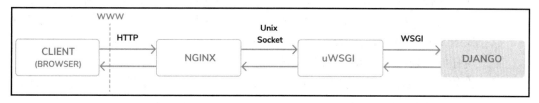

图 14.3

当客户端浏览器发送 HTTP 请求时，即会产生下列行为：
（1）NGINX 接收 HTTP 请求。
（2）NGINX 将通过套接字将请求委托至 uWSGI。
（3）uWSGI 将请求传递至 Django 以用于处理。
（4）最终的 HTTP 响应将传回至 NGINX，并依次返回至客户端浏览器。

14.1.9　配置 NGINX

在 config/目录中生成新文件，将其命名为 nginx.conf，并向其中添加下列代码：

```
# the upstream component nginx needs to connect to
upstream educa {
    server unix:///tmp/educa.sock;
}

server {
    listen 80;
    server_name www.educaproject.com educaproject.com;

    access_log off;
    error_log /home/projects/educa/logs/nginx_error.log;

    location / {
        include /etc/nginx/uwsgi_params;
        uwsgi_pass educa;
    }
}
```

上述代码表示为 NGINX 的基本配置信息，其中设置了名为 educa 的上层内容，并指向 uWSGI 创建的套接字。这里使用了服务器指令并添加以下配置：

- 通知 NGINX 并监听 80 端口。
- 针对 www.educaproject.com 和 educaproject.com 设置服务器名称。NGINX 将分别服务于两个域的输入请求。
- 显式地将 access_log 设置为 off，并使用该指令将访问日志存储于某个文件中。
- 使用 error_log 指令设置文件路径，并于其中存储错误日志。随后，利用将要存储 NGINX 错误日志的路径替换该路径。在使用 NGINX 的过程中，如果运行出现任何问题，可分析这一日志文件。
- 设置 NGINX 内置的默认 uWSGI 配置参数，此类参数通常位于/usr/local/nginx/conf/usgi_params、/etc/nginx/usgi_params 或/usr/local/etc/nginx/usgi_params 位置处。
- /路径下的全部内容需要被路由至 educa 套接字处（uWSGI）。

读者可访问 https://nginx.org/en/docs/以查看 NGINX 文档。

默认的 NGINX 配置文件被命名为 nginx.conf，通常位于/usr/local/nginx/conf、/etc/nginx 或/usr/local/etc/nginx 目录中。

查看 nginx.conf 配置文件，并在 http 代码块中添加下列 include 指令：

```
http {
    include /home/projects/educa/config/nginx.conf;
    # ...
}
```

利用针对 educa 项目创建的配置文件路径替换/home/projects/educa/config/nginx.conf。代码中包含了默认 NGINX 配置中项目的 NGINX 配置文件。

打开 Shell 并运行 uWSGI，如下所示。

```
uwsgi --ini config/uwsgi.ini
```

打开第二个 shell，并使用下列命令加载 NGINX：

```
Sudo nginx-s reload
```

当终止 NGINX 时，可通过下列命令：

```
sudo nginx -s quit
```

如果希望快速终止 NGINX，则可使用信号 stop 而非 quit。其中，quit 信号等待 worker 结束当前请求；而 stop 信号则即刻终止 NGINX。

鉴于使用了示例域名，因而需要将其重定向至本地主机上。编辑/etc/hosts 文件，并向其中添加下列代码行：

```
127.0.0.1 educaproject.com www.educaproject.com
```

据此，可将两个主机名路由至本地服务器上。在产品服务器上，则无须执行此类操作，其原因在于将会有一个固定的 IP 地址，并将主机名指向域名 DNS 配置中的服务器上。

在浏览器中打开 http://educaproject.com/，可以看到当前站点尚未加载任何静态数据集，但产品环境已经准备就绪。

当前，我们可限制向 Django 项目提供服务的主机。编辑项目的产品设置文件 settings/pro.py，并修改 ALLOWED_HOSTS 设置，如下所示：

```
ALLOWED_HOSTS = ['educaproject.com', 'www.educaproject.com']
```

如果应用程序运行于上述主机名之下，那么 Django 仅为该应用程序提供服务。关于所支持的 ALLOWED_HOSTS 设置内容，读者可访问 https://docs.djangoproject.com/en/3.0/ref/settings/#allowed-hosts。

14.1.10 向静态和媒体数据集提供服务

uWSGI 可完美地处理静态文件，但与 NGINX 相比，其效率和速度还有所欠缺。考虑到最佳性能，我们将使用 NGINX 向当前产品环境中的静态文件提供服务。具体来说，将设置 NGINX，并针对应用程序中的静态文件（CSS 样式表、JavaScript 文件和图像），以及针对课程内容上传的媒体文件提供服务。

编辑 settings/base.py 文件，并向其中添加下列代码（在 STATIC_URL 设置下面）：

```
STATIC_ROOT = os.path.join(BASE_DIR, 'static/')
```

Django 项目中的每个应用程序可能都会在 static/目录中包含静态文件。Django 提供了一个命令将全部应用程序中的静态文件收集至单一位置处，这简化了产品环境中的静态文件服务设置。具体来说，即 collectstatic 命令将项目中所有应用程序中的静态文件收集至 STATIC_ROOT 中定义的路径。

打开 Shell 并运行下列命令：

```
python manage.py collectstatic
```

对应输出结果如下所示：

```
165 static files copied to '/educa/static'.
```

在 INSTALLED_APPS 设置中，每个应用程序的 static/目录下的文件均被复制至全局 /educa/static/项目目录中。

下面编辑 config/nginx.conf 文件，并在改变下列代码：

```
# the upstream component nginx needs to connect to
upstream educa {
    server unix:///tmp/educa.sock;
}

server {
    listen 80;
    server_name www.educaproject.com educaproject.com;

    access_log off;
    error_log /home/projects/educa/logs/nginx_error.log;

    location / {
        include /etc/nginx/uwsgi_params;
        uwsgi_pass educa;
    }

    location /static/ {
        alias /home/projects/educa/static/;
    }

    location /media/ {
        alias /home/projects/educa/media/;
    }
}
```

注意，此处需要将/home/projects/educa/路径替换为项目目录的绝对路径。此类命令通知 NGINX 直接向位于/static/和/media/路径下的静态文件提供服务。相关路径包括以下方面。

❑ /static/：该路径匹配于 STATIC_URL 设置中指定的路径，其目标路径对应于 STATIC_ROOT 设置的值。据此，可向当前应用程序的静态文件提供服务。

❑ /media/：该路径匹配于 MEDIA_URL 设置中指定的路径，其目标路径对应于 MEDIA_ROOT 设置值。据此，可向上传至课程内容的媒体文件提供服务。

图 14.4 显示了当前的产品环境：

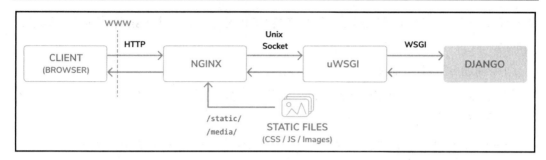

图 14.4

目前，/static/ 和 /media/ 路径下的文件由 NGINX 直接服务，而非重定向至 uWSGI。其他路径的请求仍然由 NGINX 并通过 UNIX 套接字传递至 uWSGI。

利用下列命令重载 NGINX 的配置内容，并记录新的路径：

```
sudo nginx-s reload
```

在浏览器中打开 http://educaproject.com/，对应页面如图 14.5 所示。

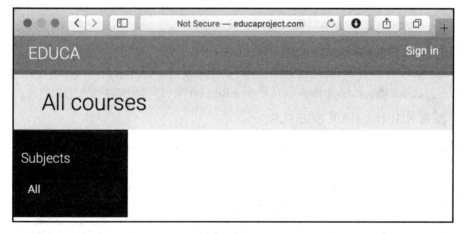

图 14.5

静态资源，如 CSS 样式表和图像，当前已被正确地加载。静态文件的 Http 请求则直接通过 NGINX 服务，而非转发至 uWSGI。

至此，我们已对静态文件服务成功地配置了 NGINX。

14.1.11 基于 SSL/TLS 的安全连接

安全套接字层协议（SSL）正成为通过安全连接为网站提供服务的一项标准。这里，强烈建议使用 HTTPS 服务于网站。我们将在 NGINX 中配置一个 SSL 证书来安全地服务当前站点。

1. 创建 SSL/TLS 证书

在 educa 项目目录中生成新目录，并将其命名为 ssl。随后利用下列命令从命令行生成 SSL/TLS 证书：

```
sudo openssl req -x509 -nodes -days 365 -newkey rsa:2048 -keyout ssl/educa.key -out ssl/educa.crt
```

这里将生成一个私钥，以及一个 2048 位的 SSL/TLS 证书，其有效期为 1 年。此时，用户将被询问输入下列数据：

```
Country Name (2 letter code) []:
State or Province Name (full name) []:
Locality Name (eg, city) []:
Organization Name (eg, company) []:
Organizational Unit Name (eg, section) []:
Common Name (e.g. fully qualified host name) []: educaproject.com
Email Address []: email@domain.com
```

用户可利用自身的信息填写请求的数据。其中，较为重要的字段是 Common Name。另外，还需要针对证书指定相应的域名，此处采用了 educaproject.com。这将在 ssl/ 目录中生成一个 educa.key 私钥文件，以及一个 educa.crt 文件，即实际的证书。

2. 配置 NGINX 以使用 SSL/TLS

编辑 educa 项目的 nginx.conf 文件，同时编辑 server 代码块并包含 SSL/TLS，如下所示：

```
server {
    listen               80;
    listen               443 ssl;
    ssl_certificate      /home/projects/educa/ssl/educa.crt;
    ssl_certificate_key  /home/projects/educa/ssl/educa.key;
    server_name  www.educaproject.com educaproject.com;

    # ...
}
```

利用上述代码，服务器将通过 80 端口监听 HTTP，并通过 443 端口监听 HTTPS。这里使用 ssl_certificate 指定 SSL/TLS 证书的路径，并通过 ssl_certificate_key 指定证书密钥。

利用下列命令重载 NGINX：

```
sudo nginx -s reload
```

随后，NGINX 将加载新的配置内容。在浏览器中打开 https://educaproject.com，图 14.6 显示了一条警告消息。

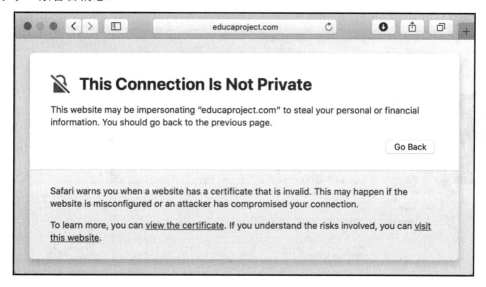

图 14.6

取决于浏览器，上述消息可能有所不同。对应消息内容提醒用户，当前站点未使用受信证书，浏览器并不能对站点的身份进行验证，其原因在于我们指定了自己的证书，而不是从受信的认证机构（CA）获取证书。当持有实际域名时，可使用受信的 CA 对此发布 SSL/TLS 证书，以使浏览器可对相关身份进行验证。如果希望针对实际域名获取受信证书，可参考 Linux 基金会发布的 Let's Encrypt 项目，这是一个旨在简化免费获取和更新可信 SSL/TLS 证书的协作项目。读者可访问 https://letsencrypt.org 以了解更多信息。

单击提供辅助信息的链接或按钮，并选择访问当前站点，同时忽略警告信息。随后，浏览器可能会询问是否针对证书添加异常，或验证用户是否信任该证书。当使用 Chrome 时，可能不会看到任何站点处理选项。对此，可在 Chrome 以及同一警告页面中直接输入 thisisunsafe 或 badidea。随后，Chrome 将加载站点。需要注意的是，应使用自己颁发的证书进行此操作，同时不要相信任何未知证书或绕过浏览器对其他域的 SSL/TLS 证书检测。

当访问站点时，在 URL 前将会看到一个锁形图标，如图 14.7 所示。

图 14.7

单击锁形图标时,将会显示 SSL/TLS 证书的详细信息,如图 14.8 所示。

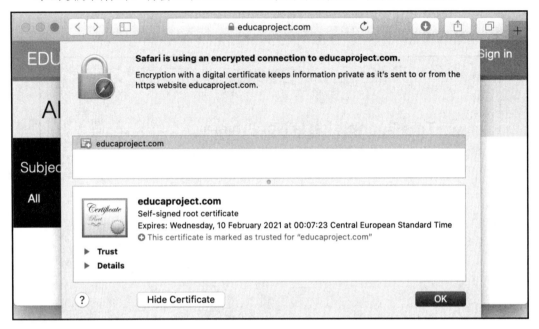

图 14.8

在证书详细信息中,可以看到它是一个自签名的证书,并且可以看到它的过期日期。至此,我们可以安全地服务当前站点了。

3. 针对 SSL/TLS 配置 Django 项目

Django 针对 SSL/TLS 提供了特定的设置内容。编辑 settings/pro.py 设置文件,并向其中添加下列设置内容:

```
SECURE_SSL_REDIRECT = True
CSRF_COOKIE_SECURE = True
```

具体设置内容解释如下。
- ❏ SECURE_SSL_REDIRECT:HTTP 请求是否被重定向至 HTTPS。
- ❏ CSRF_COOKIE_SECURE:为跨站点请求伪造(CSRF)保护设置启用一个安全 Cookie。

当前,Django 可将 HTTP 请求重定向至 HTTPS,且针对 CSRF 保护的 Cookie 当前也处于安全状态。

4. 将 HTTP 流量重定向至 HTTPS

通过 Django，可将 HTTP 请求重定向至 HTTPS。然而，通过 NGINX，还可以更加高效的方式进行处理。

编辑 educa 项目的 nginx.conf 文件，如下所示。

```
# the upstream component nginx needs to connect to
upstream educa {
    server         unix:///tmp/educa.sock;
}

server {
    listen 80;
    server_name www.educaproject.com educaproject.com;
    return 301 https://educaproject.com$request_uri;
}

server {
    listen                  443 ssl;
    ssl_certificate         /home/projects/educa/ssl/educa.crt;
    ssl_certificate_key     /home/projects/educa/ssl/educa.key;
    server_name www.educaproject.com educaproject.com;

    access_log      off;
    error_log       /home/projects/educa/logs/nginx_error.log;

    location / {
        include         /etc/nginx/uwsgi_params;
        uwsgi_pass      educa;
    }

    location /static/ {
        alias /home/projects/educa/static/;
    }

    location /media/ {
        alias /home/projects/educa/media/;
    }
}
```

上述代码从原 server 代码块中移除了 listen 80 指令，以便平台仅使用 SSL/TLS（端口 443）。在原 server 代码块上方，我们添加了一个额外的 server 代码块，且仅监听端口

80,并将全部 HTTP 请求重定向至 HTTPS。对此,可返回 HTTP 响应代码 301(永久重定向),该代码重定向至所请求的 URL 的 https://版本。

利用下列命令重载 NGINX:

```
sudo nginx -s reload
```

此时,全部 HTTP 流量将通过 NGINX 重定向至 HTTPS。

14.1.12 针对 Django Channels 使用 Daphne

第 13 章曾使用 Django Channels 构建了一个基于 WebSocket 的聊天室。虽然 uWSGI 适用于运行 Django 或其他 WSGI 应用程序,但并不支持基于异步服务器网关接口(ASGI)或 WebSocket 的异步通信。当在产品环境中运行 Channels 时,需要使用能够管理 WebSocket 的 ASGI Web 服务器。

Daphne 是一个针对 ASGI(旨在服务于 Channels)的 HTTP、HTTP2 和 WebSocket 的服务器。用户可结合 uWSGI 运行 Daphne,进而高效地服务于 ASGI 和 WSGI 应用程序。

作为 Channels 的依赖项,Daphne 可实现自动安装。在安装 Channels 时(参见第 13 章),Daphne 已经被安装至 Python 环境中。除此之外,还可利用下列命令安装 Daphne:

```
pip install daphne==2.4.1
```

读者可访问 https://github.com/django/daphne 以了解与 Daphne 相关的更多内容。

Django 3 支持 WSGI 和 ASGI,但尚未支持 WebSocket。因此,需要编辑 educa 项目的 asgi.py 文件以使用 Channels。

编辑项目的 educa/asgi.py 文件,如下所示。

```
import os
import django
from channels.routing import get_default_application

os.environ.setdefault('DJANGO_SETTINGS_MODULE', 'educa.settings')
django.setup()
application = get_default_application()
```

当前,我们通过 Channels 加载默认的 ASGI 应用程序,而非标准的 Django ASGI 模块。针对基于协议服务器的 Daphne 部署,读者可访问 https://channels.readthedocs.io/en/latest/deploying.html#run-protocol-servers 以了解更多信息。

打开新的 Shell,利用下列命令在产品环境中设置 DJANGO_SETTINGS_MODULE 环境变量:

```
export DJANGO_SETTINGS_MODULE=educa.settings.pro
```

在同一 Shell 中,在 educa 项目目录中运行下列命令:

```
daphne -u /tmp/daphne.sock educa.asgi:application
```

对应输出结果如下所示。

```
2020-02-11 00:49:44,223 INFO    Starting server at unix:/tmp/daphne.sock
2020-02-11 00:49:44,223 INFO    HTTP/2 support not enabled (install the
http2 and tls Twisted extras)
2020-02-11 00:49:44,223 INFO    Configuring endpoint unix:/tmp/daphne.
sock
```

输出结果表明,Daphne 成功地运行在 UNIX 套接字上。

14.1.13 使用安全的 WebSocket 连接

前述内容对 NGINX 进行了配置,并通过 SSL/TLS 使用了安全的连接。当前,我们需要修改 ws(WebSocket)连接并使用 wss(WebSocket Secure)协议,这与通过 HTTPS 服务 HTTP 连接的方式相同。

编辑 chat 应用程序的 chat/room.html 模板,并在 domready 代码块中查找下列代码行:

```
var url = 'ws://' + window.location.host +
```

并利用下列代码行进行替换:

```
var url = 'wss://' + window.location.host +
```

至此,我们将显式地连接至一个安全的 WebSocket 上。

14.1.14 将 Daphne 包含于 NGINX 配置中

在产品设置中,Daphne 将运行于 UNIX 套接字上,并在其前使用 NGINX。NGINX 将根据请求路径将请求传递至 Daphne 中。通过 UNIX 套接字接口,Daphne 将暴露于 NGINX 中,这与 uWSGI 设置较为类似。

编辑 educa 项目的 config/nginx.conf 文件,如下所示。

```
# the upstream components nginx needs to connect to
upstream educa {
    server unix:/tmp/educa.sock;
}
```

```
upstream daphne {
    server unix:/tmp/daphne.sock;
}

server {
    listen 80;
    server_name www.educaproject.com educaproject.com;
    return 301 https://educaproject.com$request_uri;
}

server {
    listen                  443 ssl;
    ssl_certificate         /home/projects/educa/ssl/educa.crt;
    ssl_certificate_key     /home/projects/educa/ssl/educa.key;

    server_name www.educaproject.com educaproject.com;

    access_log      off;
    error_log       /home/projects/educa/logs/nginx_error.log;

    location / {
        include         /etc/nginx/uwsgi_params;
        uwsgi_pass      educa;
    }

    location /ws/ {
        proxy_http_version 1.1;
        proxy_set_header        Upgrade $http_upgrade;
        proxy_set_header        Connection "upgrade";
        proxy_redirect          off;

        proxy_pass              http://daphne;
    }

    location /static/ {
        alias /home/projects/educa/static/;
    }

    location /media/ {
        alias /home/projects/educa/media/;
    }
}
```

上述代码设置了名为 daphne 的新 upstream，并指向一个 Daphne 创建的套接字。在 server 代码块中，我们配置了/ws/位置以将请求导向 Daphne。另外，此处还使用了 proxy_pass 指令将请求传递至 Daphne，同时包含了某些附加代理指令。

根据这一配置，NGINX 将任意始于/ws/前缀的 URL 请求传递至 Daphne，同时将其余部分传递至 uWSGI（除了/static/或/media/路径下的文件，这将直接通过 NGINX 提供服务）。

包含 Daphne 的产品设置如图 14.9 所示。

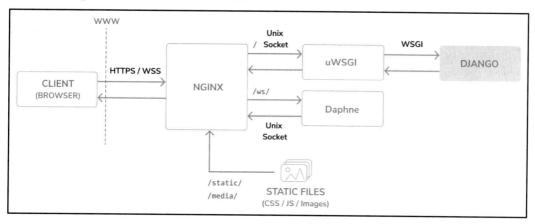

图 14.9

作为逆向代理服务器，NGINX 运行于 uWSGI 和 Daphne 之前。NGINX 面向 Web，并根据其路径前缀将请求传递至应用程序服务器上（uWSGI 或 Daphne）。除此之外，NGINX 还将服务于静态文件，同时将不安全的请求重定向至安全的请求。此类设置可减少停机时间、使用较少的服务器资源，同时提供更好的性能和安全性。

重启 uWSGI 和 Daphne，并于随后利用下列命令重载 NGINX 以跟踪最新的配置：

```
sudo nginx -s reload
```

使用浏览器创建一个基于教师用户的示例课程，并让注册了该课程的用户一起登录。在浏览器中打开 https://educaproject.com/chat/room/1/。图 14.10 显示了消息的发送和接收过程。

当前，Daphne 工作正常，NGINX 将请求传递于其中。全部通过 SSL/TLS 的连接均处于安全状态。

通过 NGINX、uWSGI 和 Daphne，我们构建了自定义产品栈。通过 NGINX、uWSGI 和 Daphne 的配置内容，还可针对性能和安全性实施进一步的优化。当前产品配置已然体现了较好的开端。

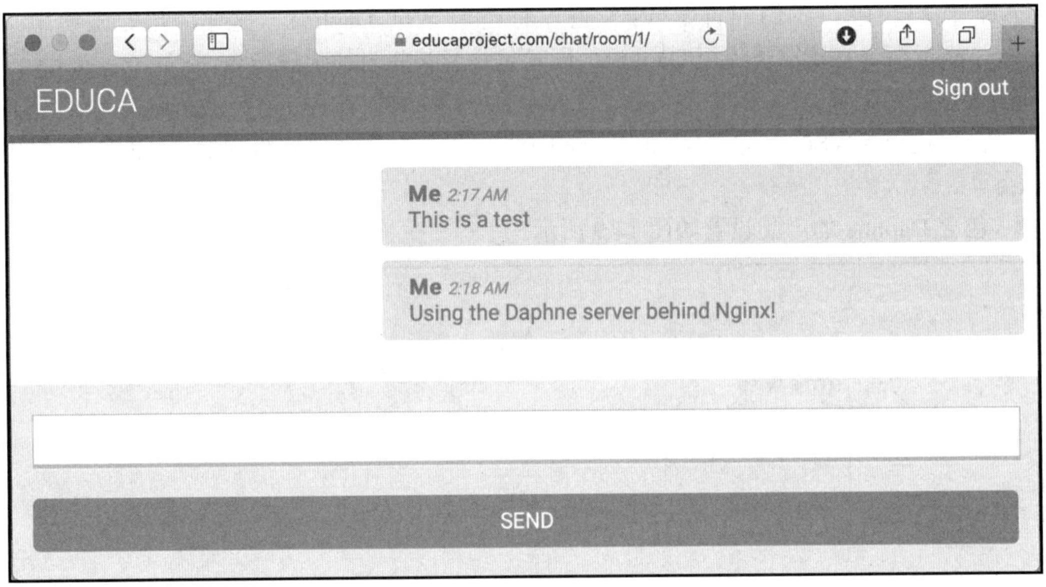

图 14.10

14.2 创建自定义中间件

前述内容已讨论了 MIDDLEWARE 的设置，其中涉及项目的中间件。读者可将其视为一个底层插件系统，进而实现在请求/响应过程中执行的钩子程序。其中，每个中间件负责特定的操作，并针对全部 HTTP 请求或响应予以执行。

> 注意：
> 应避免向中间件中添加开销较大的处理过程，因为中间件执行于每个单一请求中。

当接收一个 HTTP 请求时，中间件将以 MIDDLEWARE 设置中的出现顺序被执行。当通过 Django 生成 HTTP 响应时，该响应以相反的顺序通过所有中间件。

中间件可编写为一个函数，如下所示：

```
def my_middleware(get_response):

    def middleware(request):
        # Code executed for each request before
```

```
        # the view (and later middleware) are called.

        response = get_response(request)

        # Code executed for each request/response after
        # the view is called.

        return response

    return middleware
```

中间件工厂是一个可调用对象,接收可调用的 get_response 并返回一个中间件。可调用的中间件接收一个请求,随后返回一个响应结果,这与视图较为类似。可调用的 get_response 可能是链中的下一个中间件,也可能是最后列出的中间件的实际视图。

如果中间件返回一个响应,且未调用 get_response,则处理过程将会处于"短路"状态,此时,不会再有中间件被执行(同样,视图也不会被执行),响应结果将在请求传入的同一层中被返回。

中间件在 MIDDLEWARE 设置中的顺序十分重要,因为中间件依赖于之前执行的中间件请求中的数据集。

注意:

在向 MIDDLEWARE 设置中添加新的中间件时,应确保将其置于正确的位置。在请求阶段,中间件将以设置中的顺序被执行;而在响应阶段,则以相反的顺序执行。

读者可访问 https://docs.djangoproject.com/en/3.0/topics/http/middleware/以了解与中间件相关的更多信息。

14.2.1 创建子域名中间件

本节将创建一个子域名中间件,以使相关课程可通过一个自定义的子域名予以访问。另外,每门课程的详细 URL,形如 https://educaproject.com/course/django/,也将通过子域名进行访问,其中使用到了课程的 slug,如 https://django.educaproject.com/。用户可将子域名视为一种快捷方式,进而访问课程的细节信息。任何子域名的请求都将被重定向至对应的课程详细 URL 处。

中间件可位于项目中的任何位置。尽管如此,这里依然建议在应用程序目录中创建一个 middleware.py 文件。

在 courses 应用程序目录生成一个新文件,将其命名为 middleware.py,并向其中添加下列代码：

```python
from django.urls import reverse
from django.shortcuts import get_object_or_404, redirect
from .models import Course

def subdomain_course_middleware(get_response):
    """
    Subdomains for courses
    """
    def middleware(request):
        host_parts = request.get_host().split('.')
        if len(host_parts) > 2 and host_parts[0] != 'www':
            # get course for the given subdomain
            course = get_object_or_404(Course, slug=host_parts[0])
            course_url = reverse('course_detail',
                                 args=[course.slug])
            # redirect current request to the course_detail view
            url = '{}://{}{}'.format(request.scheme,
                                     '.'.join(host_parts[1:]),
                                     course_url)
            return redirect(url)

        response = get_response(request)
        return response

    return middleware
```

当接收 HTTP 请求时，将执行下列各项任务：

（1）获取用于请求中的主机名，并对其进行划分。例如，如果用户访问 mycourse.educaproject.com，那么将会生成一个['mycourse', 'educaproject', 'com']列表。

（2）通过检测划分结果是否生成了多个元素（大于 2），进而查看主机名是否包含了一个子域名。若主机名中涵盖了一个子域名且不为 www，则尝试利用子域名提供的 slug 获取对应课程。

（3）若不存在相关课程，则抛出 404 异常；否则，将浏览器重定向至课程的详细 URL 处。

编辑项目的 settings/base.py 文件，并在 MIDDLEWARE 列表下方添加'courses.middleware.SubdomainCourseMiddleware'，如下所示：

```
MIDDLEWARE = [
    # ...
```

```
'courses.middleware.subdomain_course_middleware',
]
```

当前，中间件将在每个请求中被执行。

注意，可对 Django 项目提供服务的主机名在 ALLOWED_HOSTS 设置中被指定。下面尝试修改这一设置内容，以使 educaproject.com 的子域名可向当前应用程序提供服务。

编辑 settings/pro.py 文件，并调整 ALLOWED_HOSTS 设置，如下所示：

```
ALLOWED_HOSTS = ['.educaproject.com']
```

其中，以点号开始的某个值可用作子域名通配符。具体来说，'.educaproject.com'可匹配 educaproject.com，以及该域名的任何子域名，如 course.educaproject.com 和 django.educaproject.com。

14.2.2 利用 NGINX 向多个子域名提供服务

我们需要使用 NGINX 向包含任意子域名的站点提供服务。编辑 educa 项目的 config/nginx.conf 文件，并查看下列代码行：

```
server_name www.educaproject.com educaproject.com;
```

同时将其替换为下列代码：

```
server_name *.educaproject.com educaproject.com;
```

通过使用星号，可将这一规则应用于 educaproject.com 的全部子域名上。当对中间件进行本地测试时，需要向/etc/hosts 添加需要测试的子域名。当利用包含 slug django 的 Course 对象测试中间件时，应向/etc/hosts 文件中添加下列代码行：

```
127.0.0.1 django.educaproject.com
```

再次重启 uWSGI，并利用下列命令重载 NGINX，以跟踪最新的配置内容：

```
sudo nginx -s reload
```

随后，在浏览器中打开 https://django.educaproject.com/，中间件通过当前子域名可发现对应的课程，并将浏览器重定向至 https://educaproject.com/course/django/。

14.3 实现自定义管理命令

Django 可使应用程序针对 manage.py 工具注册自定义管理命令。例如，第 9 章中曾使用了 makemessages 和 compilemessages 管理命令创建和编译翻译文件。

管理命令由 Python 模块构成，其中包含了继承自 django.core.management.base.BaseCommand（或其子类）的 Command 类。据此，可以创建简单的命令，或者令其接收位置参数和可选参数作为输入内容。

Django 在 INSTALLED_APPS 设置中处于活动状态的每个应用程序中查找 management/commands/目录中的管理命令，所找到的每个模块都注册为一个以其命名的管理命令。

读者可访问 https://docs.djangoproject.com/en/3.0/howto/custom-management-commands/，进而了解与自定义管理命令相关的更多内容。

下面创建一个自定义管理命令，以此提示学生至少应注册一门课程。该命令将向注册时间超过指定时间但尚未注册的用户发送电子邮件提示信息。

在 students 应用程序目录中生成下列文件结构：

```
management/
    __init__.py
    commands/
        __init__.py
        enroll_reminder.py
```

编辑 enroll_reminder.py 文件，并向其中添加下列代码：

```python
import datetime
from django.conf import settings
from django.core.management.base import BaseCommand
from django.core.mail import send_mass_mail
from django.contrib.auth.models import User
from django.db.models import Count
from django.utils import timezone


class Command(BaseCommand):
    help = 'Sends an e-mail reminder to users registered more \
            than N days that are not enrolled into any courses yet'

    def add_arguments(self, parser):
        parser.add_argument('--days', dest='days', type=int)

    def handle(self, *args, **options):
        emails = []
        subject = 'Enroll in a course'
        date_joined = timezone.now().today() - \
```

```
                    datetime.timedelta(days=options['days'])
        users =User.objects.annotate(course_count=Count('courses_
joined'))\
            .filter(course_count=0, date_joined_date_lte=date_joined)
        for user in users:
            message = """Dear {},
            We noticed that you didn't enroll in any courses yet.
            What are you waiting for?""".format(user.first_name)
            emails.append((subject,
                        message,
                        settings.DEFAULT_FROM_EMAIL,
                        [user.email]))
        send_mass_mail(emails)
        self.stdout.write('Sent {} reminders'.format(len(emails)))
```

上述代码定义了 enroll_reminder 命令，具体解释如下：

- Command 类继承自 BaseCommand。
- 此处包含了一个 help 属性。如果运行 python manage.py help enroll_reminder 命令，help 属性将提供一个该命令的简短描述。
- 使用 add_arguments()方法添加了一个--days 命名的参数。对于尚未注册任何课程的用户，该参数用于指定用户须注册的最少天数，以便接收提示信息。
- handle()命令包含了实际的命令，我们可得到解析自命令行的 days 属性。另外，我们可利用 Django 提供的 timezone 实用程序并通过 timezone.now().date()方法检索当前时区的日期（可利用 TIME_ZONE 设置针对当前项目设置时区）。接下来，可检索已经超过指定日期且还没有注册任何课程的注册用户。对此，可通过使用每个用户注册的课程总数注解 QuerySet 来实现。随后，针对每一名用户生成提示邮件，并将其附加至 emails 列表中。最后，利用 send_mass_mail()函数发送电子邮件，该操作被优化为：针对所有邮件开启单一的 SMTP 连接，而不是针对每封所发送的邮件开启一个连接。

至此，我们生成了第一个管理命令。接下来，打开 Shell 并运行下列命令：

```
python manage.py enroll_reminder --days=20
```

如果尚未设置 SMTP 本地服务器，可参考第 2 章中的相关内容，其中针对本书第一个项目配置了 SMTP 设置。除此之外，还可向 settings.py 文件中添加下列设置内容，以使 Django 在开发阶段向标准输出中显示电子邮件。

```
EMAIL_BACKEND = 'django.core.mail.backends.console.EmailBackend'
```

下面尝试对管理命令进行调度，以使服务器在每天上午 8 点运行该命令。如果读者正在使用基于 UNIX 的操作系统，如 Linux 或 macOS，可打开 Shell 并运行 crontab –e 命令，以对 crontab 进行编辑。对此，可添加下列代码行：

```
0 8 * * * python /path/to/educa/manage.py enroll_reminder --days=20
--settings=educa.settings.pro
```

如果读者对 cron 尚不熟悉，可访问 http://www.unixgeeks.org/security/newbie/unix/cron-1.html，并查看与 cron 相关的介绍。

对于 Windows 环境，可通过 Task Scheduler 对任务进行调度。读者可访问 https://docs.microsoft.com/en-us/windows/win32/taskschd/task-scheduler-start-page 以了解 Task Scheduler 方面的信息。

除此之外，另一种定期执行任务的方法则是使用 Celery。回忆一下，第 7 章曾使用 Celery 执行异步任务。此处并不打算创建管理命令，并采用 cron 对其进行调度；相应地，可利用 Celery 调度器创建异步任务，并对其加以执行。关于 Celery 周期性任务调度，读者可访问 https://celery.readthedocs.io/en/latest/userguide/periodic-tasks.html 以学习更多内容。

💡 提示：

对于希望用 cron 或 Windows 调度器控制面板调度的独立脚本，可以使用管理命令。

Django 还内置了一个工具，可通过 Python 调用管理命令。我们可通过下列方式运行代码中的管理命令：

```
from django.core import management
management.call_command('enroll_reminder', days=20)
```

至此，我们已针对应用程序创建了自定义命令，并可在必要时对其加以调度。

14.4 本章小结

本章通过 uWSGI、NGINX 和 Daphne 配置了产品环境，并通过 SSL/TSL 提供了安全的环境。除此之外，还实现了自定义中间件，以及如何创建自定义管理命令。

阅读至此，本书内容已接近尾声。恭喜您！您已经学习了使用 Django 构建 Web 应用程序所需的技能，并以此开发真实的项目，将 Django 与其他技术集成在一起。无论是简单的原型还是大型的 Web 应用程序，可以着手开发自己的 Django 项目了。

让我们共同期待下一次的 Django 冒险，祝好运！